新基建丛书

新基建中的物联网
通往数字世界的桥梁

张 晖 编著

电子工业出版社
Publishing House of Electronics Industry
北京·BEIJING

内 容 简 介

数字经济是我国当前发展的重要方向。新型基础设施旨在为社会经济发展提供新动力和新能源，是数字经济发展的基础。新型基础设施的创新之处在于，深度融合了物联网、5G、人工智能、大数据、云计算等信息技术的新兴领域，作为核心技术共同形成新一代信息基础设施的有力支撑，可以充分发挥 IT 技术对数字经济发展的加速、赋能和催化等作用，通过网络汇聚和平台集成等效应，逐步形成新的产业生态体系。建设物联网新型基础设施，是我国推动产业优化升级和企业数字化转型的重要手段。本书共 12 章，在阐述我国信息基础设施的建设发展历程的基础上，首先分析了物联网在新型基础设施建设中的作用，提出我国物联网的产业发展现状与面临的机遇和挑战，对物联网新型基础设施建设与 5G、大数据和人工智能等技术的融合及存在的主要问题进行了介绍，并论述了物联网新型基础设施建设与工业互联网和数字孪生之间的关系，最后给出物联网新型基础设施建设政策与实施案例。

本书适合对新型基础设施，尤其对物联网、5G、人工智能、大数据、云计算等感兴趣的相关人员阅读和参考。

图书在版编目（CIP）数据

新基建中的物联网：通往数字世界的桥梁 / 张晖编著. —北京：电子工业出版社，2023.1
（新基建丛书）
ISBN 978-7-121-44751-8

Ⅰ. ①新… Ⅱ. ①张… Ⅲ. ①物联网－应用－基础设施建设 Ⅳ. ①TP393.4②TP18

中国版本图书馆 CIP 数据核字（2022）第 242310 号

责任编辑：王　群　　文字编辑：曹　旭
印　　刷：三河市鑫金马印装有限公司
装　　订：三河市鑫金马印装有限公司
出版发行：电子工业出版社
　　　　　北京市海淀区万寿路 173 信箱　　邮编：100036
开　　本：787×1092　 1/16　 印张：20.5　　 字数：460 千字
版　　次：2023 年 1 月第 1 版
印　　次：2023 年 1 月第 1 次印刷
定　　价：118.00 元

凡所购买电子工业出版社图书有缺损问题，请向购买书店调换。若书店售缺，请与本社发行部联系，联系及邮购电话：（010）88254888，88258888。

质量投诉请发邮件至 zlts@phei.com.cn，盗版侵权举报请发邮件至 dbqq@phei.com.cn。

本书咨询联系方式：wangq@phei.com.cn，910797032（QQ）。

FOREWORD 前言

物联网起源于 20 世纪七八十年代，恰逢射频识别和传感器网络技术研究与应用的兴起，当前物联网正在逐步融合大数据、人工智能和数字孪生等新兴技术，而通过对这些新兴技术的深度融合，未来物联网将把物理世界与数字世界紧密地连接在一起。GB/T 33745—2017《物联网 术语》给出了物联网的标准定义，即物联网是指通过感知设备，按照约定协议，连接物、人、系统和信息资源，实现对物理和虚拟世界的信息进行处理并做出反应的智能服务系统。此定义涵盖了数据采集、数据传输、数据处理和应用的各层面，物联网是作为物理世界和数字世界的关键桥梁和纽带出现的。我们也可理解为，物联网是利用智能传感器等感知器件对关注的物理量进行实时数据采集，将数据通过网络传输到后台或云端，实现泛在连接和信息交换，再对数据进行处理计算、知识挖掘并做出科学决策，最终实时控制和精确管理物理世界的海量物体，从而推动实现万物数字化的强有力工具。

最近几年，物联网已获得国内外产业界的高度认可，跨国公司纷纷推出自己的物联网发展战略并研发多种多样的物联网产品。我国各地方政府和研究机构不断探索物联网的新技术、新产品和新业态，推出物联网跨行业融合发展的示范应用。未来几年将是推动物联网新型基础设施建设发展的关键时期，2021 年 9 月 10 日，工业和信息化部等八部门联合印发了《物联网新型基础设施建设三年行动计划（2021—2023 年）》，强调要 "聚焦发展基础好、转型意愿强的重点行业和地区，加快物联网新型基础设施部署，提高物联网应用水平"。该行动计划的发布将有助于构建我国数字经济的新发展格局，对于通过新型基础设施建设推动经济整体高质量发展具有非常重要的意义。

作为新型信息基础设施的重要组成部分和推动产业新一轮变革的重要力量，物联网为社会经济的数字化转型建设提供了发展支撑。我国的物联网技术和产业在宏观政策扶持、技术研发与标准建立、产业人才培养、行业知识库积累及落地应用等方面已取得显著成效，对于我国未来经济发展过程中的稳投资、促消费、深化供给侧结构性改革、推动产业转型升级、培植经济发展新动能都具有战略意义。布局建设新型信息基础设施，能够为物联网相关产业带来新的发展机遇。物联网是新型基础设施建设的底层基础支撑设施，既能实现对传统设施的改造，又能带动新设施的发展，是我国产业实现数字化转型、智能升级乃至万物互联的根本。所以说，物联网是新型基础设施建设的主要支撑手段，更是其中的核心要素之一。

功能完整的物联网系统必然涉及数据采集、数据传输和数据处理等多个环节，其中数据采集是物联网系统应用的重要一环，前端数据质量的好坏直接影响后端数据处理的精度和相应的控制功能能否正确实现。感知终端的数据采集是物联网系统中海量数据的重要来源。各行各业尤其是工业的推广应用，对数据采样频率提出了极高的实时性要求，使得物联网每时每刻都产生海量的数据，并随着物联网系统的复杂性提升而日益增加。依靠单个或少量的传感器对物理量进行监测，显然难以形成对被监测物体或物理量全面、准确的认识，需要多方面利用各种传感器资源，通过信息融合将多个传感器检测数据与人工观测事实进行科学、合理的综合处理，使状态监测和故障诊断更加智能化，优化组合后得到更精准的有效信息。

传感器等数据采集终端是物联网的关键核心器件，直接影响被测对象的检测精度、响应速度、可靠性等指标，对物联网系统性能的提升起着举足轻重的作用。美国、日本和欧洲等发达国家和地区纷纷投入大量资金，把高端传感器视为战略核心技术，保持着强劲的研发投入力度，在国际竞争中牢牢占据产业制高点。我国《装备制造业调整和振兴规划》《国家中长期科学和技术发展规划纲要（2006—2020年）》等文件也突出了传感器等数据采集终端技术研发在国家中长期发展中的重要性。作为物联网中的关键器件，传感器产业始终具有关系国民经济、社会发展和民生保障的基础性、先导性和战略性作用。

我国传感器产业长期面临许多突出问题亟待解决，数据采集终端核心技术很大程度上已经成为物联网发展的瓶颈，主要体现在技术创新能力弱、工艺水平差、产业结构不合理、产品附加值不高、国际分工地位较低、高技术人才匮乏等方面。建设物联网新型基础设施就必须优先建设物联网数据采集基础设施，优先发展高精度、高可靠性传感器等数据采集终端产业，同时不断优化数据采集终端与低功耗广域网（LPWAN）技术的结合应用，支持多传感器节点提升信息融合能力，以满足大数据环境下的物联网系统数据感知和数据融合的要求。

物联网应用的多样性带来丰富的业务类型，其业务特征千差万别。远程医疗、车联网、智能家居、工业控制、环境监测等应用场景将成为物联网应用的主要增长点。在每个应用场景中，数以万计的物联网终端接入网络形成了万物互联，也为停滞不前的移动通信业务带来了新的无限生机。但同时，海量的终端连接和多样化的业务需求也给移动通信带来了重大的技术挑战。例如，智能家居和智能抄表等业务需要网络优先支持小数据包频发和海量连接；虚拟现实、视频监控等业务要求极高的数据传输速率；移动医疗、车联网和工业控制等业务对传输的实时性和可靠性提出了超高要求。

5G网络并不是对4G网络的简单升级，从设计之初5G就面向万物互联时代的各种物联网应用场景。5G技术体系中的窄带蜂窝物联网技术，如NB-IoT和eMTC等，有效解决了物联网技术和产业发展曾长期面临的依赖低速短距离连接所带来的高复杂性和低

可靠性的数据传输短板问题，使得物联网感知终端可以长距离、低功耗、低成本地将采集到的数据提交到后台或云端。5G 的到来不仅标志着用户网络体验的进一步提升，同时也将满足未来万物互联的多样化应用需求。经过新型基础设施建设一系列利好政策的催化，5G 和物联网的商业化进程将加速融合、加快推进。

数据中心作为信息化发展的基础设施和数字经济的底座，有利于促进数据要素参与价值创造与分配，其重要作用也体现在国家的新型基础设施建设发展战略中。数据对人们生产生活方式的影响越来越凸显，数据中心规模不断扩张的结果是，机房的服务器和其他各类辅助设备越来越多。作为基础性设施，这些设备的价值在于共同为数据中心营造安全性较高的运营环境。一旦这些设备出现问题，数据中心机房就无法继续正常运行。若不能及时处理，则可能造成不可挽回的社会影响和不可估量的经济损失。数据中心配置如此多的重要设备和服务器，其物理环境必须严格受控，需要控制的物理环境要素主要有温度和湿度的控制、电源运行的监控、消防设施的特殊要求、数据的物理安全性等几个方面。

虽然大部分数据中心机房已经安装了烟雾报警器、温感器、摄像头等安防基础设施，一定程度上可以监控数据中心机房的基本状态，但是这些监控设备往往需要消耗大量人力进行不间断的运维，导致相关人员工作压力过大和产生疲劳，极易疏忽部分潜在的设施故障。使用先进的物联网手段可以强化数据中心机房监控的综合能力。对机房配电、温湿度与漏水、烟雾火情、门禁安防、防雷防震等物理环境要素进行监控，已成为数据中心运营管理方的共识。基于物联网技术的智能化机房环境监控系统将是数据机房的重要组成部分和未来发展的必然趋势。

在人类社会的生产生活中，越来越多的联网设备将会出现，无时无刻不在采集的海量数据在为生活带来极大便利的同时，也可以为各行各业提供惊人的数据支撑，但如何分析处理如此多的数据却是一个巨大的挑战。单纯的采集数据并不能体现出价值，除非能真正分析理解并使用数据，而这恰恰是人工智能的强项。如果把物联网系统比作智能生命体，那么能够根据物联网收集的数据进行分析和决策的人工智能就是这个生命体的大脑。换言之，人类使用触觉、听觉和视觉等感官去感知物理世界，而数以亿计的传感器和摄像头从物理环境中采集大量数据，人工智能将这些数据转化为知识机理并赋予业务价值。从某种意义上说，只有凭借人工智能，才能跟得上物联网采集生成海量数据的高速度，获取并利用数据隐藏的洞察力。

物联网和人工智能的深度融合促使各种终端、网络设备和人机交互方式日益智能化。基于人工智能的智能家居和可穿戴等设备会是物联网在个人消费领域形成市场爆发式增长的热点，自动驾驶和工业自动化等行业应用领域更是两者融合发展的重点。随着交互方式从语音和手势到脑机的技术发展，以及思考方式从机器学习到深度学习的创新推动，物联网与人工智能的融合将成为未来发展的主导技术模式，帮助人类社会建立更智慧的经济发展方式和更和谐的社会生态系统。

　　建设物联网新型基础设施，是我国推动产业优化升级和企业数字化转型的重要手段。本书对物联网新型基础设施建设与新兴技术的融合及存在的主要问题进行了介绍。物联网新型基础设施建设通过人工智能、区块链等新兴技术的普遍应用，深度融合 5G 和大数据中心等信息基础设施，整合 CPU、GPU 和云计算等基础算力，在数字产业化的基础上，以工业互联网为抓手高效赋能产业数字化，满足重点行业发展需求，加速推动各种智能应用场景真正落地，逐步实现从万物互联到万物智联社会的演进。在物联网新型基础设施建设的强有力支持下，物理世界与数字世界之间能够进行时间和空间上细粒度的虚实交互，支撑不同尺度的应用。未来将有多种多样的物联网智能产品有能力实时接收来自物理世界的参量数据，将这些数据提供给人工智能平台进行运算，从而得到分析决策的结果，而物联网新型基础设施建设正是连接物理世界与数字世界的桥梁，也是实现两者之间虚实融合及相互映射的必由之路。

编著者

CONTENTS 目录

第1章 从基础设施建设到新型基础设施建设

1.1 传统意义上的基础设施

1.1.1 基础设施与基础设施建设

按照百度百科的定义，基础设施（Infrastructure）是指为社会生产和居民生活提供公共服务的物质工程设施，是用于保证国家或地区社会经济活动正常进行的公共服务系统。它是社会赖以生存发展的一般物质条件。

基础设施建设是指在基础设施方面进行的完善、改造等社会工程。基础设施包括交通、邮电、供水供电、商业服务、科研与技术服务、园林绿化、环境保护、文化教育、卫生事业等市政公用工程设施和公共生活服务设施等。进一步来说，基础设施建设可以包括住宅区、别墅、公寓等居住建筑项目，高档酒店、商场、写字楼、办公楼等办公商用建筑项目，石油、煤炭、天然气、电力等能源动力项目，铁路、公路、航空、水运、道桥、隧道、港口等交通运输项目，水库、大坝、污水处理、空气净化等环保水利项目，电信、通信、信息网络等邮电通信项目等。这些都可以纳入基础设施的范畴，它们是一切企业、单位和居民生产经营工作和生活的共同物质基础，是城市主体设施正常运行的保证，既是物质生产的重要条件也是劳动力再生产的重要条件。

国际上对基础设施的定义：狭义是指交通运输（铁路、公路、港口、机场）、能源、通信、水利四大经济基础设施，更宽松的定义包括了社会性基础设施（教育、科技、医疗卫生、体育、文化等社会事业）、油气和矿产，最广泛的定义则延伸至房地产。

基础设施具有强外部性、公共产品属性、受益范围广、规模经济等特点，其基础地位决定相关建设必须适度超前，基础设施建设必须走在经济社会发展需要的前面，否则将制约经济社会发展。

1.1.2　基础设施建设的经济学特征

从经济学角度看，基础设施还具有基础性和准公共物品特性。基础性意味着它是社会赖以生存发展的一般物质条件，基础设施所提供的公共服务是所有的商品与服务的生产所必不可少的，若缺少这些公共服务，则其他商品与服务（主要指直接生产经营活动）难以生产或提供。基础设施类似于公共物品，绝大多数基础设施所提供的服务具有相对的非竞争性和非排他性，因而一般是"准公共物品"。

与本书后面提到的新型基础设施建设对应于数字经济有所不同，传统的基础设施建设是对应于工业经济的。从经济学的角度出发，它们有着各自不同的特征，传统基础设施建设的经济学特征主要体现在以下方面。

1．逆周期性

周期性，是描述一个经济量与经济波动之间呈正反馈或负反馈关系的概念，在经济出现增长或衰退时，强化趋势的经济变量具有顺周期性，反之则具有逆周期性。逆周期是指通过一些政策工具和措施让整个周期波动平缓下来，负面冲击小一点。逆周期的作用是对周期当中的系统性风险在一定程度上进行对冲和缓释，在市场经济条件下，任何经济模式都是在波动中发展的。这种波动大体上呈现出复苏、繁荣、衰退和萧条的阶段性周期循环，即为经济周期。经济周期的波动与循环是经济总体发展过程中不可避免的现象。

在经济萧条或经济处于下行周期的时候，基础设施建设的成本是最低的。道理很简单，这是因为在经济上行或高速发展的时候，资本是很贵的，资本要求的回报率往往超过 7%，甚至达到百分之十几。而当经济略显萧条时，资本回报率要求降低到 5%甚至 4%。从财政投入的角度来说，在经济萧条或经济下行的时候，资本是最便宜的。这个时候进行基础设施建设的成本最低，投资收益比最高。

2．流通性

经济的发展，以及商业活动服务半径的扩大，进一步造成了市场化程度的加深。基础设施的建设正是围绕着市场化的加深展开的，其根本目的是要把碎片化的市场连接起来。俗话说得好，"要想富，先修路。"在基础设施建设中，"修路"是核心，由铁路、公路、机场构成的所谓"铁公机"，其本质不外乎是让人流、物流更畅通。基础设施建设的根本目的在于连接人流和物流。换句话说，基础设施就是做大"流动性"。通过基础设施可以把原本碎片化的市场连成一个整体，从而产生巨大的效益。基础设施建设能够创造出"新市场"和新的就业机会，这才是基础设施建设的核心。

3．标准化

基础设施建设在完成之后，只有通过标准化才能使其成为公共基础设施，从而得到规模化快速发展。比如说，在工业化的早期阶段，电厂或发电设施都是企业自备的，投入成本高但是使用效率很低。后来，随着电厂服务的专业化和标准化，再加上通过电表可以对用户的用电量进行计量，电厂才能逐渐成为公共基础设施。

4．边际效用递减效应

边际效用（Marginal Utility）递减是指在一定时期内，在其他商品或服务消费量不变的条件下，随着消费者不断增加某种商品或服务的消费量，消费者从每增加一单位该商品或服务的消费中所获得的效用增加量是逐渐递减的。

基础设施建设是整个社会经济发展腾飞的基础，一个地区在社会经济发展起飞阶段必须有完善的基础设施，我国现在的经济成果得益于对传统基础设施建设的大量投资。从本质上说，基础设施建设范围的扩大就是市场范围的扩大，基础设施的延伸就是市场进一步延伸和经济发展的基础。但是在一些基础设施建设投资已经较为密集的领域，如果继续进行重复性的基础设施建设，则按照边际效用递减效应，投资的效率及所能够得到的产出价值是低下的。

在通常所说的补短板领域，包括一些产业园区的一部分基础设施及部分边境地区的基础设施，如中西部地区产业园区建设污水处理设施等，进行基础设施建设投入还是很有必要的，能够在一定程度上提高投资的效率，甚至在一定程度上解决产业瓶颈，从而解决一些产业发展的问题。

5．乘数效应

基础设施建设具有所谓的"乘数效应"，即基础设施建设往往能带来几倍于投资额的社会总需求和国民收入。一个国家或地区的基础设施是否完善，是其经济是否可以长期持续稳定发展的重要基础。

2008 年，为了应对由于全球性金融危机及国内诸多因素造成的经济下滑的巨大风险，我国政府推出了"4 万亿"投资的经济刺激计划，"4 万亿"经济刺激计划每年拉动经济增长约 1 个百分点，其中近一半资金投向交通基础设施和城乡电网建设，这不仅可以使我国加快摆脱全球金融危机所带来的负面作用，还可以扩大内需，刺激我国经济的发展和消费的增长。配合经济刺激计划，全国各省市政府纷纷以基础设施建设项目为重点，以投资拉动经济增长，据统计 2008 年全社会总投资超过了 16 万亿元。

6．强外部性

外部性又称为溢出效应、外部影响、外差效应或外部效应，指一个人或一群人的行动和决策使另一个人或一群人受损或受益的情况。经济外部性是经济主体（包括厂商或个人）的经济活动对他人或社会造成的非市场化的影响。外部性可以分为正外部性和负外部性。正外部性是指某个经济行为个体的活动使他人或社会受益，而受益者无须付出代价；负外部性是指某个经济行为个体的活动使他人或社会受损，而造成负外部性的人却没有为此承担成本。

基础设施主要通过两种途径来促进经济增长。一方面，基础设施作为一种投资能够直接促进经济增长；另一方面，基础设施尤其是一些经济性的基础设施具有规模效应和网络效应，这种效应既可以通过提高产出效率促进经济增长，又可以通过引导发达地区对落后地区经济增长的溢出效应来促进经济增长。除此之外，基础设施的改善还可以通过降低交通物流成本带来规模经济和聚集经济，从而有助于经济增长效率的提高和区域经济的协同发展。

1.2 新型基础设施的内涵

改革开放的 40 多年中，中国经济依靠土地、资源及人口优势实现了飞速的发展。然而，经过多年的发展，不管是土地还是自然资源都面临枯竭，人口红利期已经结束。有数据表明，到 2050 年，中国的劳动人口数量占比将从 2010 年的 66% 下降到 54.9%。因此，中国经济迫切需要由依靠要素和投资驱动转向依靠创新驱动，由高污染、高消耗的粗放型经济增长方式转向绿色环保的集约型增长方式。

以往政府积极财政政策下的投资多用于高铁、港口和机场等传统基础设施的建设。以 2009 年为例，为了对冲全球金融危机对中国经济产生的负面影响，政府启动了大规模基建投资，该轮投资将重点放在了铁路、公路和机场建设上，由于过往中国基础设施建设薄弱，大量的基建投资有效提升了中国的整体基建水平。国家统计局的数据显示，截止到 2018 年，中国民用航空航线数量是 2008 年的 3.2 倍，铁路营业里程是 2008 年的 1.65 倍，高速公路里程是 2008 年的 2.36 倍，这些基础设施建设成为之后中国经济快速发展的坚实基础。

新型基础设施是相对于前面所提到的传统基础设施而言的，主要指以 5G、人工智能、工业互联网、物联网为代表的新型信息数字化基础设施，是能够支撑传统产业向网络化、数字化、智能化方向发展的信息基础设施。关于新型基础设施建设（简称新基建）的范畴和方向，业内有不同的理解。但不论新基建被如何定义，有一点是肯定的，对比于传统基建拉近人与人之间的物理距离、连接人流和物流，新基建运用数字化、智能化等技术改造提升传统基础设施。以高新技术为代表的新基建将会显著加快智能化信息流动的速度。换句话说，新基建连接的是信息流，新基建的实施，将会打破信息流通过程中的障碍，建设数字社会和智能社会。

1.3　新基建相关政策的时间脉络

传统基建稳需求、注重补短板，新基建关注新兴产业、谋未来发展。早在 2018 年 12 月，中央经济工作会议首次提出"新型基建"概念，包括"加快 5G 商用步伐，加强人工智能、工业互联网、物联网等新型基础设施建设，加大城际交通、物流、市政基础设施等投资力度，补齐农村基础设施和公共服务设施建设短板"等，新基建的概念由此产生。由此，新型基础设施建设，作为一个新名词，开始出现在国家层面的文件中。

在 2019 年 3 月召开的第十三届全国人民代表大会第二次会议和中国人民政治协商会议第十三届全国委员会第二次会议上，新基建被正式列入 2019 年政府工作报告，在报告中提到"加大城际交通、物流、市政、灾害防治、民用和通用航空等基础设施投资力度，加强新一代信息基础设施建设。"2019 年 12 月召开的中央经济工作会议进一步对新基建提出了工作要求，"要着眼国家长远发展，加强战略性、网络型基础设施建设，推进川藏铁路等重大项目建设，稳步推进通信网络建设，加快自然灾害防治重大工程实施，加强市政管网、城市停车场、冷链物流等建设，加快农村公路、信息、水利等设施建设"，强调了建设信息基础设施的紧迫性和重要性。

在 2020 年特殊的经济形势下，新基建肩负着稳定经济增长的作用，有望承担加速社会及经济结构优化和升级的重任，在"十四五"时期及未来，将对中国产生历史性影响。进入 2020 年，新基建作为对冲疫情影响和推动实现全面建成小康社会目标的重要抓手，在多次会议中被频繁提及。2020 年 1 月 3 日的国务院常务会议继续明确提出"大力发展先进制造业，出台信息网络等新型基础设施投资支持政策，推进智能、绿色制造。"2020 年 2 月 14 日的中央全面深化改革委员会第十二次会议又对新基建进行了深入讨论，提出要"统筹存量和增量、传统和新型基础设施发展，打造集约高效、经济适用、智能绿色、安全可靠的现代化基础设施体系。"2020 年 2 月 21 日召开的中央政治局会议，面对新冠肺炎疫情带来的严峻形势，提到"加大试剂、药品、疫苗研发支持力度，推动生物医药、医疗设备、5G 网络、工业互联网等加快发展。"中央政治局常务委员会于 2020 年 3 月 4 日召开会议，提出"加快 5G 网络、数据中心等新型基础设施建设进度。"截至目前，虽然国家多次高层会议密集提到发展新型基础设施，充分体现出新形势下新型基础设施建设对我国宏观经济发展和产业布局的重要作用和紧迫程度，但新型基础设施的范围和内涵都还没有标准化的解读和界定。

关于新型基础设施建设的具体范围，中央相关文件中并没有给出十分明确的定义，倒是有一批官方媒体发出了声音。例如，新华社旗下的《瞭望》杂志在其《瞭望｜"新基建"带来新机会》一文中认为："新基建主要指以 5G、人工智能、工业互联网、物联网为代表的新型基础设施，本质上是信息数字化的基础设施……能支撑传统产业向网络化、数字化、智能化方向发展的信息基础设施，包括新一轮的网络建设，如光纤宽带、窄带物联网等；数据信息相关服务，如大数据中心、云计算中心及信息和网络的安全保障等，也必将成为我国新基建的核心所在"。不过，2020 年 3 月在中央电视台中文国际频道中，新型基础设施建设被定义为发力于科技端的基础设施建设，主要包含 5G 基建、特高压、城际高速铁路和城际轨道交通、新能源汽车充电桩、大数据中心、人工智能、工业互联网七大领域，涉及通信、电力、交通、数字等多个社会民生重点行业。相对来说，中央电视台对"新型基础设施建设"的范围定义更加广泛，这一定义后来也获得了更广泛的社会认同。

2020 年 4 月 20 日，国家发展改革委明确将新基建定义为，以新发展理念为引领，以技术创新为驱动，以信息网络为基础，面向高质量发展需要，提供数字化转型、智能升级、融合创新等服务的基础设施体系，新基建的范围界定为信息基础设施、融合基础设施、创新基础设施 3 个方面。其中，信息基础设施包括以 5G、物联网、工业互联网、卫星互联网为代表的通信网络基础设施，以人工智能、云计算、区块链等为代表的新兴技术基础设施和以数据中心、智能计算中心为代表的算力基础设施等；融合基础设施主要是指深度应用互联网、大数据、人工智能等技术，支撑传统基础设施转型升级，进而形成的融合基础设施，如智能交通基础设施、智慧能源基础设施等；创新基础设施主要是指支撑科学研究、技术开发、产品研制等具有公益属性的基础设施，如重大科技基础设施、科教基础设施、产业技术创新基础设施等。国家发展改革委文件中提出的新型基础设施建设的概念聚焦于 5G、人工智能、数据中心、工业互联网和物联网这五大领域，均为数字类基础设施，而之前媒体报道中衍生出的 5G 基建、特高压、城际高速铁路和城际轨道交通、新能源汽车充电桩、大数据中心、人工智能、工业互联网等新基建"七剑"的提法并不准确，因为其中的特高压、城际高速铁路和城际轨道交通、新能源汽车充电桩并非属于数字类基础设施的范畴。

地方政府积极响应中央，陆续公布了新基建项目表，加速新基建项目落地。北京、上海、江苏、福建、河南、重庆等 13 个省市发布了 2020 年重点项目投资计划清单，包括 10326 个项目，其中 8 个省份公布了计划总投资额，共计 33.83 万亿元。作为各地投资计划中的重要组成部分，部分地区基建计划投资额甚至占到了总投资额的一半以上。例如，湖南省于 2020 年 8 月 11 日发布 2020 年全省"数字新基建"100 个标志性项目名单，全省新基建相关总投资为 563.78 亿元，以重点项目为牵引加速数字产业化和产业数字化，为数字经济注入动力。湖南省发布的这份项目名单中工业互联网项目名单数达 42 个，是数字新基建标志性项目名单的主体，充分体现了工业互联网在新基建中的关键组成作用。湖南省各类型工业互联网平台近 100 个，主要工业互联网平台线上注册企业用户达 7 万户，连接工业设备 215 万台；中小企业"上云"累计达到 22.7 万家。项目名单中 12 个 5G 项目合计投资为 81.3 亿元，其中湖南电信、移动、联通三大基础电信运营商的 5G 项目投资额为 71.4 亿元，占比 87.8%，有望实现 5G 网络对全省地级市、县城乡镇及发达农村室外 5G 网络的基础覆盖。除此之外，项目名单中还有 25 个人工智能项目和 21 个大数据项目。

在新基建浪潮中，除地方政府之外，各大科技巨头都表示对数字经济发展有信心，对新基建发展持乐观态度，积极推动新基建，参与布局。2020 年 4 月 20 日，阿里云宣布未来 3 年在新基建业务版图布局中再投入 2000 亿元人民币，一部分用于全球数据中心建设，另一部分用于云操作系统、服务器芯片、网络等重大核心技术研发攻坚和面向未来的数据中心建设。同一年，腾讯宣布未来 5 年将投入 5000 亿元，用于新基建的进一步布局。云计算、人工智能、区块链、服务器、大型数据中心、超算中心、物联网操作系统、5G 网络、音视频通信、网络安全、量子计算等都将是腾讯的重点投入领域。其中，在数据中心方面，腾讯将陆续在全国新建多个百万级服务器规模的大型数据中心。同时，结合产业技术创新需要，腾讯重点投入云计算产业基地、工业互联网基地、创新中心、产业园区等方面的建设。此外，腾讯计划充分调动内部顶级科研专家和实验室资源，积极与国内外顶尖高校合作，搭建科研平台，加强产业研究和人才培养，投入重大科技攻关，积极参与制定行业标准。

1.4　新基建的特点和时代背景

在数字经济时代，数据成为新的生产要素。根据联合国的定义，数字经济由狭义到广义，包含了 3 层定义：①半导体、科技硬件、通信服务、互联网等数字部门；②平台经济、零工经济、共享经济等基于数字产业技术的数字经济；③电子商务、工业 4.0、精准农业等数字产品及服务使能增值的数字化经济。数字产业涵盖半导体、科技硬件、通信服务等行业，当前伴随着科技发展和数据量提升，数字产业公司在资本市场的地位正在逐步提升。数字产业上市公司总市值占比从 2008 年金融危机前的 12.2%上升到 2020 年 5 月的 29.0%，占比依次超越了能源和金融行业。

按新基建与数字经济的关系，新基建可以分为两部分：①传统基建补短板部分，主要作为产业数字化的基础设施，如智能交通和智慧能源，都是科技手段赋能传统行业的典范，其基础设施的建设将助力于传统产业附加值的进一步释放；②新技术数字基建部分，短期内主要助力于数字产业化，释放经济附加值，长远来看，其赋能的 5G、工业互联网、人工智能等新兴技术产业建设，又将进一步带动诸多传统行业的数字化转型。

从对经济社会发展作用的角度来看，新基建与传统基建都有利于拉动经济社会发展，换句话来说，新基建与传统基建有着相同的本质，它们均有利于拉动经济增长，释放长期经济增长潜力，为人民生活提供便利。"要致富，先修路"，与传统基建类似，新基建也是助推经济高质量发展的重要手段。新基建与传统基建都是通过加大投资，带动相关产业链，增加就业岗位，拉动收入增长，从而实现推动经济增长的效果。基础设施建设是未来 20 年左右社会繁荣发展的基础，先进超前的基础设施建设将推动经济发展，释放长期经济增长的潜力。反之，落后的基础设施建设将制约经济增长。新基建与传统基建都是对能源、交通运输、网络通信等公共服务的投资，可以满足人民生活需要，提升人民生活的便捷度及幸福感。

新基建与传统基建两者之间存在明显的差异，也就是新基建与传统基建有不同的时代背景，加强传统基建是应对 20 世纪末亚洲金融危机及 2008 年全球金融危机的举措。例如，1998 年中国增发特别国债用于加强基础设施建设。为应对 2008 年全球金融危机，中国提出了"4 万亿"经济刺激计划，投资基础设施建设。新基建是站在新的时间节点上被提出的，是助力全球数字化经济转型的重要措施。

（1）传统基建对经济增长的带动作用逐渐减弱。传统的基础设施建设投资对经济增长拉动的边际效应已经不明显，并且在上一轮的基础设施建设投资中，相当部分资金进入了房地产相关行业，导致产能进一步过剩，构成了巨大的经济和金融不稳定因素，因而传统的基础建设投资已不是必要选项。

（2）全球数字化转型加速发展要求新的增长势能。在经济下行背景下，基建投资是平滑经济波动的有效手段。新基建概念的推出不仅是缓解我国经济下行压力的力量，而且是加快推动我国经济迈向智能经济，推动新基建成为全社会数字化转型升级的重要引擎。随着产业的发展，全球数字化浪潮在进一步加速推进。目前全球已有 170 多个国家发布了本国的数字发展相关战略，未来数字经济将会成为各国国民经济中的重要组成部分。而从整个工业革命的发展过程来看，今天我们已经到了工业 4.0，即第 4 次工业革命的阶段，意味着从传统的生产模式到自动化生产模式之后，进入到数字化和智能化的时代。自改革开放以来，我国经济发展取得傲人成绩，但支撑我国经济增长的传统动能（劳动力红利、环境资源供给、投资拉动作用、外部市场需求）正在减弱。过去以这种传统方式发展了三四十年，到今天已受到发展限制。因此需要寻求一种新的发展方式，培育新的发展势能。

（3）新基建投资成为缓解我国内外部压力的重要手段。通过多年来的经济发展，我国已经是全球第二大经济体。经济规模虽然日益扩大，但我国面临的国际形势也日益复杂严峻。中美贸易战已对国内出口造成不良影响。国际经济出现贸易保护主义倾向，西方发达国家联合起来遏制中国的经济发展，尤以 5G 在全球的推广受阻最为突出。同时，全球新冠肺炎疫情进一步打击了出口贸易，需要"投资"这驾马车拉动经济，很多外向型的经济模式受到限制。这一次疫情给全球经济都带来了重大影响，中国宏观经济也在最近几年不可避免地面临经济周期、去产能、去杠杆和环保压力等多重因素的影响，宏观经济出现下行、增速放缓，众多企业特别是中小微企业面临经营困难等困境，国家的经济稳定和增长压力骤增。在这种情况下，传统模式受新冠肺炎疫情影响，很难进一步发展。因此，它也倒逼着商业模式的变革，以及数字经济的变化升级。所以，投资新型基础设施建设是应对国内外环境变化的重要举措。

1.5 　新基建到底新在何处

　　新基建之新，在于它可以带动传统产业转型升级，也可以产生新的产业。新基建一方面拉动先进智能科技相关产业的发展，另一方面又作为智慧经济的基础设施带动产业链全面升级。从内容指向上看，新基建基本涵盖了新技术革命浪潮中的新兴产业，从人工智能、物联网到新能源和新交通。这些新基建领域的基本特征如下。第一，产业链涉及范围广，如 5G 建设包括了芯片、器件、材料、精密加工等硬件及操作系统、云平台、数据库等软件；特高压输变电涉及直流特高压和交流特高压，交流特高压又涉及高压变压器、互感器等数十个产业。第二，产业间的协同效应强，如 5G、工业互联网、人工智能、云计算、边缘计算及数据中心之间也存在着强烈的相互需求，产业间的互为需求将形成一种产业间的循环拉动效应，有助于提升产业竞争力。第三，渗透效应强，新基建在拉动新经济形成规模的同时，对传统产业尤其是传统制造业也将产生渗透效应。

　　新基建之新，在于它可以基于新兴技术，将 5G、物联网、人工智能、大数据、云计算、工业互联网等领域深度融合，形成新一代信息基础设施的核心技术。本轮启动的新型基础设施建设能更好地支持创新、绿色环保和消费升级，在补短板的同时为新引擎助力，这是新基建与老基建最大的不同。以信息产业为例，中国目前大力发展的 5G 技术具备超高带宽、超低时延、超大规模连接数密度的移动接入能力，服务对象从人与人通信拓展到人与物、物与物通信，不仅是量的提升，而且是质的飞跃。同时，我国具有全球规模最大的移动通信市场，5G 商用将形成万亿级的产业规模，有利于推动核心技术攻关突破和带动上下游企业发展壮大，促进我国产业迈向全球价值链中高端。

　　新基建之新，在于它可以通过对传统基础设施的技术赋能，开拓出新的应用场景。通过对能源基础设施的赋能，新基建可以带来智能电网；通过对交通基础设施的赋能，新基建可以带来智能化道路，为智能网联汽车产业发展做好准备。例如，在政府着力发展城市群的战略背景下，城市之间的基础设施仍较为薄弱，而城市内部基础设施，如地铁等，仍有欠缺，亟待升级改造，以适应新时代的发展，新基建项目中的城际高铁和城市轨道交通及特高压、新能源充电桩等即是在原有基建项目上的补充和提升。新基建还可以开拓出智慧城市的多样化应用，如智能安防、智能交通、智能教育、智慧医疗等。

　　新基建之新，在于它可以带来新的投资需求和消费需求。随着经济的发展和产业结构的转型和升级，当前的基建投资更多的是着眼于前沿科技发展，通过推动技术创新来提升经济的高质量发展，提升人民生活的幸福感。作为新基建的重点，新兴信息技术的科技含量高、投资规模小、未来需求空间大，在减少政府投资压力的情况下可以有效吸引社会资本的投入，更适合我国应对目前的经济困境。作为重要的基础产业和新兴产业，新基建不仅对应着巨大的投资需求，也对应着巨大的消费需求，是实现我国经济高质量发展的重要引擎之一。例如，5G 基建不仅需要大量的无线主设备和传输设备，如光模块、基站射频，其终端产品也具有广泛的消费需求，预计2020—2025年5G可直接拉动电信运营商网络投资1.1万亿元，拉动垂直行业网络和设备投资0.47万亿元。与此同时，5G建成后可实现多场景结合，如超高清流媒体（视频、游戏、VR/AR等）、车联网或自动驾驶、网联无人机等，其商用将带动1.8万亿元的移动数据流量消费、2万亿元的信息服务消费和4.3万亿元的终端消费。

新基建之新，还在于它参与主体的多元化。新基建进一步放开投资市场准入及民营企业参与度来提升资源利用效率，从而在未来的新基建过程中，民营企业有望实现高度参与，打破传统基础设施建设以国有资本为主体的局面。新基建进一步拓宽投资渠道，放开民营企业参与，消除不合理准入条件，改善民间资本传统基建领域投资占比较少的情况。另外，新基建允许市场发挥资源配置作用。对于有明显商业化价值的项目，允许企业进入；对于商业化价值较低或市场整合难度比较大的项目，由政府牵头解决。

新基建之新，在于为提高我国经济的强度和韧性提供了新机遇。经过70多年的发展，我国已经成为世界上最大的制造业国家和工业门类最为齐全的国家。但在规模不断扩大的过程中，也暴露出产业基础薄弱、产业协同性不强、产业链附加值低的弊端，核心技术和知识产权受制于人，既在经济安全上削弱了我国经济的安全强度，也影响了产业链、供应链的韧性。这一困局也出现在新基建领域中，以工业互联网为例，当前高端PLC、工业网络协议、高端工业软件等市场仍被国外厂商垄断，边缘智能和工业应用开发等关键技术瓶颈突出。而新基建的巨大投资规模和产业协同效应，为提高中国经济的强度和韧性提供了前所未有的机遇，也为实现关键技术和关键产品的自主创新这一目标提供了有利条件。除此之外，我国经济从高速增长转向高质量发展，相应的经济体系也需要从传统经济体系转向现代化经济体系，建设现代化经济体系是高质量发展的必然要求。现代化经济体系必然需要现代化的基础设施，信息化、智能化、绿色化都是现代化的方向和要求，因此新型基础设施作为现代化基础设施，构成了现代化经济体系的基础设施。建设现代化经济体系，需通过"新基建"进行基础设施创新，从而提高基础设施供给质量，促进数字经济、智能经济和绿色经济的发展，进而推进经济转型升级，从而实现供给侧结构性改革的目标。

1.6 本章小结

受国内外复杂因素及新冠肺炎疫情的影响，我国经济的下行压力在加大。发挥投资在经济增长中的关键作用，不可能再用过去依靠投资刺激经济增长的办法，必须要有新的思路和举措。从另一个角度看，我国经济要加快推动传统产业转型升级，不断壮大新兴产业，打造经济发展新动能，离不开信息化、数字化、智能化的强力支撑。推进新基建，不仅有助于稳增长、稳就业，还能释放经济增长潜力，促进新产业、新领域发展，提升长期竞争力。新基建的重点是加强战略性、网络型基础设施建设，加大消费升级和产业升级领域基建投资力度，这将有力支持结构转型和产业提升，促进新业态、新产业、新服务发展。

第 2 章　我国信息基础设施的建设发展历程

2.1　新基建与信息基础设施的关系

2018 年 12 月，中央经济工作会议首次提出新基建的概念，明确提出加快 5G 商用步伐，加强人工智能、工业互联网、物联网等新型基础设施建设。2020 年以来，为应对新冠肺炎疫情和中美贸易冲突等外部冲击造成的经济持续下行压力，中央多次重要会议都重点提及新基建。新基建的内涵在不断丰富、完善，从最初的 5G 网络、人工智能、工业互联网、物联网扩增到数据中心、充电桩、换电站等。与此同时，社会各界对新基建广泛关注，进行了热烈讨论和多元化的解读，出现了"七大领域说""三个方面说""新技术驱动说""新要素说"等。

在大家对新基建众说纷纭之际，2020 年 4 月，国家发展改革委给出了权威解释，将新基建的范围界定为信息基础设施、融合基础设施、创新基础设施 3 个方面。

在新基建的这 3 个方面中，信息基础设施是新基建的基础和核心。以新一代信息技术为基础，以信息网络、新技术和算力为主要内容的新一代信息基础设施在新基建中居于首要地位，不仅为经济社会的数字化转型和高质量发展提供基础性支撑，而且为交通、能源等传统基础设施的数字化、网络化与智能化转型升级提供技术支持。

信息基础设施始终是国家信息化发展的重要内容。2016 年，我国发布的《国家信息化发展战略纲要》从增强国家信息化发展能力和夯实信息经济发展基础的角度，对新时期信息基础设施的建设范围进行了界定，分别是：覆盖陆地、海洋、天空和太空的陆海空天一体化信息基础设施；包括数据中心、云计算和物联网在内的应用基础设施；电力、民航、铁路、公路、水路、水利等公共基础设施的网络化与智能化改造；包括安全支付、信用体系、现代物流等在内的新兴商业基础设施。可以看出，新基建与《国家信息化发展战略纲要》所要着重发展的基础设施方面具有很高的重合度。

2.2 国家信息基础设施的提出

信息基础设施不仅是国家战略性、先导性、关键性的基础设施，也是国家基础设施（NII）的重要组成部分，还是新时期新型基础设施建设的核心内容。信息基础设施定位于国家信息基础设施，突出了信息基础设施的战略性、基础性和普惠性。其中，"国家"意味着"战略性""普惠性"，"基础设施"意味着"基础性""普惠性"。将信息基础设施定位于国家新型基础设施，并且新一代国家信息基础设施在新基建中居于首要地位，凸显了国家信息基础设施的前沿性、先导性和关键性。

国家信息基础设施的概念最早来源于美国的"信息高速公路"计划，所以国家信息基础设施当时又俗称为信息高速公路。它是利用数字化技术，以宽带大容量光纤为主，卫星和微波信道为辅，共同作为传输信道，集计算机、电视、录像和电话功能于一体，可以传送话音、数据、视频图像信息的多媒体高速通信网。在美国的政府报告中把国家信息基础设施定义为：由通信网、计算机、数据库、日用电子设备、软件和人组成的，能为机关、团体、学校、科研单位、流通领域、家庭直至流动的个人，提供话务、数据、图像的大量多媒体信息的巨型通信网络。这里所说的通信网络是指光纤通信网、卫星通信网、微波通信网、计算机网络连接而成的干线网，以及各种专用信息网络。由于国家的大小不同和经济实力不同，一个国家的信息高速公路的通信容量必然也是不同的，所以 NII 并没有给出数据传输速率的定义，但明确提出，NII 建设完成后，在任何时刻、任何地点，该国任何人相互之间都能进行多媒体交互通信。以 20 世纪 90 年代美国启动国家信息高速公路计划为肇端，信息基础设施开始纳入各国国家基础设施建设范畴。

1992 年，美国参议员艾伯特·戈尔提出美国信息高速公路法案。1993 年 9 月，美国政府宣布实施《国家信息基础设施行动计划》（*The National Information Infrastructure: Agenda for Action*），从五方面阐述了国家特别是联邦政府在国家信息基础设施（NII）建设和发展方面的主要职责和拟采取的行动，并计划通过推动全球信息基础设施（GII）建设，促进全球信息通信市场的开放与公平竞争。

美国的 NII 行动计划迅速得到了包括中国在内的世界各国的积极响应，欧洲、亚太及南美地区的主要国家均在短期内推出了各自的政府行动计划。尽管不同国家在政治经济制度、经济技术实力及 NII 建设的战略意图等方面存在差异，但总体来看，各国均把信息网络建设、信息资源的开发，以及信息应用系统的建设作为 NII 的重点内容，并呈现出以下几方面的共性：一是多数国家和地区均制定了跨世纪的中长期建设规划，建设周期为 10～20 年；二是投资规模巨大，从数亿美元到千亿美元不等；三是在 20 世纪 90 年代经济自由化的大背景下，通过破除垄断促进电信行业的竞争成为国际社会 NII 建设的一种共识。因此，民间投资成为 NII 建设的主导或重要力量。

从对信息基础设施相关的概念辨析和各国对信息基础设施建设的重视程度来看，信息基础设施对一个国家经济社会发展具有独特的重要性。目前，我国信息基础设施的定位实际上是国家基础设施和新基建的交集，是国家战略性、先导性、关键性的基础设施。其实，这也意味着人们对信息基础设施的认识经历了两次质的飞跃：一是将其定位于国家基础设施，是国家基础设施的重要组成部分，或者说是主角；二是将其定位于新型基础设施建设（新基建），并且是新基建的核心。

由信息基础设施的定位就可以很容易地知道其重要特性：一是信息基础设施具有战略导向，是国家战略性基础设施；二是创新驱动发展，投资驱动已不是信息基础设施建设的重点，而以创新引领发展，将前沿的技术应用于新一代信息基础设施才是重点；三是平台功能，借助于"数字化平台"这种新的结构性力量，充分发挥数字对经济发展放大、叠加、倍增、融合等作用，产生网络效应、平台效应和赋能效应，推动形成新的产业体系和产业生态，这是信息基础设施可以赋能经济高质量发展的根本；四是包容普惠，这是国家基础设施所要求的，即信息基础设施建设和使用要惠及全体民众，要提供普遍服务，避免出现数字鸿沟。

2.3　我国信息基础设施的建设历程

美国政府发布《国家信息基础设施行动计划》的 1993 年，我国的信息化进程正式启动。这一年，我国成立了国家经济信息化联席会议，并正式启动金桥（国家公用经济信息通信网）、金卡（国家电子货币工程）和金关（国家对外经济贸易信息网络工程）三大国家信息化示范工程。在随后几年内，随着信息化领导体制的逐步建立和完善，以及《国家信息化"九五"规划和 2020 年远景目标（纲要）》的编制，我国完成了国家信息化建设和发展的首个顶层设计。作为国家信息化发展的重要任务之一，信息基础设施建设也在"统筹规划、国家主导；统一标准、联合建设；互联互通、资源共享"方针的指导下，进入了发展的快车道。从技术进步推动基础设施迭代升级的角度看，我国的信息基础设施建设和发展大体上经历了 3 个发展阶段。

1．20 世纪 90 年代的通信基础网络建设时期

尽管 20 世纪 90 年代电子信息、通信和广电三大产业的发展非常迅速，但是信息基础设施的总体状况还比较落后。截至 1995 年，全国共有电话 5400 万部，话机普及率仅为 4.7%；全国移动电话的用户只有 350 万户，有线电视的用户也刚超过 5000 万户。1994年，中国首次接入国际互联网。1995 年，当时的邮电部开始面向社会提供互联网接入服务；这一年年底，其所服务的用户数仅为 4000 个。针对这一落后面貌，国家明确了"九五"期间信息基础设施建设的一个主要任务，是对"七五""八五"期间已经建成的、碎片化分布的光缆网进行延伸和对接，组成一个能覆盖全国主要城市的纵横交错、经纬互织的干线网，为电话、广电和互联网等通信服务的普及和发展奠定物理基础。根据这一

部署，1998 年，被誉为中国通信建设史上施工难度最大的兰西拉（兰州—西宁—拉萨）工程竣工；2000 年，广昆成（广州—昆明—成都）干线实现贯通。至此，历时 15 年、造价高达 170 亿元人民币的贯通全国的"八纵八横"光纤通信骨干网正式建成。作为改革开放后在国家主导下完成的中国通信发展史上的超级工程，"八纵八横"光缆干线网的建成具有划时代的意义，不仅使我国的通信网络实现了全国省会城市的全覆盖，而且在网络规模和技术水平上赶上甚至超过了部分发达国家，为此后国家信息化进程的快速推进奠定了坚实的网络基础。

2. 21 世纪头 10 年的互联网和移动通信快速发展时期

进入 21 世纪以后，我国电信基础网络的建设规模和传输质量进一步提升，光缆线路长度从 2000 年的 158 万千米增加到 2010 年的 995 万千米，10 年间增长了 5.3 倍。在此基础上，随着宽带应用技术的不断成熟，中国于 2002 年正式启用宽带接入互联网的方式，不仅极大提升了互联网的普及程度，而且开启了数据通信的宽带化时代。据统计，2000 年，我国的网民数量仅为 2250 万人，2005 年超过 1 亿人，达到 1.1 亿人；2008 年达到 2.98 亿人，网民数量超过美国，位居世界第一；2010 年达到 4.57 亿人，互联网普及率提高到 34.3%。与此同时，我国宽带用户数量从 2002 年的 660 万户增加到 2010 年的 4.5 亿户，宽带用户占到网民总数的 98.5%。

另外，随着移动通信技术的迅速迭代升级，移动通信取代固定通信，成为我国电信基础设施投资、技术攻关及电信业务发展的主要方向。2001—2010 年期间，固定电话网络局用交换机容量从 1.6 亿门发展到 4.7 亿门，10 年间增长 1.94 倍。同期，移动通信网络交换机容量从 2.4 亿户发展到 15.1 亿户，增长了 5.3 倍。1997 年，中国移动电话用户达到 1000 万户，2001 年达到 1 亿户。2003 年 10 月，移动电话用户首次超过固定电话用户，达到 2.57 亿户（固定电话用户为 2.55 亿户）。2009 年，移动电话用户达到 7.47 亿户，在电话用户中占比超过 70.3%。在移动通信业务迅猛发展的这 10 年中，我国移动通信在技术上实现了从第一代模拟信号传输到第二代数字语音传输，再到第三代高速数据传输的转变，从移动语音通信跨入移动多媒体时代。在此期间，随着 2009 年工业和信息化部正式向移动通信公司发放基于 TD-SCDMA 技术标准的 3G 牌照，我国在通信技术上首次实现了由"无芯"到"有芯"的突破，第一次拥有了具备自主知识产权的 3G 国际技术标准并成功实现了商用。在第三代移动通信技术上所取得的突破，结束了我国在这一关键信息技术领域长期"跟跑"的处境，为下一个 10 年中国在移动通信技术上实现赶超打下了坚实的技术、人才和产业基础。

3. 2010 年以来的新一代信息基础设施建设时期

进入 21 世纪第二个十年，信息技术的发展取得新的突破。以物联网、云计算、下一代互联网、新一代移动通信技术为代表的新一代信息技术突破了传统的应用边界，由信息系统向物理和生物系统延伸，构建起一个万物互联的新的信息和产业生态，进而引发了新一轮产业革命和国际竞争。各国针对新一代核心信息技术的发展与应用纷纷制定战略规划，试图抢占新一轮科技和产业竞争的制高点。在信息技术的应用范围和前景急剧扩展的情形下，高速、可靠、安全的网络基础设施的重要性也日益凸显。在此背景下，2010 年通过的《国务院关于加快培育和发展战略性新兴产业的决定》，将新一代信息技术作为国家重点培育和发展的七大战略性新兴产业和国民经济的四大支柱产业之一。在此基础上，《通信业"十二五"发展规划》和《"十二五"国家战略性新兴产业发展规划》等规划性文件先后提出构建宽带、融合、安全、泛在的下一代信息基础设施的发展目标，并在光纤宽带、移动通信、下一代互联网等信息网络的演进升级和云计算、物联网等新型应用基础设施的公共服务能力提升方面做出了具体部署。

2013 年 8 月，国务院印发《"宽带中国"战略及实施方案》，第一次将宽带明确为国家战略性公共基础设施，并从宽带网络的接入速率、用户普及率及产业支撑能力等方面制定了分阶段发展目标，提出到 2020 年，我国的宽带网络服务质量、应用水平和宽带产业支撑能力达到世界先进水平。具体目标包括：固定宽带用户达到 4 亿户，家庭普及率达到 70%，光纤网络覆盖城市家庭。3G/LTE 用户超过 12 亿户，用户普及率达到 85%；行政村通宽带比例超过 98%，城市和农村家庭宽带接入速率分别达到 50Mbit/s 和 12Mbit/s，50%的城市家庭用户达到 100Mbit/s，发达城市部分家庭用户可达 1Gbit/s，LTE 基本覆盖城乡；互联网网民规模达到 11 亿人，宽带应用服务水平和应用能力大幅提升等。《2018 年通信业统计公报》显示，截至 2018 年年底，中国三家基础电信企业的固定互联网宽带接入用户总数达 4.07 亿户。其中，光纤接入用户达 3.68 亿户，占固定互联网宽带接入用户总数的 90.4%，接入网络基本实现光纤化。从宽带接入速率看，100Mbit/s 及以上接入速率的固定互联网宽带接入用户总数达 2.86 亿户，占固定宽带用户总数的 70.3%。移动宽带用户（3G 和 4G 用户）总数达 13.1 亿户（其中，4G 用户总数达到 11.7 亿户），占移动电话用户的 83.4%。上述数据表明，"宽带中国"战略中提出的宽带普及率和速率目标已提前两年实现。

值得强调的是，进入 21 世纪第二个十年以来，国际通信网络布局也开始纳入信息基础设施的发展规划。《通信业"十二五"规划》专门制定了关于国际通信的子规划，从提升国际通信网络能力、优化布局、保障安全等方面明确了发展目标。《"十三五"国家信息化规划》在提出"信息基础设施达到全球领先水平"发展目标的同时，也对国际通信网络的建设目标提出了新的要求，即"国际网络布局能力显著增强，互联网国际出口带宽达到 20 太比特/秒（Tbit/s），通达全球主要国家和地区的高速信息网络基本建成，建成中国—东盟信息港、中国—阿拉伯国家等网上丝绸之路。北斗导航系统覆盖全球"。

2.4 我国信息基础设施建设与国际水平的差距

在过去的近 30 年里，信息基础设施不仅经历了由语音通信向数据和多媒体通信、由固定通信向移动通信、由信息通信向万物互联的升级和转变，呈现出高速、融合、安全、泛在化的发展趋势，而且极大突破了传统的信息服务功能，业已成为支撑网络化、数字化、智能化生产和服务，以及建设智慧政府、智慧社会和智慧地球的物理和技术基础。在这一历史进程中，我国始终把信息化看作经济社会现代化的主要驱动力量和实现跨越式发展的历史机遇，不仅建成了世界规模最大的信息通信网络，而且在信息基础设施的建设水平上进入全球领先方阵，在移动通信、卫星导航等领域形成了明显的竞争优势，在运用新一代信息基础设施促进产业融合发展方面也有了长足进步。但是，从国际比较的视角看，我国在宽带服务性能、空间和海底设施能力、关键核心技术能力等方面，与国际先进水平尚有较大差距。

"宽带中国"战略的实施，显著解决了城乡"数字鸿沟"问题，农村宽带普及率从 2012 年的 88% 提升到了 2018 年的 98%，提前完成了 2020 年的建设目标。但是，在 2020 年新冠肺炎疫情防控期间，全国教育系统实行"停课不停学"的替代方案，偏远贫困地区"用网难"问题依旧突出。可见，如何通过加大电信服务业供给侧改革力度，在提高宽带普及率的同时进一步降低资费、提升服务性能，真正实现电信服务的"可获得、非歧视和可购性"普遍服务，将成为下一步我国信息基础设施建设发展的一个重点方向。

自 2009 年在移动通信技术方面取得 TD-SCDMA 自主知识产权并成为国际公认的 3G 标准以来，我国在移动通信领域集中资源、提前布局，致力于在 5G 的需求培育、技术研发、频谱分配及标准制定等领域获得先发优势和主导地位，在激烈的国际竞争中确立了明显的优势地位。

近年来，为满足大数据和云计算等新一代信息服务的业务需求，以及弥补地面通信网络在偏远地区的技术短板，包括谷歌、微软、Facebook、亚马逊等在内的国际互联网巨头纷纷投身新一代信息基础设施建设，在卫星互联网和超高速海底光缆方面取得了重大进展。2010 年以来，谷歌已联合多国投资者启动了 10 多条超高速海底光缆的建设工程，包括两条连接美国和亚洲的跨太平洋海底光缆。2017 年 9 月，微软和 Facebook 联合完成了长达 6600 千米的跨大西洋海底电缆 Marea，传输速率高达 160Tbit/s。2015 年，美国太空探索技术公司启动"星链"（Starlink）计划，打算在 10 年内建成一个由 1.2 万颗卫星组成的星链网络，向地面网络难以覆盖或服务价格昂贵的地区提供高速宽带网络服务。2020 年 4 月，美国太空探索技术公司在完成 420 颗低轨卫星的部署后，宣布将在年内正式启动卫星互联网的公测，加速其商用进程。反观我国，卫星互联网项目还处于起步阶段。在海底电缆方面，我国目前只有上海、青岛和汕头建立了 5 个海缆登陆地点，且仅有三大电信运营商具备参与国际海缆建设和运营的资质。登陆地点少、准入门槛高、审批流程长等因素严重制约了国内互联网企业参与跨国通信网络竞争和中国海底光缆的建设进程。据了解，全球已建成的 400 多条海底光缆中，在中国登陆的只有 9 条。根据国际电信联盟的统计，2017 年，我国每位互联网用户的国际带宽仅为 27.9kbit/s，不仅与英美等国存在显著差距，而且也远远低于 76.6kbit/s 的世界平均水平。

在工业互联网领域，尽管在政府部门的大力推动下，我国工业互联网的发展获得了十分积极的市场预期，但从目前发展实际看，我国工业互联网产业链从边缘层、网络层到平台层和应用层的 4 个环节中，除在平台层的数据存储和计算环节拥有一定的优势外，在其他环节均面临缺乏自主技术、服务能力不足等问题。这与美国全方位推进工业互联网、德国全方位推进工业 4.0 存在明显的差距。据了解，当前国内领先的工业互联网平台仍建立在国外基础产业体系之上，94% 以上的高档数控机床、95% 以上的高端 PLC、95% 以上的工业网络协议、90% 以上的高端工业软件被欧、美、日企业垄断。中国工业互联网的发展存在着企业数字化基础薄弱、平台支撑能力不足和安全隐患突出三大短板。

2.5　本章小结

信息基础设施以前只在讨论信息化建设的时候才被强调，并没有将其纳入基础设施的范畴。现在，信息化日益成为承载国民经济和社会发展的重要基础条件，信息基础设施也就顺理成章地成为国家基础设施的重要部分。一方面，传统基建已趋于饱和，要避免重复建设导致经济结构失衡；另一方面，传统基建的边际效用快速下降，急需新的经济增长点。支撑产业向网络化、数字化、智能化方向发展的信息基础设施正是我国新一轮基础设施建设的重点所在。

第 3 章　物联网在新型基础设施建设中的作用

3.1　物联网是新基建的核心要素

数字经济是我国当前发展的方向，新型基础设施是发展的基础，它们旨在为社会和经济发展提供新动力和新能源。作为我国现代化新型信息基础设施的重要组成部分，物联网是新一轮产业变革的重要方向和推动力量，它可以对物理世界进行数据采集、传输、存储、处理和应用，支撑社会经济数字化转型发展，最终构建出全面感知和泛在连接的数字孪生社会，对于我国未来经济发展过程中的稳投资、促消费、深化供给侧结构性改革、推动产业转型升级、培植经济发展新动能等方面具有战略意义。我国物联网技术和产业发展较早，在"十二五"期间就已经进入实质性的研究和应用阶段，包括相关的宏观政策扶持、技术的研发与标准的建立、产业人才的培养、行业知识库的积累及落地应用方面，都已经呈现出示范效应，成为推动经济与社会民生向智能化方向发展的重要动力。

在 2020 年中央电视台"新型基础设施建设"专题报道中提到的七大领域，虽未直接提及物联网，但是在新基建的七大领域中，5G、大数据中心、工业互联网、人工智能这4 个信息基础设施的重点领域都与物联网具有很强的相关性。同时，能源基础设施、交通基础设施等融合基础设施和科教基础设施也都需要物联网来进行技术赋能。2020 年 4 月，国家发展改革委明确了新基建的具体范围，并将物联网列为新基建中网络基础设施的重要组成部分。物联网其实是新基建的核心要素，在新基建时代起着不可替代的作用。新基建是面向国民经济各行业的高质量发展需要，提供数字化转型、智能升级、融合创新等服务的基础设施体系。新基建的布局建设，必将为物联网及其相关产业带来新的发展机遇。无论是数字化转型，还是智能升级，都离不开连接，而连接正是物联网实现万物互联的根本。新基建旨在为社会经济赋新能，物联网是新基建底层的基础支撑设施，它既能够带动新设施的发展，也能够实现对传统设施的改造。从这个角度讲，物联网不仅是新基建的主要科技支撑手段，还是新基建的核心要素之一。

物联网有助于新的工业基础设施的形成。物联网是一种新型基础设施，但它既可以推动新的基础设施功能的演进发展，也可以改变、提升传统设施的功能。具体而言，在建设、开发新的支撑性基础设施时，物联网可确保相关设施建设的有效性，如无人支持设施（无人机等）、无人配送物流系统、无人防疫系统、光伏发电、清洁能源和高端制造等新兴产业设施，以及智能工业园区的配套项目。对于传统设施的改造，物联网可以作为传统基础设施进行升级改造的助推器，如城市服务设施、道路交通设施、社区服务设施、农业基础设施、酒店服务设施和消防设施等的智慧化升级改造都离不开物联网技术手段。物联网同样是轨道交通、冷链运输等短板问题解决方案的核心组成部分。在新的基础设施建设和使用过程中数据收集和传输环节不可替代，相应地，新基建中物联网感知层和网络层的相关设施建设必不可少，基于此才可能衍生出极为丰富的使用场景。

伴随着新基建热潮的兴起，物联网的新技术和新产品加速落地。物联网、大数据等技术手段的广泛应用正在推进城市治理现代化，着力提升基础设施水平，改善国计民生。2020 年年初，新冠肺炎疫情来袭，传统零售、餐饮、娱乐等线下需求场景陷入停滞，收入锐减。然而，许多线上需求却出现爆发式增长，网上业务不断加码，"线上替代线下"逐渐成为趋势。在抗击新冠肺炎疫情期间，"非接触式"交易和服务新业态异军突起，物联网技术在智慧医疗、远程配送、智能制造、便民服务等领域多点开花，成为这场"科技战疫"的关键支撑。其中暴露的不少问题需要采用物联网方案解决，一些具有良好应用价值的产品需要加以推广，部分被紧急上马的终端应用需要有扩展方案来确保继续使用。这也与民生服务领域对新基建的要求不谋而合。在社区管理方面，人脸识别、热成像测温等物联网技术手段在社区人员身份识别、"无接触式"体温筛查及门禁无人化管理方面得到普遍应用；通过手机 App 或微信小程序，可以实时发布疫情防控信息，并协助业主"无接触"乘坐电梯；智能摄像头高效协助小区人员管理，对人员聚集等违规行为进行实时监控并预警。在人流管控方面，车牌智能识别、红外测温等技术在机场、车站、高速公路卡口等人流密集区域大量投入使用，大幅提高排查效率；无人机巡查、高空喊话在城区和乡村疫情防控中应用灵活，成为亮点。在医疗救治方面，定位标签在医护人员、患者、医疗设备上得到应用，不仅实现了对人员活动位置、运行轨迹的实时监测和越界预警，还为患者提供了一键呼叫功能，提高了医疗救治与患者管理的效率。

3.2　物联网建立新基建的能力支撑

新基建中的物联网主要展现了三类基础能力：一是依托感知设备的采集能力；二是依托网络的连接能力；三是依托平台的服务能力。围绕这三类能力，物联网新基建能与其他信息基础设施进行有机融合，向边缘侧和应用支撑体系化双向延伸，进而拓展出巨大的发展空间。其中，领衔网络通信基础设施的 5G，在其技术标准的三大应用场景中，海量连接应用场景和高可靠、低时延应用场景更是完全面向物联网领域。当前，三大运营商正在稳步布局 5G 规模组网和 5G 应用示范工程建设。但必须承认，5G 网络建设在成本、技术和运维方面还面临不少挑战，部署一张全国范围深度覆盖的商用成熟网络尚需时间。现阶段，5G 主要对物联网起到催化作用，但短期内物联网的规模化发展不会依赖 5G 带动。此外，物联网也一直是促进产业转型升级的重要手段，物联网新基建将深度应用人工智能、区块链等新兴技术，整合大数据、云计算等基础算力，高效赋能"产业数字化"，加速落地应用场景化，从而实现从"万物互联"向"万物智联"的过渡。

一般来说，物联网系统的服务能力具有以下几个特性。

（1）异构性。物联网系统包含的智能设备或组件来自不同区域、不同领域、不同时期建立的物理感知和执行系统，因此这些智能设备或组件提供的服务语义、数据格式及服务质量有所不同，如不同的采样速率、精确度和空间分辨率等，这使得选择多个合适的服务来协同完成一个任务的过程变得比较复杂。

（2）大规模性。在物联网系统中，具有感知或执行能力的智能设备或组件都可以作为服务提供者。随着智能设备或组件数量的不断增加，物联网系统中可以提供服务的资源规模不断扩大，这将给服务命名、查找与管理带来新的挑战，而且大规模服务之间的交互也将极大地增加每个智能设备或组件的计算时间、存储容量和能量的消耗。

（3）与物理世界的交互性。在物联网系统中，智能设备或组件除了可以提供基础的数据采集、处理和传输服务，还可以产生一定的动作与物理世界进行交互。由于不同的需求对同一执行器可能会产生相互冲突的执行动作请求，因此调用物联网中与物理世界交互的服务会受到更多的约束。

（4）资源受限性。在物联网系统中，智能设备或组件的计算能力、存储容量和能量供给都十分有限，因此将智能设备或组件提供的服务和互联网中的服务组合起来构建物联网系统时需要考虑这些资源的受限性，以保证系统的可用性。

（5）动态性。在物联网系统中，智能设备或组件提供的服务会因移动或休眠等原因而失效，从而导致服务的有效性在空间和时间上是动态变化的，并且不易被获知，因此提高了在物联网系统中发现和管理服务的难度。

（6）不完整性。对物联网系统而言，在动态的环境中无法准确地判断每个所需要的服务是否存在，因此会出现想要获取的服务不存在的现象，如当构建的物联网系统用于监测某个区域的平均温度时，需要区域内各地点和时间的温度感知服务，以及计算平均值的云服务，这时无法保证所有地点和时间的温度感知服务都存在，因此需要采用估计或即时加载的方法来解决服务不完整带来的问题。

物联网除需要具有基础性的联网能力、计算能力、存储能力、通信能力外，还需要具有 3 个重要能力。

（1）物品关联能力，即物联网的联网、服务提供、服务调用等操作具有直接关联物理世界物体的能力。这是物联网能够连接物体的基本特征能力。

（2）自主操作能力，即物联网具有自主执行联网、服务提供、服务调用等操作的能力。这是物联网在连接物体的基础上进行自动数据采集、分类、存储、传递、更新所必备的能力。

（3）隐私保护能力，即物联网所有的操作者都应该具有隐私保护的能力。这是物联网进行自主采集和处理数据（来自物体的数据）操作时必须具有的基本安全能力。

3.3　物联网构筑工业互联网的发展根基

工业领域一直被认为是物联网最大的应用场景之一。我国制造业处于转型升级的关键时期，而物联网的工业应用（工业物联网）成为重要的发展趋势。工业互联网背后的逻辑是日趋成熟的传感器技术、通信技术、信息处理技术的整合应用，通过工业资源的网络互联、数据互通和系统互操作，实现制造原料的灵活配置、制造过程的按需执行、制造工艺的合理优化和制造环境的快速适应，大大提升工业效率与数据获取的准确性与及时性，达到资源的高效利用，从而构建新工业生态体系。工业互联网与工业物联网没有本质上的区别，从架构上都可以分为感知层、通信层、平台层和应用层。感知层主要由传感器和可编程逻辑控制器等器件组成。通信层主要由各种网络设备和线路组成。平台层主要是将底层传输的数据关联和结构化解析之后，沉淀为平台数据，通过大数据分析和挖掘，对生产效率、设备检测等方面提供数据决策。应用层主要根据不同行业、领域的需求，落地为垂直化的应用软件，通过整合平台层沉淀的数据和用户配置的控制指令，实现对终端设备的高效应用，最终提升生产效率。例如，在工业生产的物流环节，物流信息自动匹配与智能拼单，提高货物运输效率；司机端与用户端可以实时查看订单物流信息，及时掌握生产类物资运送情况；最后一千米仓储设施加上无人配送物流系统，有效避免人员直接接触造成交叉感染。在工业生产的制造环节，企业通过物联网技术将机械臂、AGV 智能车等生产设备和智能装备高度互联，构建无人化生产线，可显著缓解新冠肺炎疫情防控期间人员到岗不足的压力；将生产工艺、生产动态的实时数据与云平台打通，可对生产线可视化远程操作并优化生产工艺流程和设备参数。在工业生产的设备运维环节，智能摄像头与物联网终端实时采集生产设备数据和现场监控画面并上传平台，工作人员使用工业 App 即可实时掌握设备状态与生产现场情况，远程把握生产进度，并对事故进行监测和预警；灵活运用巡检机器人，对能源管线，以及电力机房、工厂内生产、消防设备等进行巡检管理，可实现远程运维。

3.4　物联网改变数据中心的运营方式

数据中心存放着当前信息社会赖以运行的关键业务应用程序和数据，已成为现代计算基础设施不可或缺的一部分。以前的数据中心单指互联网数据中心（IDC），但随着新一代信息技术的融合应用和广泛渗透，数据中心的概念不断外延，新基建中的数据中心实际指的是，以数据为基本管理对象，融合 IDC、云计算、区块链、人工智能等新兴技术于一体，集数据、算力、算法三大要素于一身的数据基础设施。对新基建来说，数据中心是承载新基建运行的基础保障，在新基建中发挥着数字底座的关键作用，为新基建的运行提供数据存储管理服务和数据计算处理服务，也为新基建的场景优化提供数据应用服务，承载着海量的数据资产。

新冠肺炎疫情防控期间，全民数字化生活习惯逐渐养成，产业数字化转型步伐提速，数字化转型市场需求旺盛，网上办公、数字娱乐、生鲜电商、在线教育、无人配送、无人餐厅等新业态加速涌现，为数据中心的发展提供了新的需求新空间。

新基建中物联网技术发展和应用部署逐渐加速的趋势，将会对数据中心的安全和存储、数据管理，甚至对物理位置都带来深刻影响。物联网基础设施的建设正在推动传统数据中心性能的进一步改善和功能的进一步升级。物联网系统中海量传感器的数据采集、输出和海量机器终端之间的通信，意味着数据中心将处理更多的数据。这些物联网数据的庞大数量和结构对安全性、存储管理、服务器和网络方面都带来了巨大的挑战，但物联网也为优化数据中心基础设施管理创造了新的机会。物联网系统中传感器的动态监测实时感知和泛在无线连接可以用于确保关键数据中心设备的最佳性能，以最大限度地延长运行时间，提高能源效率，降低运营成本，最重要的是对存储的数据提供有效的保护。

数据中心设施 7 天 24 小时全天候不间断运行，消耗大量能源并产生大量热量。数据中心内的温度控制对避免设备过热、调节设备冷却及测量整体效率至关重要。位于机柜、数据中心机架及电气设施周围关键热点（空调排气口等）中的温度传感器可以监测热量的产生和输出，以便对中央暖通空调系统和机房空调单元进行分散和精细的控制。除温度外，湿度控制对避免关键设备损坏至关重要。高湿度可能会导致设备腐蚀，而低湿度可能会导致静电积聚。应用于数据中心的物联网系统环境传感器可以提供实时数据，以确保整个设施湿度的最佳水平。

室内空气质量是影响数据中心的另一个环境因素。维护操作、基础设施升级、设备更换及用于通风、增压、冷却的室外空气都可能将空气污染物引入数据中心的各类电子设施和设备。电子设备内部或周围的污染物、微粒可能导致代价高昂的数据中心停机，基于物联网的室内空气质量监测解决方案可以提前、主动提醒维护人员。

漏水是数据中心面临的最大威胁之一。无论是空调漏水、环境冷凝、地下水涌出，还是本地管道泄漏，漏水损害都会造成相当大的损失。泄漏检测传感器可以放置在每个机房空调系统周围、冷却分配单元周围、活动地板下及任何其他泄漏源，如管道等日常难以触及的位置。物联网系统通过泄漏检测传感器采集数据，会在出现泄漏迹象时通知团队及时采取补救措施；通过水浸传感器在较小的房间、机柜或任何低点进行监测，防止数据中心冷却液体的不正常溢出。

数据中心的内部环境监测对于确保及时有效的主动干预和应对并防止潜在灾难的发生至关重要，但是仅有环境监测是远远不够的，对于数据中心内使用量极大的电池和不间断电源（UPS）的远程监测也是极为重要的。人们通过物联网对设备进行实时动态监测，可以及早发现潜在问题并快速响应缺陷或退化，从而最大限度地提高 UPS 电池系统的可靠性。

数据中心内部的物理安全漏洞有可能会导致设备丢失，但数据中心真正面临的重大风险还是数据泄露。在日常生活中，许多互联网公司以多种形式收集用户身份信息，可能带来隐私泄露等严重后果。消费者正在提升自我保护意识，越来越关心这些数据的安全防护情况。对于数据中心来说，存储在数据中心服务器上的互联网公司的数据安全至关重要，这些数据面临的任何形式的威胁都可能对数据中心的声誉和业务产生重大影响，并可能造成巨大的财务损失。虽然窃取整台服务器的可能性很低，但基于物联网的资产跟踪解决方案可以帮助数据中心对各种设施资产进行实时管理和跟踪，可以在资产被移动或篡改时发出警报，使管理维护人员能够对外部威胁做出快速反应。在人员的访问控制方面，数据中心可以在受限区域的内部使用无线传感器或射频识别（RFID）设备进行状态检测和人员计数，也可以对门窗的打开和关闭等可疑活动进行监测。此外，基于物联网技术的智能门禁锁、读卡器和小键盘可以进一步监控人员进出，实现多层次的安全防护。

面向数据中心的物联网技术能够提供当前环境条件、资源使用和安全性情况的整体视图，以最大限度地延长数据中心的运行时间、提高能源效率、降低运营成本并防止数据丢失和泄露，传统数据中心的运营方式也将随之改变。

3.5　物联网引领 5G 通信的发展方向

从各方面的技术指标来看，5G 都在 4G 的基础上进行了大幅优化提升。比如，在传输速率方面，5G 峰值速率为 10～20Gbit/s，与 4G 相比提升了 10~20 倍，用户体验速率为 100Mbit/s～1Gbit/s，提升了 10～100 倍；在流量密度方面，5G 目标值为每平方千米 10Tb/s，提升了 100 倍；在网络能效方面，5G 提升了 100 倍；在连接数密度方面，5G 每平方千米可联网设备的数量高达 100 万个，提升了 10 倍；在端到端时延方面，5G 可达到 1ms 级别，提升了 10 倍；在移动性方面，5G 支持时速高达 500km 的通信环境。为了达到性能指标的要求，5G 综合运用了大规模多天线、新型多址、新型信息编码、毫米波通信、超密集组网、设备间通信（D2D）等关键技术。除此之外，5G 还引入了全新的网络构架解决方案，如网络切片，可以根据垂直行业的业务需求量身定制，使得 5G 能够真正成为全社会共用的新一代信息基础设施。

除了技术指标，5G 与 2G、3G 和 4G 还有一处重大差异，也就是 5G 不再单纯像前几代移动通信标准那样仅在网络连接速率上做提升，而是将应用场景从传统的移动互联网拓展到了物联网领域。5G 技术发展的愿景与需求是应对未来爆炸性的移动数据流量增长、海量的设备连接、不断涌现的各类新业务和应用场景，实现万物互联，而其中海量的设备连接及各类新业务和应用场景其实都与物联网密切相关，5G 通信技术和产业的发展在很大程度上会同步促进物联网的发展，所以也有人把 5G 时代称为物联网时代。从这个角度来看，物联网在 5G 时代会成为一个创新、创业的热点领域。

小米创始人雷军曾说："5G 是数字经济发展的加速器。5G 的价值不仅在于能让我们的通信更快，更在于在它和 AI 的支撑下，物联网才能真正成为下一代的超级互联网，承载起数字经济的基础建设。有了强大的基础建设，新的商业机会和体验改进都会纷至沓来。在物联网方面，我认为整个互联网发展的方向是 5G+AI+IoT 构成的下一代超级互联网，PC 互联网时代连接了 10 亿台设备，移动互联网时代连接了超过 50 亿台设备，而 IoT 时代的设备连接规模将会达到 500 亿台量级。随着 5G 时代的到来，5G 所具备的低时延、高速率、广连接的特征，可以推动更多行业的快速发展，尤其是在智能家居、4K、8K 高清视频、AR、VR 等领域。"

5G 的技术特性是具有更快的速率、更低的功耗、更低的时延、更强的稳定性，以及支持更多的用户。按照国际电信联盟 ITU 的划分，5G 标准定义了三大业务应用场景：eMBB——增强移动宽带，顾名思义其针对的是大流量移动宽带业务；uRLLC——高可靠低时延通信，如无人驾驶等业务；mMTC——大规模机器类型通信，针对大规模物联网业务。

eMBB 典型应用包括超高清视频、虚拟现实、增强现实等。这类场景首先对带宽的要求极高，关键的性能指标包括 100Mbit/s 的用户体验速率（热点场景可达 1Gbit/s）、几十 Gbit/s 的峰值速率、每平方千米几十 Tbit/s 的流量密度、每小时 500km 以上的移动性能等。其次，涉及交互类操作的应用还对时延敏感，如虚拟现实沉浸体验对时延的要求在 10 毫秒级。

mMTC 典型应用包括智慧城市、智能家居等。这类应用对连接数密度的要求较高，同时呈现行业的多样性和差异性。智慧城市中的抄表应用要求终端低成本、低功耗，要求网络支持海量连接的小数据包；视频监控不仅部署密度高，还要求终端和网络支持高速率传输；智能家居业务对时延要求相对不敏感，但终端可能需要适应高温、低温、震动、高速旋转等不同家居电器工作环境的变化。mMTC 场景具有广连接、密集覆盖的特点。5G 将会开启万物互联的时代，凭借支持海量连接的技术优势，5G 将在工厂的自动化控制、智能制造等方面创造出新的局面。

uRLLC 典型应用包括工业控制、无人机控制、智能驾驶控制等。这类场景聚焦对时延极其敏感的业务，高可靠性也是其基本要求。自动驾驶实时监测等的时延要求为毫秒级，汽车生产、工业机器设备加工制造的时延要求为 10 毫秒级，可用性要求接近 100%。uRLLC 场景具有低时延、高可靠通信的特点，将为车联网的发展带来新的突破。uRLLC

的另一个应用热点是远程医疗。这些都充分体现了 5G 技术所蕴含的巨大能量。

4G 改变生活，5G 改变社会。5G 时代的到来，为物联网产业发展提供了重要机遇。物联网作为新基建的重要数据采集承载平台，最主要的作用就是通过对数据的收集、运算、分析与感知，实现对物体的管理、反馈和优化，向管理人员提供实时反馈信息。数据传输的可靠性、及时性、竞争性、稳定性都会影响到物联网的运行效率和效能。将 5G 通信技术应用到物联网当中，能够使物联网加快信息传输速率，赋予物联网更高效能。除此之外，5G 的应用目标不再只是手机上网速率的进一步提升，未来它将面向 VR/AR、智慧城市、智慧农业、工业互联网、车联网、无人驾驶、智能家居、智慧医疗、无人机、应急安全等广泛领域。与物联网发展趋势紧密融合的 5G 时代，是一个高速、万物互联的智能时代，将会带来一场由海量数据引发的从量变到质变的数据革命，实现由技术创新推动的社会进步。5G 将与各垂直行业领域展开更广泛的合作，共同激发创新，持续为社会创造价值，从而颠覆社会管理、能源生产及人类生活的方式。

3.6 物联网提供人工智能所需要的实时数据

近年来，人工智能技术突飞猛进，各类应用数量呈现爆发式增长，人工智能正融入人们的社会生活和工业生产中。发展人工智能已经成为全球主要科技强国的国家战略的重要组成部分，也是实现第四次工业革命的重要基石。人工智能的发展与物联网的发展密切相关，相互促进。若把人工智能比作人的大脑，那么对技术发展初期的物联网来说，它所发挥的作用可以比作人体中遍布全身的神经传输系统。物联网系统中的通信网络支撑着数据的传输和各类人工智能设备的正常运作。物联网将多个传感器硬件部署到物理环境中采集数据，再通过连接的物联网设备将数以百万计的海量数据传送到后台，在此过程中仅对数据进行简单的分析处理，以达到远程监测的目的。融合了人工智能的物联网系统就相当于拥有了控制神经系统的大脑，可以提供智能决策。同时，通过融合人工智能，物联网系统本身也得以快速更新换代，从仅有简单远程监测功能的物联网，发展到服务于人、机、物泛在感知的物联网，并向集感知、连接、计算、决策为一体的智能物联系统演进。

从技术实现方面来看，人工智能技术可以分为训练和推断两个阶段。训练阶段需要大量的结构化或标签化的数据，数据通过算法进行处理，两者相辅相成。算法通过数据训练不断完善，同时也由于算法的不断改进，大量自然数据得以归类和整理，成为可用于算法训练的结构化数据。训练成型的模型落地应用，也就是推断过程。推断过程通过传感器等终端设备来采集某个情景的信息，经过储存与编译，传送到智能芯片中，用已成型的算法模型进行计算处理并给出反馈指令。因此从这个意义上说，物联网系统的各类传感器实时采集环境场景的海量数据，提供给嵌入强大人工智能算法的智能芯片进行处理。正因为物联网给人工智能提供了源源不断的"燃料"，才使得融合两者强大功能的

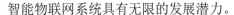

智能物联网系统具有无限的发展潜力。

随着人工智能技术的进一步发展，未来物联网技术将会更加发达，在改善人类生活方面发挥更重要的作用。在人工智能快速发展的背景下，物联网技术的发展趋势主要包括以下几个方面：第一，物联网技术的发展将更加注重对人的个体需求的满足，主要是借助人工智能技术，智能预测、分析人的观感、内在需要、特点类型设置等，将物联网实时采集数据的特点进一步表现得更加贴近人类生活；第二，物联网技术将更加智能化，减少许多需要人力分析的内容与环境，如当前人工智能与物联网技术相结合，能够推进各种信息技术的智能化；第三，随着心理学分析理论的介入，未来物联网系统将能考虑人类的私有情感，如美国 Facebook 的创始人扎克伯格就把智能家居物联网设置成一款模仿人类感情的管家。物联网的应用日益普及，物联网系统组成规模也越来越庞大。从数以百万计的物联网终端设备采集的数据日益趋于海量，以至于很难从中分离和提取有用的信息。为了将这些非结构化的数据组织成有意义的数据，采用基于人工智能的算法可以消除垃圾数据和利用合适的业务模型满足不同的行业应用。

3.7　物联网带来基础设施安全的全新挑战

随着越来越多物联网设备、数据和网络相互连接，现实世界和数字世界之间的界限变得模糊，接收和发送的个人数据也开始成倍增长。如果整个连接流程的安全和保密工作不足，那么一个小小的漏洞将有可能导致整个系统出现故障，造成机密信息泄露和社会混乱。而这不仅关乎于个人的敏感信息，而且很有可能影响到商业关键基础设施和公共服务。为了避免以上类似事件的发生，确保物联网安全的重要性不言而喻。

1. 设计安全

安全始于设计，开发人员在设计产品之初就应该进行严格的风险评估，以确定基础设施的安全需求。设计安全包括详细的审计、风险分析，并应考虑网络威胁的动态性。评估应涵盖设备、云和网络等的所有元件，并对欺诈威胁性和安全保护成本加以衡量，从而实现安全性能与安全成本之间的平衡。

2. 设备安全

不断增多的联网设备往往容易成为黑客的攻击目标，而传统的基于边缘的控件和网络安全却根本无法保证物联网系统的安全。保护设备安全需要构建一个可信环境，通过加密技术来确保设备的保密性、完整性和真实性，从而有效预防多种攻击。设备的安全保护可以分为两个步骤。第一步，为设备提供强大的身份。为了保护设备的完整性（身份、设备软件及其配置），制造商必须为设备的安全框架进行适当的投资，无论它们基于硬件、软件还是两者兼有，尤其是在高风险或潜在不安全环境中所使用的设备，如用于汽车、无人机和安全摄像头等的互联设备。认证是建立安全的身份鉴别系统的关键所在，互联设备必须能与其他设备、云及网络进行相互认证，且只允许授权访问。第二步，部署安全生命周期管理。许多物联网设备都是嵌入式设备，产品的生命周期一般长达 10～15 年，尤其是工业设备。定期下载软件、软件补丁和进行安全更新，可以帮助物联网设备不断适应动态威胁。

3．云端安全

作为物联网的主要推动力之一，云计算为物联网所产生的海量数据提供了一个很好的存储空间，实现了数据随时随地访问。服务提供商可以通过云计算来保证服务可用性和进行灾难管理，利用云计算的灵活性和敏捷性，随时扩展和分布所需的物联网应用，不仅能够提高效率，而且能够有效节约成本。

数据在云端和物联网之间的传输过程中，需要进行加密，以防止未经授权的访问或数据被盗。而加密则将数据本身的风险转移到密钥，因此迫切需要部署高度可信的密钥管理解决方案，在整个生命周期内实现密钥安全管理、存储和使用。数据加密和云端安全解决方案可以为云服务提供商和企业提供全套的产品组合，为企业和云资产的安全保驾护航。基于云的许可和授权解决方案可以帮助科技公司充分利用云环境的全部潜能，确保知识产权的安全。

4．数据安全

设备数据传输过程中的数据安全也是十分重要的。所有联网设备必须确保与其他设备进行安全的"交流"，在设备之间建立身份互信和传输安全机制。安全的物联网基础设施应该同时对静态和动态的数据加以保护，并保证这些数据已进行正确加密。强大的认证机制能将设备里的数据严格控制在访问消费系统（智能手机、平板电脑等）或应用服务器中。在每一步的数据传输中，可靠认证设备的数据也需要保护，否则一旦落入不法之徒的手里，后果将不堪设想。所以，为了降低网络攻击的风险，加强对设备的保护，可以采用数据加密和完整性保护等技术组合，确保传输过程中的数据安全。

随着物联网的发展，企业在简化流程、提高生产力和节约成本的同时，也迎来了一系列复杂的挑战，比如各环节中联网设备的追踪和管理。安全从来不是一蹴而就的，遵循以上的安全原则，可以帮助企业构建安全的物联网基础设施，使互联技术能够充分发挥其潜能，并且不损害用户信任。

3.8　本章小结

2021 年发布的《中华人民共和国国民经济和社会发展第十四个五年规划和 2035 年远景目标纲要》中，多次提到对物联网及其相关产业的发展要求和发展重点。例如，"分级分类推进新型智慧城市建设，将物联网感知设施、通信系统等纳入公共基础设施统一规划建设，推进市政公用设施、建筑等物联网应用和智能化改造""推动物联网全面发展，打造支持固移融合、宽窄结合的物联接入能力"。从这些表述中可以总结出，国家对物联网产业发展的重点在于基础设施、接入能力、应用场景三方面的布局。通过将物联网的数据采集终端和通信网络纳入公共基础设施进行统一规划，物联网在融合 5G、大数据、人工智能等新一代信息技术的基础上，将支撑起新型基础设施的建设，在各行业领域的融合应用中发挥巨大的作用。

第 4 章 物联网产业发展的挑战与机遇

4.1 物联网概念演化与内涵解析

世界正处于新技术创新引发的新一轮工业革命的开端。以移动互联网、物联网、云计算、大数据等为代表的新一代信息通信技术（ICT）创新活跃、发展迅猛，正在全球范围内掀起科技革命和产业变革的浪潮。新一代信息技术在经济和社会领域的渗透和应用带来了无数的创新机会，包括智能化和绿色化的先进制造、机器人、智慧城市、智能交通、智能电网、可再生能源和绿色技术等。目前，智能化、绿色化、网络化和经济的全球化互相交织，正改变着世界经济和人类社会。20 世纪末的一系列新兴市场遭受金融危机的冲击后，诞生了互联网这一新兴行业；十余年后，在金融危机影响尚未完全消除的时候产生了物联网这一概念。物联网的出现有两方面的原因：一方面，进入 21 世纪以来，全球经济危机推动了物联网的出现，同时相关政策也发挥了驱动作用；另一方面，成熟的传感技术、发达的网络及高速的信息处理能力提供了坚实的基础。

作为信息通信技术的突破方向，物联网蕴含巨大的增长潜能，是重要的战略性新兴产业，是继计算机、互联网和移动通信之后的新一轮信息技术革命，正成为推动信息技术在各行各业深入应用的新一轮信息化的主要力量。物联网概念的提出体现了信息技术大融合的理念，突破了将物理基础设施和信息基础设施分开的传统思维，具有重要的战略意义。

4.1.1 物联网概念的起源

作为新一代信息技术的重要组成部分，物联网是信息化时代的重要发展阶段，被称为继计算机、互联网之后世界信息产业发展的第三次浪潮。物联网的英文名称为 Internet of Things，顾名思义，物联网是物物相连的互联网。20 世纪 90 年代，物联网的相关研究开始萌芽，此后其概念不断地演进和发展。

1995 年，比尔·盖茨在《未来之路》一书中曾提及物联网，并且使用了"Internet of

things"这个词汇，但未提出其概念，也未引起广泛重视。

1999 年，美国麻省理工学院（MIT）Auto-ID 中心的 Kevin Ashton 和他的同事首次提出"Internet of Things"的概念。他们主张将射频识别（RFID）技术和互联网结合起来，通过互联网实现产品信息在全球范围内的识别和管理。这是物联网发展初期提出的概念，强调物联网用于标识物品的特征。

2005 年，国际电信联盟（ITU）在 *The Internet of Things* 报告中对物联网概念进行了扩展，提出任何时刻、任何地点、任何物体之间的互联，无所不在的网络和无所不在的计算的发展愿景，除 RFID 技术外，传感器、纳米、智能终端等技术将得到更加广泛的应用。但 ITU 未针对物联网的概念扩展提出新的定义。

2009 年 9 月 15 日，欧盟在第七框架下的 RFID 和物联网研究项目簇（CERP-IoT）发布了研究报告《物联网战略研究路线图》，提出物联网是未来互联网的一个组成部分，可以被定义为基于标准的、可互操作的通信协议且具有自配置能力的动态全球网络基础架构。物联网中的"物"都具有标识、物理属性等特征，使用智能接口，实现与信息网络的无缝整合。

2010 年 3 月 5 日，时任总理温家宝在政府工作报告中提出，物联网是指通过信息传感设备，按照约定的协议，把任何物品与互联网连接起来，进行信息交换和通信，以实现智能化识别、定位、跟踪、监控和管理的一种网络。物联网是在互联网基础上延伸和扩展的网络。

4.1.2　物联网定义的形成

在物联网概念提出之后，随着感知识别、信息处理、网络通信等技术和应用的持续发展，物联网概念的内涵和外延近年来有了很大的拓展，物联网已经表现出信息技术（IT）和通信技术（CT）发展融合的特征。

从上述物联网的概念起源来看，1999 年，在美国召开的移动计算和网络国际会议上 Kevin Ashton 首次提出的物联网概念还是具有相当大的局限性的。他提出物联网是通过射频识别、红外感应器、全球定位系统、激光扫描器、气体感应器等信息传感设备，按约定的协议，把任何物品与互联网连接起来，进行信息交换和通信，以实现智能化识别、定位、跟踪、监控和管理的一种网络。在这个概念中，物联网还是没有超出网络基础设施的范畴，被认为是射频识别等传感设备结合互联网的应用，而且被定位为互联网功能的简单延伸。

在 21 世纪过去的 20 多年间，无线通信、智能移动设备、大数据、处理器、传感器等得到了极为快速的发展。其中，传感器已经衍生出包括基于光学、压力、电磁场等物理原理的传感器和基于化学反应的传感器等多种类型，而且功能得到了极大的加强。目前的第四代智能传感器以微电子机械（MEM）技术为主，集成了敏感单元、通信模块、电源模块和信息处理模块，在集成性、灵敏度及成本方面做得越来越好。便携式智能终端的功能越来越强大，在人机接口和应用性方面更加能够满足行业应用和人们日常生活的需求。在网络架构方面，蓝牙、Wi-Fi、4G 等无线通信技术越来越成熟，无线基站信号逐渐覆盖大部分的城市区域。以 IPv6 为代表的地址标识技术已经非常成熟，为物联网在连接海量物品的过程中进行网络地址的唯一性标识提供了可能。除此之外，OID、Handle、Ecode、EPC、UID 等物品编码标识体系已经可以满足供应链和电子商务等应用领域的需求。云计算的应用范围也越来越广。通过搭建虚拟化分布式的数据平台云计算服务已经触手可及，应用场景越来越丰富，不断提升社会治理的精细化水平和公共服务的便捷化水平。大数据技术的蓬勃发展也使得物联网系统对由结构化数据和非结构化数据组成的复杂异构数据进行处理时不再"手足无措"。

从上述技术飞速发展的历程来看，所谓物联网、云计算、大数据、人工智能，其实都是信息化到一定阶段之后的必然产物，源于信息技术的不断廉价化与互联网及其延伸所带来的无处不在的信息技术应用。物联网技术和产业的发展主要是由以下几方面的力量驱动的。

（1）由"摩尔定律"所驱动的指数增长模式。摩尔定律指出，当价格不变时，集成电路上可容纳的元器件的数目，约每隔 18～24 个月便会增加一倍，性能也将提升一倍。换言之，每一美元所能买到的计算机性能，将每隔 18～24 个月增加一倍以上。这一定律揭示了信息技术进步的速度。摩尔定律不是一个物理或者自然法则，但它所指出的这种趋势已经持续了超过半个世纪，以后可能还会适用。但随着晶体管电路逐渐接近性能极限，这一定律终将走到尽头。在过去的 40 多年中，半导体芯片的集成化趋势正如摩尔的预测，推动了整个信息技术产业的发展，进而给千家万户的生活带来变化。

（2）技术低成本化驱动的万物数字化。信息技术的高速发展，使得我们身边所有的一切都朝着数字化的方向发展。奔腾翻涌的数字化浪潮，正促使我国加速步入数字化社会，也驱动中国经济步入新时代。而物联网的时代就是万物互联的时代。万物数字化正在催生结构化和非结构化数据的爆发式增长，同时促进了采集、分析数据及对数据进行利用的诉求的出现。在此背景下，高精度、高可靠的智能传感器价格越来越低，伴随着 4G、5G、Wi-Fi 无线接入和光纤有线接入等通信技术的普及，网络带宽成本越来越低廉，数据时代的云计算正在成为像自来水和电力供应一样的公共服务，任何企业、机构和个人只要连上互联网就能获得计算能力。

（3）宽带移动泛在网络驱动的人与物和物与物的泛在连接。泛在网络从字面上解读是广泛存在的、无所不在的网络，也就是人置身于无所不在的网络之中，实现人在任何时间、地点，使用任何网络与任何人或物的信息交换，基于个人和社会的需求，利用现有的和新的网络技术，为个人和社会提供泛在的、无所不含的信息服务和应用。泛在网络作为一种应用概念，把传统电信网络的概念扩展到更为宽广的应用领域，把传统电信网络的人和人之间的网络扩展到人和物、物和物之间的网络，从单一的网络扩展到融合的网络。随着 5G 宽带移动网络的发展，未来泛在网络将如同生物神经一样无处不在，成为人类数字化社会的基石。

（4）云计算模式驱动的数据大规模汇聚和处理。云计算最初的目标是对资源进行管理，管理的主要资源是计算资源、网络资源、存储资源。数据的大规模汇聚和处理离不开云计算的支撑，除了采集、汇聚一定量的数据，更重要的是数据的处理、挖掘、分析、可视化、应用这样一整套的流程。随着数据量越来越大，非结构化数据越来越多，传统的采用几台服务器集中处理数据的模式不能适应大数据环境的要求，而云平台凭借数据处理的空间灵活性和时间灵活性，加上具有规模化、自动化、资源配置、自愈性等优势，可以为数据的大规模汇聚和处理过程提供有力的支持。

由上面几方面的主要驱动力量可以看出，高性能智能终端、高带宽网络基础设施、方便易用的云计算能力、高效的大数据处理等技术的发展强有力地推动了物联网的应用和发展，衍生出多样化的物联网行业应用范式，从而也推动了物联网概念与内涵的进一步演化。例如，2013 年我国发布的《中国物联网标准化白皮书》认为，物联网是指以感知客观物理世界为目的，通过感知设备，基于互联网、电信网等信息承载体，让所有能够被独立寻址的对象互联互通，以实现智能化识别、定位、跟踪、监控和管理的一种信息系统。这里对物联网的描述不再局限于它是一种网络基础设施，而是可以感知物理世界的信息系统。

国家标准 GB/T 33745—2017《物联网 术语》首次对物联网的定义进行了规范。在标准中，物联网是指通过感知设备，按照约定协议，连接物、人、系统和信息资源，实现对物理和虚拟世界的信息进行处理并做出反应的智能服务系统。标准所给出的定义其实涵盖了数据采集、数据传输、数据处理和应用的各层面，物联网是作为物联网世界和数字虚拟世界的关键桥梁和纽带出现的。

在对标准进一步解读的基础上，我们可以把物联网理解为，它是利用感知技术对物理世界进行感知识别，通过网络传输，以及计算、处理和知识挖掘，实现人与物、物与物信息交换和无缝连接，达到对物理世界实时控制、精确管理和科学决策目的，从而推动万物数字化实现的强有力工具。

4.2 物联网产业的发展历程

作为信息通信技术的突破方向，物联网蕴含巨大的增长潜能，是重要的战略性新兴产业，是继计算机、互联网和移动通信之后的新一轮信息技术革命，推动信息技术在各行各业更深入应用。物联网的提出体现了大融合理念，突破了将物理基础设施和信息基础设施分开的传统思维，具有重要的战略意义。

从前面的介绍可以看到，物联网并不是一个全新的技术或者概念，它属于集成创新的范畴。在发展历程中，物联网伴随着射频识别和传感器网络技术的研究与应用，并逐步融合了云计算、大数据处理和人工智能等新兴技术，从而将物理世界与数字世界有效地连接在一起。

4.2.1　射频识别产业的兴起

无线射频技术最早可以追溯到无线电的发明时期。雷达技术的不断革新和发展逐渐催生了射频识别（RFID）技术，这是由于 RFID 技术的基本原理同无线电广播的接收和发射数据的原理相同。1948 年，Harry Stockman 发表的论文《利用反射功率进行通信》对 RFID 技术从理论上进行了有力支持。从 20 世纪 60 年代开始，RFID 技术理论研究有了进一步的发展，并且开始投入简单的实践应用中。20 世纪 60 年代末到 20 世纪 70 年代初，一些公司开始在商业活动中推出简单的 RFID 系统应用，主要用于物品的电子监控，保证仓库、图书馆等场所的物品安全。这种早期用于商业监控的 RFID 系统结构较为简单，也比较容易进行维护，但是由于数据容量的局限性，只能用于检测被标识的对象是否在场。

20 世纪 70 年代初是 RFID 技术蓬勃发展的时期。在这段时间内，各行业中的 RFID 应用如雨后春笋般涌现，如工业自动化、物流、车辆跟踪、仓库存储都开始了基于集成电路的 RFID 简单系统的应用。集成电路技术的发展已经使得这时的 RFID 标签具有了数据容量大、跟踪范围广泛并且可读写等特点，但是由于其缺乏相关标准的确立并且不具有固定频率的管理约束原则，因此只能作为一种专有设计而不能普遍进行推广使用。

20 世纪 80 年代初期，设计更加完善的 RFID 全面投入使用。这一时期，各种封闭系统竞相出现，包括第一个 RFID 商业应用系统——商业电子防盗系统。从 20 世纪 90 年代开始，RFID 技术领先的国家注意到 RFID 系统之间的互操作性问题，开始进一步考虑频率和通信协议的标准化。基于 RFID 技术的道路电子收费系统在意大利、法国、西班牙、葡萄牙、挪威、美国等国家得到了普遍应用。

进入 21 世纪后，RFID 国际标准体系已经初步形成。有源电子标签、无源电子标签均得到快速发展。电子标签成本不断降低，应用规模和应用行业领域不断扩大，主要得益于 RFID 等相关技术的成熟。其中，RFID 系统主要包括标签及封装、读写机、软件和系统集成服务，其市场份额分别为 33.1%、22.9%、12.2% 和 31.8%。RFID 系统在金融支付、身份识别、交通管理、军事安全等领域均有应用，分别占整个 RFID 市场份额的 21.2%、11.4%、12.6%、11.0%。2017 年，我国 RFID 的市场规模约为 752 亿元，同比增长 23.48%。相关机构预计，随着 RFID 系统运用领域的继续拓宽，至 2024 年，我国 RFID 的市场规模将突破 1400 亿元。

4.2.2 传感器及智能终端产业的发展

国家标准 GB/T 7665—2005《传感器通用术语》对传感器的定义是，"传感器是指能感受被测量并按照一定的规律转换成可用输出信号的器件或装置"。传感器作为信息获取的重要手段，与通信技术和计算机技术共同构成现代信息技术的三大支柱。传感器可以广泛应用于社会发展及人类生活的各领域，如工业自动化、农业现代化、航空航天、军事工程、机器人、资源开发、海洋探测、环境监测、安全保卫、医疗诊断、交通运输、家用电器等。

传感器的发展历程大体可以分为以下 3 个阶段。

（1）第一阶段是结构型传感器，它主要利用结构参量变化来感受和转化信号。例如电阻应变式传感器，它是利用金属材料发生弹性形变时电阻的变化来转化电信号的。

（2）第二阶段是 20 世纪 70 年代开始发展起来的固体传感器，这种传感器由半导体、电介质、磁性材料等固体元件构成，是利用材料某些特性制成的。例如，利用热电效应、霍尔效应、光敏效应，分别制成热电偶传感器、霍尔传感器、光敏传感器等。20 世纪 70 年代后期，随着系统集成技术、分子合成技术、微电子技术及计算机技术的发展，集成化的固体传感器出现了。固体传感器是采用硅半导体集成工艺制成的传感器，因此也称为硅传感器或单片集成传感器，它将传感器集成在一个专用芯片上，可完成参数测量及模拟信号输出功能。集成化的固体传感器包括两种类型：传感器本身的集成化和传感器与后续电路的集成化。其发展非常迅速，现已占传感器市场的 2/3 左右，并且正朝着低价格、多功能和系列化方向发展。

（3）第三阶段是 20 世纪 80 年代刚刚发展起来的智能传感器。所谓智能传感器是指其对外界信息具有一定检测、自诊断、数据处理及自适应能力的新型传感器，是微型计算机技术与检测技术相结合的产物。20 世纪 80 年代智能化测量主要以微处理器为核心，把传感器信号调节电路微计算机、存储器及接口集成到一块芯片上，使传感器具有一定的初步人工智能。20 世纪 90 年代智能化测量技术有了进一步的提高，在传感器一级水平上实现了智能化，使其具有自诊断功能、记忆功能、多参量测量功能及联网通信功能。

按照具体功能的演化，智能传感器又可以进一步划分为 4 代。

（1）第一代智能传感器出现在 20 世纪 80 年代，它将滤波、放大和调零等信号处理电路与传感器设计在一起，输出 4～20mA 的电流或 0～5V 的电压。

（2）第二代智能传感器出现在 20 世纪 90 年代中后期，它将单片微处理器嵌入传感器中，实现温度补偿、修正、校准，同时由 A/D 变换器将模拟信号转换为数字信号。

（3）第三代智能传感器随后出现。此时现场总线的概念对传感器的设计提出了新要求，要求实现全数字、开放式的双向通信，测量和控制信息的交换在底层上主要是通过现场总线来完成的，数据交换主要是通过内部网络来实现的。软件在传感器系统的设计上占主要地位，可以将传感器内部各敏感单元或外部的智能传感器单元联系在一起。

（4）进入 21 世纪，MEMS 技术、低功耗的模拟和数字电路技术、低功耗的无线射频技术和传感器技术的发展，使得开发小体积、低成本、低功耗的微型传感器成为可能，此时第四代智能传感器应运而生。它高度集成了压力、温度、湿度等敏感元件，计算处理模块，无线电收发模块和电源模块。

目前发展最快的是 MEMS 传感器，它甚至被认为是替代传统传感器的唯一选择。它是将传统传感器的机械部件微型化后，通过三维堆叠技术把器件固定在硅晶元上，最后根据不同的应用场合采用特殊定制的封装形式，最终切割组装而成的硅基传感器。MEMS 传感器具有几个特征：一是微型化，体积以毫米甚至微米计；二是采用硅基加工工艺，可以兼容集成电路（IC）生产工艺；三是 MEMS 传感器可以批量生产，8 英寸晶元就可切割 1000 个 MEMS 芯片；四是单颗 MEMS 往往在封装机械传感器的同时还会集成专用集成电路（ASIC）芯片，可以对 MEMS 芯片进行控制，以及转换模拟量为数字量后进行输出。MEMS 技术领域多学科交叉，涉及电子、机械、材料、制造、信息与自动控制、物理、化学和生物等多种学科，技术非常复杂。

从物联网的终端设备产品来看，智能设备已广泛应用于现代生活。物联网终端设备产业化的鼻祖，可能是 1990 年由施乐公司发售的网络可乐贩卖机（Networking Coke Machine）。这台贩卖机可以监测机器内的存货量、温度，并且能够联网。经过 20 多年的飞速发展，从 2G 到 5G 一路走来，物联网智能设备不断升级，市场需求也越来越多。大数据和 5G 时代的到来，进一步说明了智能设备未来发展的数据需求，面向大数据处理的智能设备将会不断地投入社会，智能设备将会掀起新的应用浪潮。

4.2.3 网络通信产业的发展

自 20 世纪以来，半导体科技的日臻成熟和信息技术革命的爆发，显著改变了人类的生产和生活方式，其中对人类影响最突出的莫过于互联网和手机。互联网和手机的高度普及大大提高了现代社会的运转效率，使互联的理念深入人心。网络通信产业的飞速发展揭开了万物互联或物联网时代的序幕，随着 4G 的进一步普及和 5G 网络的启动建设，移动宽带渗透率持续提升，万物互联的时代或将加速到来。

5G 时代的网络通信除了通过增强移动宽带来满足面向人的通信需求，还增加了面向物联网的大规模机器类型通信（mMTC）和高可靠低时延通信（uRLLC）的需求。这三大需求给未来 5G 的发展带来巨大的挑战。例如，为满足用户体验速率提升百倍和数据流量提升千倍的需求，需要极大地提升无线接入网络的吞吐量、核心网的传输链路容量，通过新型多载波、大规模天线、新型多址接入、高阶编码调制、全双工等新技术，提升无线传输技术的频谱效率。通过密集的小区部署提升空间复用率、提高频谱效率和增加频谱带宽可提升无线接入系统容量。5G 还需满足海量终端连接和各类业务的高可靠、低时延、低成本、低功耗等差异化需求，可以新建、更换、选择、组合各实体模块虚拟化形式来架构一个灵活、可扩展、可软件定义的开放系统并满足需求。包括无线通信在内的信息网络通信技术正与互联网深度融合，网络架构正趋向统一。5G 将渗透到未来社会的各领域，拉近万物的距离，通过无缝融合的方式，便捷地实现人与万物的智能互联。

4.2.4　物联网中的数据处理

为了对物联网中感知终端采集的海量数据进行理解，我们需要对其进行预先处理。数据处理是对数据进行采集、存储、检索、加工、变换和传输，目的是将原始数据转换为有用的信息。其中，数据是数字、符号、字母和各种文字的集合。数据处理输出的是信息，并能以不同的形式呈现，如纯文本文件、图表、电子表格或图像。数据处理过程通常遵循一个由三个基本阶段组成的循环：输入、处理和输出。输入是数据处理的第一阶段，将收集到的数据转换成机器可以读的形式以便计算机处理。在处理阶段，计算机将原始数据转换成信息。转换是通过使用不同的数据操作技术来执行的。输出是将处理后的数据转换成人类可读的形式并作为有用信息呈现给最终用户的阶段。

随着信息技术的发展，特别是物联网技术的应用，人们将会不分时间和地点，方便地获得大量的信息，数据量将以指数形式快速增长。这些数据具有快速更新、数据维数更高、非结构化等特点。如何能有效地利用这些高维数据是人们面临的基本问题。

为了减轻系统处理海量数据的负荷，可以对数据进行分级处理和降维处理。分级处理可以有效地减轻系统的负荷。在很多情况下，可以先将数据的维数降到一个合理的大小，同时尽可能多地保留原始信息，再将降维处理后的数据送入信息处理系统。这样的做法是非常有用的。降维算法也是一些机器学习、数据挖掘方法的组成部分。降维处理可以有效地压缩数据量，是处理一些数据必须进行的步骤，并且已在大规模的图像处理算法中得到应用。

数据的分级处理可以分为 3 个层次。

（1）传感器网络的协同感知。多个同类或异类的传感器协同感知被测目标，获得立体、丰富的感知数据，通过局部区域的数据处理和融合，能够获得高精度、可靠的感知数据。

（2）传输过程中的数据处理。该层次的数据处理包括面向无线传输网络状态的感知数据的进一步聚合和融合处理，自适应传输链路状态的应用层编码和传输协议优化，以及数据的安全传输处理，使得海量数据能够高效、可靠和安全地传输。

（3）基于各类物联网应用的共性支撑、服务决策、协调控制等。物联网中的海量信息需要利用感知数据的时间和空间的关联特性，实现不同空间区域上的多粒度的分级存储和检索，提高资源利用率和信息获取效率。

4.2.5　物联网云平台的应用

伴随着物联网产业的完善和成熟，支持不同标准的设备、不同协议的接口，拥有多种服务的综合应用服务平台将是物联网产业的发展目标。物联网云平台首先从智能家居和智能硬件等消费电子领域起步，并逐步向工业和交通等领域渗透，已经成为构建物联网生态的核心载体。在各行业应用领域，集合智能硬件、云平台于一体的物联网标准生态架构正在加快形成并完善。

物联网的创新是集成创新，想要完成一个完备的物联网解决方案是无法通过某一个企业独立实现的，平台的搭建必然是诸多上下游企业共同合作的结果。因此，物联网云平台的搭建已经成为物联网产业生态构建的核心关键环节。掌握物联网平台，就掌握了物联网生态的主动权。物联网云平台加速了产业价值向软件和基于数据的服务转移。云平台可以汇聚海量终端设备的数据，利用大数据分析等技术挖掘潜在价值并丰富服务内容。云平台可以加速物联网解决方案的开发和部署，有利于打通不同行业的应用壁垒，推动大规模开环应用的发展。云平台还可以吸引设备供应商、网络运营商、系统集成商、应用开发商等产业链上下游企业形成互利共赢的生态圈，既可以满足用户多样化需求，也能够利用快速迭代的开发模式短时间响应行业用户的特定需求，实现向集成服务模式转变。

物联网云平台的大型服务提供商正面向产业应用不断丰富平台功能。以亚马逊、微软、IBM 等为代表的 IT 厂商，充分利用自有的云平台和认知计算平台形成的各类工具和能力，面向芯片和传感器等硬件制造商提供开发套件，推出端到端物联网整体解决方案平台。而以 GE、西门子等为代表的传统制造企业，则发挥各自在制造业领域的技术和资源优势，利用 Predix、Mindsphere 等云平台与云基础设施服务商、工业软件开发者等展开合作，向物联网和数据服务企业转型。

综上所述，在物联网系统中，云平台的地位和重要程度非常高，其安全性和可扩展性涉及物联网技术和标准是否能扎实落地的本质问题。2014—2015 年，结合不计成本的大量市场投资，通过构建开发者社区、组织开发板试用活动、建立开发者扶持计划等方式，智能硬件开发者得到了有效培训，物联网云平台完成了初步的技术储备，虽尚不具备强大的数据分析和智能决策能力，但已经能够承载百万级连接数量的智能设备，以及支持小规模的垂直行业应用。2016—2017 年，包括通用平台和垂直行业平台等在内的各种类型的物联网云平台如雨后春笋般出现，表现出野蛮生长的特征。此时，智能设备的连接数量达到了千万级，各种行业应用需求也逐步成熟，大大推动了物联网云平台在各行业的渗透应用，形成了良好的应用模式。2018—2021 年，物联网云平台所连接的智能设备数量已经达到亿万级。物联网云平台之间的竞争从单纯的功能战逐渐升级为全面的生态大战。但目前的物联网云平台从数据分析和智能决策功能到市场开拓方面都还比较稚嫩，欠缺自身造血能力，不能做到盈亏平衡，更不用说实现盈利。虽然物联网云平台起步于消费电子领域，但公共事业、物流交通、智能零售等行业领域，同样迫切需要基于物联网云平台数据分析和智能决策的资产跟踪、预测性维护、智能无人经济等功能应用。

4.3 物联网系统与大数据技术深度融合

当今世界正是一个万物智能互联的时代，同时也是大数据的时代。大数据（Big Data）是指无法在一定时间范围内用常规软件工具进行捕捉、管理和处理的数据集合，是需要新处理模式才能具有更强的决策力、洞察发现力和流程优化能力的海量、高增长和多样化的信息资产。维克托·迈尔-舍恩伯格及肯尼斯·库克耶编写的《大数据时代》在描述大数据时提出，在对大数据处理时不用随机分析法（抽样调查）这样的捷径，而是对所有数据进行分析处理。IBM 提出大数据有 5V 特点，即 Volume（大量）、Velocity（高速）、Variety（多样）、Value（低价值密度）、Veracity（真实）。

4.3.1 联网设备带来数据量的急剧增长

物联网是大数据的重要来源，随着数据通信成本的急剧下降，物联网在各行各业中得到了推广应用。各种传感技术和智能设备的出现，计算机、摄像机等设备和智能手机、平板电脑、可穿戴产品等移动终端的迅速普及，使得物联网每秒钟都会产生海量的数据，促使全球数据总量发生急剧增长。从手环、共享出行、智能电表、环境监测设备到电梯、数控机床、挖掘机、工业生产线等都在源源不断地产生海量的实时数据并发往云端。这些海量数据是社会和企业宝贵的财富，能够帮助企业实时监控业务或设备的运行情况，生成各种维度的报表，而且通过大数据分析和机器学习，对业务进行预测和预警，帮助社会或企业进行科学决策、节约成本并创造新的价值。

相关机构统计，目前全世界的联网设备数量已经超过 170 亿台，除智能手机、平板电脑、笔记本电脑或固定电话等连接外，物联网专用设备的数量达到了 70 亿台。物联网连接设备无论是在消费级连接（智能家居、智能硬件等）还是在企业级连接（机器设备等）上，近几年都得到了强势的增长。预计 2025 年，活跃的物联网设备数量将超过 220 亿台。

对应于物联网系统中联网设备的飞速增长，数据的产生速度和数量已超出了一般人的想象，未来还将以指数级增长。例如，智能摄像头的分辨率正在从 1080P 向 8K 转化，一个摄像头一天所采集的数据量已经从 100GB 发展到 200GB。2020 年，一个互联网用户平均每天产生的数据量可能是 1.5GB，而一家智能医院的所有设备，如 CT 机、核磁共振扫描仪等进行联网后，其一天所产生数据的总量已经超过 3TB。

上述数字时刻都在提醒我们，未来将是一个充满数据的世界。在如今掌握数据便是掌握财富的时代，物联网创造出的价值也将会水涨船高。由于物联网数据具有非结构化、碎片化、时空域等特性，需要新型的数据存储和处理技术。而大数据技术可支持物联网系统中海量数据的深度应用。物联网帮助采集来自各种感知层终端的众多数据，然后将这些海量数据传送到云平台进行分析加工。物联网产生的大数据的处理过程可以分为数据采集、数据存储和数据分析处理 3 个基本步骤。数据采集和存储是基本功能，而大数据时代真正的价值蕴含在数据分析处理中。物联网数据分析处理的挑战还在于将新的物联网数据和已有的数据库进行整合。

4.3.2　物联网系统中大数据的特征

物联网不同于传统互联网，互联网主要是人与人之间的连接，其数据采集和处理过程首先要满足人的需求。物联网拥有海量的节点，除了人和服务器，物品、设备、感知终端等都是物联网的组成节点，其数据规模远大于互联网。物联网节点的数据生成频率远高于互联网。物联网中的数据生成速率或采集频率更高，在很多情况下需要实时访问、控制相应的节点和设备，海量的数据必然对传输速率及实时性有更高的要求。物联网对数据真实性的要求很高，物联网是真实物理世界与虚拟数字世界关联的纽带，物联网对数据的处理将直接影响物理世界，所以物联网中数据的真实性显得尤为重要。除此之外，物联网拥有非常多样化的数据，物联网涉及的范围很广，从智慧城市、智能交通、智慧物流、商品溯源，到智能家居、智慧医疗、安防监控等都属于物联网的应用范畴，所以在不同领域的不同行业，需要面对类型不同的应用数据。

具体分析，物联网中的大数据大致有如下几个特征。

（1）数据是时序的，带有时间戳。联网的设备按照设定的周期或受外部的事件触发，源源不断地产生数据。每个数据点都是在一个时间点上产生的，这个时间点对于数据的计算和分析十分重要，必须记录。

（2）数据是结构化的。网络爬虫的数据及微博、微信的海量数据都是非结构化的，可以是文字、图片、视频等。但物联网设备产生的数据往往是结构化的，而且是数值型的，如智能电表采集的电流、电压数据就可以用 4 字节的标准浮点数来表示。

（3）数据极少有更新操作。联网设备产生的数据是机器日志数据，一般不容许修改而且也没有修改的必要。很少有场景需要对采集的原始数据进行修改。但是对于一个典型的信息化或互联网应用，记录是一定可以被修改或删除的。

（4）数据源是唯一的。一台设备采集的数据与另外一台设备采集的数据是完全独立的。一台设备的数据一定是这台设备产生的，不可能是人工或其他设备产生的，也就是说一台设备的数据只有一个生产者，数据源是唯一的。

（5）相对于互联网应用，写多读少。对于互联网应用，一条数据记录，往往是一次写、很多次读。例如，一条微博只写一次，但可能有上百万人读。但物联网设备产生的数据不一样，一般是由计算、分析程序自动地读，而且计算、分析次数不多，只有分析事故等场景时，才会需要人读原始数据。

（6）用户关注的是一段时间的趋势。不管是银行记录，还是微博、微信，对它的用户而言，每一条都很重要。但对于物联网数据，数据点之间的变化并不大，一般是渐变的，大家更关心的是一段时间，如过去的 5 分钟，过去的 1 小时数据的变化趋势，一般对某一特定时间点的数据并不关注。

（7）数据是有保留期限的。采集的数据一般都有基于时长的保留策略，如保留 1 天、1 周、1 个月、1 年甚至更长时间，为节省存储空间，系统最好能自动删除。

（8）数据的查询分析往往是基于时间段和某一组设备的。对于物联网数据，做计算和分析的时候，一定是在指定时间范围的，不会只针对一个时间点或整段历程进行。而且往往需要根据分析的维度，对物联网设备的一个子集采集的数据进行分析，如某个地理区域的设备，某个型号、某个批次的设备，某个厂商的设备，等等。

（9）除存储查询外，往往还需要实时分析计算操作。对于大部分互联网大数据应用，离线分析更多被采用，即使有实时分析，但实时分析的要求并不高。例如用户画像，可以积累一定的用户行为数据后进行，早一天或晚一天不会影响结果。但是对于物联网应用，对数据的实时计算要求往往很高，因为需要根据计算结果进行实时报警，以避免事故的发生。

（10）流量平稳、可预测。给定物联网数量、数据采集频次，就可以较为准确地估算出所需要的带宽和流量，以及每天新生成的数据量。不像电商那样，在"双 11"期间，流量大幅上涨；也不像 12306 网站，春节期间网站流量会出现几十倍的增长。

（11）数据处理的特殊性。与典型的互联网相比，数据处理需求不一样。例如，要检查某个具体时间设备采集的某个量的数据，但传感器实际采集的不是这个时间点的数据，这时往往需要做插值处理。还有很多场景，需要基于采集量，做复杂的函数计算。

（12）数据量巨大。以智能电表为例，一台智能电表每隔 15 分钟采集一次数据，每天自动生成 96 条记录。假设全国有 5 亿台智能电表，则每天光智能电表就生成近 500 亿条记录。一台联网的汽车每隔 10～15 秒采集一次数据发到云端，一台车一天就很容易产生 1000 条记录。如果将 2 亿辆车联网，那么每天将产生 2000 亿条记录。

4.3.3　物联网系统专用的大数据处理平台

为了对日益增长的互联网数据进行处理，大数据分析工具纷纷涌现，最典型的就是 Hadoop 系统。除了使用大家所熟悉的 Hadoop 组件（HDFS、MapReduce、HBase、Hive 等），通用的大数据处理平台往往还使用 Kafka 或其他消息队列工具、Redis 或其他缓存软件、Flink 或其他实时流式数据处理软件。在大数据的存储方面也有人选用 MongoDB、

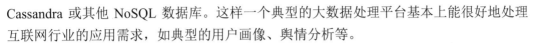

Cassandra 或其他 NoSQL 数据库。这样一个典型的大数据处理平台基本上能很好地处理互联网行业的应用需求，如典型的用户画像、舆情分析等。

目前在农业、交通等物联网应用系统中，不少大数据处理平台是基于上述的互联网通用大数据处理平台架构进行开发的。虽然在某种程度上可以正常工作满足客户需求，但是由于物联网场景下的数据有其独特性，通用大数据处理平台在很多方面存在先天不足，具体有以下几点。

（1）运行效率低。现有的这些开源软件主要是用来处理互联网上非结构化数据的，但是物联网采集的数据都是时序的、结构化的。用非结构化数据处理技术来处理结构化数据，无论是存储还是计算，消费的资源都大很多。例如，智能电表采集电流、电压数据，用 HBase 或其他 K-V 型数据库存储的话，其中的 Row Key 往往是智能电表的 ID，加上其他静态标签值。每个采集量的 Key 由 Row Key、Column Family、Column Qualifier、时间戳、键值类型等组成，然后紧跟具体的采集量的值。这样存储数据，负载很大，浪费存储空间。

（2）运维成本高。每个模块，无论是 Kafka、HBase、HDFS 还是 Redis，都有自己的管理后台，都需要单独管理。在传统的信息系统中，一个 DBA 只要学会管理 MySQL 或 Oracle 就可以，但现在一个 DBA 需要学会管理、配置、优化很多模块，工作量大了很多。而且由于模块数过多，定位一个问题变得更为复杂。例如，用户发现有条采集的数据丢失了，丢失的是 Kafka、HBase、Spark 数据还是应用程序数据，无法迅速定位。往往需要花很长时间，找到方法将各模块的日志关联起来才能找到丢失原因。模块越多，系统整体的稳定性就越差。

（3）应用推出慢、利润低。研发效率低、运维成本高导致产品推向市场的时间变长，让企业丧失商机。而且这些开源软件都在演化中，要同步使用最新的版本也需要耗费一定的人力。除互联网头部公司外，中小型公司在大数据处理平台投入的人力资源成本一般都远超过专业公司的产品或服务费用。

（4）对于小数据量场景，私有化部署太重。在物联网、车联网场景中，因为涉及生产经营数据的安全，私有化部署仍然是主流。而每个私有化部署，处理的数据量有很大的区别，从几百台设备到数万台设备不等。对于数据量小的场景，通用的大数据解决方案就显得过于臃肿，投入与产出不成正比。因此有的平台提供商往往有两套方案：一套针对大数据场景，使用通用的大数据处理平台；一套针对数据量小的场景，使用 MySQL 或其他数据库来处理，但研发和维护成本提高了。

物联网系统的数据是流式数据，单个数据点的价值很低，甚至丢失一小段时间的数据也不影响分析结论，不影响系统的正常运行。但由于数据记录规模巨大，导致数据的实时写入成为瓶颈，查询分析极为缓慢，这就成为新的技术挑战。传统的关系型数据库、NoSQL 数据库及流式计算引擎由于没有充分利用物联网数据的特点，性能提升极为有限，只能依靠集群技术，投入更多的计算资源和存储资源来处理，造成系统的运营维护成本急剧上升。

针对上述问题，需要按照物联网场景来优化开发满足其应用特征的大数据处理平台，应具有如下特征。

（1）充分利用物联网的数据特点，在技术上做各种优化，大幅提高数据插入、查询的性能，降低硬件或云服务的成本。

（2）大数据处理平台必须是水平扩展的，随着数据量的增加，只需要增加服务器进行扩容即可。

（3）大数据处理平台必须有单一的管理后台，并易于维护，尽量做到零管理。

（4）大数据处理平台应该是开放的，有业界流行的标准 SQL 接口，提供 Python、R 或其他语言的开发接口，方便集成各种机器学习、人工智能算法或其他应用。

面对这一高速增长的物联网数据处理市场，近几年出现了一批专注于物联网场景下时序数据处理的公司。例如美国的 InfluxData，其产品 InfluxDB 在 IT 运维监测方面有相当的市场占有率。在工业控制领域，老牌实时数据库公司 OSIsoft 在 2017 年 5 月获得软件银行集团 12 亿美元的投资，期望成为新兴的物联网领域数据库的领头羊。升源社区也十分活跃，如基于 HBase 开发的 OpenTSDB。我国的阿里巴巴、百度、华为都有基于 OpenTSDB 的产品。北京涛思数据科技有限公司在吸取众多传统关系型数据库、NoSQL 数据库、流式计算引擎、消息队列等软件的优点之后自主开发了一个完整的时序大数据处理引擎 TDengine。

4.3.4　工业物联网应用与大数据的融合

物联网中数据的产生主要依赖于各种物联网设备，通过这些设备中的各种传感器感知用户的行为习惯，进而形成相关的数据。在对大数据进行进一步处理，形成有效的数据后，再利用这些数据更好地服务用户。物联网系统与大数据的融合应用空间广阔，大数据和物联网技术的结合充满无限可能。物联网系统中的大数据处理技术可以帮助人们建立智能监控模型、智能分析模型、智能决策模型等应用服务工具，深刻改变人们的生活。数据存储、数据计算与挖掘技术，都将成为万物互联场景下大数据应用的核心能力。

作为一个典型的范例，工业物联网是围绕工业生产系统各环节，充分应用移动互联、人工智能等现代信息技术和先进通信技术，实现工业生产各环节的万物互联、人机交互，具有状态全面感知、信息高效处理、应用便捷灵活特征的智能服务系统。而工业大数据是工业物联网与大数据技术的深度融合应用。工业大数据是在工业产品全生命周期的信息化应用中所产生的数据，是工业物联网的核心，也是工业智能化发展的关键。工业大数据是基于网络互联和大数据技术，贯穿于工业的设计、工艺、生产、管理、服务等各环节，使工业系统具备描述、诊断、预测、决策、控制等智能化功能的模式和结果。

业界普遍认为，工业大数据的主要来源有 3 类。第一类是企业经营相关的业务数据，这类数据来自企业信息化过程，包括企业资源计划（ERP）、产品生命周期管理（PLM）、供应链管理（SCM）、客户关系管理（CRM）和环境管理系统（EMS）等，此类数据是工业企业传统的数据资产。第二类是机器设备互联数据，主要是指在工业生产过程中，装备、物料及产品加工过程的工况状态、环境参数等运营情况数据，通过 MES 系统实时传递，目前在智能装备大量应用的情况下，此类数据增长最快。此类数据是工业物联网系统实时采集的数据。第三类是企业外部数据，包括工业企业产品售出之后的使用、运营情况的数据，同时还包括大量客户、供应商、互联网等数据。

从工业领域的物联网与大数据的融合应用来看，工业物联网大数据与普遍意义上的互联网大数据具有以下不同之处。

1. 工业物联网大数据更强调数据的完整性

互联网大数据是在数据分析的基础上，分析用户的使用习惯、消费偏好和行为特征等相关数据，运用的是统计学的知识对数据进行处理。例如今日头条，通过数据分析，给用户推荐阅读内容，增加用户的黏性；又如淘宝，通过统计、分析消费者的消费习惯，推荐相关的产品给用户。而工业物联网系统中的大数据是通过对设备、机组等进行连续记载，获得的设备运行的全部数据，根据对设备的监测，在多指标的逻辑算法之上，基于数据分析的综合评估，指导设备调整、检修、配件更换、耗材更换，以保证生产的连续性。

2. 工业物联网大数据更强调数据的准确性

互联网所收集的数据，大多通过关联性挖掘，是一种发散性的数据收集和分析，互联网大数据在进行预测和决策时，仅仅考虑两个属性之间的关联是否具有统计显著性。例如亚马逊收集买家的行为，对转化率、相关性、买家满意率和留存率数据进行分析，类似这样的数据并不能准确地反映每个买家购买行为的决定因素。

而工业物联网系统中的大数据具有非常强的目的性，更强调数据的准确性。工业大数据对预测和分析结果的容错率比互联网大数据低很多。例如工业物联网系统中的故障预测，其基于装备真实健康状态和衰退趋势，结合用户决策活动的定制化需求，提供设备使用、维修和管理等活动相关的最优决策支持，达成任务活动与设备状态的最佳匹配，以保障生产系统的持续稳定运行。

3. 工业物联网大数据更强调数据的及时性

互联网大数据在时效性方面没有特殊的要求，其数据是长期积累的，从中找出数据中的相关性即可。而工业物联网系统中的大数据非常注重数据的时效性，时间序列特征明显，数据的时间戳和数值幅度都在变化；采集的频率高，数据量大并且数据维数多、价值分散。例如，工业设备的故障，厂房或生产的灾难性故障，火灾、污染物的泄露等，这些不仅需要事后的补救，更为重要的是，工业物联网还需要在数据提供和采集的基础上进行提前预测并发出预警，在灾难可能发生之前采取措施避免灾难的发生。

4.4　人工智能时代物联网面临的挑战与机遇

4.4.1　物联网发展面临的主要挑战

新一代信息技术的融合发展使得万物互联成为大势所趋。预计未来 10 年，全球物联网市场规模将继续快速增长，年均复合增速将保持在 20% 左右，物联网应用进一步实现大规模普及，2023 年全球物联网市场规模有望达到 2.8 万亿美元左右。在世界各国对物联网产业发展扶持力度不断加大、新兴技术研发速度不断加快的背景下，物联网创新型应用模式加快出现，许多行业如零售业、制造业等的发展模式也加快调整，以适应新的发展需要。与此同时，物联网技术也加快与人工智能、边缘计算、区块链、大数据等技术的融合应用。物联网的快速发展也面临着诸多挑战，其中最主要的问题是产业烟囱式与碎片化及安全性与隐私泄露。

1．用标准化解决产业烟囱式与碎片化问题

物联网产业虽然开始进入快速发展阶段，但整体上依然具有烟囱式与碎片化两个主要特征。烟囱式是指，物联网应用系统从终端到应用是一个比较封闭的系统，其计算、通信、网络能力都只服务于本系统，未能做到与其他系统充分共享资源，造成物联网系统开发周期长，开发成本高的问题；碎片化是指，单个的物联网系统比较孤立，并且为了满足用户的个性化需求，无法复制给其他的物联网用户，造成物联网系统的终端规模较小，系统部署成本高的问题。信息技术发展的历史证明，标准化是有效解决烟囱式与碎片化问题，实现规模发展的重要途径。所以，标准是物联网产业发展的基础。从这个意义上来说，标准制定是物联网发展的制高点，是物联网发挥自身价值和优势的基础支撑，是产业快速可规模复制发展的前提。标准体系是标准化工作有序开展的保障，它可以保证相关标准能够相互衔接配套，形成一个较为完整的整体，确保连接物联网系统的各环节协同工作，满足跨行业、跨地区的物联网技术应用对标准的需求，使之有序高效地运行。

经过多年的努力，目前我国物联网标准体系已初步建立，但面对物联网多样化和个性化的应用需求，现有整个物联网产业链条的各环节上的国家和行业标准在数量和质量

上尚不能满足产业发展的要求。很多应用环节的标准尚为空白，严重地制约了物联网的产业化，如物联网应用系统数据的接口定义和数据转换这两方面的关键性标准，全球范围内还难以达成共识。此外，对于很多已经制定并发布的国家和行业标准，其推行与实施力度十分有限，监督管理不到位，无法形成真正的市场化和法制化、通用化和国际化，反而导致了碎片化的加剧。新标准化法的实施给予了团体标准相应的法律地位，为物联网团体标准的制定和实施提供了法律保障，未来我国物联网标准化工作将大力发展团体标准，在物联网领域充分发挥团体标准的市场主体作用，逐步解决物联网产业发展过程中的烟囱式与碎片化问题。

2．用技术法规解决安全性与隐私泄露问题

物联网应用非常广泛，涉及国民经济和人类社会生活的方方面面。然而，由于物联网区别于互联网的技术特点，近年来在多个领域都发生了公共安全事件。例如在智慧城市领域，2014 年，西班牙三大主要供电服务商超过 30%的智能电表被检测出存在严重安全漏洞，入侵者可利用该漏洞进行电费诈骗，甚至关闭电路系统；在工业物联网领域，安全攻击事件造成的危害后果更严重，2018 年的台积电生产基地被攻击、2017 年的勒索病毒、2015 年的乌克兰大规模停电等事件都使目标工业联网设备与系统遭受重创。

物联网的终端设备在系统中主要负责对物理世界进行感知，包括采集汇聚数据或识别物体等。物联网终端的种类繁多，包括 RFID 芯片、读写扫描器、温度压力传感器、网络摄像头等。由于应用场景简单、部署数量巨大、单个终端成本较低，许多终端的存储和计算能力有限，在其上部署安全软件或高复杂度的加/解密算法会增加运行负担，甚至可能导致系统无法正常运行。另外移动性作为物联网终端的一大特点，更使得传统网络边界不再固定不变，依托于网络边界的安全产品无法正常发挥作用。加之许多物联网设备部署在无人监控场景中，攻击者更容易对其实施攻击。物联网作为综合性的智能服务系统，一般由多种异构网络组成，通信传输模型相比互联网更为复杂，算法破解、中间人攻击等诸多攻击方式或暴力破解情况时有发生。物联网的数据传输管道自身与传输流量的内容安全问题不容忽视。此外，物联网的信息处理平台未来多承载在云端。目前，云安全技术已经日趋成熟，而更多的安全威胁往往来自内部管理或外部渗透。如果企业内部管理机制不完善、系统安全防护不配套，那么小小的逻辑漏洞就可能让平台或整个系统彻底沦陷。

物联网的安全问题还给隐私保护带来严重威胁。随着物联网的应用，涉及用户隐私的海量数据将被各类物联网设备记录，数据安全隐患也愈加严峻，各种用户数据泄露或被滥用的事件频发。2015 年至今，国内外发生多起智能玩具、智能手表等被利用漏洞进行攻击的事件，超百万家庭和儿童信息、对话录音信息、行动轨迹信息等被泄露；某安防公司制造的物联网摄像头被发现存在多个漏洞，黑客可使用默认凭证来登录设备，并访问摄像头的实时画面。IDC 报告显示，预计到 2025 年全球将有 416 亿台物联网设备，这些数目庞大的物联网设备将承载记录着海量用户的隐私数据，其安全风险也被急剧放大。

在法规层面上，针对越来越严重的用户隐私泄露问题，未来相关的立法机关和监管机构将提出更加严格的用户数据保护规定，用户的敏感隐私数据可能会随着时间的推移而受到更严格的监管。在技术层面上，保护用户隐私的安全软件将成为物联网产品的关键组成部分。同时，硬件级安全措施也将受到关注，特别是对于处理特别敏感数据的应用程序。通过硬件本身运行受信任的操作系统和应用程序在一定程度上可以帮助缓解网络攻击和威胁的压力。但是，物联网硬件和软件的开放性却使其更容易受到网络攻击。以安全要求为重点的物联网基础设施将受到更多的关注，特别是某些特定的基础行业，如医疗健康、安全安防、金融等领域。

4.4.2　物联网将迈入全智能化的新阶段

智能物联网（AIoT），即 AI+IoT，指的是人工智能技术与物联网在实际应用中的落地融合。目前，越来越多的行业及应用将 AI 与物联网结合在一起，AIoT 已经成为各大传统行业智能化升级的最佳通道，也是未来物联网发展的重要方向。AI 结合发展多年的物联网，整合而成 AIoT 结构，被视为大势所趋。得益于 AIoT 的发展，存在于科幻电影中的未来场景正不断走进我们的生活。

物联网的最终目标是"万物智联"，把所有设备连接起来达到的是万物互联，单纯的万物互联并没有多大意义，只有赋予物联网会思考的"大脑"，才可以真正实现万物智联，发挥出物联网的巨大价值。这几年正在兴起的 AI 技术可以满足这一需求。通过分析、处理历史数据和实时数据，AI 可以对未来的设备和用户习惯进行更准确的预测，使物联网设备变得更加"聪明"，进而提升产品效能，丰富用户体验。所以，物联网采集产生的庞杂数据只有 AI 才能够有效处理，进而提高用户的使用体验与产品智能，而对于 AI 至关重要的学习和训练使用的数据也只有物联网能够源源不断地提供，通过物联网持续不断提供的海量数据可以让 AI 快速地获取知识。一方面，通过物联网万物互联的超大规模数据可以为 AI 的深度洞察奠定基础；另一方面，具备了深度学习能力的 AI 又可以通过精确算法加速物联网行业应用的落地。与 AI 技术融合后，物联网的潜力将得到更进一步的释放，进而改变现有产业生态和经济格局，甚至改变人类的生活模式。AIoT 将真正实现智能物联，也将促进人工智能向应用智能发展。

智能终端设备的智能化功能将使得人类生活发生巨大的改变。通过 AlphaGo 利用深度学习技术击败人类的顶尖棋手，我们可以看到，人工智能应用在一些物联网边缘智能的应用场景已经开始实现。但整个人工智能的发展离不开数据，因为它需要大量的数据进行训练。人工智能需要处理越来越多的非结构化数据，并从这些非结构化数据中发现内在的关联关系。数据量的增加同时也在推动整个计算模式的演变。在互联网时代，用户通过云平台来实现随时随地按需访问自己所需要的资源。云计算技术能够帮助实现资源的共享，给用户提供最佳的用户体验。而在物联网时代，随着数字化转型，用户需要更敏捷的连接、更有效的数据处理，同时还要有更好的数据保护。边缘计算恰恰能够有效地降低对带宽的要求，能够提供及时的响应，并且对数据的隐私提供保护。

在物联网系统中需要边缘计算，主要是因为在应对物联网海量终端连接的场景时，云计算容易出现服务能力不足的问题。云计算采用集中式的数据管理方式，面对物联网分散碎片化的万物互联场景，需要在高可靠、低时延及保证数据安全的前提下提供应用服务，而单单依靠云计算并不能满足这些要求。具体来说，物联网需要边缘计算主要基于以下 5 方面的原因。

（1）安全原因。很多大型工业企业不想将自己的生产流程数据连接到互联网上，因为互联网会把生产过程中的操作暴露给黑客，造成数据泄露。

（2）知识产权原因。高精度的传感器可以用来获取重要信息，如被视为商业秘密的炼油过程，从而造成企业对专有数据和知识产权的担忧。食品公司对这类问题特别敏感，比如可以通过工业数据推断出可口可乐的保密配方。

（3）延迟和弹性原因。延迟是衡量信息在网络上传播速度的一个指标。对于工业流程，将传感器采集到的数据从一台机器发送到云平台，经过处理后再返回，将会造成生产系统不可接受的延迟。例如，一辆时速 100 千米的自动驾驶汽车需要能够尽快识别威胁并立即停车，而不需要往返云端等待致命的几秒钟。当网络出现故障甚至崩溃的时候，生产系统依靠边缘侧来处理数据而不受影响。

（4）带宽成本原因。物联网应用系统中工作的摄像头或聚合传感器可能会产生大量的数据，如每分钟或每小时有数千兆字节的数据。在这些情况下，把所有的数据发送到云端需要花费很长时间，而且代价过于昂贵。

（5）自主性原因。如果通过物联网技术使得机器可以监控自身及其正在执行的流程，基于智能的自主决策，则可以被设计为在问题发生时执行正确的行动。例如，如果传感器监测到压力增加，机器可以自主开启管线下游的阀门来释放压力。

在物联网边缘部署简单的应用逻辑，无法满足多姿多态的物联网应用需求。在靠近应用场景的地方，必须部署一定的智能，才能在物联网边缘构建起健硕的应用生态。智能边缘计算提出了一种新模式：利用云进行大规模安全配置、部署和管理边缘设备，并根据边缘设备类型和场景进行智能分配，让物联网的每个边缘设备都具备数据采集、分析计算、通信能力，以及具有最重要的智能，实现智能在云和边缘设备间的流动。

物联网部署规模日益扩大，在这个海量连接的时代，势必产生海量的数据，继而需要云服务平台对数据进行智能分析，利用数据有望创造更多的全新商业机遇。近年来产业界谈论人工智能应用时，也多以云运算为主，仰赖大型数据与运算中心。但 AI 若要普及，物联网终端或执行器设备上的边缘运算架构及低功耗运算芯片、适用于终端的轻量化算法等技术将是关键点。预计未来 5 年，各式的边缘设备都将搭载特制的 AI 芯片，少量多样的智能化需求将会出现。

数以百亿计的设备连接网络，推动移动互联迈向万物互联，并且在云计算、边缘智能与人工智能等创新技术的促进下，最终走向万物智联，一个全新的智慧社会将会到来。随着物联网设备规模的迅速扩大，工厂所产生的数据规模也正以极高的速度发生"膨胀"，单纯依靠人工处理难以为继，企业急需一些智能化手段，以完成对数据的处理、流程的优化，AI 的出现恰到好处。物联网发展至今，已经从最开始的网络连接发展至智能化，所带来的价值也将变得越来越大。AI 的引入在一定程度上是发展的必然。AI 与 IoT 的融合，将加速智能化进程，充分发挥物联网的价值。AI 与 IoT 的融合，是在 IoT 广泛连接物联网设备的基础之上的。目前的物联网设备大都存在流程的冗余，通过 AIoT 的帮助，对个人用户来说，设备将更加好用智能、速度更快；对于工厂或企业来讲，既节约了成本，又提高了效率。

目前，在智联终端的控制交互方式中，语音交互是最流行也是潜力最大的一种，从 Echo 音箱的火爆就能看出，普通用户对语音交互的便捷性是非常认可的。智慧家庭、智慧健身、无人商店、无人酒店各种 AI 生活场景同时亮相，用户终于可以亲身感受到智能化生活的魅力了。在智能家庭场景中，用户可以语音控制家中的环境，包括温度、湿度；在智慧健身场景中，AR 技术让用户健身时可以随时了解自己的身体状况；在无人酒店场景中，能够自己乘坐电梯的机器人可以随时为顾客服务，比人类服务员更高效、更安全。

从上面所述的终端智能和边缘智能到平台智能来看，物联网未来将迈入全智能化的新阶段，主要体现在以下几点。

（1）终端更加智能化。无论是消费领域中的智能家居产品，还是工业物联网的终端产品，各类终端产品更加智能化的趋势已经愈发明显，这主要得益于底层设备开始微型化。另外，物联网更加开放，促使终端设备之间的协作逐渐成为常态。这两大因素正推动终端走向更加智能化。

（2）边缘计算走向智能化和大规模部署。边缘计算是物联网的一大热门技术，边缘计算可以满足多个行业在敏捷连接、实时业务、数据优化、应用智能、数据安全等方面的关键需求，尤其是边缘计算与云计算的互补效应，将会更好地支撑本地业务的实时数据分析和智能化应用，让物联网解决方案更加完善。未来几年的边缘计算部署将会逐渐走向大规模化。

（3）人工智能技术改善物联网使用体验。像深度学习这样的人工智能技术将会在物联网领域得到更普遍的应用。深度学习算法的改进也使人工智能技术融入物联网应用变得更容易。

（4）区块链技术可以弥补物联网在安全和隐私上的缺陷。随着上百亿台物联网设备接入网络，物联网已经逐渐成为一个复杂的生态系统，其安全风险是一个巨大挑战。而区块链技术作为去中心化技术，其分布式账本的不可篡改性，可用于追踪数十亿台联网设备，利用加密算法可确保物联网数据的保密性，增加信任和可靠的身份验证可以改善物联网的安全性和可靠性，未来区块链技术在物联网的应用前景值得期待。

（5）服务迈向平台化。目前物联网平台数量众多，随着越来越多巨量级设备的接入，物联网平台的设备接入能力、应用环境复杂度、用户多元化等问题将随之而来，连接灵活、扩展性出色、安全可靠、应用开发友好的物联网平台会在竞争中胜出，而数据分析及 AI 无疑将会是物联网平台竞争的差异化能力所在。

4.5　本章小结

GSMA 预测，到 2025 年，物联网平台、服务和应用带来的收入将达到物联网总体收入的 67%，成为价值增速最快的环节，物联网连接收入占比仅为 5%。物联网未来新的联网设备数量将呈指数级增长，以服务为核心、以业务为导向的新型智能化业务应用将迎来更多的发展。因此在海量数据基础上基于云平台的大数据计算、挖掘和应用服务将成为物联网发展的重要趋势。5G、边缘计算、模式识别和深度学习等新兴技术与物联网的深度结合，也将给公众带来全新的物联网应用场景和使用体验。

第 5 章　物联网技术体系架构与参考模型

5.1　体系架构概述

　　确定体系架构是任何系统设计的首要前提，以计算机和软件体系架构为例进行说明。计算机体系架构是指根据属性和功能不同而划分的计算机理论组成部分及计算机基本工作原理、理论的总称。计算机体系架构是计算机的逻辑结构和功能特征，包括其各硬部件和软部件之间的相互关系。从不同视角看有不同的理解方式，对于计算机系统设计者，计算机体系架构是指研究计算机的基本设计思想和由此产生的逻辑结构；对于程序设计者，计算机体系架构是指对系统的功能描述。软件体系架构是指具有一定形式的结构化元素，即构件的集合，包括处理构件、数据构件和连接构件。处理构件负责对数据进行加工，数据构件是被加工的信息，连接构件把体系架构的不同部分组合连接起来。Kruchten指出，软件体系架构有 4 个角度，它们从不同方面对系统进行描述：概念角度描述系统的主要构件及它们之间的关系；模块角度包含功能分解与层次结构；运行角度描述了一个系统的动态结构；代码角度描述了各种代码和库函数在开发环境中的组织。

　　对于软件系统来说，描述系统架构一般涉及业务架构和软件架构两个方面的内容。这两方面内容分别针对人们对业务领域的理解和对系统领域的理解。这两者是需要和谐统一的，前者从业务需求的角度出发，理清物理结构图和逻辑结构图，划分出每个子模块，确定为什么要这么划分，各个子模块之间如何交互，每个子模块具有哪些接口；后者从解决技术上讨论，着重讨论采用什么样的技术，如何分层，有哪些好的技术特性可以利用，利用这些技术特性会为我们的工作带来哪些好处，为什么要这么做等。

　　物联网是以对物理世界实时动态感知为目的的物物互联系统，涉及众多技术领域和应用领域。物联网在不断发展、技术在不断融合、应用需求也在不断演变，尽管与软件系统架构的特点有所不同，但物联网也需要一种统一、具有框架支持作用并且有效、可靠、可扩展性强的科学系统架构和技术标准体系，引导和规划物联网未来的技术和产业发展及标准制定。参考架构的设计也决定着物联网的技术细节、应用模式和发展趋势等。

物联网应用的多样性和特定性决定了其参考架构必须具备兼容性、灵活性和可扩展性等特点。

物联网的系统架构设计在很大程度上类似于互联网。国内外对物联网系统体系架构也进行了比较多的研究，如物体万维网（Web of Things）的体系架构定义了一种面向应用的物联网，它把万维网服务嵌入物联网应用系统中，可以采用简单的万维网服务形式来使用物联网。这是一个以用户为中心的物联网体系架构，试图把互联网中成功的、面向信息获取的万维网应用架构移植到物联网上，用于简化物联网的信息发布和获取。

制定物联网参考体系架构，有利于统一物联网行业应用中的基础标准和技术标准的制定，指导包括通信、接口、安全、标识等物联网基础标准的制定，促进物联网行业应用标准在系统层面的融会贯通。通过标准规范带动产业健康有序发展，使我国物联网产业发展走在国际发展前列，争取在未来的这一战略性新兴产业高地上占据重要地位。

物联网体系架构作为物联网系统的顶层全局性描述，指导各行业物联网应用系统设计，对梳理和形成物联网标准体系具有重要指导意义。

在国际标准方面，有许多国际标准化组织或机构在研究物联网相关的参考体系架构，包括 ISO/IEC JTC1/SC41、ITU-T SG20、IEEE P2413、IIC、IoT-A、OneM2M 等。ITU-T 提出了泛在网（USN/UN）和物联网的架构。ETSI 对 M2M 体系架构进行了分析。3GPP 研究了移动通信网络增强支持 MTC 的架构。ISO/IEC JTC1 专门成立了物联网及数字孪生分技术委员会（SC41）开展物联网相关的标准化工作，重点研究物联网参考体系架构标准（ISO/IEC 30141）。IEEE P2413 启动物联网参考体系架构框架方面的研究。OneM2M 的需求工作组研究 M2M 业务需求，架构工作组研究 M2M 的功能架构。

综合来看，ISO/IEC、IIC、IEEE、IoT-A 等标准化组织与机构从不同侧面研究物联网及相关行业应用的参考体系架构，这些物联网参考体系架构表现形式不同，但本质上基本一致，不同主要与描述物联网的视角有关。

（1）IIC 发布了工业物联网的参考体系架构技术报告。该报告从工业物联网行业领域剖析物联网的关键系统属性，给出了业务、功能、使用、实现等视角的架构模型，系统架构设计更注重控制、计算、实时性、安全性等方面的要求。

（2）IEEE P2030 研究智能电网参考体系架构，从应用系统、通信、信息 3 个视角给出了详细的体系架构设计，包含从 3 个视角描述的系统主要实体和实体之间的接口。

（3）物联网架构 IoT-A 是欧盟在第 7 框架计划下，联合 NEC、西门子、SAP 等相关公司开展的物联网架构研究项目。该项目发布了与物联网相关的一系列研究报告，文件编号 D1.5 的报告是最终版本的物联网体系架构参考模型，该报告从域模型、信息模型、功能模型和通信、安全等角度开展参考模型研究，给出了应用、功能、信息、布设和运行等不同的架构研究视角。

（4）我国牵头制定了以"六域模型"为核心的国际标准 ISO/IEC 30141《物联网参考

体系架构》，并同时发布了国家标准 GB/T 33474《物联网 参考体系架构》，标准按照物联网的概念模型，从系统功能、通信、数据视角对物联网体系架构进行了定义和描述。

5.2 物联网的技术体系架构

5.2.1 总体技术体系架构

物联网技术体系架构代表物联网信息技术的集合，图 5-1 将物联网涉及的主要技术分为感知技术、网络技术、应用技术和公共技术 4 个部分，各部分内又列出了当前主要采用的技术。物联网公共技术是管理和保障物联网整体性能的技术，作用于技术体系架构的各部分。典型的物联网公共技术有标识技术和安全技术等。

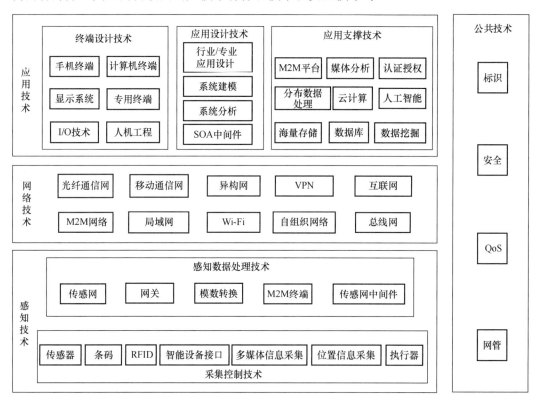

图 5-1 物联网技术体系架构

5.2.2 感知技术

感知技术实现对感知对象的属性识别，能够对感知对象属性信息进行采集、处理、传送，也能够对控制对象进行控制。感知技术分为采集控制技术和感知数据处理技术两个子类。

1. 采集控制技术

通过直接与对象绑定或与对象连接的数据采集器、控制器，完成对对象的属性数据识别、采集和控制操作，采集控制技术包括以下几类技术。

传感器：根据传感器使用的敏感元件技术，可以分为物理类技术、化学类技术、生物类技术等。

条码：一维条码和二维条码技术，包括条码的附着和识别机具技术。

RFID：包括 RFID 标签的附着技术和读写机具技术。

智能设备接口：实现与智能化感知对象和智能化控制对象的信息交互，核心是数据协议转换技术。

多媒体信息采集：包括视频和音频数据的采集技术、编解码技术等。

位置信息采集：包括 GPS 系统定位技术、北斗卫星系统定位技术、移动通信网络定位技术等。

执行器：接收控制数据并操控控制对象（改变位置和形态等）的技术，根据执行器类别差异，采用不同的机械或电子执行器技术。

2. 感知数据处理技术

感知数据处理技术是对感知数据和控制数据的加工处理技术，包括以下几类技术。

传感网：使用自组织网络技术、总线网络技术等短距离网络技术，或者使用移动通信网络技术，把一定范围内的若干传感器网络节点构成网络，以满足数据处理和网络管理的需要。

网关：实现传感器网络系统和其他类型网络的连接，并实现数据汇聚、控制数据的生成和分发，可采用近场闭环控制、数据存储、人机界面等技术。

模数转换：将感知数据从模拟数据转化为数字数据，从而提高精度、降低信息冗余度等。

M2M 终端：支持机器间通信（M2M）相关通信协议的网关技术。

传感网中间件：保障感知数据与多种应用服务兼容性的技术，包括代码管理、状态管理、设备管理、时间同步、定位等。

5.2.3 网络技术

物联网中的网络通信可以简单分为远距离通信和近距离通信。

远距离通信技术是采用远距离无线通信技术将物理位置极为分散的局域网（LAN）连接起来，实现物联网中各物理实体之间的信息交流和网络接入需求，允许用户和目标对象之间建立公众或私人网络的无线连接技术。远距离通信技术一般包括通过公众移动通信网实现的蜂窝通信网络（4G 或 5G 等）、低功耗无线通信广域网络（LoRa、NB-IoT 或 SigFox 等）、其他应用场景的通信网络（光纤通信网、卫星通信网、微波通信网等）。

近距离通信采用近距离无线通信技术将物理距离较为临近的对象连接起来，实现物联网中各物理实体之间的信息交流和网络接入需求。近距离通信技术一般包括局域网、个域网。其中，典型的局域网技术包括以太网和无线局域网，典型的个域网技术包括蓝牙、ZigBee、工业现场通信技术等。

网络技术为物联网提供通信支撑。在物联网概念模型的域内和域间均需依靠网络技术实现实体之间的通信连接和信息交换。不同网络技术可支持不同的域内部和域间通信，如自组织网络技术、总线网络技术等短距离网络技术主要应用于感知控制域；域间一般使用广域网络技术；各种局域网技术主要用于域内使用；移动通信网技术在域间和域内都可以使用。

5.2.4 支撑平台

边缘计算平台、云计算平台及人机交互平台是物联网主要的支撑平台。

边缘计算平台在靠近感知对象或数据源头的网络边缘侧，是融合网络、计算、存储等核心能力的开放平台，对智慧城市中的物联网系统感知控制域提供计算和存储支撑。边缘计算平台由网关及若干具有计算、存储和安全能力的传感器或执行器等边缘节点组成。边缘节点在靠近感知对象或数据源头的网络边缘侧，是进行分布式架构管理、连接、计算、存储、安全等软硬件资源的集合。

云计算平台是通过分布式架构管理机制，统一管理和调度多种异构资源，并对其进行按需分配的 IT 设施，它可以对智慧城市中的物联网服务提供域、资源交换域、运维管控域提供计算和存储支撑。云计算平台由一个或多个数据中心组成，数据中心是分布式架构管理软件和网络、计算、存储、安全等软硬件资源的集合。

物联网系统和用户之间通过人机交互平台进行信息交互和交换，实现信息的内部形式与用户可以接受的形式之间的转换。人机交互平台对物联网系统用户域功能提供支撑。

5.2.5 应用技术

应用技术实现对感知数据的深度处理，形成满足需求的各种物联网应用服务，通过人机交互平台提供给用户使用。应用技术分为应用设计、应用支撑、终端设计 3 个子类。

应用设计： 进行行业或专业物联网应用系统分析和建模，构造行业或专业物联网应用系统框架的软件技术。

应用支撑：为物联网应用提供基础数据和业务服务的技术。使用海量存储、数据挖掘、分布式数据处理、云计算、人工智能、M2M 平台、媒体分析等技术，对感知数据进行数据深度处理，形成与应用业务需求相适应、实时更新、可共享的动态基础数据资源库。

终端设计：利用计算机终端、手机终端和专用终端、显示系统、人机工程、I/O 技术等构造友好、高效、可靠的用户终端。

5.2.6　公共技术

公共技术是管理和保障物联网整体性能的技术，作用于概念模型的各域。

物联网的出现实现了数字世界和物理世界的深度融合，在信息空间对物理实体进行控制，则有可能因信息安全问题出现灾难性后果。同时，物联网具有设备与节点容易受到物理操纵、信息传输信号容易被窃取和干扰、传感器节点计算能力低和网络结构更加复杂等特点，所以相对于传统信息系统，安全保障难度更大。另外，物联网系统获取了大量数据，可能涉及个人隐私与商业和技术秘密，需要从政策和技术层面保护数据不被泄露。

物联网安全参考模型由物联网系统参考安全分区、系统生存周期、基本安全防护措施 3 个维度共同描述组成。参考安全分区是从物联网系统的逻辑空间维度出发，系统生存周期则是从物联网系统存续时间维度出发，配合相应的基本安全防护措施，在整体架构和生存周期层面上为物联网系统提供了一套安全模型。图 5-2 给出了物联网安全参考模型。

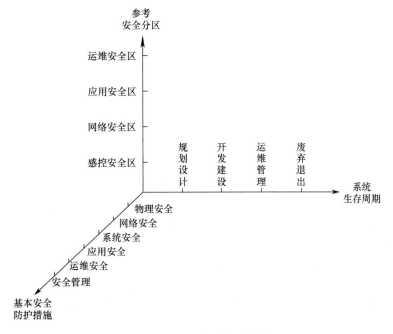

图 5-2　物联网安全参考模型

物联网安全技术体系如图 5-3 所示。

```
┌─────────────────────────────────────────────────────────────┐  ┌────────┐
│ ┌──┐ ┌──────┐┌──────┐┌──────┐┌──────┐┌──────┐┌──────┐      │  │        │
│ │应│ │智能家居││远程抄表││远程医疗││公共安全││远程监控││其他应用│      │  │        │
│ │用│ └──────┘└──────┘└──────┘└──────┘└──────┘└──────┘      │  │        │
│ │层│ ┌───────────────────────────────────────────────┐    │  │        │
│ │  │ │          差异化物联网安全服务功能               │    │  │ 系统   │
│ │  │ │ ┌──────────┐ ┌──────────────┐ ┌────────────┐  │    │  │ 安全   │
│ │  │ │ │业务敏感度分析│ │差异化业务安全服务│ │ 定制业务模块 │  │    │  │        │
│ │  │ │ └──────────┘ └──────────────┘ └────────────┘  │    │  │        │
│ │  │ │          业务支撑平台基础安全功能               │    │  │        │
│ │  │ │┌──────┐┌──────┐┌──────┐┌──────────┐┌──────────┐│    │  │        │
│ │  │ ││中间件安全││数据库安全││存储安全││终端服务模块││应用服务模块││    │  │        │
│ └──┘ │└──────┘└──────┘└──────┘└──────────┘└──────────┘│    │  │        │
│      └───────────────────────────────────────────────┘    │  │        │
│              ┌──────────────────────┐                      │  │        │
│              │  业务层与网络层安全接入  │                      │  │        │
│              └──────────────────────┘                      │  │        │
│ ┌──┐ ┌───────────────────────────────────────────────┐    │  │        │
│ │网│ │       移动通信网、互联网和其他专用网安全           │    │  │ 系统   │
│ │络│ │ ┌──────────┐ ┌────────────┐ ┌──────────┐       │    │  │ 管理   │
│ │层│ │ │异构网安全融合│ │移动通信网安全│ │ 互联网安全 │       │    │  │        │
│ │  │ │ └──────────┘ └────────────┘ └──────────┘       │    │  │        │
│ │  │ │ ┌──────────┐ ┌────────────┐ ┌──────────┐       │    │  │        │
│ └──┘ │ │下一代承载网安全││M2M统一安全网关││ 远程控制安全 │       │    │  │        │
│      │ └──────────┘ └────────────┘ └──────────┘       │    │  │        │
│      └───────────────────────────────────────────────┘    │  │        │
│              ┌──────────────────────┐                      │  │        │
│              │  网络层与感知层安全接入  │                      │  │        │
│              └──────────────────────┘                      │  │        │
│ ┌──┐ ┌───────────────────────────────────────────────┐    │  │        │
│ │感│ │          自保护可信物联网终端平台                │    │  │ 系统   │
│ │知│ │ ┌──────┐ ┌──────┐ ┌──────┐ ┌──────┐           │    │  │ 安全   │
│ │层│ │ │可信环境│ │完整性度量│ │完整性报告│ │ 可信引导 │           │    │  │ 管理   │
│ │  │ │ └──────┘ └──────┘ └──────┘ └──────┘           │    │  │        │
│ │  │ │       传感器网络组网和协同信息处理               │    │  │        │
│ │  │ │┌──────┐┌──────┐┌──────┐┌──────┐┌──────┐       │    │  │        │
│ └──┘ ││密钥管理││标签安全││安全路由││拒绝服务││认证管理││协议安全│       │    │  │        │
│      │└──────┘└──────┘└──────┘└──────┘└──────┘       │    │  │        │
│      └───────────────────────────────────────────────┘    │  │        │
└─────────────────────────────────────────────────────────────┘  └────────┘
```

图 5-3　物联网安全技术体系

物联网标识主要用于在一定范围内唯一识别物联网中的物理和逻辑实体，并基于此对目标对象进行相关控制和管理，以及相关信息的获取、处理、传送与交换。由于标识的目的和作用不同，不同的标识技术被应用于物联网系统的不同组件中。物联网标识技术体系如图 5-4 所示。

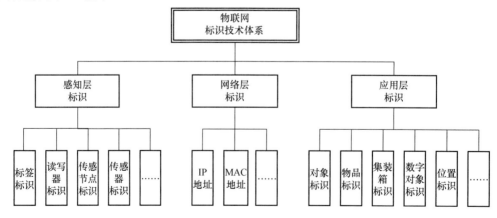

图 5-4　物联网标识技术体系

5.3　物联网系统的概念模型

5.3.1　概念模型的总体构成

物联网参考体系架构可从系统组成角度描述物联网系统。物联网系统的概念模型由用户域、目标对象域、感知控制域、服务提供域、运维管控域和资源交换域组成，如图 5-5 所示。域之间的线条表示域之间存在逻辑关联或通信连接的关联关系。

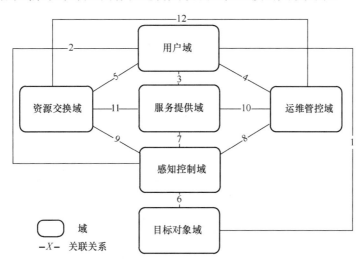

图 5-5　物联网系统的概念模型

5.3.2　域的描述及关联关系

物联网系统的概念模型中包含了 6 个域，每个域在物联网中的描述如下。

用户域是不同类型物联网用户和用户系统的实体集合。物联网用户可通过用户系统及其他域的实体获取物理世界对象的感知和操控服务。

目标对象域是物联网用户期望获取相关信息或执行相关操控的对象实体集合，可包括感知对象和控制对象。感知对象是用户期望获取信息的对象，控制对象是用户期望执行操控的对象。感知对象和控制对象可与感知控制域中的实体（传感网系统、标签识别系统、智能化设备接口系统等）以非数据通信类接口或数据通信类接口的方式进行关联，实现物理世界和虚拟世界的接口绑定。

感知控制域是各类获取感知对象信息与操控控制对象的软硬件系统的实体集合。感知控制域可实现针对物理世界对象的本地化感知、协同和操控，并为其他域提供远程管理和服务接口。

服务提供域是实现物联网基础服务和业务服务的软硬件系统的实体集合。服务提供域可实现对感知数据、控制数据及服务关联数据的加工、处理和协同，为物联网用户提供对物理世界对象感知和操控服务的接口。

运维管控域是实现物联网运行维护和法规符合性监管的软硬件系统的实体集合。运维管控域可保障物联网的设备和系统的安全、可靠运行，以及保障物联网系统中实体及其行为与相关法律规则等的符合性。

资源交换域是实现物联网系统与外部系统间信息资源的共享与交换，以及实现物联网系统信息和服务集中交易的软硬件系统的实体集合。资源交换域可获取物联网服务所需要的外部信息资源，也可为外部系统提供所需要的物联网系统的信息资源，以及为物联网系统的信息流、服务流、资金流的交换提供保障。

在图 5-5 中，域之间的关联关系表示域之间存在通信连接和（或）逻辑关联，如表 5-1所示。

表 5-1　概念模型关联关系描述

关联关系序号	域 名 称	域 名 称	关联关系描述	关联关系属性
1	用户域	目标对象域	表征用户域中的用户与目标对象域中对象的特定感知或操控需求关系	逻辑关联
2	用户域	感知控制域	用户域中的用户系统通过本关联关系实现与感知控制域中软硬件系统的管理和服务信息交互	通信连接
3	用户域	服务提供域	用户域中的用户系统通过本关联关系实现与服务提供域中业务服务系统的服务信息交互	通信连接
4	用户域	运维管控域	用户域中的用户系统通过本关联关系实现与运维管控域中软硬件系统的运维管理信息交互	通信连接
5	用户域	资源交换域	用户域中的用户系统通过本关联关系实现与资源交换域中软硬件系统的服务和交易信息交互	通信连接
6	目标对象域	感知控制域	目标对象域中的对象通过本关联关系与感知控制域中的软硬件系统（传感网系统、标签识别系统、智能化设备接口系统等），以非数据通信类接口或数据通信类接口的方式实现关联绑定。非数据通信类接口包括物理、化学、生物类作用关系、标签附着绑定关系、空间位置绑定关系等。数据通信类接口主要包括串口、并口、USB接口、以太网接口等	逻辑关联通信连接
7	感知控制域	服务提供域	感知控制域中的软硬件系统通过本关联关系实现与服务提供域中的基础服务系统之间的感知和操控信息交互	通信连接
8	感知控制域	运维管控域	运维管控域中的软硬件系统通过本关联关系实现与感知控制域中的软硬件系统的监测、维护和管理信息交互	通信连接

续表

关联关系序号	域　名　称	域　名　称	关联关系描述	关联关系属性
9	感知控制域	资源交换域	感知控制域的软硬件系统通过本关联关系实现与资源交换域的软硬件系统的信息交互与共享	通信连接
10	服务提供域	运维管控域	运维管控域中的软硬件系统通过本关联关系实现与服务提供域中的软硬件系统的监测、维护和管理信息交互	通信连接
11	服务提供域	资源交换域	服务提供域的软硬件系统通过本关联关系实现与资源交换域的软硬件系统的信息交互与共享	通信连接
12	运维管控域	资源交换域	运维管控域中的软硬件系统通过本关联关系实现对资源交换域中的软硬件系统的监测、维护和管理信息交互	通信连接

5.4　物联网系统的功能体系架构

5.4.1　系统功能实体构成

物联网系统参考体系架构基于物联网系统概念模型，从功能体系架构的角度，给出了物联网系统各业务功能域中主要实体及实体之间的接口关系，如图 5-6 所示。

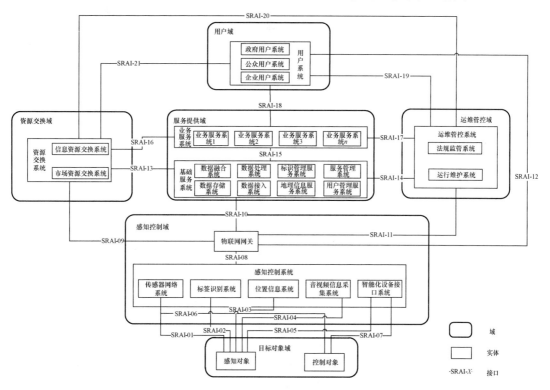

图 5-6　物联网系统参考体系架构

5.4.2 功能实体简要描述

物联网系统参考体系架构中的功能实体描述如表 5-2 所示。

表 5-2 物联网系统参考体系架构中的功能实体描述

域 名 称	实 体	实 体 描 述
用户域	用户系统	用户系统是支撑用户接入物联网,使用物联网服务的接口系统,从物联网用户总体类别来分,可包括政府用户系统、企业用户系统、公众用户系统等
目标对象域	感知对象	物联网用户期望获取信息的对象
	控制对象	物联网用户期望执行操控的对象
感知控制域	物联网网关	物联网网关是支撑感知控制系统与其他系统互联,并实现感知控制域本地管理的实体。物联网网关可提供协议转换、地址映射、数据处理、信息融合、安全认证、设备管理等功能。从设备定义的角度,物联网网关既可以独立工作,也可以与其他感知控制设备集成为一个功能设备
	感知控制系统	感知控制系统通过不同的感知和执行功能单元实现对关联对象的信息采集和控制操作,是可以实现本地协同信息处理和融合的系统。感知控制系统包括传感器网络系统、标签识别系统、位置信息系统、音视频信息采集系统和智能化设备接口系统等,根据物联网对象不同社会属性和感知控制需求,各系统可独立工作,也可通过相互协作共同实现对物联网对象的感知和操作控制。 在当前技术状态下,感知控制系统的主要功能如下。 ——传感器网络系统:传感器网络系统通过与对象关联绑定的传感节点采集对象信息,或者通过执行器对对象执行操作控制,传感节点间可支持自组网和协同信息处理。 ——标签识别系统:标签识别系统通过读写设备对附加在对象上的 RFID、条码(一维条码、二维条码)等标签进行识别和信息读写,以采集或修改对象相关信息。 ——位置信息系统:位置信息系统通过北斗、GPS、移动通信系统等定位系统采集对象的位置数据,定位系统终端一般与对象物理绑定。 ——音视频信息采集系统:音视频信息采集系统通过语音、图像、视频等设备采集对象的音视频等非结构化数据。 ——智能化设备接口系统:智能化设备接口系统具有通信、数据处理、协议转换等功能,并且提供与对象的通信接口,其对象包括电源开关、空调、大型仪器仪表等智能或数字设备。在实际应用中,智能化设备接口系统可以集成在对象中。 注:随着技术的发展将出现新的感知控制系统类别,该类系统应能采集对象信息或执行操作控制
服务提供域	基础服务系统	基础服务系统是为业务服务系统提供物联网基础支撑服务的系统,包括数据接入、数据处理、数据融合、数据存储、标识管理服务、地理信息服务、用户管理服务、服务管理等

续表

域 名 称	实 体	实 体 描 述
服务提供域	业务服务系统	业务服务系统是面向某类特定用户需求，提供物联网业务服务的系统，业务服务类型可包括但不限于对象信息统计查询、分析对比、告警预警、操作控制、协调联动等
运维管控域	运维管控系统	运维管控系统是管理和保障物联网中设备和系统可靠、安全运行，并保障物联网应用系统符合相关法律法规的系统，根据功能可分为运行维护系统和法规监管系统。运行维护系统可实现系统接入管理、系统安全认证管理、系统运行管理、系统维护管理等功能；法规监管系统可实现相关法律法规查询、监督、执行等功能
资源交换域	资源交换系统	资源交换系统是实现物联网系统与外部系统之间信息资源的共享与交换，以及物联网系统信息和服务集中交易的系统，根据功能可分为信息资源交换系统和市场资源交换系统。信息资源交换系统是为满足特定用户服务需求，在获取其他外部系统必要信息资源或为其他外部系统提供信息资源的前提下，实现系统间的信息资源交换和共享的系统。市场资源交换系统是为有效提供物联网应用服务，实现物联网相关信息流、服务流和资金流的交换的系统

5.4.3　系统部署参考视图

系统部署视图描述的设备、子系统和网络等通用组件构成物联网系统。系统部署视角通过系统功能视角的实例化体现。图 5-7 从系统部署视角描述了以下内容。

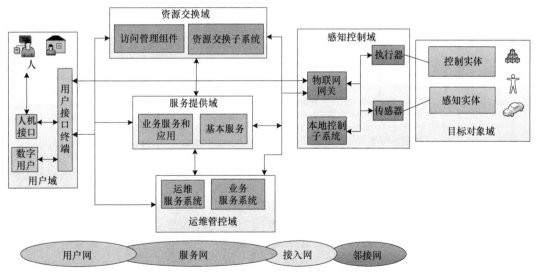

图 5-7　物联网系统部署视图

（1）物联网系统的主要物理实体（子系统、设备、网络等）。

（2）物联网系统的通用实现架构，包括组件分布和组件的互联拓扑。

（3）组件的技术描述，包括组件的行为和其他属性。

图 5-7 中的实体和它们之间的连接是可选的，其中实体之间的连接线代表网络，网络连接类型依据通信网络视图中 4 种网络类型，分别是邻接网、接入网、服务网和用户网。

在图 5-7 中，部分功能实体名称与 5.4.1 节中的类似，有些子系统可进行实例化描述，如资源交换域实例化为访问管理组件和资源交换子系统。

5.5   物联网系统的通信参考架构

5.5.1   通信功能实体构成

物联网系统通信参考架构从实现物联网实体间互联互通的角度，描述物联网域间及域内实体之间的网络通信关系，如图 5-8 所示。

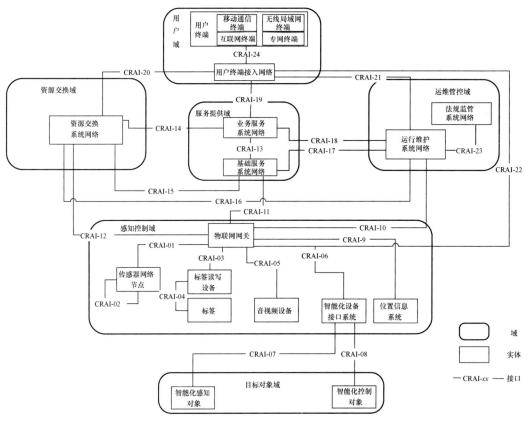

图 5-8   物联网通信参考架构

5.5.2　通信功能实体描述

物联网系统通信参考架构中的实体描述如表 5-3 所示。

表 5-3　物联网系统通信参考架构中的实体描述

域　名　称	实　体	实　体　描　述
用户域	用户终端	用户终端是支撑用户接入、使用物联网服务的交互设备。从通信接入方式角度，用户终端包括移动通信终端、互联网终端、专网终端、无线局域网终端等。不同的用户系统，可包括不同的用户终端
	用户终端接入网络	用户终端接入网络是用户终端访问和获取信息服务的通信网络。用户终端接入网络可提供多种接入方式供用户终端使用
目标对象域	智能化感知对象	智能化感知对象是指其他实体可通过数字或模拟接口获取其信息的感知对象。智能化感知对象宜与智能化设备接口系统建立通信连接，其他感知对象与感知控制系统接口可为非数据通信接口
	智能化控制对象	智能化控制对象是指通过数字化接口进行控制操作的控制对象。智能化控制对象一般与智能化设备接口系统建立通信连接，其他控制对象与感知控制系统接口可为非数据通信接口
感知控制域	传感器网络节点	传感器网络节点是传感器网络中各种功能单元的统称，包括传感器节点、传感器网络网关等，主要完成信息采集与控制、信息处理、网络通信和网络管理等功能
	标签读写设备	标签读写设备是通过标签获取数据和（或）写入数据的电子设备
	标签	标签是具有信息存储和读写功能，用于标识和描述物体特征的实体，主要包括 RFID、条码等
	音视频设备	音视频设备是获取对象音视频信息并采用基于 IP 或非 IP 网络接口传输数据的设备
	智能化设备接口系统	智能化设备接口系统是连接智能化感知对象和智能化控制对象，实现与上述对象数据交互的系统，应具有网络通信、数据处理、协议转换等功能
	位置信息系统	位置信息系统是基于北斗卫星定位系统、GPS 定位系统或移动通信网络定位等获取感知对象位置信息并实现与外部交互的系统
感知控制域	物联网网关	物联网网关是从通信角度实现感知控制系统与其他物联网业务系统互联的实体，宜具备包括协议转换、地址映射、安全认证、网络管理等在内的功能，同时物联网网关作为不同类型感知控制系统间的协同交互中心，需实现不同类型感知控制系统间的网络管理
服务提供域	基础服务系统网络	基础服务系统网络是支撑基础服务系统内部提供基础服务的实体（接入服务器、认证服务器等）间互联互通及与其他外部实体或网络间交互的通信网络。其可基于局域网进行建设，并与外部网络实现一定安全级别的互联互通
	业务服务系统网络	业务服务系统网络是支撑业务服务系统内部提供业务服务实体（应用服务器、计算中心等）间互联互通及与其他外部实体或网络间交互的通信网络。其可基于局域网进行建设，并与外部网络实现一定安全级别的互联互通

续表

域 名 称	实 体	实 体 描 述
运维管控域	运行维护系统网络	运行维护系统网络是支撑运行维护系统内部实体（登录服务器、运维数据库服务器等）间互联互通及与其他外部实体或网络间交互的通信网络。其可基于局域网进行建设，并与外部网络按照某种安全级别实现互联互通
	法规监管系统网络	法规监管系统网络是支撑法规监管系统内部实体（登录服务器、法规数据库服务器）间互联互通及与其他外部实体或网络间交互的通信网络。其可基于局域网进行建设，并与外部网络按照某种安全级别实现互联互通
资源交换域	资源交换系统网络	资源交换系统网络是支撑信息资源交换系统和市场资源交换系统内部信息数据、服务数据、资金数据等实体间互联互通及与其他外部实体和网络间交互的通信网络。资源交换系统网络同时实现物联网应用系统与其他物联网应用系统或信息资源网络间的互联互通

5.5.3 通信网络参考视图

通信网络参考视图描述物联网系统和实体之间连接的主要通信网络，图 5-9 中描述了 4 种不同的网络形式，它们适用于与不同的域、域之间及域内部实体之间的通信连接。

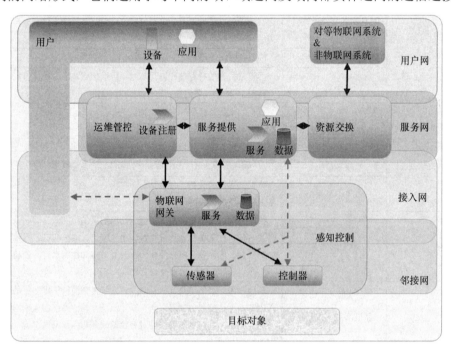

图 5-9 通信网络部署视图

（1）邻接网（Proximity Network）主要存在于感知控制域内，连接传感节点和执行器到物联网系统，多为限定在一定范围内的局部网络，可使用专用的网络协议，典型的网络包括 6LoWPAN、ZigBee、Wireless HART。

（2）接入网（Access Network）是典型的连接感知控制域的设备到其他域的广域网，如感知控制域连接到服务提供域和运维管控域等。典型的接入网连接到网关，但有时传感节点和执行器等有能力也可以直接连接入网，如图 5-9 虚线部分所示。目前，市面上有许多典型的接入网技术，如有线的宽带、ADSL、光纤等，无线的局域网、移动蜂窝网、低功耗广域网、卫星网等。

（3）服务网（Service Network）用于连接服务提供、运维管控域和资源交换域的内部实体及域之间的通信。采用典型有线网络技术并运行 IP 协议，包括互联网和内部网。

（4）用户网（User Network）连接用户域和运维管控域、服务提供域。它也连接资源交换域及对等的物联网系统或非物联网系统。用户网一段采用公共的互联网并使用 IP 协议。

5.6 物联网系统的数据参考架构

5.6.1 数据功能实体构成

物联网系统数据参考架构从物联网应用及数据流出发，定义信息交换过程中参与的实体和信息内涵，如图 5-10 所示。

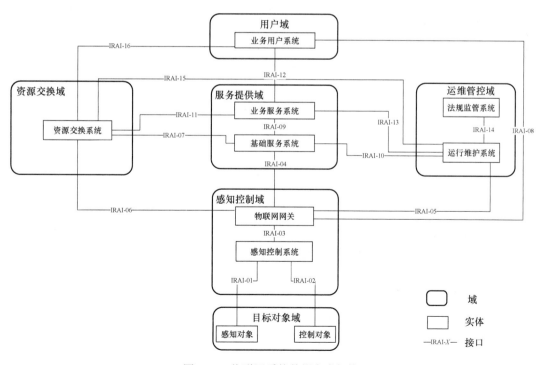

图 5-10 物联网系统数据参考架构

5.6.2 数据功能实体描述

物联网系统数据参考架构中的实体描述如表 5-4 所示。

表 5-4 物联网系统数据参考架构中的实体描述

域 名 称	实 体	实 体 描 述
用户域	业务用户系统	业务用户系统实现物联网业务服务信息订购、获取、使用和管理
目标对象域	感知对象	物联网用户期望获取信息的对象。智能化感知对象可生成、存储和处理本地对象信息。其他感知对象本身可不具备上述功能
	控制对象	物联网用户期望执行操控的对象。智能化控制对象可接收、存储和处理本地对象信息。其他控制对象本身可不具备上述功能
感知控制域	感知控制系统	感知控制系统可实现对象原始数据采集，或经过数据级、特征级和决策级融合信息处理后生成对象信息；可根据本地信息生成对象控制信息或从其他域接收对象控制信息、执行控制操作；可实现对感知控制设备状态、网络运行状态等数据的生成和管理维护
	物联网网关	物联网网关可实现以设备为中心的感知数据的汇聚、处理、封装等；控制数据生成并维护；对感知控制设备状态、网络运行状态等数据进行本地化管理
服务提供域	基础服务系统	基础服务系统可实现业务数据预处理，包括感知数据及系统外部数据的转换、清洗、比对等，形成基础服务数据
	业务服务系统	业务服务系统可实现基础服务数据的封装和处理，生成业务融合数据和业务服务数据
运维管控域	运行维护系统	运行维护系统可实现物联网中的设备、网络、系统等运行维护相关的管理数据收集和分析，生成运行维护的管理和控制数据
	法规监管系统	法规监管系统可实现与物联网应用法规符合性相关数据的收集和分析，生成法规监管的管理和控制数据
资源交换域	资源交换系统	资源交换系统可实现感知数据、基础服务数据、业务服务数据、市场交易信息及系统外部数据的共享与交换管理，生成资源交换数据流、服务流和资金流信息

5.7 物联网系统的应用体系架构

物联网系统的应用体系架构从应用的角度，讨论系统的开发、测试、运行和操作，集中在角色、子角色和活动等内容上。本节首先介绍角色、子角色和活动，然后分析六域模型映射关系，最后给出物联网系统的应用实例。

5.7.1 角色、子角色和活动

物联网系统活动的参与者有 3 种角色，分别是物联网服务提供者、物联网服务开发者和物联网用户，如图 5-11 所示，箭头代表角色之间的交互关系。

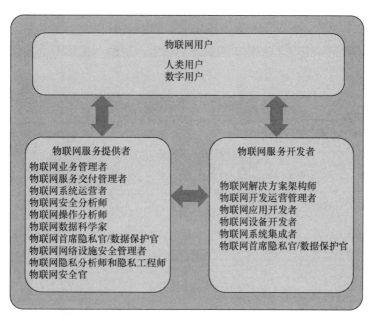

图 5-11　系统角色代表

1. 角色 1——物联网服务提供者

物联网服务提供者管理和运行物联网服务，他们也能够提供网络连接服务，在基于云的物联网服务中，根据数据中心服务类型（SaaS、PaaS、IaaS）的不同，安全管理、多租户、租户安全和隔离问题需要考虑。物联网服务提供者及其子角色如图 5-12 所示。

— 物联网业务管理者，负责指导已有的产品和服务并形成新的产品和服务。

— 物联网服务交付管理者，负责协调客户和 LOB 之间服务的达成，负责计划、安装、监视和完成服务，并保证服务质量符合服务协议参数水平。

— 物联网系统运营者，负责处理每天的系统运行，登记新用户和新设备，保证设备的正常运行。

— 物联网安全分析师，负责减少安全风险，设定监测威胁和预防违规的算法。

— 物联网操作分析师，负责 LOB 产品线的专用设备可用性，使用大数据分析能力和算法服务确保可用。

— 物联网数据科学家，负责解读行业数据和分析算法。

— 物联网首席隐私官/数据保护官，负责提出遵守相关的隐私和数据保护法规的建议，监管在个人信息保护上的政策及培训的实施和应用，以及个人数据的违规情况，对权威机构的请求做出响应。

— 物联网网络设施安全管理者，负责运营基础设备安全和网络连接。

— 物联网隐私分析师和隐私工程师，负责全部的物联网系统隐私相关内容，包括物联网系统服务的客户，防止隐私泄漏并遵守规则。

— 物联网安全官，负责系统的安全方面，包括各种组件和系统的安全。主要包括评估安全策略和过程文档，执行安全检查，评估和实施安全相关规则，完成安全事故调查等。

物联网服务提供者

物联网业务管理者	物联网服务交付管理者	物联网系统运营者
发现新业务 验证解决方案提议 管理产品线 改变业务 跟踪法规遵从性	管理和客户的服务等级协议 管理客户服务 管理、计划和维护服务 管理服务金融事务	运营系统 服务监视 管理系统和服务 管理系统设备 提供客户服务 生成系统报告

物联网安全分析师	物联网操作分析师	物联网数据科学家
形成安全相关规则 管理服务安全 监测威胁 预防违规 通过审计确保符合性	分析系统行为 确保服务可用性 提升服务效率 生成服务和收费报告	建立分析算法 建立分析服务 使用设备数据分析 分析监视业务 提供业务深度洞察

物联网网络和设施安全管理者	物联网首席隐私官/数据保护官	物联网隐私分析师/隐私工程帅
提供和维护网络连接 安全管理 多租户安全管理	为个人验证信息组织提供建议 监视个人验证信息政策培训的实施 监测个人数据违规 回应监管机构的请求	提供和评估解决方案 审查风险评估和合规性 将隐私融入生命周期

物联网安全官
确保物联网用户和系统运营方的安全 物联网系统策略文件存档 完成物联网系统安全调查 完成意外调查 评估安全相关的规则合规性

图 5-12　物联网服务提供者及其子角色

2. 角色 2——物联网服务开发者

物联网服务开发者角色负责实现、测试和集成物联网平台和物联网服务。物联网服务开发者及其子角色如图 5-13 所示，具体内容如下。

— 物联网解决方案架构师，负责根据物联网新的平台、已有业务系统和设备等的集成策略和架构，提出并部署物联网平台。

— 物联网开发运营管理者，负责建立、配置和操作物联网平台及其相关服务，作为项目经理支持 LOB 运营开发的信息技术服务。

— 物联网应用开发者，负责 LOB、信息技术或第三方开发物联网行业应用服务工作，开发和部署物联网设备、数据和服务的集成应用。

—　物联网设备开发者，负责集成硬件和软件到设备和应用，开发、维护设备固件。

—　物联网系统集成者，负责测试和集成物联网服务和物联网平台。

—　物联网首席隐私官/数据保护官，负责提出解决方法以规避侵犯个人隐私的风险，执行隐私相关的风险评估并遵守检查规则。

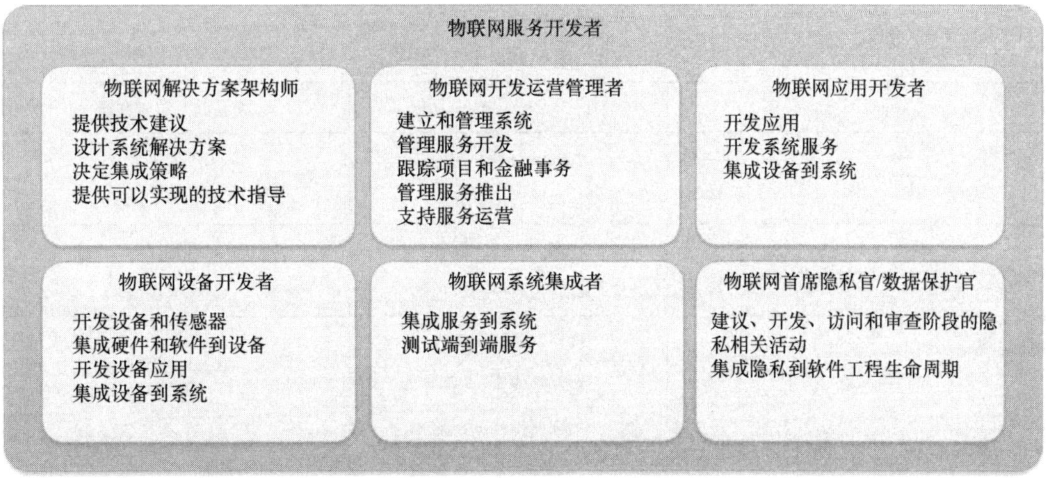

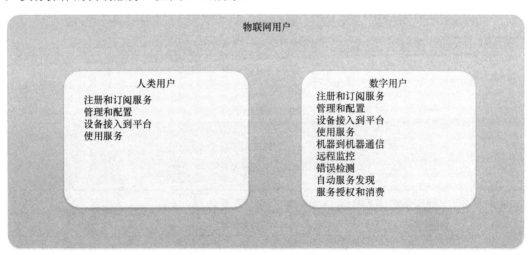

图 5-13　物联网服务开发者及其子角色

3．角色 3——物联网用户

物联网用户角色指物联网服务的终端用户，其子角色包括人类用户和数字用户。人类用户是使用物联网服务的个人。数字用户是物联网系统中的非人类，包括代表人类用户执行操作的自动服务，如图 5-14 所示。

图 5-14　物联网用户及其子角色

5.7.2　六域模型映射关系

物联网中活动、角色和六域模型映射关系如表 5-5 所示，它展示了物联网活动、角色在六域中的位置。

表 5-5　活动、角色和六域模型映射关系

活　　动	角　　色	物联网系统所在域
设备和应用开发	物联网设备开发者 物联网应用开发者	服务提供域 感知控制域
设备、连接和应用的运行	物联网系统运营者 物联网服务交付管理者	运维管控域 服务提供域
用户设备数据分析	物联网数据科学家 物联网安全分析师 物联网操作分析师	运维管控域 资源交换域
集成、操作和控制数据存储及业务	物联网解决方案架构师 物联网开发运营管理者 物联网系统运营者 物联网系统集成者 物联网服务交付管理者	服务提供域 运维管控域
使用实时、历史和大数据用于应用和分析	物联网数据科学家 物联网操作分析师 物联网安全分析师 物联网服务交付管理者	服务提供域 运维管控域 感知控制域 资源交换域
制造和运行分析以运营业务	物联网数据科学家 物联网操作分析师 物联网应用开发者	服务提供域 资源交换域
引入分析到面板	物联网数据科学家 物联网应用开发者	服务提供域 运维管控域 资源交换域
监视系统状态，当存在安全风险和违规时采取行动	物联网系统运营者 物联网安全分析师	运维管控域
跟踪规则的符合性	物联网业务管理者 物联网安全分析师	服务提供域 用户域

5.7.3　物联网系统应用实例

本节列举一个物联网系统的实际案例，图 5-15 展示了设备开发者、系统集成者和应用开发者的活动和信息交互。

（1）在实现阶段，设备开发者与系统集成者通信。这个过程定义应用编程接口（API）、设备和物联网平台之间的行为规范。

（2）应用开发者和设备开发者部署并测试设备和物联网平台之间的 API 及功能。在这个阶段，感知控制域的设备将接入物联网服务提供域的系统，测试端到端的功能。

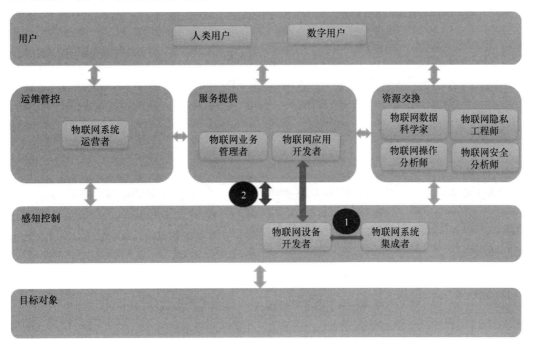

图 5-15　设备开发者、系统集成者和应用开发者的活动和信息交互的实例

5.8　物联网系统的安全参考模型

围绕信息安全的机密性、可用性和完整性这 3 个重要属性，信息安全领域的专家学者提出了各种各样的信息安全模型。尽管已有很多信息安全模型，但由于物联网技术纷繁复杂、覆盖面广，以及需要防护的对象参差不齐，因此传统的信息安全模型不能完全适应物联网环境下的新安全需求。如果物联网系统受到以下因素的干扰，如数据采集源点故障或被攻击、控制源点故障或被攻击、算法失效或被替换、采集数据或控制命令在传输过程中被篡改或被堵塞，那么物联网系统就处于不安全的状态。

物联网系统或产品开发通常会参照一个有阶段划分的开发过程，这个过程就是生命周期。物联网产品生命周期模型可以按照用户要求进行定制，许多组织针对不同类型的产品开发专用物联网产品的生命周期模型，如网络化物联网产品、实时物联网产品、嵌入式物联网产品等。

物联网产品生命周期模型的活动常涉及系统安全控制，系统安全控制可根据生命周期模型和物联网产品进行剪裁。为了适应产品和生命周期模型的多样性，物联网系统的安全参考模型作为一种物联网产品管理活动中的系统安全控制模型，展示了物联网产品生命周期的主要阶段和活动。物联网系统的安全参考模型如图 5-16 所示，它的主要意义如下。

（1）通过规范所有参与物联网产品安全的潜在过程和角色，帮助评估物联网产品生命周期。

（2）确保物联网产品生命周期中的安全问题得到解决。

（3）在已有的产品生命周期中引入国际标准 ISO/IEC 27034，将管理成本最小化。

（4）在物联网产品团队和其他组织中提供标准化模型，实现共享物联网系统安全控制。

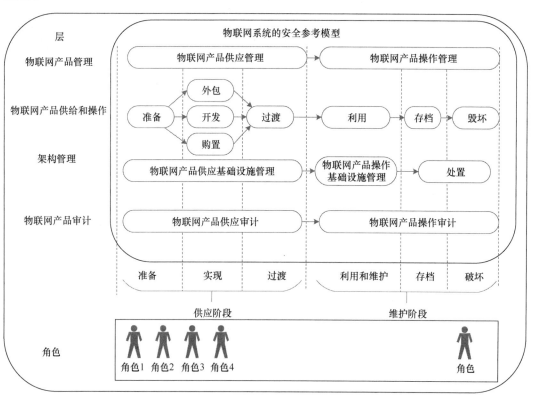

图 5-16　物联网系统的安全参考模型

5.9　本章小结

作为物联网系统的顶层架构设计，物联网的技术体系架构和参考模型遵循物联网应用系统的共性需求及特征，是对不同类物联网应用系统的高度抽象，是理解和设计物联网的重要前提。它们可以为物联网应用系统设计者提供系统分解参考设计，也为不同物联网应用系统之间的相互兼容、互操作和资源共享提供重要基础。从物联网应用系统角度提出物联网的参考模型，有利于梳理物联网用户需求、系统功能开发和物联网生态体系建设等内容。

第6章 物联网数据采集基础设施构成

6.1 数据采集基础设施概述

数据采集终端可以感受到被测物体的物理量信息，并能将感受到的信息，按一定规律变换为电信号或其他形式的信息输出，以满足信息的传输、处理、存储、显示、记录和控制等要求。常见的数据采集终端包括传感器、射频识别（RFID）设备、摄像头、GPS等，它们的大量应用是导致物联网系统中海量数据产生的重要原因之一。除此之外，笔记本电脑、智能手机、平板电脑、可穿戴设备等移动终端的迅速普及，也促使全球数字信息总量出现爆发式的增长。

一个功能完整的物联网系统必然涉及数据采集、数据传输和数据处理等多个环节，其中数据采集是物联网系统应用的重要一环，前端数据质量的好坏直接影响到后端数据处理的精度和相应的控制功能能否正确实现。感知终端的数据采集是物联网系统中海量数据的重要来源。随着物联网在各行各业的推广应用，实时性要求极高的采样导致每秒钟物联网上都会产生海量数据，并因物联网系统复杂性的提升而日益增加。依靠单个或少量的传感器对物理量进行监测显然限制颇多，难以形成对被监测物体或物理量的准确、全面的认识，因此需要充分利用多种多样的传感器资源，通过信息融合将多个传感器监测数据与人工观测事实进行科学、合理的综合处理，提高状态监测和故障诊断智能化程度，优化组合后得到更精准的有效信息。

互联网的数据来自数字虚拟世界，如社交网络、微博、微信、电商等互联网平台，是以记录人的活动为主的信息。物联网的数据来源于现实物理世界，由大量物联网感知终端进行数据采集产生，如工业生产、智能电网等领域的工业传感器和智能电表等，主要是记录物体特性和实时生产状态的信息。以智能电网应用场景为例，物联网的数据采集通常具有以下几个特点。

1. 时效性

在工业物联网中设备的状态可能是瞬息万变的，因此数据采集工作是随时进行的，即每隔一定时间向上层监控中心发送一次数据，供工作人员对设备运行情况进行实时掌

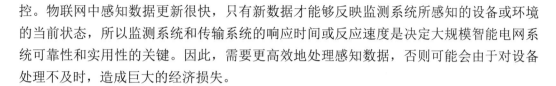

控。物联网中感知数据更新很快，只有新数据才能够反映监测系统所感知的设备或环境的当前状态，所以监测系统和传输系统的响应时间或反应速度是决定大规模智能电网系统可靠性和实用性的关键。因此，需要更高效地处理感知数据，否则可能会由于对设备处理不及时，造成巨大的经济损失。

2．海量性

物联网中的感知数据呈现出海量性的特点。以智能电网中绝缘子泄漏电流的监测系统为例，假设数据采集时间间隔为 100ms，则一个杆塔在一个月内的数据采集量就达到2.5 亿条；而对于输电线路上的环境和微气候监测系统来说，每天的数据量将达到 1TB 以上。在有些应急处理的实时监控系统中，监测数据以数据流的方式实时、连续地产生，因此更加突出了数据的海量性特点。

3．多态性

随着物联网设备的普及和技术的进步，物联网规模不断扩大、终端设备数据量快速增加。大规模物联网监测系统中部署了各种各样的传感器节点，如温度传感器、湿度传感器、震动传感器、烟感传感器等，每种类型的传感器节点在不同的监测系统中有不同的用途。因此，感知数据无论在结构组成上还是在显示形态上也都各不相同，呈现出多态性的特点。可以从时间概念上将这些多态数据分为两类，即实时数据与非实时数据。实时数据主要包括动态数据、暂态数据和稳态数据，而非实时数据主要包括静态数据和历史数据。对于不同形态的感知数据，应该采用不同的数据处理方法。

4．多维性

物联网是比互联网更庞大、复杂的网络，其网络连接延伸到了物与物之间，监测对象种类繁多，因而产生了大量的多维数据。例如，在智能电网中，杆塔塔身或与杆塔连接处的导线表面部署了大量低功耗、低成本、微型化、高精度的数字传感器，负责感知温度、湿度、风速、导线倾角等参数，杆塔上的汇聚节点接收到这些监测数据，形成多维的感知数据。为了满足物联网实时预警系统的应用需求，需要研究多维感知数据高效查询处理技术。

物联网的价值在于数据。物联网带来了突破性的技术进步，但数据的精准有效问题也变得更加突出，需要数据采集和数据融合分析技术同步发展，同时也需要 NB-IoT、LoRa等低功耗广域网（LPWAN）技术的不断优化，以支持物联网及各传感器节点的数据感知、数据传输、信息融合处理等能力的全面提升，满足大数据环境下的物联网系统数据感知和数据融合的要求。

数据采集终端是物联网的关键核心器件，其性能指标直接影响被测对象的监测精度、响应速度、可靠性等指标，并对整个控制系统起着举足轻重的作用。美国、日本、欧洲等发达国家和地区投入大量资金，均把传感器和射频识别等数据采集技术视为国家层面的战略核心技术，保持着强劲的研发投入力度，在国际竞争中牢牢地占据着技术和产品制高点。《国家中长期科学和技术发展规划纲要（2006—2020）》《装备制造业调整和振兴规划》《汽车产业调整和振兴规划》中均明确了传感器等数据采集终端在我国中长期发展中的重要作用和关键地位。作为物联网中的关键器件，传感器和射频识别设备始终具有关系到国民经济、社会发展、民生保障全局的基础性、先导性和战略性的作用。

数据采集基础设施建设在物联网中的战略意义有以下几个方面。

（1）数据采集终端是物联网的重要核心组成之一。数据采集终端是物联网系统组成中不可或缺的、重要的关键组成部分。各种类型的传感器是探测和获取外界信息的重要手段，是物联网发展的基础。

（2）数据采集终端的性能决定物联网的性能。数据采集终端是物联网中获得信息的重要手段和途径，传感器数据采集的准确、可靠、实时将直接影响到控制节点对信息的处理与传输。数据采集终端的特性、可靠性、实时性、抗干扰性等性能，影响着物联网应用系统的性能。

（3）数据采集终端能力升级推动了物联网的升级。当数据采集采用第一代模拟传感器时，产生了第一代传感器网络；当信息采集仍采用第一代模拟传感器，控制站之间采用数字通信时，产生了第二代传感器网络；当信息采集采用第二代数字传感器或第三代智能传感器，控制和通信采用全数字化技术时，产生了第三代传感器网络；当信息采集采用第四代网络化智能传感器时，产生了物联网。

（4）数据采集终端是物联网发展的瓶颈。我国传感器产业面临许多突出问题：技术创新能力很弱，企业的技术创新主体难以确立，国家研发投入严重不足；产业结构不合理，产业链失衡，重研发、轻应用，产品附加值不高；体制机制不完善，创业投资机制不健全，政策环境不适应产业化发展；国际分工地位较低，不具备有国际竞争力的高技术企业，无知名产品、无知名品牌、无知名企业；传感技术人才短缺，特别是高技术人才匮乏。相对于计算机技术、通信技术，传感器技术在国内处于弱势地位，存在问题众多，与国外的差距在进一步扩大。

（5）传感器产业化决定物联网市场应用前景。未来 10 年，物联网将有上万亿元的高科技市场，其产业规模要比互联网大 3 倍。在大力发展物联网的同时，如果不发展传感器等数据采集终端技术，则大量传感器势必从国外进口，传感器市场将被国外公司占有，不仅经济损失巨大，而且国家安全无保障。相反，在发展物联网的同时就考虑传感器的同步、协调发展，也许开始需要投入一些资金，但从长远看是十分有利的。这既能提升国产传感器的制造水平，满足物联网的需求，保证国内市场的稳定发展，又能培养出一批传感技术人才，缩小与国外在传感器方面的差距。物联网所用的传感器等数据采集终端必须满足产业化生产条件，因此传感器产业化成为物联网推广应用

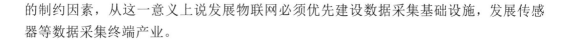

的制约因素，从这一意义上说发展物联网必须优先建设数据采集基础设施，发展传感器等数据采集终端产业。

6.2　传感器——从单器件到智能化

6.2.1　传感器相关概念

传感器是国防建设、工业转型升级、战略性新兴产业以及保障和提高人民生活质量等必不可少的基础核心技术和装备，承担着"信息源头"的重要作用，是工业化和信息化深度融合的关键。没有正确的信息来源，一切分析、控制、处理都将成为无米之炊。近几年传感器技术的快速发展，催生了一批新兴业态和新的产业模式，物联网就是在这样的基础上产生的。各种类型的传感器是探测和获取外界信息的重要手段，是物联网的基础和重要感知器件，是物联网发展的根本之所在。

根据国家标准 GB/T 7665—2005《传感器通用术语》，传感器是能感受规定的被测量，并按照一定规律转换成可用信号的器件或装置。传感器通常由直接响应被测量的敏感元件、产生可用信号输出的转换元件及相应的电子线路组成。敏感元件指传感器中能直接感受（或响应）被测量的有源或无源元件。

人通过五官感知和接收外界信息，然后通过神经系统传输给大脑进行加工处理。如果把物联网系统比作一个类人的智能生命体，则可以把传感器比作智能生命体的五官，它感测到外界的信息后，反馈给控制系统的处理器单元进行加工处理。在实际应用中，若干传感器之间的无线通信接口组成传感器网络，而传感节点由传统意义上的传感器、微处理器、网络接口组成。根据不同的要求，这 3 部分可采用不同芯片组合，也可以是单片式的。首先传感器将被测物理量转换为电信号，通过 A/D 转换，成为数字信号，经微处理器数据处理（滤波、校准）后，由网络接口模块完成与网络的数据交换。

与传感器概念相近的是仪器仪表，指用于测量、控制、分析、计算和显示被测对象的物理量、化学量、生物量、电参数、几何量及其运动状况的器具或装置，具有自动控制、报警、信号传递和数据处理等功能。仪器仪表的工作一般包括 4 个部分：①通过传感器对测量信号进行感受和采集；②对信号进行初始分析处理，把电压、电流信号转换成所需测量的相应温度、压力的物理量；③把测量的信号进行表达输出；④给仪器仪表提供相应的能源。从信号的感受和采集上来讲，仪器仪表因为涉及很多领域，所以测量原理非常丰富：从电磁、电化学、光谱、质谱原理，到光纤传感、MEMS 技术，都用到了更新、更现代的物理、化学理论。在信号的分析处理方面，单片机技术和计算机技术已经发展到非常先进的程度。从最简单的处理器到数字信号处理器（DSP），都可以提供各种各样的运算解决方案。表达输出也从最传统的指针式发展到数字显示，并通过有线或无线、总线的方式传输。

目前，传感器正向着智能化方向发展。智能传感器的概念最初是美国航空航天局（NASA）在开发宇宙飞船的过程中形成的，但目前对智能传感器尚没有严格的定义。自从这个概念提出以来就有很多种不同的定义，理解角度不同，看法也不同。一般来说，"智能"是指带有微处理器，具有通信功能、数据接口，可实现软件编程等的能力，因此业界普遍认为智能传感器是带有微处理器，具有信息处理功能的传感器。这里所说的信息处理功能主要包括：自校零、自标定、自校正；自动补偿；自动采集数据，并对数据进行预处理；自动进行检验、自选量程、自寻故障；数据存储、记忆与信息处理；双向通信、标准化数字输出或符号输出；判断、决策处理。

6.2.2　传感器的分类

传感器的分类方式有多种，最简单的是把传感器分为生物量、化学量和物理量三大类，如图 6-1 所示。

传感器还有其他多种分类方式，具体来说，传感器可按不同分类方式分为以下类型。

1．按用途分类

传感器可以分为压力敏和力敏传感器、位置传感器、液位传感器、能耗传感器、速度传感器、加速度传感器、射线辐射传感器、热敏传感器。

2．按原理分类

传感器可以分为电感式传感器、电容式传感器、光电式传感器、压电式传感器、磁电式传感器、生物传感器、视觉传感器。

3．按输出信号分类

模拟传感器：将被测量的非电学量转换成模拟电信号。

数字传感器：将被测量的非电学量转换成数字输出信号（包括直接和间接转换）。

膺数字传感器：输出近似于数字信号的传感器，它将被测量的信号量转换成频率信号或短周期信号输出（包括直接和间接转换）。

开关传感器：当一个被测量的信号达到某个特定的值时，传感器相应地输出一个设定的低电平或高电平信号。

4．按制造工艺分类

集成传感器：用标准的生产硅基半导体集成电路的工艺技术制造，通常还将用于初步处理被测信号的部分电路集成在同一芯片上。

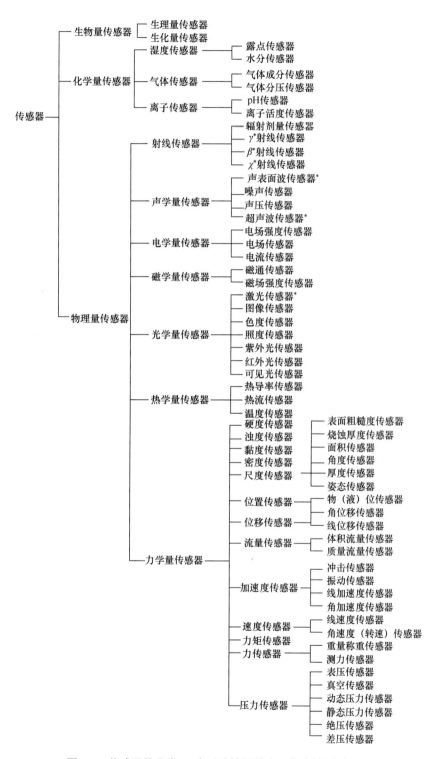

图 6-1　传感器的分类（*表示该被测量亦可作为检测原理）

薄膜传感器：通过沉积在介质衬底（基板）上的相应敏感材料的薄膜形成。使用混合工艺时，同样可将部分电路制造在此基板上。

厚膜传感器：利用相应材料的浆料涂覆在陶瓷基片上制成，基片通常由 Al2O3 制成，然后进行热处理，使厚膜成形。

陶瓷传感器：采用标准的陶瓷工艺或其某种变种工艺（溶胶、凝胶等）生产。

完成适当的预备性操作之后，将已成形的元件在高温中进行烧结。厚膜和陶瓷传感器这两种工艺之间有许多共同特性，在某些方面，可以认为厚膜工艺是陶瓷工艺的一种变体。

每种工艺技术都有自己的优点和不足。由于研究、开发和生产所需的资本投入较低，以及传感器参数的高稳定性等原因，陶瓷传感器和厚膜传感器较为常用。

5．按检测量分类

物理型传感器：利用被测量物质的某些物理性质发生明显变化的特性制成。

化学型传感器：利用能把物质的成分、浓度等化学量转化成电学量的敏感元件制成。

生物型传感器：利用各种生物或生物特性制成，用于检测与识别生物体内的化学成分。

6．按构成分类

基本型传感器：一种最基本的单个变换装置。

组合型传感器：由不同单个变换装置组合而成的传感器。

应用型传感器：由基本型传感器或组合型传感器与其他机构组合而成的传感器。

7．按作用形式分类

主动型传感器：分为作用型和反作用型两类，此种传感器对被测对象能发出一定的探测信号，检测探测信号在被测对象中所发生的变化，或者由探测信号在被测对象中产生某种效应而形成信号。能检测探测信号变化方式的传感器称为作用型传感器，能检测响应形成信号的传感器称为反作用型传感器。雷达与无线电频率范围探测器是作用型传感器的实例，而光声效应分析装置与激光分析器是反作用型传感器的实例。

被动型传感器：只接收被测对象本身产生的信号，如红外辐射温度计、红外摄像装置等。

6.2.3 传感器的技术发展

传感器技术发展大致分 3 个阶段。

第一阶段：结构型传感器。

20 世纪 70 年代之前，传感器是利用物理学中的某些定律制成的，传感器特性与它的结构材料没有多大关系，主要利用材料结构参数的变化来转换或感受信号。例如，用金属膜片制成的压力传感器，其利用物理学中的胡克定律，以及金属膜片的结构参数 t（片厚）、h（波高）、r（半径）等的变化检测压力。

第二阶段：物性型传感器。

20 世纪 70 年代末至 21 世纪初，利用物质法则制成的传感器出现了，主要利用材料物性参数的变化来转换或感受信号。例如，利用硅材料的压阻效应，制作扩散硅压力传感器；利用硅材料的霍尔效应，制作硅材料的霍尔磁敏传感器；利用硅材的光敏特性，制作硅光敏传感器等。在这一阶段传感器技术得到了蓬勃发展，促进了传感器的广泛应用，也推动了传感器上下游行业的技术进步。

第三阶段：智能型传感器。

智能型传感器正在发展过程中，它是利用材料制备工艺的进步，与计算机技术和通信技术相结合，产生的具有信息处理功能的传感器。

第四阶段：智能网络化传感器。

智能技术与大规模网络相结合等多种先进技术推动了传感器的快速更新换代，而物联网需要的传感器正是第四代智能网络化传感器。

随着集成电路技术、通信技术、微电子技术、微机械加工技术等的发展，传感器技术也在不断进步，智能传感器应运而生。

20 世纪 80 年代，将信号处理电路（滤波、放大、调零）与传感器设计在一起，输出 4～20mA 电流或 1～5V 电压的传感器为当时的智能传感器，被称为"第一代智能传感器"。

20 世纪 80 年代末到 90 年代中后期，单片微处理器嵌入传感器中实现了温度补偿、修正、校准，同时 A/D 转换器可将模拟信号转换为数字信号。这种类型的传感器不但有硬件，还可通过软件对信号进行简单处理，输出数字信号，被称为"第二代智能传感器"。

"现场总线"概念提出后，人们对传感器的设计提出了新要求，要求实现全数字、开放式的双向通信，测量和控制信息的交换在底层上主要通过现场总线来完成，数据交换主要通过 Intranet 等网络来实现，传感器设计上软件占主要地位，通过软件将传感器内部各敏感单元与外部的智能传感器单元联系在一起。这种传感器我们称为"第三代智能传感器"。

进入 21 世纪后，由于 MEMS 技术、低能耗模拟和数字电路技术、低能耗无线射频（RF）技术、传感器技术的发展，使得开发小体积、低成本、低功耗的微传感器成为可能。这种微传感器一般装备：一个用于感知外界环境物理量的敏感组件（压力、温度、湿度、光、声、磁等），一个用于处理敏感组件采集信息的计算模块，一个用于通信的无线电收发模块，一个为微传感器的各种操作提供能量的电源模块。我们称这种传感器为第四代智能传感器或智能网络化传感器。

由此可见，随着集成电路、通信、微电子、微机械加工等技术的发展，智能传感器经历了从非集成化实现到混合实现和集成化实现的过程。

非集成化实现——将传统经典传感器、信号调理电路、带数字接口的微处理器组合为一个整体，构成一个智能传感器。

混合实现——根据需要，将系统各集成化部分，如敏感单元、信号调理电路、微处理单元、数字总线接口，以不同的组合方式集成在两块或三块芯片上，并封装在一个外壳里。

集成化实现——采用微机械加工技术和大规模集成电路工艺，利用半导体硅基材料制作敏感元件、信号调理电路、微处理单元，并把它们集成到一块芯片上，采用这种方式制成的传感器又称为集成智能传感器。

1. 传感器的技术发展趋势

（1）系统化。

系统化是指不把传感器或传感技术作为一种单独器件或技术考虑，而是按照信息论和系统论要求，应用工程研究方法，强调传感器和传感技术发展的系统性和协同性。将传感器看作信息识别和处理技术的一个重要组成部分，使传感技术与计算机技术、通信技术协同发展。必须系统地考虑传感技术、计算机技术、通信技术之间的独立性、相融性、依存性。物联网中所用的智能网络化传感器正是这种发展趋势的重要标志之一。

（2）创新化。

创新化主要是指利用新原理、新效应、新技术发展传感器或传感技术。工程应用和科技发展迫切需要各种新型传感器和传感技术。例如，利用纳米技术，制作纳米传感器，与传统传感器相比，纳米传感器尺寸减小、精度提高、性能大大改善，为传感器的制作提供了许多新方法。利用纳米技术制作的传感器，是站在原子尺度上的，极大地丰富了传感器理论，提高了传感器制作水平，拓宽了传感器的应用领域。利用量子效应研制的某种具有敏感性被测量的量子传感器，如共振隧道二极管、量子阱激光器、量子干涉部件等，具有高速（比电子敏感器件快 1000 倍）、低耗（能耗是电子敏感器件的 1/1000）、高效、高集成度、高效益等优点。例如，美国科学家找到了一种特殊溶液，使膜蛋白结构在该溶液中长期维持稳定，从而成功地找到了大规模制造嗅觉传感器的新方法。

在材料上，可以利用新材料开发新型传感器。例如，利用纳米材料，制作 Pd 纳米 H_2 传感器、金纳米聚合物传感器、碳纳米聚合物传感器、电阻应变式纳米压力传感器。利用纳米材料的巨磁阻效应，科学家们研制出各种纳米磁敏传感器。日本科学家研制出能快速识别流感病毒的纳米传感器。俄罗斯科学家用普通蘑菇作为材料，研制出专门用于探测空气中有毒成分——酚的高灵敏度传感器。

在特定用途、特种环境、特殊工艺上创新，可以研发在极端条件下使用的传感器，如在高温、高压、耐腐蚀、强辐射等环境下使用的传感器。Epson Toyocom 公司研制出的精度为±10Pa、分辨率为 0.1Pa 的高性能小型水晶绝对压力传感器，体积为 12.5mL、质量为 15g。

在制备工艺上也可以进行创新，如 MEMS/NEMS 制备工艺的多样性，以及硅体加工工艺、表面牺牲层工艺、低温低应力键合工艺、深刻蚀 LIGA 工艺、MEMS/NEMS 封装工艺、MEMS/NEMS 与 IC 融合工艺。工艺创新会给传感器研发带来新的生命和活力。

（3）微型化。

自动化领域和工业应用要求传感器的体积越小越好。传感器的微型化是指敏感元件的特征尺寸按 mm→μm→nm 发展。这类传感器具有尺寸上的微型性、性能上的优越性、要素上的集成性、用途上的多样性、功能上的系统性和结构上的复合性。传感器的微型化不仅是特征尺寸的缩微或减小，而且是一种有新机理、新结构、新作用和新功能的高科技微型系统的研发。其制备工艺涉及 MEMS 技术、IC 技术、激光技术、精密超细加工技术等。例如，美国国家实验室研制出能检测质量为 5.5×10^{-15}g 物质的硅微机械传感器，敏感单元是只有 2μm 长、50nm 厚的硅悬臂梁；日本东京大学研制成功可安装在蜻蜓等昆虫翅膀上，分析翅膀动作的微型风速传感器，每个传感器尺寸为 1.5mm×3.0mm，采用长 0.5mm、厚 1μm 的悬臂梁压电结构；ACMI R&D 实验室研制出全球最小的 CMOS 数字影像传感器，尺寸只有 1mm。

（4）集成化。

集成化包括硬件和软件两方面的集成，具体有：单传感器集成，如单传感器阵列集成；多传感器集成，将多个功能相同、相近或不同的敏感元件集成为一维或二维传感器，即在同一芯片上集成不同敏感元件，检测不同性质参数，实现敏感元件的多功能化；传感系统硬件集成，将敏感元件与调理电路、补偿电路集成在同一芯片上，使传感器由单一信号检测功能扩展到兼有检测、放大、运算、补偿功能；传感系统硬软件集成，将敏感元件、微处理器、通信模块集成在同一芯片上，使传感器具有智能功能。

（5）智能化。

传感器的智能化是指使传感器具有记忆、存储、思维、判断、自诊等人工智能功能，传感器的输出不再是单一的模拟信号，而是经过微处理器后的数字信号，甚至具有执行控制功能。技术发展表明：DSP 将推动众多下一代传感器产品的发展。美国圣何塞的 Accenture 实验室，研究出一种叫"智能尘埃"的传感器。该传感器极其微小，能测温度、湿度、光等参数，该传感器中嵌入了微处理器、软件代码和无线通信系统，可以喷洒到树上或其他物体上，当监测到异常时，能发出信号，对所在地区进行监测。Honeywell 推出的 LG1237 是一种智能型绝压传感器，测量范围为 0.5～1000Pa，使用寿命为 25 年，使用温度为−55～125℃，准确度优于±0.03%/FS。

（6）无源化。

传感器多为非电学量向电学量转换，工作时离不开电源，在野外现场或远离电网的地方，往往用电池或太阳能供电，研制微功耗的无源传感器是必然的发展方向，既能节省能源，又能提高系统寿命。德国研制出一种传感器，能把所通过的流体（液体或气体）的能量自动转换成电力，即该传感器能自行"发电"，产生的电力在微瓦或毫瓦级，能够满足循环运行传感器的能源需要。该传感器转换电力的过程在固定容腔里进行，媒介流体通过容腔时，由于附壁效应，流体是贴着管壁流动的，持续流动会产生周期性压力波动，由回馈部件传导到压电陶瓷，压电陶瓷最终把流体的能源转换成电力。日本精工仪器推出了最大耗电电流仅 6μA 的 CMOS 温度传感器。英国 Perpetuum 与澳大利亚 CAP-XX 开发出了不需要电池即可驱动的无线传感器终端，该终端配备了将振动转换为能量的微型发电机和双层电容器，可将安装地点的振动作为能量使用，发电剩余的电力储存在双层电容器中。

（7）产业化。

产业化是传感器真正走出象牙塔的关键一步，具体要做到：加速形成从研发到产业化生产的发展模式，揭示传感器产业化规律，解决产业化过程中的技术难点，剖析传感器的应用技术和解决路径，正确处理传感器性能、成本、价格之间的辩证关系。国外在这方面不乏先例。

2．代表性的新型传感器技术

（1）微机电系统（MEMS）技术。

MEMS 主要包括微型机构、微型传感器、微型执行器和相应的处理电路等部分，它是在融合多种微细加工技术并应用现代信息技术的最新成果的基础上发展起来的高科技前沿学科。

MEMS 技术的发展开辟了一个全新的技术领域和产业，采用 MEMS 技术制作的微型传感器、微型执行器、微型机构、微机械光学器件、真空微电子器件、电力电子器件等在航空、航天、汽车、生物医学、环境监控等几乎人们所能接触到的所有领域中都有着十分广阔的应用前景。MEMS 技术正发展为一个巨大的产业，就像近 20 年来微电子产业和计算机产业给人类带来的巨大变化一样，MEMS 也正在孕育一场深刻的技术变革，并将对人类社会产生新一轮的影响。目前，MEMS 市场的主导产品为压力传感器、加速度计、微陀螺仪、墨水喷嘴和硬盘驱动头等。MEMS 器件的发展对机械电子工程、精密机械及仪器、半导体物理等学科的发展来说，既是机遇，也是挑战。

MEMS 是一种全新的必须同时考虑多种物理场混合作用的研发领域，相对于传统的机械，MEMS 机械的平面尺寸更小，最大的不超过 1cm，甚至仅仅为几微米，厚度就更加微小了。MEMS 机械采用以硅为主的材料，电气性能优良。硅材料的强度、硬度和杨氏模量与铁相当，密度与铝类似，热传导率接近钼和钨。MEMS 产品采用与集成电路（IC）类似的生成技术，可利用 IC 生产中的成熟技术、工艺，进行大批量、低成本生产，使性价比相对于传统"机械"制造技术大幅提高。

（2）纳米技术。

纳米技术也称毫微技术，是研究结构尺寸在 0.1～100nm 范围内材料的性质和应用的一种技术。1981 年扫描隧道显微镜发明后，诞生了一门以 0.1～100nm 长度为单位，研究分子世界的前沿科学，它的最终目标是直接以原子或分子来构造具有特定功能的产品。因此，纳米技术其实就是一种用单个原子、分子制造物质的技术。

纳米技术是一门交叉性很强的综合学科，研究的内容涉及现代科技的广阔领域。纳米科学与技术主要包括：纳米体系物理学、纳米化学、纳米材料学、纳米生物学、纳米电子学、纳米加工学、纳米力学等这 7 个相对独立又相互渗透的学科，以及纳米材料、纳米器件、纳米尺度的检测与表征这 3 个研究领域。纳米材料的制备和研究是整个纳米科技的基础。其中，纳米物理学和纳米化学是纳米技术的理论基础，而纳米电子学是纳米技术最重要的内容。

当前，纳米技术的研究和应用主要在材料和制备、微电子和计算机技术、医学与健康、航天和航空、环境和能源、生物技术和农产品等方面。用纳米材料制作的器材重量更轻、硬度更强、寿命更长、维修费更低、设计更方便。利用纳米材料还可以制作出特定性质的材料或自然界不存在的材料，制作出生物材料和仿生材料。

纳米加工的含意是采用达到纳米级精度的加工技术。由于原子间的距离为 0.1～0.3nm，纳米加工的实质就是要切断原子间的结合，实现原子或分子的去除，切断原子间结合所需要的能量，必然要求超过该物质的原子间结合能。用传统的切削、磨削加工方法进行纳米级加工相当困难。近年来，纳米加工有了很大的突破，如电子束光刻（UGA 技术）加工超大规模集成电路时，可实现 0.1μm 线宽的加工；离子刻蚀可实现微米级和纳米级表层材料的去除；扫描隧道显微技术可实现单个原子的去除、扭迁、增添和原子的重组。

6.2.4　传感器的硬件组成和工作原理

传感器一般由敏感元件、转换元件、变换电路和辅助电源 4 部分组成，如图 6-2 所示。

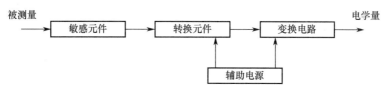

图 6-2　传感器的硬件组成

敏感元件直接感受被测量，并输出与被测量有确定关系的物理量信号；转换元件将敏感元件输出的物理量信号转换为电信号；变换电路负责对转换元件输出的电信号进行放大调制；转换元件和变换电路一般还需要辅助电源供电。下面简单介绍几种传感器的工作原理。

1. 电感式传感器

电感式传感器的基本工作原理是电磁感应原理，即利用电磁感应将被测非电学量（压力、位移等）转换为电感量的变化输出，再通过测量转换电路，将电感量的变化转换为电压或电流的变化，来实现非电学量的测量。此类电感器主要有变气隙式电感传感器、差动螺线管式电感传感器、差动变压器式电感传感器及电涡流式电感传感器。

2. 电容式传感器

电容式传感器也常常被称为电容式物位计。电容式物位计的电容检测元件是根据圆筒形电容器原理进行工作的，电容器由两个绝缘的同轴圆筒状极板（内电极板和外电极板）组成，当两筒之间充以介电常数为 e 的电解质时，$C = 2\pi eL/\ln（D/d）$ 为两圆筒间的电容量。式中，L 为两筒相互重合部分的长度；D 为外筒电极的直径；d 为内筒电极的直径；e 为中间介质的介电常数。在实际测量中，D、d、e 是基本不变的，故测得 C 即可知道液位的高低。

3. 光电式传感器

光电式传感器是通过把光强度的变化转换成电信号的变化来实现控制的。在一般情况下，光电式传感器由 3 部分构成：发送器、接收器和检测电路。

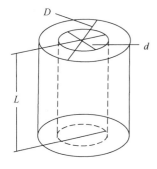

图 6-3　电容式传感器示意图

发送器对准目标发射光束，发射的光束一般来源于半导体光源、发光二极管（LED）、激光二极管及红外发射二极管。光束不间断地发射，或者改变脉冲宽度。接收器由光电二极管、光电三极管、光电池组成。在接收器的前面，装有光学元件，如透镜和光圈等。在接收器的后面是检测电路，它能滤出有效信号并应用该信号。

此外，光电式传感器的结构元件中还有发射板和光导纤维。

4. 压电式传感器

压电式传感器是基于压电效应的传感器，是一种自发电式和机电转换式传感器。它的敏感元件由压电材料制成。压电材料受力后表面产生电荷，此电荷经电荷放大器和测量电路放大与变换阻抗后就成为正比于所受外力的电学量输出。压电式传感器用于测量力和能变换为力的非电学量。它的优点是频带宽、灵敏度高、信噪比高、结构简单、工作可靠和质量轻等；缺点是某些压电材料需要防潮措施，而且输出的直流响应差，需要采用高输入阻抗电路或电荷放大器来克服这一缺陷。

压电效应可分为正压电效应和逆压电效应。正压电效应：当晶体受到某固定方向外力的作用时，内部就产生电极化现象，同时在某两个表面上产生符号相反的电荷；当外力撤去时，晶体又恢复到不带电的状态；当外力作用方向改变时，电荷的极性也随之改变，晶体受力所产生的电荷量与外力的大小成正比。压电式传感器大多是利用正压电效应制成的。逆压电效应是指对晶体施加交变电场引起晶体机械变形的现象，又称为电致伸缩效应，用逆压电效应制造的变送器可用于电声和超声工程。

压电敏感元件的受力变形有厚度变形型、长度变形型、体积变形型、厚度切变型、平面切变型 5 种。压电晶体是各向异性的，并非所有晶体都能在这 5 种状态下产生压电效应。例如，石英晶体就没有体积变形型压电效应，但具有良好的厚度变形型和长度变形型压电效应。

5. 磁电式传感器

磁电式传感器有时也称作电动式传感器或感应式传感器，它只适合进行动态测量。由于它有较大的输出功率，故配用电路较简单、零位及性能稳定。利用其逆转换效应可构成力（矩）发生器和电磁激振器等。

根据电磁感应定律，当 W 匝线圈在均匀磁场内运动时，设穿过线圈的磁通为 Φ，则线圈内的感应电势 e 与磁通变化率 $\mathrm{d}\Phi/\mathrm{d}t$ 有如下关系：$e=-W\cdot\mathrm{d}\Phi/\mathrm{d}t$。根据这一原理，传感器可以设计成变磁通式和恒磁通式两种结构型式，构成测量线速度或角速度的磁电式传感器。如图 6-4 所示分别为用于测量旋转角速度（旋转型）及振动速度（平移型）的变磁通式结构。在变磁通式结构中，永久磁铁 1（俗称"磁钢"）与线圈 4 均固定，动铁心 3（衔铁）的运动使气隙 5 和磁路磁阻变化，引起磁通变化而在线圈中产生感应电势，因此又称为变磁阻式结构。

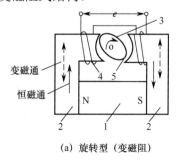

(a) 旋转型（变磁阻）　　　　　　(b) 平移型（变气隙）

图 6-4　变磁通式结构

在恒磁通式结构中,工作气隙中的磁通恒定,感应电势是由于永久磁铁与线圈之间有相对运动,线圈切割磁力线而产生的。这类结构有两种,如图 6-6 所示。

图中的磁路系统由圆柱形永久磁铁和极掌、圆筒形磁轭及空气隙组成。气隙中的磁场均匀分布,测量线圈绕在筒形骨架上,经膜片弹簧悬挂于气隙磁场中。

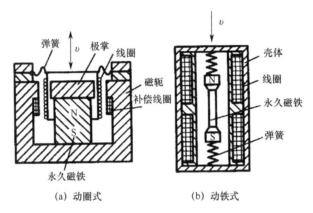

(a) 动圈式　　　　(b) 动铁式

图 6-5　恒磁通式结构

当线圈与磁铁间有相对运动时,线圈中产生的感应电势为

$$e=-Bl_aWv$$

式中,B 为气隙磁通密度,单位为 T;l 为气隙磁场中有效匝数为 W 的线圈总长度,$l = l_aW$(l_a 为每匝线圈的平均长度),单位为 m;v 为线圈与磁铁沿轴线方向的相对运动速度。

当传感器的结构确定后,式中 B、l_a、W 都为常数,感应电势 e 仅与相对速度 v 有关。传感器的灵敏度(e/v)是随振动频率变化的。为提高灵敏度,应选用磁能积较大的永久磁铁和尽量小的气隙长度,以提高气隙磁通密度 B;增加 l_a 和 W 也能提高灵敏度,但它们受到体积、质量、内电阻及工作频率等因素的限制。为了保证传感器输出的线性度,要保证线圈始终在均匀磁场内运动。设计者的任务是选择合理的结构、材料和尺寸,以满足传感器的基本性能要求。

6. 生物传感器

生物传感器技术是生物活性材料(酶、蛋白质、DNA、抗体、抗原、生物膜等)与物理化学换能器有机结合的一门交叉学科,是发展生物技术必不可少的一种先进的检测方法与监控方法,也是物质分子水平的快速、微量分析方法。各种生物传感器有以下共同的结构:包括一种或数种相关生物活性材料(生物膜)及能把生物活性表达的信号转换为电信号的物理或化学换能器(传感器),二者组合在一起,用现代微电子和自动化仪表技术进行生物信号的再加工,构成各种可以使用的生物传感器分析装置、仪器和系统。

生物传感器的原理是,待测物质经扩散作用进入生物活性材料,经分子识别,发生生物学反应,产生的信息被相应的物理或化学换能器转变成可定量和可处理的电信号,

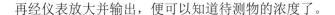
再经仪表放大并输出，便可以知道待测物的浓度了。

7．视觉传感器

视觉传感器具有从一整幅图像捕获数以千万计像素的能力。图像的清晰和细腻程度通常用分辨率来衡量，以像素数量表示。在捕获图像之后，视觉传感器将其与内存中存储的基准图像进行比较，以做出分析。例如，若视觉传感器被设定为辨别正确地插有 8 颗螺栓的机器部件，则传感器知道应该拒收只有 7 颗螺栓或螺栓未对准的部件。此外，无论该机器部件位于视场中的哪个位置，无论该部件是否在 360°范围内旋转，视觉传感器都能做出判断。

6.3　二维条码——从堆叠式到矩阵式

6.3.1　二维条码相关概念

条码技术广泛应用于 20 世纪 70 年代，它是集编码、印刷、识别、数据采集与处理于一体的综合性技术。条码技术主要研究如何将数据用条码来表示，以及如何将条码所表示的数据转换为计算机可识别的字符。条码技术是利用光电扫描或图像采集设备识读条码符号，从而实现数据的自动识别，并快速、准确地将信息录入计算机进行数据处理，以达到自动化管理的目的。条码技术是目前应用中非常广泛的一种自动识别技术。

一维条码是由一组规则排列的粗细不同、黑白或彩色相间的条、空组成的标识。"条"指对光线反射率较低的部分，"空"指对光线反射率较高的部分，这些条和空组成的数据表达一定的信息，并能够用特定的设备识读，转换成与计算机兼容的二进制和十进制信息。

一维条码自出现以来，发展速度十分迅速，极大地提高了数据采集和信息处理的速度，提高了工作效率，并为管理的科学化和现代化做出了很大贡献。

由于受信息容量的限制，一维条码仅仅是对"物品"的标识，而不是对"物品"的描述。故一维条码的使用，不得不依赖数据库的存在。在没有数据库和不便联网的地方，一维条码的使用受到了较大的限制。

二维条码技术是在一维条码的基础上，为解决一维条码的不足在 20 世纪 80 年代末产生的。二维条码具有信息容量大、密度高等特点，可以表示包括中文、英文、数字在内的多种文字、声音、图像等信息；它可以在很小的面积内表达大量的信息；二维条码技术可以引入纠错机制，具有恢复错误的能力，从而大大提高了二维条码的可靠性。

要提高资料密度，又要在一个固定面积上印出所需要的信息，人们尝试用两种方法来解决：①在一维条码的基础上向二维条码方向扩展，从而发展出堆叠式（Stacked，或称为行排式）二维条码；②利用图像识别原理，采用新的几何形体和结构设计出新的条

码，即二维条码。

二维条码是用某种特定的几何图形按一定规律在平面上分布的黑白相间的图形记录数据信息的，在代码编制上巧妙地利用构成计算机内部逻辑基础的"0""1"比特流的概念，使用若干与二进制相对应的几何形体来表示文字数值信息，通过图像输入设备或光电扫描设备自动识读以实现信息自动处理。它具有条码技术的一些共性：每种码制有其特定的字符集，每个字符占有一定的宽度，具有一定的校验功能等。二维条码的符号在二维方向上承载信息，可以承受一定量的信息，能够实现对物品的描述，在不依赖后台数据库的条件下也能方便地使用，因此称它为一维条码技术的升级表示。

早在 20 世纪 40 年代，美国乔·伍德兰德（Joe WoodLand）和伯尼·西尔沃（Berny Silver）两位工程师就开始研究用图像代码表示商品项目及相应的自动识别设备，于 1949 年获得了美国专利，这种图像代码就是早期条码的雏形。20 世纪 70 年代，条码技术开始推广，并且发展十分迅速。由于条码应用领域的不断拓展，对一定面积上的条码的信息量提出了更高的要求。为了更好地满足这种需求，二维条码应运而生。Allair 博士于 1987 年提出一种称之为"49 条码"（Code 49）的二维条码，这是第一个出现的二维条码。接着 Longacre 着手进行二维条码符号学基础理论的研究，大大促进了二维条码的发展。到目前为止，常用的条码类型已有 20 多种。

第一个比较完善的二维条码是由 David Allair 博士研制的"49 条码"，于 1987 年由 Intermec 公司推出，Ted Willians 研制的第二种二维条码"16K 条码"（Code 16K）又于 1988 年由 Laserlight 系统公司推出。自从 1990 年 Symbol 公司推出二维条码"PDF417"后，由于其信息量大、可靠性高、保密、防伪性强等特点而得到了迅速的推广和应用。

堆叠式二维条码的编码原理建立在一维条码的基础上，其将一维条码的高度变窄，再依需要堆成多行，在编码设计、检查原理、识读方式等方面都继承了一维条码的特点，但由于行数增加，对行的辨别、解码算法及软体则与一维条码有所不同。较具代表性的堆叠式二维条码有 PDF417、Code 16K、Code 49 等。

矩阵式二维条码是以矩阵的形式组成的，在矩阵相应元素位置上，用点的出现表示二进制的"1"，不出现表示二进制的"0"，点的排列组合确定了矩阵码所代表的意义。其中，点可以是方点、圆点或其他形状的点。矩阵码是建立在计算机图像处理技术、组合编码原理等基础上的图形符号自动识别的码制，已较不适合用"条码"称之。矩阵码标签可以做得很小，甚至可以制成硅晶片的标签，因此适用于小物件。具有代表性的矩阵式二维条码有 QR Code、Data Matrix、Maxicode 等。

作为一种先进的自动识别技术，二维条码具有以下特点。①可以表示多种语言文字。多数一维条码所能表示的字符集不过是 10 个数字、26 个英文字母及一些特殊字符。条码字符集最大的 Code l28 条码，所能表示的字符个数是 128 个（ASCII 符）。因此，要用一维条码表示汉字是不可能的。二维条码使用的是字节表示模式，能够表示汉字。②可表示图像数据。图像多以字节形式存储，二维条码可以表示图像，因此使图像（照片、指纹等）的条码表示成为可能。③可引入加密机制。加密机制的引入是二维条码的又一优点。例如，我们用二维条码表示照片时，可以先用一定的加密算法将图像信息加密，然后再用二维条码表示。在识别二维条码时，再加以一定的解密算法，就可以恢复所表示的照片了。这样便可以防止各种证件、卡片等的伪造。④纠错能力强。在条码污损的情况下，仍然能够识读。⑤技术成熟。标准体系完善，设备品种多，我国有自主知识产权的标准。

6.3.2　二维条码的主要技术

早在 20 世纪 70 年代，IBM 公司的 Savir 等人就从事条码编码解码理论方面的研究。近年来，随着计算机技术的快速发展，越来越多的软硬件新技术为条码所用，条码技术的发展极为迅速。Wang 等人分析了条码的容错特性，研究了条码信息容量和容错能力的关系，以及根据容错能力设计条码的方法。Vangils 从信息论的角度研究了条码的一些特性。Pavlidis 等人系统地研究了条码的信息理论，研究了条码编码技术、条码信息密度、条码码距、条码编码容量、条码设计原则等问题。在一维条码的基础上，Longacre 进行了二维条码符号学基础理论的研究，为二维条码的设计提供了理论基础。Wang Pavlidis 等人进一步研究了二维条码信息编码方式、二维条码扫描模式、二维条码应用特性等一系列二维条码的关键技术。

从上面二维条码技术的研究和发展历程来看，条码技术主要研究的是如何将需要向计算机输入的信息用条码这种特殊的符号加以表示，以及如何将条码表示的信息转变为计算机可自动识读的数据。因此，条码技术的研究对象主要包括编码技术、符号表示技术、识读技术、制成技术等。

1．编码技术

二维条码的设计原则决定其应用场合。随着条码应用的推广和深入，需要条码可以表示多国文字、图像、图形等各种信息，以适用不同应用环境的需求。因此，需要提高条码符号的信息密度，使其在有限的几何空间内表示更多、更可靠的信息。故而对条码的信息密度、可靠性、信息安全性要求也越来越高，条码编码技术和信息理论的研究显得很有必要。

通常，二维条码的编码技术包括信息编码和纠错编码两个过程，解码是编码的反过程。任何一种二维条码，都按照预先规定的编码规则和有关标准，由条和空（堆叠式二维条码）或黑白相间的点（矩阵式二维条码）组合而成。为管理对象编制的由数字、字母、数字字母组成的代码序列称为编码。编码规则是制定二维条码码制标准和对条码符号进行识别的主要依据。

信息编码又分为两个阶段。第一个阶段是指原始的数据的信息化处理过程，第二个阶段是指将数字信息按照一定的规则映射到二维条码的基本信息单元——码字的过程，这一过程是二维条码编码的核心内容。信息编码之后，要进行纠错编码，纠错编码的目的是提高条码的可读性。二维条码纠错编码技术主要研究的是纠错码的容量设计及其生成等，常用的纠错算法是 Reed-Salomon 算法。纠错技术通过在原有信息的基础上增加信息冗余，使用户可以在二维条码的实际制作和使用时根据实际情况选择不同的纠错等级，并通过一定的纠错码生成算法生成纠错码字，从而保证在出现脱墨、污点等符号破损的情况下，也可以利用编码时引入的纠错码字通过特定的纠错译码算法正确地译解、还原原始数据信息。

2．符号表示技术

条码是一种图形化的信息代码，不同的码制，条码符号的构成规则也不相同。二维条码的符号表示是指在完成二维条码的编码，即数据信息流转换为码字流之后，将码字流用相应的二维条码符号进行表示的过程。符号表示技术的主要研究内容是研究各种码制的条码符号设计、符号表示、符号制作、码字排布等内容。

由于行排式二维条码是在一维条码的基础上产生的，其符号字符的结构与一维条码符号字符的结构相同，由不同宽窄的条空组成，属模块组合型，但由于是多行结构，在符号结构上增加了行标识功能。

矩阵式二维条码符号则在结构形体及元素排列上与代数矩阵具有相似的特征。它以计算机图像处理技术为基础，每一矩阵二维条码符号结构的共同特征均由特定的符号功能图形及分布在矩阵元素位置上表示数据信息的图形模块（正方形、圆、正多边形等图形模块）构成。用深色模块单元表示二进制的"1"，用浅色模块单元表示二进制的"0"（作为一种约定，也可以用深色模块单元表示二进制的"0"，用浅色模块单元表示二进制的"1"）。数据码字流通过分布在矩阵元素位置上的单元模块的不同组合来表示。大多数矩阵二维条码的符号字符由 8 个模块按特定规律排列构成。每一种矩阵二维条码符号都有其独特的功能图形，用于符号标识，确定符号的位置、尺寸及对符号模块进行校正等。

3．识读技术

条码识别技术可分为硬件技术和软件技术两部分。自动识读硬件技术主要为将条码符号所代表的数据转换为计算机可读数据，以及与计算机之间的数据通信。硬件支持系统可以分解为光电转换技术、译码技术、通信技术及计算机技术。软件技术主要解决数据处理、数据分析、译码等问题，数据通信是通过软硬件技术的结合来实现的。

识读技术主要由条码扫描和译码两部分组成。扫描时利用光束扫读条码符号，并将光电信号转换为电信号，这部分功能由扫描器完成。译码是将扫描器获得的电信号按一定的规则翻译成相应的数据代码，然后输入计算机。

当扫描器对条码符号进行扫描读取时，光敏元件将扫描到的光信号转变为模拟电信

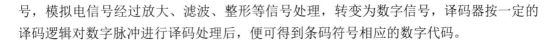

号，模拟电信号经过放大、滤波、整形等信号处理，转变为数字信号，译码器按一定的译码逻辑对数字脉冲进行译码处理后，便可得到条码符号相应的数字代码。

4．制成技术

条码制成技术指二维条码的制作方式，是条码技术的主要组成部分。二维条码可以打印在载体材料上并贴附在物品表面，也可以直接在物体表面标识，包括金属冲压、雕刻、化学蚀刻、激光雕刻等方式，条码的印刷质量及数据载体的材料将直接影响识别效果和整个系统的性能。条码制成技术研究的主要内容包括：制片技术、印刷技术，研制各类专用打码机、印刷系统，以及如何按照条码标准和印制批量的大小，正确选用相应的技术和设备等。另外，二维条码标签或者粘贴/挂在所标识的物品上，或者直接喷或刻在物品上，通过识读二维条码标签才能了解物品的信息。

条码识读问题与扫描环境和表面粗糙度有关。关于粗糙表面的定义，在美国航空航天局（NASA）指定的 STD-6002 标准中做了详细的规定。

在二维条码符号的印制过程中，对诸如反射率、对比度及模块大小与分辨率等参数均有严格的要求。因此，必须选择适当的印刷技术和设备，以保证印制出符合规范要求的二维条码。

6.3.3　二维条码的识别过程

条码的识别技术是条码应用的关键。如何克服数据采样中的系统误差和应用中的污染，并准确、高速地识别条码，一直是条码技术研究的热点。

二维条码的识别是通过将采集到的二维条码图像经过数学和图像的处理方法，尽可能地将其中容纳的数据恢复的过程。

国内外的学者对条码识别进行了一些有益的研究，一些探索的方法如下：

（1）边缘检测是简单有效的条码识别技术，Normand 等人研究了基于二阶导数分析寻找条码边界的识别方法。

（2）Shellhammer 等人提出了基于选择性采样的条码边界处理技术，计算条码的边缘强度，根据边缘强度进行选择性采样，除去噪声引起的伪边界，再用拉普拉斯变换增强条码边界。

（3）Joseph 等人研究了基于反模糊技术的条码识别算法，分析条码信号的高斯模糊模型，计算得到模糊函数的方差，对条码信号进行补偿。

（4）Liao 和 Liu 等人研究了基于神经网络的条码识别方法，统计条码图像每列的有效像素，归一化后输入 BP 神经网络识别。

（5）Okolnishnikova 研究了多项式级算法的条码识别，利用回归迭代的方法识别条码。Turin 等人提出了利用 EM 算法的条码信号复原技术。

（6）Boie 和 Marom 等人研究了噪声对条码识别的影响。

1．识读流程

通过一定的软硬件设备完成对二维条码的识别，即完成二维条码的识读过程，流程如下。

（1）二维条码信号采集。

（2）二维条码检测。

（3）二维条码定位分割。

（4）条码字符识别。

（5）二维条码译码运算。

（6）实现上述功能的系统集成。

在条码识读过程中，应注意如下几方面的问题。

（1）定位条码在图像中的位置。采集的条码不可避免地会有一定角度的旋转，因此首先要把条码旋转至水平方向。

（2）要得到条码图像的码字，必须分割出每一行与每一列的条码图像，即得到条码的单位模块图像。一般方法是先对条码图像进行一阶差分，找出条码图像的边界位置。由于二维条码密度高，经过光学系统成像后边界将变得模糊，另外外界部分也会相互叠加和偏移。

2．示例

（1）采集到的一张二维条码"数字矩阵码"（Data Matrix）的图像如图 6-6 所示，通过识别最终恢复的原始数据为 10×10 比特矩阵，如图 6-7 所示。

图 6-6 采集到的 Data Matrix 图像

（2）Data Matrix 条码图像识别流程如图 6-8 所示。

（3）QR Code 条码图像识别流程如图 6-9 所示。

第一步：图像校正，采用 3 次 B 样条插值校正，把畸变的图像校正到正常。

第二步：图像二值化，采用全局阈值和局部阈值选取相结合的方法，逐步选取合适的阈值，把条码图像二值化，通常二值化为白底黑色条码。

1	0	1	0	1	0	1	0	1	0
1	1	0	1	1	0	0	1	1	1
1	0	0	0	0	1	1	0	1	0
1	0	1	0	0	0	0	1	1	1
1	1	1	1	0	0	0	0	0	0
1	1	1	1	1	0	0	1	1	1
1	0	1	0	1	0	0	0	1	0
1	0	0	1	1	1	0	1	0	1
1	1	1	0	0	0	0	1	0	0
1	1	1	1	1	1	1	1	1	1

图 6-7　识读最终恢复的原始数据为 10×10 比特矩阵图

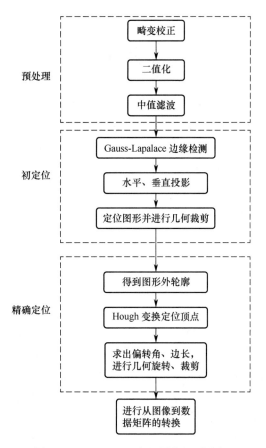

图 6-8　Data Matrix 条码图像识别流程

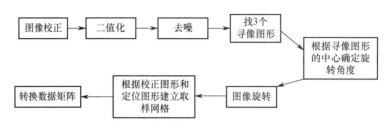

图 6-9　QR Code 条码图像识别过程流程

第三步：去噪，采用先腐蚀后膨胀的方法，可以有效去除面积较小的点噪声和细长的线噪声。

第四步：找 QR Code 的 3 个寻像图形（位置探测图形），它们分别位于条码的左上、右上和左下角。寻像图形如图 6-10 所示，其图形特征是黑白条比例为

黑：白：黑：白：黑=1：1：3：1：1

图 6-10　QR Code 寻像图形

第五步：确定旋转角度并旋转。由于寻像图形具有特殊的比例，同时在掩膜作用下，在 QR Code 条码的其他位置不可能出现这样比例的图形，所以我们可以通过找到 3 个寻像图形来定位条码。通过 3 个寻像图形的中心坐标来确定条码是否需要旋转及旋转的角度。如果图像不标准，则旋转图像至标准位置。

第六步：QR Code 的另一个特色是还具有多个校正图形和定位图形，可以根据定位图形和校正图形的中心坐标建立取样网格。

第七步：根据取样网格，采样数据，把图像转换为数据矩阵，以进行下一步的数据解码（其中 1 代表网格上的深色图形，0 代表网格上的浅色图形）。QR Code 校正图形如图 6-11 所示。

图 6-11　QR Code 校正图形

6.3.4 二维条码的主要国际标准

国际上，二维条码技术标准主要由 ISO/IEC JTC1 SC31（自动识别与数据采集技术分技术委员会）负责组织制定。目前，已经完成了 PDF417、QR Code、Data Matrix、Maxicode、等二维条码标准的制定，另有 Aztec Code 等标准在研制中，系统一致性测试方面的标准已经完成二维条码符号印刷质量的检验（ISO/IEC 15415）、二维条码识读器测试规范（ISO/IEC 15426-2）等标准的制定。

二维条码应用方面的标准由 ISO 相关应用领域标准化委员会负责组织制定，如包装标签二维条码应用标准由 ISO 包装标准化技术委员会（TC122）负责制定，目前已经完成包装标签应用标准的制定。

1．PDF417 条码

PDF417 为美国 Symbol Technologies 公司于 1991 年正式推出的一种多层、可变长度的堆叠式二维条码，简称为 PDF 码。发明人是王寅君博士。PDF 是 Portable Data File 的缩写，意为"便携数据文件"，因为组成条码的每一符号字符都是由 4 个条和 4 个空共 17 个模块构成，所以称 PDF417 码。

PDF417 码采用的是缝合算法解决提高行排式二维码信息密度的方法，缝合算法是一种局部扫描的机制，它不需要像其他早期的行排式二维码那样层与层之间必须存在分隔符，相邻层的区分则靠不同的符号字符簇来实现。

PDF417 条码目前在业界十分流行，现已出台 ANSI（美国标准化协会）、AIMI（国际自动识别设备制造商协会）、ISO（国际标准化组织）、IEC（国际电工委员会）、CEN（欧洲标准化委员会）等组织的标准。我国于 1998 年正式颁布实施了 PDF417 条码的国家标准 GB/T 17172—1997《四一七条码》。

PDF417 条码符号结构示意图如图 6-12 所示。

其中，行指示符指示条码的行号、行数、数据区中数据符号的列数、纠错等级，行指示符相当于功能信息。PDF 的符号特征由 n、k、m 组成。PDF417 条码是一个连续型多行结构，每行由起始符、左行指示符、数据符（1～30 个）、右行指示符、终止符和左/右空白区组成。

除起始码和结束码外，左标区、资料区和右标区的组成字元皆可称为字码，每一个字码由 17 个模组构成，每一个字码又可分成 4 线条（或黑线）及 4 空白（或白线），每个线条至多不能超过 6 个模组宽。每个 PDF417 码因资料大小不同，其行数及每行的资料模组数与字码数都可以为 1～30 不等。

PDF417 最少为 3 行，最多为 90 行。纠错等级为 0～8 级，共 9 级（0 级最低，8 级为高纠错等级）可供选择。它的码字集分为 0、3、6 几个簇，每个簇含 0～928 共计 929

个码字，3 个簇总计为 929×3=2787 个码字。

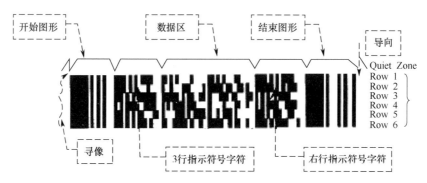

图 6-12　PDF417 条码符号结构示意图

　　PDF417 是一个公开码，任何人皆可用其演算法而不必付费，因此是一个开放的条码系统。PDF417 的容量较大，除了可将人的姓名、单位、地址、电话等基本资料进行编码，还可将人体的特征，如指纹、视网膜扫描、照片等个人信息存储在条码中，这样不但可以实现证件资料的自动输入，而且可以防止证件的伪造。PDF417 已在美国、加拿大、新西兰的交通部门的执照年审、车辆违规登记、罚款及定期检验上应用。美国同时将 PDF417 应用在身份证、驾照、军人证上。此外，墨西哥也将 PDF417 应用在报关单据与证件上，从而防止了伪造及犯罪。

　　PDF417 条码的基本特性如表 6-1 所示。

表 6-1　PDF417 条码的基本特性

项　　目	特　　性
可编码字元集	8 位二进制资料，多达 811800 种不同的字元集或解释
类型	连续型，多层
字元自我检查	有
尺寸	可变 高：3～90 层 宽：1～30 栏
读码方式	双向可读
错误纠正字码数	2～512 个
最大资料容量	安全等级为 0，每个符号可表示 1108 个位元

PDF417 优点如下。

（1）信息容量大。PDF417 条码可容纳 1850 个大写字母、2710 个数字或 1108 个字节，比普通条码信息容量约高几十倍。

（2）编码范围广。该条码可以把图片、声音、文字、签字、指纹等可以数字化的信息进行编码，用条码表示出来。

（3）容错能力强。该条码采用世界上最先进的数学纠错理论和技术，可以有效防止译码错误，提高译码速度，复原受损信息。

（4）译码可靠性高。其比普通条码误码率 $2/10^6$ 要低得多，误码率不超过 $1/10^7$。

（5）保密性、防伪性好。它具有多重防伪特性，其信息按密码格式编码，采用软件加密，并可以利用所包含的信息如指纹、图片等进行防伪。另外，还可以采用隐形条码防伪。

（6）易制作，持久耐用。条码可以印在各种载体上，可以使用多种印刷技术，条码阅读不需要物理接触，不受读取次数限制。

（7）成本低。它的成本远远低于磁带等存储介质，在网络连通情况不好时，可以通过传真方式把大量信息的二维条码传送给对方。

（8）条码符号形状、尺寸大小比例可变。在保持条码所表示的信息不变的情况下，PDF417 条码的形状、尺寸和大小可以根据载体面积、业务需要和美工设计进行调整。

2．QR Code 条码

QR（Quick Response）Code，简称为 QR 码，也被称为快速响应矩阵码，是由日本 Denso 公司于 1994 年 9 月研制的一种矩阵式二维条码。QR Code 也是最早可以对中文汉字进行编码的条码，但它的汉字编码功能很弱，只能编码基本字库中的 6768 个汉字，而国标 GB/T 18030—2000 规定有 23940 个汉字码位。

我国于 2000 年 12 月颁布了基于 QR Code 的国标 GB/T 18284—2000《快速响应矩阵码》。

QR Code 条码符号结构示意图如图 6-13 所示。

QR Code 条码基本特性如表 6-2 所示。

它除具有其他二维条码的共同特点（信息容量大、可靠性高、可表示汉字及图像等多种格式信息）外，还具有下列优点。

（1）QR Code 条码与其他二维条码相比，具有识读速度快、数据密度大、占用空间小的优势。

从 QR Code 条码的英文名称 Quick Response Code 可以看出，超高速识读特点是 QR Code 区别于 PDF417、Data Matrix 等二维条码的主要特性。由于在用 CCD 识读 QR Code 条码时，整个 QR Code 条码符号中信息的读取是通过 QR Code 条码符号的位置探测图形，用硬件来实现的，因此信息识读过程所需时间很短，它具有超高速识读特点。用 CCD 二

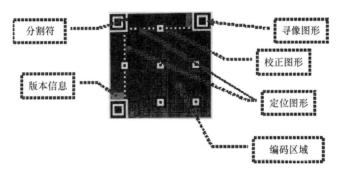

图 6-13　QR 符号结构示意图

表 6-2　QR Code 条码符号的基本特性

项　　目	特　　性
符号规格	21×21 模块（版本 1）～177×177 模块（版本 40） 每一规格：每边增加 4 个模块
数据类型与容量（指最大规格符号版本 40-L 级）	数字数据：7089 个字符 字母数据：4296 个字符 8 位字节数据：2953 个字符 中国汉字、日本汉字数据：1817 个字符
数据表示方法	深色模块表示二进制"1"，浅色模块表示二进制"0"
纠错能力	L 级：约可纠错 7%的数据码字 M 级：约可纠错 15%的数据码字 Q 级：约可纠错 25%的数据码字 H 级：约可纠错 30%的数据码字
结构链接（可选）	可用 1～16 个 QR Code 条码符号表示一组信息
掩膜（固有）	可以使符号中深色与浅色模块的比例接近 1：1，使因相邻模块的排列造成译码困难的可能性降为最小
扩充解释（可选）	这种方式使符号可以表示默认字符集以外的数据（阿拉伯字符、古斯拉夫字符、希腊字母等），以及其他解释（用一定的压缩方式表示的数据）或者对行业特点的需要进行编码
独立定位功能	有

维条码识读设备，每秒可识读 30 个含有 100 个字符的 QR Code 条码符号；对于含有相同数据信息的 PDF417 条码符号，每秒仅能识读 3 个符号；对于 Data Martix 条码，每秒仅能识读 2～3 个符号。QR Code 条码的超高速识读特性使它能够广泛应用于工业自动化生产线管理等领域。

（2）全方位识读。

QR Code 条码的 3 个角上有 3 个寻像图形，可使用 CCD 识读设备来探测条码的位置、大小、倾斜角度并加以解码，实现 360°高速识读。

① QR Code 条码容量密度大，可以放入 1817 个汉字、7089 个数字、4200 个英文字母。QR Code 条码用数据压缩方式表示汉字，仅用 13bit 即可表示一个汉字，比其他二维条码表示汉字的效率提高了 20%。

② QR Code 条码具有 4 个等级的纠错功能，即使破损也能够正确识读。

③ QR Code 条码抗弯曲的性能强，在 QR Code 条码中，每隔一定的间隔配有校正图形，通过条码的外形求得推测校正图形中心点与实际校正图形中心点的误差来修正各模块的中心距离，即使将 QR Code 条码贴在弯曲的物品上也能够快速识读。

④ QR Code 条码可以将数据分割为多个编码，最多支持 16 个 QR Code 条码，可以一次性识读数个分割码，适应于印刷面积有限及细长空间印刷的需要。

⑤ 微型 QR Code 条码可以在 1cm 的空间内放入 35 个数字或 9 个汉字或 21 个英文字母，适合对小型电路板对 ID 号码进行采集的需要。

3. Data Matrix 条码

Data Matrix 原名 Datacode，由美国 Data Matrix 公司于 1989 年推出。Data Matrix 条码是一种矩阵式二维条码，简称为 DM 码。

Data Matrix 条码是比较早的二维条码。1988 年 5 月，Dennis Priddy 和 Robert S. Cymbalski 发明了 Data Matrix 条码。早期的 Data Matrix 条码是从 ECC-000 到 ECC-140，这也是极少数把卷积算法用于纠错的二维条码，那时它属于非公开条码。到 1995 年 5 月，Jason Lx 对 Data Matrix 条码进行了改进，他把 Reed-Solomon 纠错算法用于 Data Matrix 条码，称为 ECC-200。Reed-Solomon 的纠错算法有比卷积算法更高的抗突发性错误的能力。1995 年 10 月，国际自动识别制造商协会接受 Data Matrix 条码成为国际标准，Data Matrix 条码成为公开的二维条码。1996 年，美国的机器人视觉系统公司（RVSI）收购了 Data Matrix 公司，现在 Data Matrix 条码的所有知识产权都归 RVSI 的一个子公司 CI Matrix 所有。

各国及相关组织将 Data Matrix 作为标准的情况如下。

（1）NASA 开发了下列标准以统一相关标记数据，并写入 NASA 标准和详细的指导手册。NASA-STD-6002，在航天器部件上应用 Data Matrix；NASA-HDBK-6003，在航天器部件使用直接部件标记方法/技术中使用 Data Matrix 标记符号。

（2）MIL-STD-130L，军用资产唯一标识指南。

（3）韩国标准协会（Korean Standards Association，KSA）。

由于 Data Matrix 条码只需要读取资料的 20% 即可精确辨读，因此很适合应用在条码容易受损的场所，如印在暴露于高热、化学清洁剂、机械剥蚀等特殊环境的零件上。

Data Matrix 条码从外观上看，由许多小方格所组成的正方形或长方形构成，其符号结构示意图如图 6-14 所示。

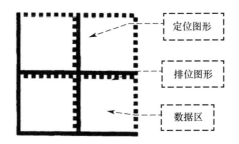

图 6-14　Data Matrix 条码符号结构示意图

它的数据的存储是浅色与深色方格的排列组合，以二位元码（Binary Code）的方式来编码，故计算机可直接读取其内容，而不需要传统的一维条码的符号对映表（Character Look-up Table）。深色代表 "1"，浅色代表 "0"，再利用成串（String）的浅色与深色方格来描述特殊的字元信息，这些字串排列成一个完成的矩阵，形成 Data Matrix 条码，再以不同的印表机印在不同材质表面上。

每个 Data Matrix 条码符号由规则排列的方形模组构成的资料区组成，资料区的四周由定位图形所包围，定位图形的四周则由空白区包围，资料区再以排位图形加以分隔。

定位图形是资料区域的一个周界，为一个模组宽度。其中，两条邻边为暗实线，主要用于限定物理尺寸、定位和符号失真。另外两条邻边由交替的深色和浅色模组组成，主要用于限定符号的单元结构，但也能帮助确定物理尺寸及失真。

Data Matrix 条码具有以下特性。

（1）可编码字元集：包括全部的 ASCII 字元及扩充 ASCII 字元，共 256 个字元。

（2）条码大小（不包括空白区）：10×10 ~ 144×144 个模块。

（3）资料容量：2335 个文数字资料，1556 个 8 位元资料，3116 个数字资料。

（4）错误纠正：透过 Reed-Solomon 算法产生多项式计算获得错误纠正码。不同尺寸的符号宜采用不同数量的错误纠正码。

Data Matrix 条码的基本特性如表 6-3 所示。

表 6-3　Data Matrix 条码的基本特性

项　　目	特　　性
条码大小	ECC000-140:9×9～49×49，仅为奇数 ECC200-140:10×10～144×144，仅为偶数
可编码字元集	0～127，全部 128 个 ASCII 字元 128～255，扩充 ASCII 字元 共 256 个字符
资料容量	2335 个文数字资料； 1556 个 8 位元资料； 3116 个数字资料；
错误纠正	ECC000-140：4 个等级的卷积纠错 ECC200：Reed-Solomon 纠错
附加性能能	反转映像：深色背景上浅色图形或浅色背景上深色图形均可 扩充解释：仅 ECC-200 中可选，使得符号进行针对性编码 结构性追加：仅 ECC-200 中可选，允许一个数据文件以最多 16 个符号表示

4．Maxicode 条码

20 世纪 80 年代末期，美国知名的快递公司 UPS（United Parcel Service）认知到利用机器识读数据可有效改善作业效率、提高服务品质，故从 1987 年开始着手于机器可读表单（Machine Readable Form）的研究，这是专门为邮件系统设计的专用的二维条码，简称为 MC 码。为了能达到高速扫描的目的，UPS 舍弃了堆叠式二维条码的做法，重新研发了一种新的条码，在 1992 年时推出 UPS Code，并研发出相关设备，此即 Maxicode 的前身。1996 年，美国自动辨识协会（AIMUSA）制定了统一的符号规格，称为 Maxicode，也有人称 USS-Maxicode（Uniform Symbology Specification-Maxicode）。本书所指的 Maxicode，都遵循 AIMUSA 所制定的标准。

Maxicode 是一种特殊的矩阵码，通常的矩阵码都是由正方形的小点阵组成的，而 Maxicode 是由小的六角形组成的。它的外形是 1 英寸（1 英寸=2.54cm）长、1 英寸宽的正方形，中间有 3 个同心圆。UPS 最早用快速傅立叶变换（FFT）方法来识读，因为 FFT 方法算法复杂，运算时间比较长，所以 Symbol 公司在 1996 年用模糊算法来对 Maxicode 进行图像处理。由于 Maxicode 的识读非常困难，很少有人使用 Maxicode，包括 UPS 自己。UPS 在它们的邮包上同时打印有 Maxicode 及若干一维条码，UPS 真正使用的是那些一维条码而不是 Maxicode。Maxicode 是一种中等容量、尺寸固定的矩阵式二维条码，其符号结构示意图如图 6-15 所示，它由紧密相连的六边形模组和位于符号中央位置的定位图形组成。

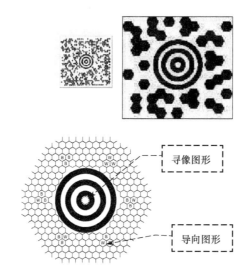

图 6-15　Maxicode 条码符号结构示意图

　　每个 Maxicode 条码均将资料栏位划分成两部分，围在定位图形周围的深灰色蜂巢称为主要信息（Primary Messages），其包含的资料较少，主要用来储存高安全性的资料，通常是用来分类或追踪的关键数据，其包括 60 个资料位元（bits）和 60 个错误纠正位元。主要信息有两个特殊作用，其中最重要的是包含 4 个模式位元（Mode Bits），它们围在定位图形右上方全白的"方位丛"（Orientation Cluster）左边，以淡灰色所标识，直接指示出其余的资料编码模式。剩余的 56 个资料位元则依包裹分类追踪需要的所有资讯编码成结构化的收件人信息（Structured Carrier Messages），因此大部分在高速扫描的状况下，只需要将主要信息解码就够了。在主要信息外围的淡灰色部分（未表示完全），用来储存次要信息（Secondary Messages），其提供额外的信息，如来源地、目的地等人工分类时所需的重要资讯。

　　每个 Maxicode 条码符号共有 884 个六边形模组，分 33 层围绕着中央定位图形，每一层分别由 30 个或 29 个模组组成。符号四周应有空白区。每个 Maxicode 条码包括空白区在内，尺寸固定为 28.14mm×26.91mm，约 1 平方英寸。中央定位图形相当于 90 个模组的大小。

　　884 个六边形模组中，有 18 个模组用于定位，剩余 866 个为资料模组，扣掉 2 个未使用的模组，用于表示资料编码和错误纠正的模组共有 864 个，包含 144 个 6 位元的符号字元，其中至少有 50 个以上的错误纠正字元，以及 1 个模式字元，因此资料容量最大为 93 个字元，若为纯数字字元，则可存放 138 个。

Maxicode 条码的基本特性如下。

（1）外形近乎正方形。由位于符号中央的同心圆（或称为公牛眼）定位图形（Finder Pattern）及其周围六边形蜂巢式结构的资料位元所组成，这种排列方式使 Maxicode 条码可从任意方向快速扫描。

（2）符号大小固定。为了方便定位，使解码更容易，以加快扫描速度，Maxicode 条码的图形大小与资料容量大小都是固定的，图形固定约 1 平方英寸，资料容量最多 93 个字元。

（3）定位图形。Maxicode 条码具有一个大小固定且唯一的中央定位图形，为 3 个黑色的同心圆，用于扫描定位。此定位图形位在资料模组所围成的虚拟六边形的正中央，在此虚拟六边形的 6 个顶点上各有 3 个黑白色不同组合式所构成的模组，称为"方位丛"，其提供扫描器重要的方位资讯。

（4）错误纠正能力。Maxicode 条码具有复杂而坚固的错误纠正能力，以确保符号中的资讯是正确的，就算条码受到部分损毁，内部储存的资讯仍可完整读出。Maxicode 条码提供标准错误纠正（Standard Error Correction，SEC）与增强错误纠正（Extended Error Correction，EEC）两种错误纠正等级，这两种等级需要不同数量的字，提供不同水准的错误恢复能力，SEC 的错误恢复能力达 16%，EEC 则可达 25%。这两种错误纠正等级的基本特性如表 6-4 所示，采用哪一种错误纠正等级由模式字元指定。

表 6-4　Maxicode 条码的错误纠正等级的基本特性

特　　性	错误纠正等级	
	标　　准	增　　强
字码总数	144	144
可能的资料字元数	93	77
模式字元数	1	1
错误字元数	50	66
可纠正的错误字元数	22	30

（5）解码速度。Maxicode 条码的最大优点在于其解码速度相当快。

6.3.5　二维条码标准参数比较

1. 符号版本与尺寸

CM（Compact Matrix，紧密矩阵）码符号有 32 个可选版本（1～32），每个版本的符号有 32 个可选数据段（1～32），共有 32×32 种规格，可以根据应用条件，自由调整符号宽高比和大小。

GM（Grid Matrix，网格矩阵）码符号共有 13 种规格，分别为版本 1、版本 2、…、版本 13。版本 1 的规格为 3 宏模块×3 宏模块，版本 2 的规格为 5 宏模块×5 宏模块，以此类推，每一版本符号比前一版本每边增加 2 个宏模块，直到版本 13，其规格为 27 宏模块×27 宏模块。

QR 码共有 40 个符号版本可供选择，从版本 1 到 40，每一版本符号比前一版本符号每边增加 4 个模块，版本 1 有 21×21 个模块，版本 2 有 25×25 个模块，逐步递增，到版本 40 有 177×177 个模块；还有 4 种小型 QR 符号，称为 M1、M2、M3、M4，符号大小分别为 M1，11×11；M2，13×13；M3，15×15；M4，17×17。

PDF 码可编码全 ASCII 字符及扩展 ASCII 字符或 8 位二进制数据，有多达 811800 种不同的字符集或解释；PDF 码的符号尺寸是可变的，高度从 3 行到 90 行；宽度从 90 个模块宽度到 583 个模块宽度。PDF 码标准要求符号模块宽度不得小于 0.191mm。纠错等级为 0 时，PDF 码符号最多可编码 925 个数据码字，附加以推荐的最小纠错等级，最多可以编码 863 个数据码字。

DM 码的符号尺寸分为 ECC140 和 ECC200 两个系列：ECC200 的符号为从 9×9 模块到 49×49 模块中的奇数，ECC200 的符号为从 10×10 模块大小到 144×144 模块大小，均为偶数，符号也可以是长方形的，即矩阵横向、纵向的模块数可以不同。

MC 码符号大小固定。为了方便定位，使解码更容易，以加快扫描速度，其图形大小与资料容量大小都是固定的，图形固定约 1 平方英寸，资料容量最多 93 个字元。每个 MC 码符号共有 884 个六边形模组，分 33 层围绕着中央定位图形，每一层分别由 30 个或 29 个模组组成。符号四周应有空白区。每个 MC 码包括空白区在内，尺寸固定为 28.14mm×26.91mm，约 1 平方英寸。中央定位图形相当于 90 个模组的大小，作为寻像图形，MC 码使用 18 个模块表示方向，MC 有 7 种结构模式可供选择，并提供最多 8 个符号的结构链接。

2．单位面积有效数据容量

最大信息容量是指码字可承载的最大信息容量，表 6-5 中的数据是在最高版本和最低纠错等级且不考虑数据的压缩情况下得出的。

表 6-5　主要二维条码最大数据容量

内　　容	码制与容量						
二维条码标准名称	CM	GM	QR	PDF	DM	MC	汉信
最大数据容量（字节）	57686	1143	2953	1108	2000	744	3262

实际上单位面积的码字所含有的信息量更为重要，如表 6-6 所示。表中的计算结果是按照每个模块占用 4×4 个像素，图像分辨率为 600dpi/inch 来计算的。

表 6-6　单位面积的码字所含有的信息量

二维条码名称	CM		GM	QR		PDF	DM	MC	汉信
码字版本	版本 7 分割段 9	版本 10 分割段 12	所有版本	版本 7	版本 14	所有版本	ECC200	所有版本	版本 7
最大信息存储容量（字节/平方英寸）	2247	2348	948	1337	2443	439	1688	70	1722
纠错信息所占比重	8%		10%	7%		7%	14%	35%	7%

3. 纠错能力

CM 码采用 Reed-Solomon 纠错算法对数据纠错，用户有 8 种纠错等级可选，如表 6-7 所示。

表 6-7　CM 码纠错比例

纠 错 等 级	1	2	3	4	5	6	7	8
纠错码占比（%）	8	16	24	32	40	48	56	64

GM 码同样采用 Reed－Solomon 纠错算法对数据纠错，用户有 5 种纠错等级可选，如表 6-8 所示。

表 6-8　GM 码纠错比例

纠 错 等 级	1	2	3	4	5
纠错码占比（%）	10	20	30	40	50

QR 码采用 Reed-Solomon 纠错算法对数据纠错，其可选纠错等级和纠错能力如表 6-9 所示，其中小型 QR 符号不使用 H 纠错等级，但 QR 码的信息位采用 BCH 差错控制码纠错。

表 6-9　QR 码纠错比例

纠 错 等 级	纠错能力（估计值）/%
L	7
M	15
Q	25
H	30

PDF 码也采用 Reed-Solomon 纠错算法对数据纠错，每一个条码符号至少有两个错误纠错码字，共分为 9 个纠错等级，各等级和纠正码数如表 6-10 所示。PDF 码标准中有推荐的纠错等级。还有压缩版本的 PDF 码标准，其以牺牲额外的行开销来提高数据密度。

表 6-10   PDF 码纠错比例

错误纠正等级	纠 正 码 数	可存资料量（字节）
自动设定	64	1024
0	2	1108
1	4	1106
2	8	1101
3	16	1092
4	32	1072
5	64	1024
6	128	957
7	256	804
8	512	496

Data Matrix140 的纠错等级如表 6-11 所示。

表 6.11   Data Matrix140 的纠错等级

纠 错 等 级	000	050	080	100	140
纠 错 位 数	无	33	50	100	300

6.4   射频识别——从低频到超高频

6.4.1   射频识别相关概念

RFID 又称射频识别，是一种非接触式的自动识别技术，其基本原理是利用射频信号和空间耦合（电感或电磁耦合）的传输特性，无须识别系统与特定目标之间建立机械或光学接触，就可通过无线电信号识别特定目标并读写相关数据，实现对被识别物体的自动识别。RFID 被称作一种新的技术，但实际上它比条码技术还要古老。1840 年，法拉第发现了电磁能。后来麦克斯韦建立了电磁辐射传播理论，提出了麦克斯韦方程组。20 世纪初，人类利用无线电波发明了雷达，通过无线电波的反射来检测和锁定目标。RFID 技术就是无线电技术与雷达技术的结合。RFID 技术最先在第二次世界大战期间得到发展，当时是为了鉴别飞机，因此又被称作敌友识别技术。1948 年，美国科学家哈里斯托克曼开展的利用反射能量进行通信的项目可能是最早对 RFID 技术进行的研究，并且其发表的《利用反射功率的通信》论文奠定了射频识别技术的理论基础。

RFID 标签由耦合元件及芯片组成，每个 RFID 标签具有唯一的电子编码，附着在物体上标识目标对象。RFID 标签按不同分类规格分为以下类型。

（1）按电源分类。

按电源分类，RFID 标签分为有源标签、无源标签和半无源标签。

　　有源标签：具有远距离自动识别的特性，应用在一些大型环境下，如智能停车场、智慧城市、智能交通及物联网等领域。

　　无源标签：需要近距离接触式识别，如饭卡、银行卡、公交卡和身份证等。

　　半无源标签：结合有源和无源的优点，应用于门禁出入管理、区域定位管理及安防报警等方面，近距离激活定位、远距离传输数据。

　　（2）按通信方式分类。

　　按通信方式分类，RFID 标签分为被动标签、半被动（也称为半主动）标签、主动标签 3 类。

　　被动标签：从接收到的 RFID 读写器发送的电磁波中获取能量，激活后才能向外发送数据，从而使 RFID 标签能够读取到数据信号。

　　半主动标签：类似于被动式，不过它多了一个小型电池，电力恰好可以驱动标签，使得标签处于工作的状态。这样的好处在于，天线可以不用管接收电磁波的任务，充分作为回传信号之用。

　　主动标签：依靠自身安置的电池等能量源主动向外发送数据。

　　（3）按读写类型分类。

　　按读写类型分类，RFID 标签分为只读式标签和读写式标签。

　　只读式标签：只读式 RFID 标签的内容只可读出不可写入。

　　读写式标签：读写式 RFID 标签的内容在识别过程中可以被读写器读出，也可以被读写器写入；读写式 RFID 标签内部使用的是随机存取存储器（RAM）或电可擦可编程只读存储器（EEPROM）。

　　（4）按工作频率分类。

　　按照工作频率进行分类，RFID 标签可以分为低频标签、中高频标签、超高频标签与微波标签 4 类。

　　低频标签：低频标签典型的工作频率为 125～134.2kHz。低频标签一般为上述的无源标签，通过电感耦合方式，从读写器耦合线圈的辐射近场中获得标签的工作能量，读写距离一般小于 1m。

　　中高频标签：中高频标签的常见的工作频率为 13.56MHz，其工作原理与低频标签基本相同，为无源标签。中高频标签的工作能量通过电感耦合方式，从读写器耦合线圈的辐射近场中获得，读写距离一般小于 1m。

　　超高频标签与微波标签：超高频标签的典型工作频率为 433.92MHz、862（902）～928MHz；微波标签的典型工作频率为 2.45GHz、5.8GHz。阅读距离一般大于 1m，典型情况为 4～7m，最远可达 10m 以上。阅读器天线一般均为定向天线，只有在阅读器天线定向波束范围内的电子标签可被读或写。

6.4.2 射频识别技术的发展

1．技术发展历程

1948 年，哈里斯托克曼发表《利用反射功率的通信》，奠定了射频识别技术的理论基础。

射频识别技术的发展按 10 年期划分如下。

1940—1950 年：雷达的改进和应用奠定了射频识别技术的理论基础，催生出射频识别技术。

1950—1960 年：早期射频识别技术的探索阶段，主要处于实验室的实验研究中。

1960—1970 年：射频识别技术的理论得到发展，开始一些应用尝试。

1970—1980 年：射频识别技术与产品研发处于一个大发展时期，各种射频识别技术测试得到加速，出现了一些最早的射频识别应用。

1980—1990 年：射频识别技术及产品进入商业应用阶段，各种规模应用开始出现。

1990—2000 年：射频识别技术标准化问题日趋得到重视，射频识别产品得到广泛采用，射频识别产品逐渐成为人们生活中的一部分。

2000 年后：标准化问题日趋为人们所重视，射频识别产品种类更加丰富，有源标签、无源标签及半无源标签均得到发展，标签成本不断降低，规模应用的行业范围扩大。

至今，射频识别技术的理论已经得到丰富和完善。单芯片标签、多标签识读、无线可读可写、无源标签的远距离识别、适应高速移动物体的射频识别技术与产品正在成为现实并走向应用。

2．射频识别的工作频段

由于 RFID 系统产生并辐射电磁波，所以这些系统被划归为无线电设备一类。根据其发射功率的大小，RFID 系统设备属于短距离、微功率无线电发射设备。按规定 RFID 系统应保证在工作时不会干扰附近的无线电广播和电视广播、移动业务、航空、导航等其他各类无线电业务。

由于要求考虑其他无线电业务，这在很大程度上限制了 RFID 系统工作频率的选择。因此，在过去很长的一段时间，通常只能使用专门为工业、科学和医疗设备（ISM）应用而划分和保留的频段，即与它们共用相同或部分的频段。也有极少量 RFID 系统使用专用频段，如北美、南美和日本等国家和地区使用了 9～135kHz 的频段，因为在这个频段，系统可以利用较大的电磁场强度来工作，特别适用于电感耦合的系统；但该频段资源极有限，可载信息量小。

世界各国关于 RFID 所使用频段的主要工作频率如表 6-12 所示。

表 6-12　主要工作频率

频　段	频　率	使用区域	最大功率（ERP）	备　注
低频	9~135kHz	全球	—	ISM 频段
高频	13.553~13.567MHz	全球	42dBμA/m（准峰值）	ISM 频段
超高频	430~432MHz	中国	100mW（e.r.p）	ISM 频段
	433~434.79MHz	中国	100mW（e.r.p）	ISM 频段
	840~845MHz	中国	2W（FHSS）	—
	865~868MHz	欧洲、中国	2W（LBT）	ISM 频段
	908.5~910MHz	韩国	2.4W（LBT）	—
	902~928MHz	美国、加拿大	2.4W（FHSS）	ISM 频段
	920~925MHz	中国	2W（FHSS）	—
	952~954MHz	日本	2.4W（LBT）	ISM 频段
	2400~2483.5MHz	全球	10mW（e.i.r.p）	ISM 频段
甚高频	5.725~5.875GHz	全球	—	不同国家频率分配不同

注："全球"表示在大部分国家和地区都可使用，"ISM"指工业、科学和医疗领域可采用的频段。

3．射频识别的标签

无源标签没有电池，其从读写器发出的电波中获取芯片工作的能量，且可永久使用，但是通信距离比有源标签要短。无源标签由于需要外部信号来进行供电，因此自身的处理能力十分有限。

有源标签使用内部电池与读写器进行无线通信，有源标签的通信距离较远，不过会受到电池寿命的限制，功能比无源标签更多，可以支持传感器、密码算法、定位等功能。价格也比无源标签高，体积也比较大。

除此之外，还有一种内置电池的 RFID 标签，平时不发出电波，无线通信时和无源标签相同，电池用来给内部的传感器或存储器供电，这样的标签被称为半无源标签。

4．射频识别的空中接口

标签和读写器之间的通信协议一般称为空中接口。空中接口的技术内容主要包括工作频段、信号调制方式、基带数据的编码方式、数据帧格式、读写器命令、标签响应、防碰撞方法、安全协议等内容，是 RFID 的关键技术。由于 RFID 系统的产品特性与工作频段相关，各频段 RFID 的产品特性差异较大，主要体现在通信距离、通信速率、抗干扰性、绕射性能、穿透性能等方面。各频段 RFID 产品的特性和应用情况简要介绍如下。

（1）小于 135kHz。

该频段的 RFID 系统采用磁场耦合方式进行通信，只能提供有限的读写范围，通常为几厘米。该频段的空中接口国际标准是 ISO/IEC 18000-2。标签的封装主要采用硬包装标签技术。低频空中接口主要用在门禁卡、汽车钥匙、动物耳标等方面。

（2）13.56MHz。

13.56MHz 的 RFID 系统采用磁场耦合方式进行通信，提供的读写范围因空中接口协议而不同。符合 ISO/IEC 14443 标准的产品，读写距离小于 10cm；符合 ISO/IEC 15693 标准的产品，读写距离小于 1.2m，该频段标签封装形式多种多样。除要求更远读写距离和更高读写速率的应用领域无法使用外，如道路收费系统，高频系统应用非常广泛。

（3）433MHz。

433MHz 的 RFID 系统采用电磁场耦合方式进行通信。该频段不是全球都可用于 RFID 的频段。该频段几乎仅用于有源标签系统，空中接口国际标准为 ISO/IEC 18000-7。该频段的有源标签系统，具有较远的读写距离，支持传感器的使用，已被广泛用于危险品物流、设备管理、车辆识别、食品监控、智能家居和道路收费系统等。

（4）800/900MHz。

800/900MHz 的 RFID 系统采用电磁场耦合方式进行通信。虽然无线电领域中超高频（UHF）的范围一般指 300～3000MHz，但 800/900MHz 频段通常也称为 UHF。该频段具有较远的识读距离，无源标签目前可达到 20m，RFID 系统的空中接口国际标准为 ISO/IEC 18000-6。由于该频段几乎具有射频识别技术的所有优点，如读取距离远、支持无源/半无源/有源标签、低成本、适中的天线尺寸等，该频段的空中接口协议是应用最广的。但该频段的应用也有两点不尽如人意之处。首先，工作频段具有地域性，各国不统一。虽然无源标签反射的工作原理使标签的工作频率范围较大，但在使用性能上还是会有影响。其次，该频段范围的无源标签反射信号对无线电波较敏感，抗干扰性较差。

（5）2.45GHz。

2.45GHz 的 RFID 系统采用电磁场耦合方式进行通信，具有较远的读写范围。该频段的标签和 800/900MHz 频段标签相比具有更小的天线结构。该频段支持无源标签、半无源标签和有源标签系统。该频段空中接口协议的国际标准为 ISO/IEC 18000-4，但该标准中规定的是无源标签和半无源标签的协议，没有规定有源标签的协议；而且由于该标准实现成本较高，市场上几乎没有符合该标准的产品。市场上该频段的产品以有源标签系统为主，协议主要为企业私有协议。该频段的缺点是，由于该频段已经被其他通信服务大量使用，如 WLAN、蓝牙、ZigBee 等，容易受到干扰。该频段 RFID 系统的应用非常广泛，如普通物流、危险品物流、车辆识别、自动控制和访问控制、食品和消费品、快速移动物品识别、食品监控、药品监控、医院管理、道路收费系统和银行票据等。

（6）5.8GHz。

该频段是目前 RFID 系统可用工作频率中最高的频段，系统采用电磁场耦合方式进行通信。该频段的系统在各国的工作频率并不相同。该频段没有全球统一的空中接口标准，在各国主要用于不停车收费系统，各国不停车收费系统采用的标准并不一样。该频段

RFID 系统的优点是具有更小的天线尺寸。目前该频段产品存在的问题是，没有单芯片的标签和读写器，没有全球统一的标准。

5．射频识别的读写器

RFID 读写器主要有两个接口功能，一是与标签的接口，二是与中间件的接口。中间件把 RFID 标签的信息传输到应用系统或企业资源计划（ERP）系统。读写器的主要任务包括以下几个方面。

（1）接收用户发来的命令，该命令是从应用系统或 ERP 系统通过中间件发给读写器的。

（2）检测天线场内标签，通过防冲突算法从标签群中分别与单个标签进行通信，获取标签标识符信息。

（3）从标签读取数据或将数据写入标签。

（4）执行专用命令，如"杀死"标签，以保护用户隐私。

（5）从标签传感器中读取数据或向传感器写入数据。

（6）提供数据加/解密功能。

（7）按照各国/地区无线电法规的要求，设置发射信号功率和接收信号灵敏度。设置读写器的工作模式为静默、多读写器环境、先听后讲等。

（8）按照用户要求设置空中接口协议的标准和调制方式。

（9）提供接口与 RFID 中间件进行通信，如 RS232、RS485、LAN、WLAN 等。

大多数读写器只支持一种空中接口协议，个别读写器支持两种以上空中接口协议。

6．射频识别的中间件

传统的中间件通常用于连接内部或外部的应用到企业系统，中间件的典型任务是转换不同的数据格式和协议，在各种各样的系统中路由数据。像 Web 服务一样，用户界面提供必要的交互和应用控制功能。RFID 中间件是一个新事物，它连接 RFID 读写器和传统的中间件。RFID 中间件通常具备如下功能。

（1）设备监控和管理。

（2）数据监控和管理。

（3）企业应用集成。

（4）本地业务处理。

RFID 系统的中间件既有软件形式的，也有硬件形式的，中间件的功能与用户实际需求相关。RFID 中间件已成为 RFID 系统中不可或缺的重要组成部分。

6.4.3　射频识别的硬件组成和工作原理

一般而言，RFID 系统由传送器、接收器、微处理器、天线、标签 5 个组件构成。传送器、接收器和微处理器通常都被封装在一起，统称为读写器，所以工业界经常将 RFID 系统分为标签、读写器和天线三大组件。

1．标签

标签是射频识别系统的数据载体，存储着被识别物体的相关信息，通常附着在物体上。标签主要由芯片及微型天线组成，如图 6-16 所示。

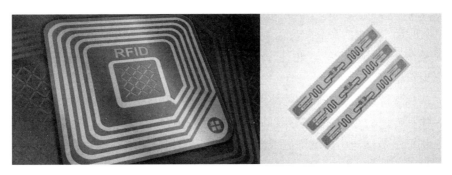

图 6-16　标签及微型天线

2．读写器

读写器的基本组成包括射频模块、控制处理模块和读写器天线 3 部分，其基本结构如图 6-17 所示。射频模块主要包含接收器和发送器，控制处理模块通常采用专用集成电路组件和微处理器来实现其相应功能。

3．天线

RFID 标签天线一般与芯片组共同构成了完整的 RFID 电子标签应答器。由于材质与制造工艺不同，RFID 标签天线可以分为金属蚀刻天线、印刷天线、镀铜天线等几种。

如前所述，RFID 的工作原理与雷达相似。首先，读写器通过天线发出电子信号，标签接收到信号发射内部存储的标识信息；其次，读写器再通过天线接收并识别标签发回的信息；最后，读写器再将识别结果发送给主机。RFID 系统组成如图 6-18 所示。

标签和读写器之间通过耦合元件实现射频信号的空间（无接触）耦合，在耦合通道内，根据时序关系，实现能量的传递、数据的交换。发生在读写器和标签间的射频信号耦合类型有两种（见图 6-19）：一种是电感耦合，变压器模型，通过空间高频交变磁场实现耦合，其理论依据为电磁感应定律；另一种是电磁反向散射耦合，雷达模型，发射出去的电磁波碰到目标后反射，同时携带回目标信息，其理论依据是电磁波在空间的传播特性。

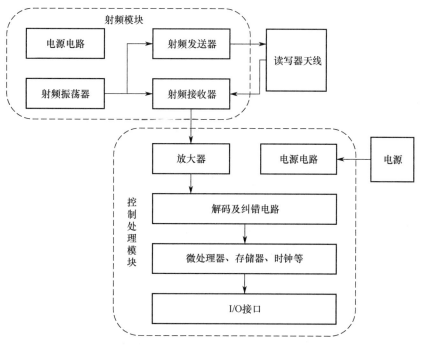

图 6-17 读写器的硬件组成

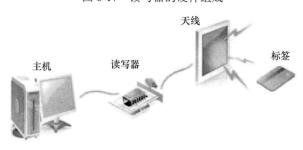

图 6-18 RFID 系统组成

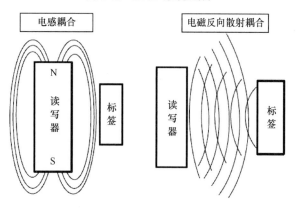

图 6-19 射频信号的耦合类型

6.5 物联网感知数据的采集过程

随着信息技术及物联网技术的变革，数据采集的概念也在发生变化。根据国家标准《工业物联网 数据采集结构化描述规范》对数据采集的定义，可在广义上将感知设备数据采集的概念定义为将物联网系统中产生数据的组件或子系统视为数据源，从中获取数据，提供给相关组件或子系统使用的过程。

参考物联网三层体系架构，可将数据采集系统分为三层，即感知层、网络层和应用层，如图 6-20 所示。

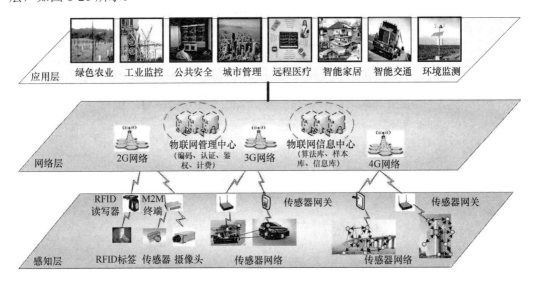

图 6-20　数据采集系统架构

感知层：负责信息采集及物与物之间的信息传输。

网络层：利用无线和有线网络对采集的数据进行编码、认证和传输。

应用层：实现对采集数据的深度处理、分析、存储、挖掘等。

6.5.1 使用传感器进行数据采集

传感器数据采集是指从传感器和其他待测设备中自动采集非电学量或电学量信号，并送到上位机处理的系统。它是结合基于计算机或其他专用测试平台的测量软硬件产品来实现灵活的、用户自定义测量的系统。传感器数据采集器的主要功能有自动传输功能、自动存储、即时反馈、实时采集、自动处理、即时显示。数据采集器采用计算机平台，测量记录数据简单，在操作正常的情况下能实现零错误，且能高效地进行数据统计分析。数据采集在多个领域有着十分重要的应用，如在工业、工程、生产车间等部门，尤其是

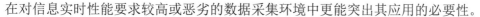

在对信息实时性能要求较高或恶劣的数据采集环境中更能突出其应用的必要性。

传感器的输出信号通常为模拟信号，需要将模拟信号转换成数字信号，以方便后续传输、处理。模拟信号转换为数字信号包括以下 3 个步骤。

1. 采样

所谓采样就是按照一定的时间间隔 Δt 获取连续时间信号 $f(t)$ 的一系列采样值 $f(n \cdot \Delta t)$（$n=1,2,3,\cdots$），即时间量化，将连续时间信号转变成采样信号。

具体来说，采样是将一个连续信号转换成一个数值序列的过程。采样过程是在时间上以 T 为单位间隔来测量连续信号的值，T 称为采样间隔。采样过程产生一系列的数字被称为样本。样本代表了原信号，每一个样本都对应着测量这一样本的特定时间点。采样间隔的倒数，$1/T$ 为采样频率 f，单位是样本数/s，即赫兹（Hz）。

信号的重建是对样本进行插值的过程，即从离散的样本中用数学的方法确定连续信号。采样定理指采样过程中所应遵循的规律，采样定理说明采样频率与信号频谱之间的关系是连续信号离散化的基本依据。采样定理是在 1928 年由美国电信工程师奈奎斯特首先提出来的，因此称为奈奎斯特采样定理。1933 年，苏联工程师科捷利尼科夫首次用公式严格地表述这一定理，因此在苏联文献中称这一定理为科捷利尼科夫采样定理。1948 年，信息论的创始人香农对这一定理进行明确说明并正式作为定理引用，因此在许多文献中又称为香农采样定理。采样定理在数字式遥测系统、时分制遥测系统、信息处理、数字通信和采样控制理论等领域得到广泛应用。

2. 量化

将离散时间信号的幅值分成若干等级，其中时间量化决定着 A/D 信号的采样速率，幅值量化决定着 A/D 信号的数据位数。

在数字信号处理领域，量化是指将信号的连续取值（或者大量可能的离散取值）近似为有限多个（或较少的）离散值的过程。量化主要应用于从连续信号到数字信号的转换。连续信号经过采样成为离散信号，离散信号经过量化即成为数字信号。注意离散信号在通常情况下并不需要经过量化的过程，但可能在值域上并不离散，则还是需要经过量化的过程。信号的采样量化通常都是由 ADC 实现的。量化结果和被量化模拟量的差值称为量化误差，量化能分辨的最小单位称为分辨率。

（1）量化的维数。

按照量化的维数，量化分为标量量化和矢量量化。标量量化是一维的量化，一个幅值对应一个量化结果。而矢量量化是二维甚至多维的量化，两个或两个以上的幅值决定一个量化结果。

以二维情况为例，两个幅值决定了平面上的一点。而这个平面事先按照概率已经划分为 N 个小区域，每个区域对应着一个输出结果（CodeBook，码书）。由输入确定哪一点落在哪个区域内，矢量量化器就会输出哪个区域对应的码字（CodeWord）。矢量量化的好处是引入了多个决定输出的因素，并且使用了概率的方法，一般会比标量量化效率更高。

（2）量化的分类。

量化分为均匀量化和非均匀量化。

均匀量化：ADC 输入动态范围被均匀地划分为两份。

非均匀量化：ADC 输入动态范围的划分不均匀，一般用类似指数的曲线进行量化。

非均匀量化是针对均匀量化提出的，因为在一般的语音信号中，绝大部分是小幅度的信号，且人耳听觉遵循指数规律。为了保证关心的信号能够被更精确地还原，我们应该将更多的比特用于表示小信号。

3. 编码

编码即数字量化给每个幅值等级分配一个代码。编码是用预先规定的方法将文字、数字或其他对象编成数码，或将信息、数据转换成规定的电脉冲信号。编码在电子计算机、电视机、遥控和通信等方面广泛使用。编码是信息从一种形式或格式转换为另一种形式的过程。解码是编码的逆过程。在计算机硬件中，编码（Coding）是指用代码来表示各组数据资料，使其成为可利用计算机进行处理和分析的信息。代码是用来表示事物的记号，它可以用数字、字母、特殊的符号或它们之间的组合来表示，可以将数据转换为编码字符，并能译为原数据形式，是计算机书写指令的过程，是程序设计中的一部分。在地图自动制图中，按一定规则用数字与字母表示地图的内容，通过编码使计算机能识别地图的各地理要素。n 位二进制数可以组合成 2 的 n 次方个不同的信息，给每个信息规定一个码组，这种过程也叫编码。数字系统中常用的编码有两类：一类是二进制编码，另一类是十进制编码。

6.5.2　感知数据的传输与组网

1. 无线传感器网络

无线传感器网络（WSN）通常由感知层和通信网络组成。目前，传感器网络的发展从有线向无线传感器发展，并通常由多个无线传感器组成无线传感器网络，无线传感器网络内的大量传感器节点将采集到的传感数据汇聚到汇聚节点，并由通信网络向外传输，达到精准精确、实时高效的数据采集目的。

（1）感知层。

无线传感器网络是由部署在监测区域内大量传感器节点相互通信形成的多跳自组织网络系统，是物联网底层网络的重要技术形式。随着无线通信、传感器技术、嵌入式应用和微电子技术的日趋成熟，WSN 可以在任何时间、任何地点、任何环境条件下获取人们所需信息，为物联网的发展奠定基础。由于 WSN 具有自组织、部署迅捷、高容错性和强隐蔽性等技术优势，因此非常适用于战场目标定位、物理数据收集、智能交通系统和海洋探测等众多领域。

无线传感器网络感知层结构如图 6-10 所示，通常包括传感器节点（Sensor Node）、汇聚节点（Sink Node）和任务管理节点。大量传感器节点随机部署在监测区域内部或附近能够通过自组织方式构成的网络上。传感器节点监测的数据沿着其他传感器节点逐跳地进行传输，在传输过程中监测数据可能被多个节点处理，经过多跳后路由到汇聚节点，最后通过互联网或卫星到达任务管理节点。用户通过任务管理节点对传感器网络进行配置和管理，发布监测任务及收集监测数据。

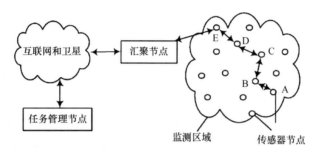

图 6-21　无线传感器网络感知层结构

传感器节点通常是一个微型的嵌入式系统，它的处理能力、存储能力和通信能力相对较弱，通过携带能量有限的电池供电。从网络功能上看，每个传感器节点兼顾传统网络节点的终端和路由器双重功能，除了进行本地信息收集和数据处理，还要对其他节点转发的数据进行存储、管理和融合等处理，同时与其他节点协作完成一些特定任务。

传感器节点由传感器模块、处理器模块、无线通信模块和能量供应模块 4 部分组成：传感器模块负责监测区域内信息的采集和数据转换；处理器模块负责控制整个传感器节点的操作，存储和处理本身采集的数据及其他节点发来的数据；无线通信模块负责与其他传感器节点进行无线通信，交换控制消息和收发采集数据；能量供应模块为传感器节点提供运行所需的能量，通常采用微型电池。

传感器网络汇聚节点是一个网络协调器，主要由微处理器系统、射频模块、通信接口及电源 4 个部分组成，其硬件组成如图 6-22 所示。汇聚节点的处理能力、存储能力和通信能力相对比较强，它连接传感器网络与 Internet 等外部网络，实现两种协议栈之间的通信协议转换，同时发布任务管理节点的监测任务，并将收集的数据转发到外部网络上。汇聚节点既可以是一个具有增强功能的传感节点，有足够的能量供给和更多的内存与计算资源，也可以是没有监测功能仅带有无线通信接口的特殊网关设备。

（2）通信网络。

通信网络采用的技术很多，主要分为两类：一类是 ZigBee、Wi-Fi、蓝牙、Z-wave

等短距离通信技术；另一类是低功耗广域网 LPWAN 技术，即广域网通信技术。

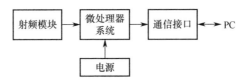

图 6-22　传感器网络汇聚节点硬件组成

物联网应用需要考虑许多因素，如节点成本、网络成本、电池寿命、数据传输速率（吞吐率）、时延、移动性、网络覆盖范围及部署等。NB-IoT 和 LoRa 两种技术具有不同的技术和商业特性，也是最有发展前景的两个低功耗广域网通信技术。这两种 LPWAN技术都有覆盖广、连接多、速率低、成本低、功耗少等特点，适合低功耗物联网应用，且都在积极扩建自己的生态系统。

① NB-IoT。

NB-IoT（Narrow Band Internet of Things，窄带物联网），是由 3GPP 标准化组织定义的一种技术标准，是一种专为物联网设计的窄带射频技术。

NB-IoT 使用了授权频段，有 3 种部署方式：独立部署、保护带部署、带内部署。全球主流的频段是 800MHz 和 900MHz。中国电信把 NB-IoT 部署在 800MHz 频段上，而中国联通选择 900MHz，中国移动则可能会重耕现有 900MHz 频段。

移动网络的信号覆盖范围取决于基站密度和链路预算。NB-IoT 具有 164dB 的链路预算，GPRS 的链路预算有 144dB，LTE 的链路预算是 142.7dB。与 GPRS 和 LTE 相比，NB-IoT链路预算有 20dB 的提升，开阔环境信号覆盖范围可以增加 7 倍。20dB 相当于信号穿透建筑外壁发生的损失，NB-IoT 室内环境的信号覆盖相对要好。一般地，NB-IoT 的通信距离是 15km。

② LoRa。

LoRa 是美国 Semtech 公司采用和推广的一种基于扩频技术的超远距离无线传输方案。LoRa 网络主要由终端（可内置 LoRa 模块）、网关（或称基站）、Server 和云 4 部分组成，应用数据可双向传输。

LoRa 使用的是免授权 ISM 频段，但各国或地区的 ISM 频段使用情况是不同的。在中国市场，由中兴主导的中国 LoRa 应用联盟（CLAA）推荐使用频段为 470～518MHz。而无线电计量仪表使用频段为 470～510MHz。由于 LoRa 是工作在免授权频段的，无须申请即可进行网络建设，网络架构简单，运营成本也低。LoRa 联盟正在全球大力推进标准化的 LoRaWAN 协议，使得符合 LoRaWAN 规范的设备可以互联互通。

LoRa 以其独有的专利技术提供了最大 168dB 的链路预算。一般来说，在城市中无线距离范围是 1～2km，在郊区无线距离最高可达 20km。

2. RFID 数据采集传输

（1）RFID 数据采集。

RFID 读写器主要有两种工作方式，一种是读写器先发言（Reader Talks First，RTF），另一种是标签先发言（Tag Talks First，TTF），这是读写器的防碰撞协议方式。在一般情况下，电子标签处于"等待"（又被称为"休眠"）的工作状态，当电子标签进入读写器的作用范围时，检测到一定特征的射频信号，便从"休眠"的工作状态转到"接收"状态，接收到读写器发送的指令后，进行相应的处理，然后将结果返回读写器。这类只接收到读写器的特殊命令才发送数据的电子标签被称为 RTF 方式。与此相反，进入读写器能量场就主动发送自身序列号的电子标签的方式被称为 TTF 方式。与 RTF 方式相比，TTF 方式具有识别速度快、在噪声环境中更稳健等特点，在处理标签数量动态变化的场合也更实用。

（2）RFID 数据传输。

RFID 读写器接收到数据后，通过读写器通信网络向外传输数据，包括光通信网络、移动通信网、互联网、局域网、Wi-Fi 及总线网等。

6.6　物联网感知数据的融合过程

6.6.1　信息融合的必要性

物联网系统中单个传感器的性能再卓越，在很多场景中也还是无法满足人们对数据采集全面性的要求。例如，汽车中昂贵的激光雷达可以根据生成的点云判断出前方有障碍物，但如果想感测这个物体的运动状态，可能还需要毫米波雷达来助阵；如果想进一步准确得知这个障碍物是什么，则还需要车载摄像头帮忙看一看。每个传感器基于自己的特性和专长，只能看到被测对象的某一个方面的特征，而只有将所有特征信息都综合起来，才能够形成更为完整而准确的洞察。这种将多个传感器整合在一起来使用的方法，就是多传感器的信息融合。

物联网感知数据的信息融合通过对物联网系统中的多源数据或信息进行检测、时空统一、误差补偿、关联、估计等多级多层面处理，可以得到精确的对象状态估计，以及完整、及时的对象属性、态势和影响估计。通俗点讲，感知数据的信息融合是利用计算机技术将来自多传感器或多源的信息和数据，在一定的准则下加以自动分析和综合，以完成所需的决策和估计而进行的信息处理过程。这些作为数据源的传感器可以是相同（同构）的，也可以是不同（异构）的，但它们并不是简单地堆砌在一起，而是要从数据层面进行深度的融合。

信息融合作为一门应用技术学科，起源于人们在客观世界感知中的多源信息处理或单源多时刻感知信息处理应用，特别是军事 C⁴ISR 系统中多源信息处理的应用。众所周知，物联网为人类提供了对关注事物、对象进行感知、监视和决策控制的信息平台。因此，在各行各业的物联网应用系统中，信息融合成为不可或缺的重要因素，特别是在集战场感知和指挥控制于一体的军事物联网中，信息融合技术正在发挥越来越重要的作用。

在医疗领域，通过融合各种医疗检测设备、检查化验手段，以及医生的直觉观察获取的各类病变症状的定量和定性信息，判断和识别出病人所患病症类型、程度与部位，为制定有效的治疗方法提供依据。

在工业控制故障诊断应用中，通过采集监控设备和系统的工作状态及故障特征信息，经信息融合处理进行故障定位、预警和排除，可以提升系统的可靠性和鲁棒性。

在机器人控制领域，结合采集的视觉、触觉、听觉等多类传感器信息，进行信息融合处理以计算机器人状态参数，自主控制机器人的相应动作。

在城市交通控制领域，通过光学图像、磁敏压力等传感器采集路口附近车辆的数量、型号、牌照、速度、方向等状态参数，经融合处理后获得实时、准确的路口交通状况及环境信息，以实时、准确地控制该路口的红绿灯和判定交通违章等。

在空中航行管制领域，可以通过雷达对空中航路和机场上空目标探测信息与飞机报告的定位信息进行融合，产生实时、准确的航路和空域目标态势信息，实现对目标的偏航控制和冲突检测，以及对目标的起降控制，从而保证飞行安全。

在气象预报系统中，将地面气象观测、中高空气象观测、气象雷达及气象卫星观测信息进行融合处理，结合历史气象资料，做出长期、中期、短期天气预报，发现并预报灾害天气，给出危险天气预警。

在刑侦和维稳系统中，通过采集指纹、虹膜、声音、面部图像等信息，在罪犯信息数据库的支撑下，融合识别发现危险分子并预警。

综合上面这些实际应用场景来看，物联网系统对采集的多源异构数据进行融合的主要目的如下。

（1）获得全局性的认知。单独一个传感器功能单一或性能不足，只有加在一起才能完成更高阶的工作。例如，我们熟悉的 9 轴 MEMS 运动传感器单元，实际上就是 3 轴加速传感器、3 轴陀螺仪和 3 轴电子罗盘（地磁传感器）的合体。通过这样的传感器融合，才能获得准确的运动感测数据，进而在高端 VR 或其他应用中为用户提供逼真的沉浸式体验。

（2）细化探测颗粒度。例如，在地理位置的感知上，北斗和 GPS 等卫星定位技术，探测精度为 10 米左右且在室内无法使用，如果我们能够将 Wi-Fi、蓝牙、超宽带（UWB）等局域定位技术结合进来，或者增加 MEMS 惯性单元，那么对于室内物体的定位和运动监测精度就能实现数量级的提升。

（3）实现安全冗余。自动驾驶是最典型的例子，各车载传感器获取的信息之间必须互为备份、相互印证，才能做到真正的安全。例如，当自动驾驶级别提升到 L3 以上时，就会在车载摄像头的基础上引入毫米波雷达，而到了 L4 和 L5 级别，激光雷达基本上就是标配了，甚至还会考虑将通过 V2X 车联网收集的数据融合进来。

无论是在军事领域还是非军事领域，物联网信息融合针对的是物联网系统中的多源信息处理方法，旨在提升物联网系统的效能。物联网系统的信息融合具备以下特点。

（1）物联网的感知数据源不是单一类型的，包含实时性较强的传感信息，非实时/准实时先验信息，以及人的识别和判断信息等。

（2）不同数据源相互独立，同一数据源不同时刻提供的信息相互独立。

（3）多源输入数据需要进行时空统一、误差补偿等处理之后，才能进行融合。

（4）需要确定输入数据源和信息融合处理的优先级，以优先检测、接收和处理重要数据或信息。

（5）根据应用需求，物联网可以采用多个信息融合级别。

6.6.2　信息融合概念模型

按照信息处理的位置来划分，物联网系统的信息融合可以分为 3 种主要方式。①集中式数据融合：就是将各传感器获得的原始数据，直接送至中央处理器进行融合处理，这样做的好处是精度高、算法灵活，但是由于需要处理的数据量大，对中央处理器的算力要求更高，还需要考虑到数据传输的时延，实现难度大。②分布式数据融合：就是在更靠近传感器端的地方，先对各传感器获得的原始数据进行初步处理，然后再将结果送入中央处理器进行信息融合计算，得到最终的结果。这种方式对通信带宽的需求低、计算速度快、可靠性好，但由于会对原始数据进行过滤和处理，会造成部分信息丢失，因此理论上最终的精度没有集中式高。③混合式数据融合：就是将以上两种方法相结合，部分传感器采用集中式融合方式，其他的传感器采用分布式融合方式。由于兼顾了集中式融合和分布式融合的优点，混合式融合框架适应能力较强，稳定性高，但是整体的系统结构会更复杂，在数据通信和计算处理上会产生额外的成本。

除了按照数据处理的位置进行分类的思路，还有一种按照数据信息处理的阶段进行分类的思路。一般来说，数据的处理要经过获取数据、特征提取、识别决策等几个层级和阶段，在不同的层级进行信息融合的策略不同、应用场景不同，产生的结果也不同。

本书参考美国国防部实验室联合理事会的 JDL 模型给出了物联网感知数据信息融合概念模型，其由信息源、信息融合、数据管理和融合服务 4 个部分组成，如图 6-23 所示。

（1）信息源。

多类感知设备采集信息，作为信息融合的输入。

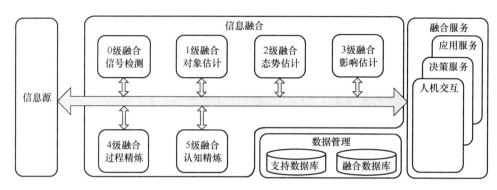

图 6-23　信息融合概念模型

（2）信息融合。

信息融合包括信号检测、对象估计、态势估计、影响估计、过程精炼和认知精炼 6 个融合级别，各级别之间通过信息交互实现融合目标。在图 6-23 中，信息融合以总线结构连接，根据物联网系统应用需求，选择相应级别的输入信息，如信号、对象、态势等，以及不同融合级别的输出，如信号检测、对象估计、态势估计或影响估计等。其中，0 级到 3 级融合可以根据需求进行单级或多级组合进行。过程精炼和认知精炼两个融合级别是对前 4 个融合级别中一个或多个级别的功能优化。信号检测和对象估计是针对单一对象的信息融合，产生单一对象的信号、属性和状态估计。态势估计和影响估计是针对多个对象的信息融合，产生多个对象之间、对象与环境等要素之间的关系估计，其对军事物联网系统的决策指挥与控制应用、民用物联网系统关注对象的控制和预警应用具有重要意义。过程精炼和认知精炼包括对各级融合效能的评估、对融合过程的反馈控制，以及基于人的认知判断对融合过程的优化控制。

（3）数据管理。

数据管理包括支持数据库和融合数据库及其管理。支持数据库主要包含各级融合过程需要的对象状态和属性参数数据、关联和判定数据，以及与态势估计、影响估计有关的先验信息。融合数据库主要用于存储有重要意义的融合案例，作为后续融合和评估的依据。

（4）融合服务。

融合服务包括人机交互、决策服务和应用服务。

6.6.3　各级信息融合过程

1. 信号检测——0 级融合

信号检测是对物联网系统中多源测量信号进行时空统一、误差补偿、信号关联、信号积累和特征提取等处理，以尽早检测出目标信号的处理过程。

信号检测的输入是各种感知设备采集的原始测量信号，输出是检测结果信号数据，作为 1 级融合的输入，也可直接提供给用户使用，如图 6-24 所示。

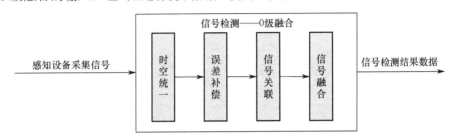

图 6-24　信号检测

信号检测主要包括时空统一、误差补偿、信号关联和信号融合。

（1）时空统一。

时空统一是指将输入的各局部时间和空间坐标下的信息变换到统一的系统基准时间和空间坐标下。对输入的多源信号进行时间和空间变换。时间统一是将输入的不同步时钟下的测量信号变换到融合系统的基准时间坐标系下。空间统一是将输入的各局部坐标系下的测量信号变换到融合系统的基准空间坐标系下，包括坐标变换、幅度变换和分辨率变换等。

（2）误差补偿。

误差补偿是指对输入的对象信息的时间、空间和其他特征误差进行估计和补偿的处理过程，以实现时间同步、消除或减少空间及其他特征误差。

（3）信号关联。

信号关联是指对误差补偿后的多源多对象信号数据基于时间、空间及其他特征关系进行聚集，形成源于同一对象的测量信号集合。

（4）信号融合。

信号融合是指对信号关联后形成的同一对象的信号集合元素进行去噪、积累（互补、增强）等综合处理，以检测出信号数据。

2．对象估计——1 级融合

对象估计是对多源多对象数据进行时空统一、误差补偿、数据关联、状态估计、状态预警等处理，以确定和预测对象状态、属性和可信程度。

对象估计的输入是各类感知设备采集的数据、0 级融合输出的信号检测数据，并结合了支持数据库数据、融合数据库数据及态势估计信息；对象估计的输出是对象状态估计、属性识别结果等；输出结果作为态势估计和影响估计的输入，也可直接提供给用户使用，如图 6-25 所示。

（1）对象状态估计。

对象状态估计的输入信息是 0 级融合的信号检测结果、感知设备采集数据，并结合了支持数据库、融合数据库和态势估计的信息；对象状态估计的输出是对象状态估计和估计精度，作为 2 级融合态势估计的输入和属性识别的参照信息，也可直接提供给用户使用，如图 6-26 所示。

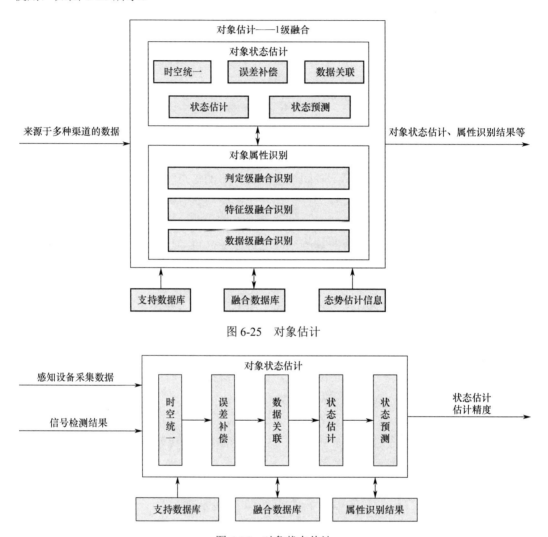

图 6-25　对象估计

图 6-26　对象状态估计

对象状态估计包括时空统一、误差补偿、数据关联、状态估计、状态预测。

① 时空统一。

时空统一是指对输入的感知设备采集数据、信号检测结果等进行时间和空间变换，时间统一是将输入的不同时钟源下的数据变换到融合系统的基准时间坐标系下。空间统一是将输入的各局部坐标系下的空间数据变换到融合系统的基准空间坐标系下，包括坐标变换和计量单位统一等。

② 误差补偿。

误差补偿是指对多源输入数据的时间、空间和其他特征误差进行估计和补偿。

③ 数据关联。

数据关联是指对补偿后的多源数据基于时间、空间及其他特征关系，并参照属性识别结果进行聚集，生成同一对象的数据集合。

④ 状态估计。

状态估计是指对数据关联形成的同一对象的数据集合进行统计估计、滤波等综合处理，生成该对象的状态参数估计及估计精度。

⑤ 状态预测。

状态预测是指利用对象的状态估计参数，结合对象状态变化模型预测对象未知状态。

（2）对象属性识别。

对象属性识别是指按照输入对象属性信息级别的不同（数据级、特征级、判定级），分别采用相应的对象属性融合识别结构进行属性识别。在属性分类判定环节，反馈的态势估计信息对提升属性识别准确性起到主要作用。

① 数据级属性识别。

如图 6-27 所示，当输入信息为感知设备采集的数据、信号检测结果时，将多源数据进行数据配准（包括时空统一、误差补偿）和数据关联后，参照对象状态估计结果生成同一对象的属性数据集合，结合支持数据库和融合数据库，对该数据集合进行融合，然后对融合属性数据进行特征提取，并参照反馈的态势估计信息进行对象属性分类判定，形成该对象的融合属性说明及其可信程度。

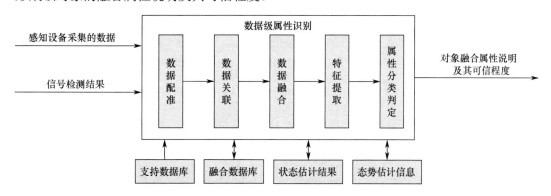

图 6-27　数据级属性识别

② 特征级属性识别。

如图 6-28 所示，当输入信息是 0 级融合检测输出的对象特征数据或感知设备提取的对象特征数据时，进行特征配准（包括时空统一和特征误差补偿），并参照对象状态估计结果进行特征关联，获得源于同一对象的特征集合，然后结合支持数据库和融合数据库对该对象特征数据进行融合，最后参照反馈的态势估计信息进行对象属性分类判定，形成该对象的融合属性说明及其可信程度。

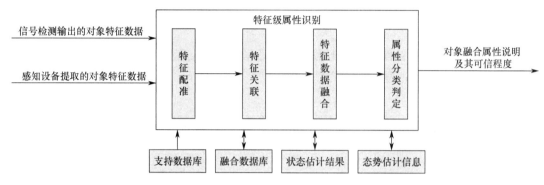

图 6-28　特征级属性识别

③ 判定级融合识别。

如图 6-29 所示，当输入信息是对象属性局部判定结果时，对多个局部判定级数据进行配准（包括时空统一和判定误差补偿），然后参照对象状态估计结果对多个局部判定结论进行关联，形成源于同一对象的判定集合，最后结合支持数据库和融合数据库，并参照反馈的态势估计信息对同一对象的判定集合进行融合，形成该对象的融合属性说明及其可信程度。

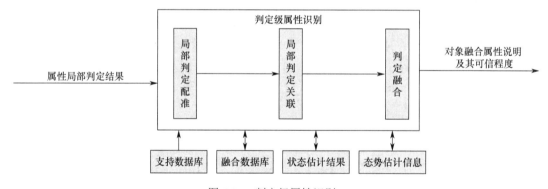

图 6-29　判定级属性识别

3．态势估计——2 级融合

态势估计是基于应用规则确定对象与对象之间、对象与环境和外部要素之间关系的估计过程，以生成当前观测态势，进而估计与应用目标相关的事件、行为和效用，生成估计态势，并对态势的变化趋势做出预测。

态势估计输入是对象状态估计和属性识别结果、其他融合系统输入的对象估计结果、外部和环境信息等，并结合了支持数据库中的态势支持数据和融合数据库中的已有案例和先验知识。态势估计的输出是对象之间及其与环境、外部要素之间的关系估计、基于关系估计产生的态势状态（观测态势、估计态势、预测态势）及其可信度估计。输出信息的基本形式是态势图，辅以图表和文字报告。态势图通常由底图和在其上叠加显示的关系要素图层（包含对象图标、关系图标和说明信息）组成，并可以反馈给 1 级融合，对提升数据关联的正确率，完善和修正对象属性识别结果具有重要作用。态势估计结果作为影响估计的输入，可反馈给 1 级融合，提升和完善对象属性识别的正确性，也可直接提供给用户使用。态势估计过程如图 6-30 所示。

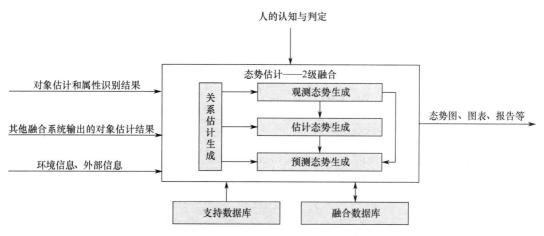

图 6-30　态势估计过程

（1）关系估计生成。

关系估计是形成态势状态的基础。关系估计是基于对象状态和属性信息，应用相应规则，并结合支持数据库和融合数据库中的态势信息估计场景中的各对象之间及对象与环境要素、外部要素之间可能发生的关系（军事应用中的对抗、协同、支援等）。

（2）观测态势生成。

观测态势生成同一物联网系统所涉及的对象和要素及其关系的集合，是基于关系估计生成的，其展现了当前的态势状态。

（3）估计态势生成。

采用数据挖掘或相关的数据处理技术，从观测态势中提取态势状态（对象意图与行为状态，控制主体与控制对象之间，以及控制对象之间关系状态与能力估计等），各态势状态及其之间的关系构成估计态势。

（4）预测态势生成。

态势预测是基于观测态势和估计态势，通过主要态势元素和态势状态的变化，并参照历史态势案例，预测态势要素和态势状态的变化及可能的态势扩展，生成基于应用需求的预测态势。

4．影响估计——3 级融合

影响估计是以定量形式估计预测态势在物联网系统中的作用和影响的处理过程的，

对应用目标不利的影响进行预警并生成应对方案。如图 6-31 所示，其输入主要是态势估计产生的预测态势和应用任务需求，以及人的认知与预测信息；影响估计的输出是影响等级/程度、影响可信度、预警与控制方案。影响估计利用输入信息并结合支持数据库和融合数据库实现影响要素估计和影响状态预测。其中，影响要素估计包括影响能力估计、影响意图评估和影响时机估计。影响状态预测包括影响行为预测、影响事件预测、影响效果预测及预警与控制。影响估计的结果以图形和文字报告形式直接提供给用户，作为其制定应对方案和执行控制服务的依据。

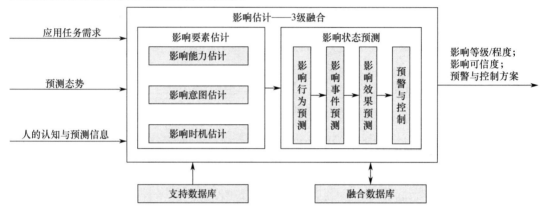

图 6-31　影响估计

（1）影响要素估计。

① 影响能力估计。

确定预测态势中的影响主体及其产生的影响能力。

② 影响意图估计。

确定影响主体的意图，包括影响对象和期望产生的后果。

③ 影响时机估计。

估计影响对象的能力和薄弱点，确定实施影响的最佳时机。

（2）影响状态预测。

① 影响行为预测。

对影响对象采取的手段、行为和途径进行预测。

② 影响事件预测。

预测可能出现的影响事件、参与者、时间和结果。

③ 影响效果预测。

对各影响要素和影响状态进行综合评估，给出影响程度或等级的定量度量及可信度。

④ 预警与控制。

对超出系统设定的容许程度的影响事件，在态势图上呈现并告警，给出事件应对方案或对象控制指令。

5．过程精炼——4 级融合

过程精炼的输入是融合应用需求和 0～3 级融合结果，输出是对 0～3 级各级融合产品性能的改进方案和对融合资源（包括信息源、融合处理软件、硬件，以及通信网络）的控制指令。过程精炼包括融合的过程评估和优化控制两部分，通常是自主进行的，最终产生优化的融合产品，如图 6-32 所示。

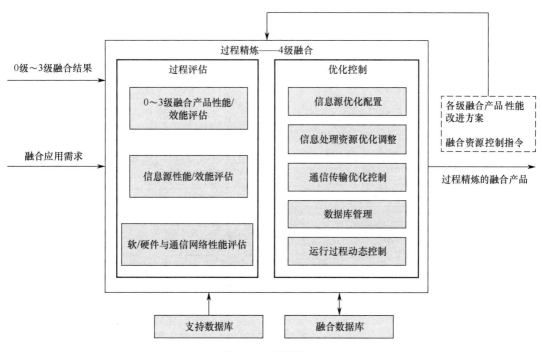

图 6-32　过程精炼

（1）过程评估。

过程评估是以融合应用需求为依据，对 0～3 级融合产品的性能/效能进行综合评估，以及对信息源、软/硬件与通信网络性能进行评估，作为优化控制的依据。

（2）优化控制。

优化控制是根据融合过程评估结果，对信息源、通信网络、0～3 级融合过程进行反馈控制，以实现融合过程的综合优化。优化控制的功能包括以下方面。

① 信息源优化配置。

准实时/非实时优化配置和控制信息源（位置、监视区域、运行时间和工作模式等），以优先获取关注对象信息。

② 信息处理资源优化调整。

动态控制和调整 0～3 级信息处理过程，包括软/硬件功能、算法软件及其工作状态等，以尽早实现融合应用需求。

③ 通信传输优化控制。

包括感知信息接入控制及与其他系统之间的信息交换网络控制，以保证通信的及时性和网络带宽的充分利用。

④ 数据库管理。

支持数据库和融合数据库的存取控制，尽量减少冗余数据，提高访问速度。

⑤ 运行过程动态控制。

基于优化配置和控制/管理方案，动态控制 0～3 级融合过程中软硬件和网络的运行状态。

6．认知精炼——5 级融合

认知精炼的输入是通信网络、0～4 级融合产品、融合资源和在人机界面输入的人的认知能力信息，输出是融合系统认知改进方案和优化控制指令，最终实现认知反馈控制。认知精炼包含对 0～4 级融合的认知辅助、对系统状态的认知判断和认知控制，如图 6-33 所示。

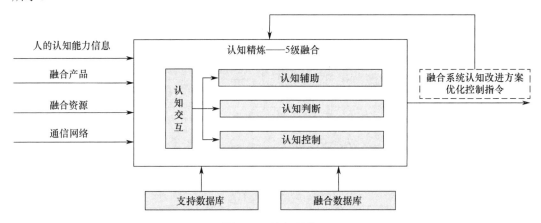

图 6-33　认知精炼

（1）认知交互。

认知交互是将人的认知能力信息输入融合系统，认知能力既包含逻辑性思维，又包含灵感性思维、联想性思维，以及直觉认知判断能力。

（2）认知辅助。

人对融合系统的认知辅助包括：为 0 级融合提供信息价值和质量需求；为 1 级融合提供对象处理优先级；为 2 级融合提供周边/外部信息；为 3 级融合提供影响意图与期望值；为 4 级融合提供融合过程精炼基准，包括期望效用、风险等。

（3）认知判断与认知控制。

人对各级融合产品的理解和确认；融合过程中人的决策/判定；人对各类融合资源的优化配置和动态反馈控制。

6.6.4　物联网系统中的信息融合

1．通用物联网参考体系架构中的信息融合

本节给出了 GB/T 3347—2016 中的物联网参考体系架构与信息融合部件的关系，描述了物联网信息融合概念模型各组件在物联网参考体系架构中的位置，如图 6-34 所示。

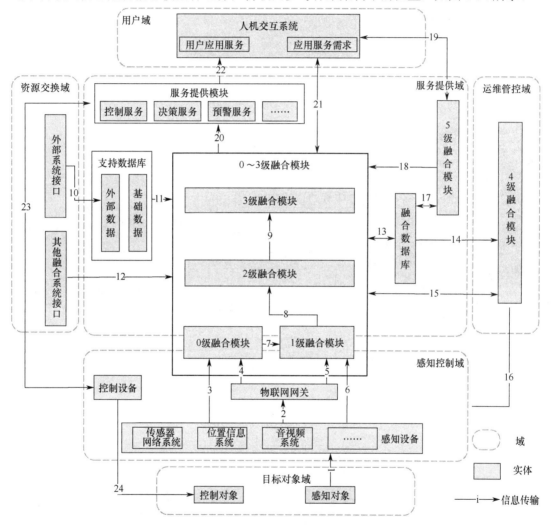

图 6-34　物联网参考体系架构中的信息融合

在目标对象域中，信息融合中的对象包括感知对象和控制对象。

在感知控制域中，通过对对象的感知和对控制对象的状态控制，提供信息融合的信息源。部分物联网系统中完成 0 级融合、1 级融合。

在服务提供域中，完成 2 级融合、3 级融合和 5 级融合（其中有部分物联网系统同时也完成 0 级融合、1 级融合）；提供各级融合所需的支持数据库和融合数据库；每级融合

产品可以单独或组合提供服务，包括但不限于控制服务、决策服务和预警服务等。

在运维管控域中，完成 4 级融合，实现对信息融合产品质量的提升和系统资源的维护与控制。

资源交换域提供了信息融合外部系统的接口和与其他融合系统进行信息交换的接口。

在用户域中，提供用户应用服务和应用服务需求。

2. 医疗物联网体系架构中的信息融合

基于物联网信息融合的疾病诊断系统是信息融合在医疗领域的应用实例，系统结构如图 6-35 所示。

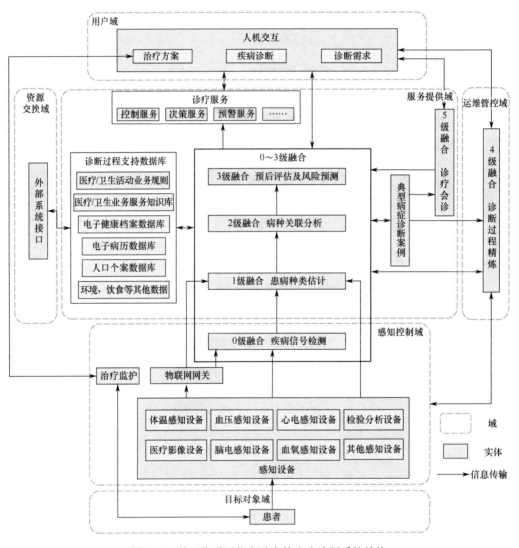

图 6-35　基于物联网信息融合的疾病诊断系统结构

基于物联网信息融合的疾病诊断系统中各级融合描述如下。

（1）0 级融合——疾病信号检测。

疾病信号检测的输入是各类医疗仪器设备（体温感知、血压感知、心电感知、检验分析、医疗影像、脑电感知、血氧感知等）采集的原始信号，以及经物联网网关信号预处理输出的局部融合信号；疾病信号检测的输出是多源融合的疾病信号和症候信号。疾病信号检测功能主要包括疾病信号关联和疾病信号融合估计。

（2）1 级融合——患病种类估计。

患病种类估计以患者（唯一身份标识）为医疗诊断目标，以可能患病种类为诊断对象，输入信息为各类医疗仪器设备（体温感知、血压感知、心电感知、检验分析、医疗影像、脑电感知、血氧感知等）采集的信号数据，物联网网关信号预处理输出的局部融合的信号数据，以及 0 级融合输出的融合疾病和症候信号数据，并结合了诊断过程支持数据库和典型病症诊断案例库数据；输出信息为该患者的可能患病部位和病种状态估计结果。

（3）2 级融合——病种关联分析。

病种关联分析的输入是该患者可能的患病部位数据和所患病种状态估计结果，并结合了诊断过程支持数据库和典型病症诊断案例库数据，输出为患者疾病的初步诊断估计结果。多病种状况及关联分析旨在建立患者可能患病部位/病种之间及其他相关要素之间的关系，通过各类关系之间的相关性分析，得出疾病初步诊断估计结果。

（4）3 级融合——预后评估及风险预测。

预后评估及风险预测的输入是患者疾病的初步诊断估计结果、诊断需求，也可能包括诊疗会诊结果。基于会诊结果和疾病状态，对疾病未来发展变化趋势进行预测。输出结果为确诊的疾病对人体危害程度和预警。

（5）4 级融合——诊断过程精炼。

诊断过程精炼的输入是疾病诊断系统的诊断要求和 0～3 级的融合结果，输出是改进的 0～3 级的疾病诊断控制方案和治疗方案，诊断过程精炼包括对融合过程评估和优化控制两部分，旨在自动实现系统诊断过程精炼和反馈控制，以尽快准确确定疾病部位、病种和程度。

（6）5 级融合——诊疗会诊。

基于多位医疗专家对病症诊断交互，参照典型的病症诊断案例库和循证医学的诊断案例，准确给出患者疾病的诊断结果和治疗方案。

6.6.5　物联网信息融合的发展趋势

信息融合在很大程度上是一个软件工作，重点和难点都在算法上。因此，根据实际应用开发出高效的算法，也就成了信息融合开发工作的重中之重。在优化算法上，人工智能的引入是信息融合的一个明显发展趋势。通过人工神经网络，人工智能可以模仿人脑的判断决策过程，并具有持续学习进化的可扩展能力，这无疑为信息融合的发展提供了加速器。虽然软件很关键，但是在信息融合的过程中，硬件也发挥很大的作用。例如，如果将所有的传感器融合算法处理都放在主处理器上做，则处理器的负荷会非常大，因此近年来一种比较流行的做法是引入传感器中枢（Sensor Hub），它可以在主处理器之外独立地处理传感器采集的数据，而无须主处理器参与。这样做，一方面可以减轻主处理器的负荷，另一方面也可以通过减少主处理器的工作时间降低系统功耗，这一点对于可穿戴设备和物联网等功耗敏感型应用非常重要。

有市场研究数据显示，对物联网信息融合系统的需求将从 2017 年的 26.2 亿美元增长到 2023 年的 75.8 亿美元，复合年增长率约为 19.4%。可以预判，物联网信息融合技术和应用的未来发展将呈现出明显的趋势：在自动驾驶的驱动下，汽车市场将是物联网信息融合技术最重要的赛道，并将由此催生出更多的新技术和新方案。此外，应用多元化的趋势也将加速，除了以往那些对性能、安全要求较高的应用，在消费电子领域，物联网信息融合技术将迎来巨大的发展。

6.7 本章小结

数据采集终端是物联网的关键核心器件，其性能指标直接影响被测对象的检测精度、响应速度、可靠性等指标。数据采集基础设施是新型信息基础设施建设的前提和基本支撑，关系着各种新型信息化应用能否具有预设的功能，以及能否发挥向行业和公众提供服务的综合效益。只有分析和处理来自物理世界各种环境参量的采集数据，大数据、工业互联网和人工智能等技术才能显现出应有的功能和作用，否则就成了无源之水和空中楼阁。

第 7 章　支撑物联网应用的 5G 通信基础设施

7.1　移动通信技术的发展历程

移动通信是指通信双方或至少有一方处于运动中，在运动中进行信息交换的通信方式。广义上来说，移动通信系统包括无绳电话、无线寻呼、陆地蜂窝移动通信、卫星移动通信等应用系统。其中，陆地蜂窝移动通信面向最大范围的公众应用，是当今移动通信发展的主流和热点，也是我们通常所谈到的移动通信技术。移动通信的起源时间比人们想象得更早。1897 年，意大利人马可尼（Marconi）在相距 18 海里（1 海里约为1852m）的固定站与拖船之间完成了一项无线电通信实验，使在英吉利海峡行驶的船只之间能够保持持续的通信，这标志着移动通信的诞生，由此揭开了世界移动通信辉煌发展的序幕。

一百多年来，随着微电子、移动通信小区制、大规模集成电路、计算机、通信网络、通信调制编码等技术的出现与不断发展进步，以及用户需求的迅猛增加，移动通信开始迎来了发展的黄金时期。移动通信网络已成为连接人类社会的基础信息网络，移动通信的发展不仅深刻改变了人们的生活方式，而且已经成为推动国民经济发展、提升社会信息化水平的重要引擎。

7.1.1　第一代移动通信系统（1G）

真正面向公众信息服务的移动通信网络是发展于 20 世纪 70 年代中期至 80 年代中期的第一代移动通信系统。它基于模拟信号传输，特点是业务量小、质量差、安全性差、没有加密和速度低。1G 主要基于蜂窝结构组网，直接使用模拟语音调制技术，传输速率约为 2.4kbit/s。

1978 年年底，美国贝尔实验室成功研制了先进移动电话业务系统（AMPS），建成了蜂窝移动通信网，这是第一种真正意义上具有随时随地通信功能的大容量蜂窝移动通信系统。蜂窝移动通信系统是基于带宽或干扰受限开发的，它通过小区分裂，有效地控制干扰，在相隔一定距离的基站，重复使用相同的频率，从而实现频率复用，大大提高了频谱的利用率，有效地提高了系统的容量。1983 年，AMPS 首次在芝加哥投入商用，采用模拟信号传输，即将电磁波进行频率调制后，将语音信号转换到载波电磁波上，载有信息的电磁波发射到空间后，由接收设备进行接收，并从载波电磁波上还原语音信息，完成一次通话。

1985 年，AMPS 的使用已经扩展到 47 个地区。其他国家也相继开发出各自的蜂窝移动通信网。日本于 1979 年推出 800MHz 汽车移动电话系统（HAMTS）和电报电话系统（NMT），在东京、大阪等地投入商用，成为全球首个商用蜂窝移动通信系统；瑞典等北欧 4 国于 1980 年开发出 NMT-450 移动通信网，频段为 450MHz；联邦德国于 1984 年完成 C 网建设，频段为 450MHz；英国在 1985 年开发出全球接入通信系统（TACS），频段为 900MHz；同年，法国开发出 450 系统，加拿大推出 450MHz 移动电话系统（MTS）。这些系统都是双工的基于频分多址（FDMA）的模拟制式系统，被称为第一代移动通信系统。

各自开发使得第一代移动通信系统不可避免地拥有多种制式。在这些不同制式的系统中，美国 AMPS 制式的移动通信系统在全球的应用最为广泛，曾经在全球超过 72 个国家和地区运营，直到 1997 年还在一些地方使用。也有近 30 个国家和地区采用英国 TACS 制式的第一代移动通信系统。这两种制式的移动通信系统是世界上最具影响力的第一代移动通信系统。我国于 1987 年 11 月在广东第六届全运会上正式开通并商用了第一代模拟移动通信系统，采用的是英国 TACS 制式。2001 年 12 月，中国移动关闭模拟移动通信网，1G 在中国运行长达 14 年，用户数最高达到 660 万。

第一代移动通信系统主要采用的是模拟技术和频分多址技术。由于受到传输带宽的限制，并且各国的通信标准不一致、制式太多、互不兼容，因此不能进行移动通信的长途漫游，只能在区域间进行移动通信，大大阻碍了 1G 的发展。另外，第一代移动通信系统还有很多不足，比如由于 1G 采用模拟信号传输，其容量非常有限，一般只能传输语音信号且存在语音通话品质低、信号不稳定、覆盖范围不够广、安全性差和易受干扰等问题。1G 时代最具代表性的产品就是美国摩托罗拉公司在 20 世纪 90 年代推出并风靡世界的移动手提式电话，俗称"大哥大"。1G 技术的先天不足，使得"大哥大"无法真正大规模普及和应用，价格昂贵，"大哥大"更是为当时的一种奢侈品和财富象征。

7.1.2　第二代移动通信系统（2G）

由于第一代移动通信系统（1G）属于模拟蜂窝移动通信系统，存在频谱效率低、费用高、通话不保密易被窃听、业务种类受限、系统容量低等问题，主要问题是系统容量已不能满足日益增长的移动用户需求。20 世纪 80 年代中期至 20 世纪末，随着大规模集成电路、微处理器与数字信号的应用更加成熟，当时的移动运营商逐渐将目光转向数字通信技术，推出了更加稳定、抗干扰的新一代数字蜂窝移动通信系统。与 1G 不同的是，第二代移动通信系统是以数字技术为主体的移动通信网络，采用的是数字调制技术。

数字蜂窝移动通信系统主要采用的是时分多址（TDMA）技术和码分多址（CDMA）技术。相对应地，全球的第二代移动通信系统主要有 GSM 和 CDMA 两种技术标准。其中，CDMA 标准是美国提出的，GSM 标准是欧洲提出的，在 2G 时代，全球绝大多数国家都使用 GSM 标准。

为了与 1G 时代垄断移动通信标准的美国相抗衡，1982 年欧洲各国在欧洲邮电管理大会上联合成立了泛欧移动通信组织，其目的是制定欧洲 900MHz 数字 TDMA 蜂窝移动通信系统技术规范，使欧洲的用户能在欧洲境内实现移动电话的自动漫游。1986 年，欧洲 11 个国家共同为 GSM 提供了 8 个实验系统和大量的技术成果，就 GSM 的主要技术规范达成了共识。1990 年，GSM 第一期规范确定，系统开始试运行。英国政府发放了 GSM 运营许可证，在 1800MHz 频段上进行运行，称为 DCS1800 数字蜂窝系统，工作频宽为 2×75MHz。1991 年泛欧移动通信组织正式批准 DCS1800 作为第一个数字蜂窝移动通信网络标准（GSM 标准）。

GSM 的技术核心是时分多址（TDMA）技术，其特点是将一个信道平均分给 8 个通话者，一次只能一个人讲话，每个人轮流使用 1/8 的信道时间。GSM 的缺陷是容量有限，当用户过载时就必须建立更多的基站。但相比 1G 技术，GSM 采用了全新的数字信号编码取代原来的模拟信号，优点突出，易于部署。GSM 系统具有标准化程度高、接口开放的特点，通过强大的联网能力推动了国际漫游业务，用户识别卡（SIM 卡）的应用真正实现了个人移动性和终端移动性的结合。1991 年 7 月，GSM 系统在德国首次部署，它是世界上第一个正式投入运营的数字蜂窝移动通信系统。

美国提出了 IS-54 与 IS-95 两个 2G 数字标准。1988 年，美国提出的基于 TDMA 的 IS-54（也称为 DAMPS、数字 AMPS）在美国作为 2G 数字标准得到表决通过。1989 年，美国高通（Qualcomm）公司开始开发窄带 CDMA（DS-CDMA）。1995 年美国通信工业协会（TIA）正式颁布了基于 DS-CDMA 的 IS-95 标准。与 TDMA 不同的是，CDMA 原本是为军事通信而开发的抗干扰通信技术，采用加密技术，提高了通信的安全性且系统通信容量可达到 GSM 的 10 倍以上，后来美国高通公司基于 CDMA 进一步设计出商用数字蜂窝移动通信系统。1995 年，第一个 CDMA 商用系统运行之后，CDMA 技术理论上的诸多优势在实践中得到体现，从而在北美、南美和亚洲等地得到迅速推广和应用。在美国和日本，CDMA 成为主要的移动通信技术。日本第一个数字蜂窝移动通信系统是个人数字蜂窝（PDC）移动通信系统，于 1994 年投入运行。高通虽然将 CDMA 率先投入商用，但其构建了由多项专利构成的专利墙，虽然挡住了竞争对手，但也大大妨碍了 CDMA 的迅速产业化。

我国移动通信主要采用 GSM 制式，如中国移动 135～139 号段的手机、中国联通 130～132 号段的手机都是 GSM 制式手机。2001 年，中国联通开始在我国部署 CDMA 网络（简称 C 网）。2008 年 5 月，中国电信收购中国联通 CDMA 网络，并将 C 网规划为中国电信未来主要的发展方向。

第二代移动通信系统的主要业务是语音通信，其主特性是提供数字化的语音业务及低速数据业务。它克服了模拟移动通信系统的弱点，语音质量、保密性能得到极大提高，并可进行省内、省际自动漫游。第二代移动通信系统替代第一代移动通信系统完成模拟技术向数字技术的转变，但由于第二代移动通信系统采用不同的制式，移动通信标准不统一，用户只能在同一制式覆盖的范围内进行漫游，无法进行全球漫游。另外，由于第二代移动通信系统带宽有限，数据传输速率很低（9.6～14.4kbit/s），限制了数据业务的应用，无法实现移动的多媒体业务，但 2G 开始了文字信息的传输，使之成为后来移动互联网业务发展的基础。

与 1G 相比，2G 提高了标准化程度及频谱效率，不再是数模结合而是数字化，保密性增加，容量增大，干扰减小，能传输低速的数据业务，在增加了分组网络部分后可以加入窄带分组数据业务。

GPRS/EDGE 技术的引入使 2G 网络改造升级为所谓的 2.5G（GPRS）和 2.75G（EDGE）网络，推动 GSM 网络与计算机通信/互联网进行有机结合，数据传输速率可达 115～384kbit/s，从而使 GSM 功能得到不断增强，初步具备了支持多媒体业务的能力，实际应用基本可以达到拨号上网的速度，因此可以发送图片、收发电子邮件等。

尽管 2G 技术在发展中不断得到完善，但随着用户规模和网络规模的不断扩大，频率资源接近枯竭，语音质量不能达到用户满意的标准，数据通信速率太低，无法在真正意义上满足移动多媒体业务的需求。

7.1.3 第三代移动通信系统（3G）

3G 也称为 IMT-2000（国际移动通信系统 2000）。早在 1985 年，国际电信联盟 ITU 就提出了第三代移动通信系统的概念，当时称为"未来公众陆地移动通信系统"（FPLMTS）。20 世纪 90 年代末，欧洲和日本联合起来成立 3GPP（3G 伙伴项目），研究制定全球第三代移动通信标准，标志着 3G 开始进入发展和应用阶段，同时对 4G 移动通信开始进行初步研究。为了避开高通公司的专利陷阱，3GPP 小心翼翼地参考 CDMA 技术来开发宽带码分多址（WCDMA）标准。与此同时，高通公司与韩国相关机构联合开发了多载波码分复用扩频调制标准（CDMA2000）。西门子推出的 TD-CDMA 在竞选 3G 标准时落败后转战中国，与大唐电信等单位合作推出时分同步码分多址接入标准（TD-SCDMA）。

1996 年，ITU 将 3G 命名为 IMT-2000，其含义为该系统将在 2000 年左右投入使用，工作于 2000MHz 频段，最高传输速率为 2000kbit/s。

1999 年 11 月 5 日,在芬兰赫尔辛基召开的 ITU TG8/1 第 18 次会议上最终通过了 IMT-2000 无线接口技术规范建议,基本确立了第三代移动通信系统的 3 种主流标准,即 WCDMA、CDMA2000、TD-SCDMA。2000 年 5 月,国际电信联盟正式确立了针对 3G 网络的 IMT-2000 无线接口的 5 种技术标准。自 2000 年开始,伴随着 2.5G(B2G)产品通用无线分组业务(GPRS)系统的过渡,3G 开始逐渐占据技术应用的主流阵地。

与以模拟技术为代表的 1G 和目前还在使用的 2G、2.5G 技术相比较,3G 具有更宽的带宽、更高的传输速率。例如 WCDMA,其传输速率在室外车载环境下最高支持 144kbit/s,在室内环境下最高支持 2Mbit/s,所占频带宽度可达 5MHz 左右。在技术上,3G 采用 CDMA 技术和分组交换技术,而不是 2G 通常采用的 TDMA 技术和电路交换技术。在业务和性能方面,3G 不仅能传输语音,还能传输数据,提供高质量的多媒体业务,如可变速率数据、移动视频和高清晰图像等多种业务,实现多种信息一体化,从而提供快捷、方便的无线应用,如无线接入互联网。3G 的目标是在全球采用统一标准、统一频段、统一大市场。各国的 3G 系统在设计上具有良好的通用性,3G 用户能在全球实现无缝漫游。3G 还具有低成本、优质服务质量、高保密性及良好的安全性能等优点。

但是,第三代移动通信系统的通信标准有 WCDMA、CDMA2000 和 TD-SCDMA 三大分支,共同组成一个 IMT-2000 家庭,成员间存在兼容性问题,因此已有的移动通信系统不是真正意义上的全球通信系统;再者,3G 的频谱效率还比较低,不能充分地利用宝贵的频谱资源;而且 3G 支持的传输速率还不够高,如单载波只支持最高 2Mbit/s 的业务;等等。这些不足点远远不能适应未来移动通信发展的需要,因此寻求一种既能解决现有问题,又能适应未来移动通信需求的新技术是必要的,这也是发展第四代移动通信系统的动力。

7.1.4　第四代移动通信系统(4G)

2000 年确定了 3G 国际标准之后,ITU 就启动了 4G 的相关工作,技术研发的重点在于增加数据和语音容量,提高整体上的体验质量,满足用户对因互联网日益普及而产生的大量在线内容浏览需求的业务要求。2003 年,ITU 对 4G 的关键性指标进行定义,确定了 4G 的传输速率为 1Gbit/s。在 2005 年 10 月 18 日结束的 ITU-RWP8F 第 17 次会议上,ITU 给 B3G 技术确定了一个正式的名称 IMT-Advanced,将未来新的空中接口(简称空口)技术称为 IMT-Advanced 技术。2007 年,ITU 给 4G 分配了新的频谱资源。

LTE 是长期演进(Long Term Evolution)的英文缩写,它改进并增强了 3G 的空中接口技术。严格来说,LTE 并不是 4G 技术,而是 3G 向 4G 发展过程中的一个过渡技术,是被称为 3.9G 的全球化标准。它采用正交频分复用(OFDM)和多输入多输出(MIMO)作为无线网络演进的标准,改进并增强了 3G 的空中接口技术。这些技术的运用,使其在 20MHz 频段带宽的情况下能够提供下行 326Mbit/s 与上行 86Mbit/s 的峰值速率。这种革命性的改革，使得 LTE 技术改善了小区边缘位置的用户体验，提高小区容量值并且降低了系统的延迟。与 3G 相比，LTE 在数据传输速率、分组传送、降低延迟、广域覆盖和向下兼容等方面更具技术优势。

2012 年 1 月 18 日，LTE-Advanced 和 Wireless MAN-Advanced（802.16m）技术规范通过了 ITU-R 的审议，正式被确立为 IMT-Advanced（也称为 4G）国际标准，我国主导制定的 TD-LTE-Advanced 同时成为 IMT-Advanced 国际标准。LTE 按双工方式分为频分双工（FDD）和时分双工（TDD）两种制式，我国引领 TD-LTE 的发展。TD-LTE 继承和拓展了 TD-SCDMA 在智能天线、系统设计等方面的关键技术和自主知识产权，系统能力与 FDD-LTE 相当。TD-LTE Advanced 正式成为 4G 国际标准，标志着我国在移动通信标准制定领域再次走在世界前列，为 TD-LTE 产业的后续发展及国际化奠定了重要基础。FDD 是在分离的两个对称频段信道上进行发送和接收，用保护频段来分离发送和接收信道。FDD 必须采用成对的频段，依靠频率来区分上、下行链路，其单方向的资源在时间上是连续的。FDD 在支持对称业务时，能充分利用上、下行的频谱；但在支持非对称业务时，频谱效率大大降低。TDD 用时间来分离接收和发送信道。在采用 TDD 方式的移动通信系统中，接收和发送信道使用同一频率载波的不同时隙作为承载，其单方向的资源在时间上是不连续的，时间资源在两个方向上进行分配。某个时间由基站发送信号给手机，另外的时间由手机发送信号给基站，基站和手机之间必须协同一致才能正常通信。

4G 移动通信系统主要以 OFDM/MIMO 作为基本技术，大量采用了当时移动通信领域最先进的技术和设计理念。

正交频分复用是一种无线环境下的高速传输技术。OFDM 技术的特点是网络结构高度可扩展，具有良好的抗噪声性能和抗多信道干扰能力，可以为无线数据传输提供技术质量更高（速率高、时延低）的服务，具有更好的性能价格比，能为 4G 无线网络提供更好的方案。例如，无线本地环路（WLL）、数字信号广播（DAB）等，预计都采用 OFDM 技术。OFDM 技术的主要思想就是在频域内将给定信道分成许多正交子信道，在每个子信道上使用一个子载波进行调制，各子载波并行传输。尽管总体上信道是非平坦的，即具有频率选择性，但是每个子信道是相对平坦的，在每个子信道上进行的是窄带传输，信号带宽小于信道的相应带宽。

多输入多输出技术是为提高信道容量，在发送端和接收端都使用多根天线，在收发之间构成多个信道的天线系统。MIMO 系统的一个明显特点就是具有较高的频谱效率，在对现有频谱资源充分利用的基础上通过利用空间资源来获取可靠性与有效性两方面的增益，其代价是增加了发送端与接收端的处理复杂度。大规模 MIMO 技术采用大量天线来服务数量相对较少的用户，可以有效提高频谱效率。MIMO 技术可以成倍地提高衰落信道的信道容量。要提高系统的吞吐量，一个很好的方法就是提高信道的容量。对于采用多天线阵发送和接收技术的系统，在理想情况下信道容量将随天线数量的增加而线性增加，从而提高目前其他技术无法达到的容量潜力。同时，由于多天线阵发送和接收技术本质上是空间分集与时间分集技术的结合，因此其有很好的抗干扰能力。进一步将多天线阵发送和接收技术与信道编码技术结合，可以提高系统的性能，这促进了空时编码技术的产生。空时编码技术真正实现了空分多址，是将来无线通信中必然选择的技术之一。

4G 能够集 3G 与 WLAN 的优势于一体，在传输高质量视频图像方面甚至与高清晰度电视不相上下。采用 4G 能够以高达 100Mbit/s 的速率进行下载，比 ADSL 拨号上网快 2000 倍，上传速率可达 20Mbit/s，并能满足几乎所有用户对无线服务的要求。同时，在价格方面，运营商的 4G 收费标准与固定宽带网络差不多，计费方式更加灵活。人们使用 4G 网络不仅可以随时随地通信，还可以双向下载传递资料、照片、视频，或者与陌生人联网打游戏。用户可以感受到到比 10Mbit/s 有线宽带更好的体验。与 3G 相比，4G 的频谱效率更高，通信费用更加低廉，传输速率更高，影像等多媒体通信服务质量更高。

尽管 4G 的网络覆盖和传输速率已经能够基本满足人们对互联网主要业务应用的需求（网页浏览、视频观看等），但在很多新的应用场景下，4G 并不能给人们带来完美的体验。例如，在使用 VR/AR 眼镜体验虚拟现实类游戏时，由于 4G 网络的传输时延较大，造成较强的景物视觉抖动感，容易使人眩晕甚至呕吐；在高速运动的场景下，使用 4G 网络的手机容易掉线或信号中断；在火车站或体育场馆等人流超密集的场景中，4G 网络的传输速率和信号强度等使用体验容易变差。在移动互联加移动物联时代，数据的传输将变得越来越频繁，数据量也将越来越大，显然主要面向人与人连接的互联网业务的 4G 网络将不足以支撑未来的应用需求。

7.2　5G 的应用需求和发展愿景

7.2.1　物联网引领 5G 的应用需求

我们的世界正在向全面数字化和移动化的生活和生产方向转型，每年都会涌现出无数的应用需求。这些需求在不断地产生和使用海量的数据，尤其是智能手机的快速普及，以及在线视频和在线音乐流媒体内容等应用服务使用频率的大幅提升，使无线通信的频段越来越拥挤，特别是当演出场地或体育场馆等密集场所的大量人群试图同时使用移动通信网络服务时，情况将变得更加糟糕。人们对移动通信网络更高性能的追求，不断推动移动通信技术从 1G 向 4G 发展。但随着移动互联网业务应用的快速发展，现有 4G 网络的传输速率、时延已无法满足人们对高清视频、全景直播及沉浸式游戏业务的极致体验要求，移动通信技术需要向下一代演进。另外，随着物联网的快速发展，多元化的应用场景及海量的设备连接，给 4G 网络的传输速率、时延及连接数密度都带来了极大的挑战，急需下一代技术满足这些应用需求。可见，移动互联网及物联网的快速发展推

动了 5G 的发展。

1. 终端形态越来越多样化

万物互联是人类社会发展的大势所趋。自 3G 出现以来，移动通信终端的蓬勃发展给移动通信产业带来了巨大的变化。从 2000 年开始，终端业务由传统的语音业务向宽带数据业务发展，终端形态越来越多样，甚至已经出现手表、眼镜等多种形态的终端。未来移动通信网络将围绕个人、行业、家庭三大市场形成个性化多媒体信息平台。智能终端的广泛使用造就了移动通信终端与互联网业务的深入结合，为用户带来全新的业务体验并提升了交互能力，刺激用户对移动互联网的使用欲望，拉动数据流量的增长。目前的移动互联网是面向人与人互联的网络，对于绝大部分人一部手机就可以满足个人使用需求，而对于物联网应用来说，物与物的连接需求量是极为庞大的，相比智能手机，物联网终端数量将出现百倍甚至千倍的增长。随着物联网技术和产业的进一步发展，很多区别于传统通信设备的专用无线终端设备和智能传感器已经陆续出现，它们同样作为移动通信终端被使用，无线信道被部署在车联网、智能家居、智能电网等物联网应用系统中。

2. 数据流量飞速增长

在 2G 时代，每人每月的平均数据流量不超过 30MB，主要使用场景基本集中在浏览器、QQ 等有限的几个应用软件上；到了 3G 时代，每人每月的数据流量提升了 10 倍，达到 300MB，移动 App 的使用范围和应用类型都有了更大的扩展；而 4G 时代，每人每月的数据流量在 3GB 左右，实际上这只是运营商手机流量的使用数据。其实从 3G 时代开始，Wi-Fi 在城市室内空间的无缝部署和广泛使用已经大大分担了移动通信网络的数据流量负荷。按照用户的使用数据，每人每月至少需要 20GB 的数据流量才能满足使用需求。在 4G 时代三大运营商都推出了不限流量套餐，但超出一定的流量后就会采取限速措施。如果全面放开，不限流量，以目前的 4G 网络能力肯定无法承受，那么降速降质将成为必然的结果。根据权威数据预测，随着智能终端的普及和数据业务的增长，移动通信业务量未来每年还会以近一倍的速度增长。

3. 移动应用日益丰富

人们对移动互联网的应用需求不断增加，催生了面向公众提供便捷服务的各种应用。同时，智能终端的发展也带动了移动互联网业务的高速发展，移动互联网业务由最初简单的短/彩信业务发展到现在的微信、微博和音视频多媒体等业务，越来越深刻地改变信息通信产业的整体发展模式。各种各样的移动互联网应用涉及生活与工作的方方面面，这些差异化的应用需求对通信系统的可靠性和有效性的要求也各不相同。除了常规业务，如超高清视频（3D 视频）、3D 游戏、移动云计算，远程医疗、环境监控、社会安全、物联网等业务领域的应用也方便了人们的生活。这些新应用、新业务仍然以客户为中心，关注用户的完美体验，并保证用户随时随地办理业务，即使在移动状态下仍然享有高质量的服务。因此，对于未来人机之间的混合通信来说，高效、便捷和安全访问显得非常重要，只有充分关注用户体验，才能促进整个移动通信行业的长远发展。

4. 频率资源使用效率提高

移动通信系统的频率由 ITU-R 进行业务划分。ITU-R 划分了 450MHz、700MHz、800MHz、1800MHz、1900MHz、2100MHz、2300MHz、2500MHz、3500MHz 和 4400MHz 等频段给 3G 网络 IMT-2000 系统使用。4G LTE 网络部署初期，频段主要集中在 2.6GHz、1.8GHz 和 700MHz，然而由于各国家或地区使用情况存在差异，给产业链和用户带来困难。对我国来说，上述频段存在多种业务（铁路调度系统、广播电视系统、集群系统、雷达系统及固定卫星系统等），给 4G LTE 频率规划和网络部署带来了巨大的挑战。按照 ITU-R 的预计，数据流量将呈现指数级增长，到 2030 年全球数据流量增长将为 2010 年的 2 万倍。面对如此巨大的数据流量亟须提升频谱效率，改变目前碎片化的使用方式。除了在频谱划分方面尽量减少碎片化，还可以通过新技术来实现频谱效率的最大化。例如，基于 OFDMA 的 4G LTE 系统相比 2G、3G 在容量上有了新的突破，为了达到系统需求的峰值速率，采用 MIMO 技术和高阶调制技术提升频谱效率；在 LTE-Advanced 演进过程中引入的载波聚合（CA）技术，将多个连续或不连续离散频谱聚合使用，从而解决高带宽需求，进而提高频谱效率。因此，针对频谱资源稀缺的问题，未来 5G 需要使用合适的频谱使用方式和新技术来提高频谱效率。例如，TDD、FDD 融合的同频同时全双工（CCFD）可以有效提升频谱效率，并给频谱的使用提供方便。

7.2.2　物联网主导 5G 的发展愿景

移动通信已经深刻地改变了人们的生活，但从 1G 发展到 4G，人们对更高性能移动通信的追求从未停止。为了应对未来爆发式的移动数据流量增长、海量的设备连接、不断涌现的各类新业务和应用场景，第五代移动通信系统（5G）应运而生。其中，海量的设备连接及高可靠、低时延的新业务场景完全属于物联网应用需求，是对世界朝着万物互联方向发展的技术响应。

移动互联网的客户是人，主要面向人与人或人与物之间的通信，颠覆了传统移动通信业务模式，深刻影响着人们工作、生活的方方面面，将推动人类社会信息交互方式的进一步升级，尤为注重向用户提供增强现实、虚拟现实、超高清视频、移动云等更加身临其境的业务。移动互联网的进一步发展也将带来未来移动流量的超千倍增长，推动移动通信技术和产业的新一轮变革。近几年，超高清、3D 和浸入式视频等移动通信业务的流行已经明显驱动数据传输速率大幅提升，如 2D 的 8K 视频或 3D 视频经过百倍压缩之后传输速率仍需要 1Gbit/s。增强现实、云桌面、在线游戏等业务，不仅对上、下行数据传输速率提出挑战，同时也对时延提出了"无感知"的苛刻要求。未来大量的个人和办公数据将被存储在云端，海量实时的数据交互需要 Gbit/s 量级的传输速率，并且会在热点区域对移动通信网络造成流量压力。社交网络等业务应用未来将会成为主导应用之一，小数据包频发将造成信令资源的大量消耗。未来人们对各种应用场景下的通信体验要求越来越高，用户希望能在体育场、露天集会、演唱会等超密集场景中，以及高铁、地铁等高速移动环境下，也能获得一致的业务体验。

物联网主要面向物与物、人与物的通信，不仅涉及普通个人用户，也涉及大量不同类型的行业用户。除了传统的移动互联网应用日益普及，物联网相关应用扩展了移动通信的服务范围，从人与人通信延伸到物与物、人与物智能互联，使移动通信技术渗透至更加广阔的行业领域。

物联网业务类型非常丰富，业务特征也差异巨大。未来的移动医疗、车联网、智能家居、工业控制、环境监测等应用场景将会推动物联网应用爆发式增长，数以千亿的设备将接入网络，实现真正的万物互联，并缔造出规模空前的新兴产业，为移动通信带来无限生机。同时，海量的设备连接和多样化的物联网业务也会给移动通信带来新的技术挑战。对于智能家居、智能电网、环境监测、智能农业和智能抄表等业务，需要网络支持海量设备连接和大量小数据包频发；视频监控和移动医疗等业务对传输速率提出了更高的要求；车联网和工业控制等业务则要求毫秒级的时延和接近 100% 的可靠性。另外，大量的物联网设备将会被部署在山区、森林、海岛、水下等偏远地区，以及室内角落、地下室、隧道等传统通信网络信号难以到达的区域，因此要求移动通信网络的覆盖能力进一步增强。为了满足更多的物联网业务实现需求，5G 应具备更高的灵活性和可扩展性，以适应海量设备的连接和多样化的用户需求。

无论是对移动互联网还是对物联网，用户在不断追求高质量业务体验的同时也在期望成本的下降。同时，5G 需要提供更高和更多层次的安全机制，不仅要满足互联网金融、安防监控、安全驾驶、移动医疗等的极高安全要求，也要为大量低成本物联网业务提供安全解决方案。此外，5G 要支持更低的功耗，以实现更加绿色环保的移动通信网络，并大幅提升终端电池的续航时间，这对于在很多应用场景中仅靠电池供电的物联网设备来说尤为重要。

7.2.3　5G 相对 4G 的关键指标提升

5G 的发展将渗透到人类社会的各领域，以用户为中心的全方位信息生态系统将被构建。5G 可以使信息突破时空限制，提供极佳的交互体验，为用户带来身临其境的信息盛宴。5G 拉近了万物的距离，通过无缝融合的方式，便捷地实现人与万物的智能互联。5G 能够为用户提供类似光纤有线网络的接入速率，超低时延的使用体验，千亿设备的连接能力、超高流量密度、超高连接数密度和超高移动性等多场景的一致服务，业务及用户感知的智能优化，还可以为网络带来超百倍的能效提升和超百倍的比特成本降低。5G 能力之花如图 7-1 所示。

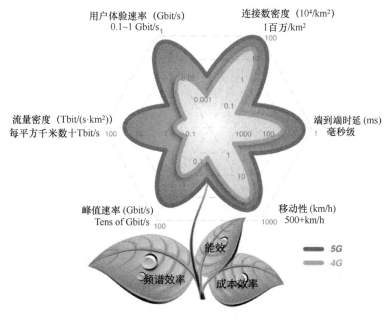

图 7-1　5G 的能力之花

作为新一代移动通信系统，5G 的关键能力相比前几代移动通信系统更加丰富多样，具体体现在传输速率更高、时延更低、容量更大、应用更广、能量更省、更可靠稳定等方面。5G 的关键性能指标涉及峰值速率、用户体验速率、流量密度、端到端时延、移动性、连接数密度、频谱效率、能效等方面，如表 7-1 所示，可以看出，5G 的综合能力指标都被设定为 4G 的百倍甚至千倍。

表 7-1　5G 的关键性能指标

指 标 名 称	指 标 定 义	指 标 数 值
峰值速率	单个用户可获得的最高数据传输速率	$10\sim50$Gbit/s
用户体验速率	处于覆盖范围内的单个用户有相应的业务要求时可获得的最小数据传输速率	$0.1\sim1$Gbit/s
流量密度	单位面积区域内的总流量	几十 Tbit/(s·km²)
端到端时延	数据包从网络相关节点传递至用户的时间长度	1ms
移动性	在不同用户移动速率下获得指定服务质量，以及在不同无线接入点无缝迁移的能力	500km/h
连接数密度	单位面积内连接设备的总数量	$(10^6\sim10^7)$/km²
频谱效率	单位频谱资源提供的数据吞吐量	提升 5 倍以上
能效	与网络能量消耗相对应的数据传输总量及设备的电池寿命	提升 $50\sim100$ 倍

在这 8 个关键性能指标中，用户体验速率最具代表性，它来自用户使用过程中的直观感受。用户通过智能终端使用 5G 网络在数秒之内即可下载一部高清电影，或者无须缓存等待就能观看体育赛事直播，未来 5G 的高传输速率还将促使 VR 游戏、高清 3D 电影、高清视频监控等高带宽要求的智能应用融合进入大众的日常生活。流量密度和峰值速率都是数据传输速率的衡量指标，其中流量密度是指通信系统能够同时支持的总数据传输速率，峰值速率是指立项条件下能达到的最大传输速率，可以理解为系统最大承载能力的体现。与 4G 相比，5G 的流量密度要求提高 1000 倍以上，峰值速率要求提高 100 倍以上。4G 的网络时延大概是 15ms，随着车联网和工业物联网的发展，新的物联网设备需要更低的时延才能满足特殊场景下的业务需求，5G 的网络时延要求达到 5ms 甚至 1ms。对于多样化的物联网应用场景，存在特定区域内大量智能设备连接网络的需求。为满足此需求，5G 网络在单位面积区域内应具备更高的带宽，同时接入更多的用户。单一蜂窝至少能够支持超过 1000 个低传输速率的设备。对于连接数密度指标，每平方千米的物联网连接设备总量将能够达到 10 万到 100 万量级。

7.3　5G 的标准和产业发展

为了抢占科技发展的制高点，世界主要国家和地区都高度重视 5G 的发展，纷纷出台了多个战略规划，部署一些重大工程项目，发布相关频谱规划，积极推动 5G 产业发展。

2012 年，欧盟的 5G 公私合作计划（5G-PPP）宣布投入 5000 万欧元进行 5G 移动通信技术研发，2020 年 5G-PPP 又正式启动第三阶段新项目 5G-EVE、5G-VINNI 和 5G-ENESIS 的研究，着重解决 5G 端到端设施的挑战并为垂直用例建设一个广泛的验证平台。2013 年，韩国三星电子公司在 5G 论坛宣布已成功研发出 5G 关键技术，首次将传输速率提升到 1Gbit/s，最远传输距离增加到 2km，这比 4G LTE 技术快了 100 倍。同年，英国电信运营商也对 5G 网络进行了 100m 内的数据传输测试，取得了预期效果。2015 年，日本的 5G 论坛（5G MF）宣布开始对 5G 的户外承载能力展开测试，日本运营商计划在 2020 年东京奥运会上提供 5G 商用服务。2015 年 9 月，美国移动运营商 Verizon 宣布其 5G 网络已成功实现了高达 3.7Gbit/s 的数据传输速率，经过 2016 年的进一步测试和完善后，其启动 5G 试商用，并在 2017 年正式开始了 5G 的商业运营。

2016 年 1 月，我国按照关键技术验证、技术方案验证和系统方案验证 3 个阶段全面启动了 5G 技术研发试验，其中从 2016 年到 2018 年年底进行了 5G 产品的研发试验，主要目标是开展 5G 预商用测试，遵循 ITU 在 2018 年 6 月发布的国际标准并基于面向商用的硬件平台，在 3.4～3.6GHz 和 4.8～5.0GHz 两个频段上重点开展预商用设备的单站、组网性能、网络规划、芯片、仪表等产业链上下游的互联互通测试，使整个产业具有商用的能力。

作为一种基本的竞争战略，国家之间的标准竞争同时也是科技和产业的竞争，世界各国都力求通过标准竞争建立其他方式难以获取的核心竞争力,对 5G 标准的竞争更是全球科技竞争的焦点。起初,5G 的研究工作在各标准化组织中进行,5G 的标准化进程凝聚了各标准化组织的贡献。各标准化组织间建立了联络和协作机制,根据各自的推进计划和时间需求,共同推动 5G 的标准化。5G 已进入互联网领域,而且越来越多的接入基于无线和移动,因此跨越各标准化组织和工作组间的协同工作是确保未来各方达成目标的关键。在这些组织中,3GPP 是 5G 标准化工作的核心机构。3GPP 成立于 1998 年 12 月,其最初的工作是为第三代移动通信系统制定全球适用的技术规范和技术报告。随后 3GPP 的工作增加了对 UTRA 长期演进系统的研究和标准制定。目前 3GPP 已发展成拥有 ETSI、TIA、TTC、ARIB、TTA 和 CCSA 6 个组织伙伴(OP)、13 个市场伙伴(MRP)和 300 多家独立成员的标准制定领导机构。3GPP 制定的标准规范以 Release 作为版本进行管理,平均 1~2 年就会完成一个版本标准的制定,如最初的 R99 及之后的 R4、R5,Release 8 是正式的 4G 标准,随后冻结的标准 R13 和 R14 是 LTE-Advanced 标准,也是针对 4G 的增强版本标准。

2015 年 10 月 26 日—30 日,在瑞士日内瓦召开的无线电通信大会上,ITU-R 正式批准了 3 项有利于推进 5G 研究进程的决议,正式确定 5G 标准的法定名称——IMT-2020,由此 IMT-2020 与 IMT-2000、IMT-Advanced 共同构成代表移动通信发展历程的"IMT 家族"。

在此之前的 ITU-R WP5D 第 22 次会议上,ITU-R 已批准 IMT-2020 愿景和标准化工作时间表。时间计划大体分为 3 个阶段:一是到此次会议结束,完成定义 5G 基本概念等内容;二是到 2017 年年底,为征集候选技术做准备,制定技术评估方法;三是征集候选技术,进行技术评估,选择关键技术,最后于 2020 年完成标准。ITU 与通信行业及各国家和地区标准制定机构密切合作,共同开发无线电网络系统,为 5G 标准所需的技术性能要求提供支持,并要求参与者严格遵守所制定的时间表。ITU 同时定义了 5G 的 3 个主要应用场景,一是增强移动宽带 eMBB,二是大规模机器类型通信 mMTC,三是高可靠低时延通信 uRLLC。关于能力指标,5G 不再单纯地强调峰值传输速率,而是综合考虑 8 个技术指标:峰值速率、用户体验速率、频谱效率、移动性、端到端时延、连接数密度、能效和流量密度。

回顾 IMT 家族的标准制定和网络部署历程,IMT-2000 从提出到完成第一个版本的标准共经历了 15 年,其网络部署工作至今仍在持续。IMT-Advanced 则把开发过程缩短为 9 年,IMT-2020 从 2015 年愿景提出到 2020 年标准完成,将这一进程缩短为 5 年。截至 2019 年 12 月,5G 技术标准已经涵盖 R15(3GPP Release 15)、R16(3GPP Release 16)、R17(3GPP Release 17)3 个完整版本。5G 标准不需要考虑与 4G 的后向兼容,但需要定义新的空口技术以满足 5G 在 3 类场景下的多种业务需求。与此同时,5G 不同版本的标准设计需要满足前后向兼容要求。其中,2017 年启动的 R15 是 5G 第一个版本的标准,主要针对增强移动宽带场景和部分高可靠低时延通信场景，完成了新空口非独立组网（NSA）和独立组网（SA）标准。全球 5G 在起步建设阶段均基于 3GPP R15 版本标准，该版本标准在制定的过程中，力求以最快的速度推出能用的标准，可以满足 5G 愿景对增强移动宽带、高可靠低时延通信和海量连接的基本要求，以及满足市场上比较急迫的商用需求。但是，为了提供更高质量的服务，实现与各行业的深度融合，5G 还需要在第一版本标准的基础上进行增强演进。5G 标准发展路线图如图 7-2 所示。

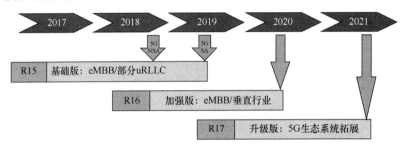

图 7-2　5G 标准发展路线图

2018 年 R16 的标准化工作启动。作为 5G 标准研发的第二阶段，R16 在兼容 R15 的基础上，对增强移动宽带场景进一步增强，引入包括增强多天线传输、蜂窝定位、终端节能、双连接/载波聚合、移动性增强等在内的技术，并针对高可靠低时延通信场景、面向工业物联网场景及车联网的应用需求进行标准化设计，详细制定工业物联网架构、有线/无线聚合、非公共网络及非授权频段等技术标准，功能设计于 2019 年年底完成，最终版本已于 2020 年 7 月 3 日正式冻结，满足了 ITU IMT-2020 提出的要求。第二版 5G 国际标准（3GPP R16）正是对 R15 的增强，实现了从能用到好用，围绕新能力扩展、已有能力挖潜和运维降本增效这 3 个方面，进一步增强了 5G 服务于行业应用的能力，提高了 5G 的效率。R16 标准在增强移动宽带能力和基础网络架构能力得到提升的同时，强化支援垂直行业应用，涵盖载波聚合、多天线技术、终端节能、定位应用、5G 车联网、高可靠低时延服务、切片安全、5G 蜂窝物联网安全、uRLLC 安全等议题。R16 还针对工业物联网场景的特定应用需求，研究制定了时间敏感网络、非公共网络、非授权频谱等方面的标准，为 5G 的全面应用奠定了坚实基础。

2019 年 12 月，3GPP RAN 工作组在第 86 次会议上对 5G 第三个版本的标准 R17 进行了规划和布局，共设立 23 个标准项目，全面启动 R17 5G 标准的设计工作。R17 中这 23 个标准立项涵盖面向网络智能运维的数据采集及应用增强、面向赋能垂直行业的无线切片增强、精准定位、工业物联网（IIoT）及其 uRLLC 增强、低成本终端，以及面向能力拓展的非地面网络通信（卫星通信及地空宽带通信）、覆盖增强、MIMO 增强（含高铁增强）等项目。同时 R17 标准项目还包括：针对中档新无线接口（NR）设备（MTC、可穿戴设备等）运作优化设计的轻型 NR；设备对设备（D2D）直联通信采用的 Sidelink 增强技术，R17 会进一步探索其在 V2X、商用终端、紧急通信领域的使用案例，实现这几个应用的最大共性，并包括 FR2（大于 6GHz）频段的部分；定位增强技术，针对工厂、校园定位，针对物联网、V2X、3D 定位，实现厘米级精度，包括降低时延及提升可靠性。除此之外，NB-IoT 和 eMTC 增强、工业物联网和 uRLLC 增强、综合接入与回传增强、非授权频谱 NR 增强、MIMO 增强、节能增强等，都列入 R17 项目中。

R17 除对 R15、R16 特定技术进行进一步增强外，还将大连接、低功耗、大规模机器类型通信作为 5G 场景的增强方向，基于现有架构与功能从技术层面持续演进，全面支持物联网应用，3GPP 最初预计在 2021 年年底完成标准制定。但受新冠肺炎疫情影响，3GPP 取消了 2021 年所有的线下会议，标准化会议从原先的面对面会议，改为以电子邮件讨论为主、电话会议为辅的会议方式，同时会议内容上也有所缩减，整体工作节奏和推进效率都受到了影响。2020 年 12 月 7 日，3GPP 决定将 5G 最新演进版本 R17 冻结时间进一步推迟半年，即 2022 年 6 月完成版本协议代码冻结。

R17 标准的目标是将大连接、低功耗、大规模机器类型通信作为 5G 场景的一个增强方向，其涵盖多天线技术、高精度定位、覆盖、极高频段通信、小数据包传输、组播广播、终端节能、双链接、最小化路测、多卡操作等通用技术的增强；还涵盖面向工业物联网垂直行业应用及应用增强的低复杂度低、成本终端增强、高可靠低时延物联网通信增强、终端直连通信增强、低功耗广域物联网增强、网络切片及网络自动化增强、非公共网络增强等增强技术，以更全面支持场景差异化的各种物联网应用。相比 R16 标准，R17 标准将更全面地覆盖垂直行业能力，对边缘计算、网络切片等基础能力做进一步的增强，同时将用户体验保障、商业模式等问题纳入考虑。近期广受关注的"天地一体化"通信，包括运用卫星、无人机等手段提供 5G 连接，都在 R17 标准中出现。R17 一方面聚焦于 R16 已有工作基础上的网络和业务能力的进一步增强，包括多天线技术、高可靠低时延通信技术、工业物联网、终端节能、定位和车联网技术等；另一方面也提出了一些新的业务和能力需求，包括覆盖增强、多播广播、应急通信和商业应用的终端直接通信、多 SIM 终端优化等。

R17 标准发布时间的推迟，对于 5G 的发展及整个行业而言，没有太大的负面影响。正是由于 R17 标准发布时间的推迟，产业界不得不将更多的精力放到基于 R16 的 5G 技术部署和提升中，这使 5G 的建设更加稳健，而时间推迟反而使 3GPP 更加极致地完成标准制定，对于产业界而言这无疑也是个利好消息。

7.4　5G 的关键技术突破

5G 的关键技术包括网络技术（网络架构）与无线技术（空口技术）两大类。除此之外，R16 作为 5G 第二阶段标准，主要关注垂直行业应用及整体系统的提升，包括系统架构持续演进、垂直行业应用增强（高可靠低时延通信 uRLLC、非公共网络 NPN、垂直行业 LAN 类型组网服务、时间敏感型网络 TSN、V2X、工业物联网 IIoT)、5G 核心网多接入支持增强、人工智能增强等，还包括定位、MIMO 增强、功耗改进等。基于这些，R16 能够适应多种应用场景。表 7-2 给出了从 4G 到 5G 发展过程中的关键技术。

表 7-2 从 4G 到 5G 发展过程中的关键技术

类　　型	技术细类	4G	4.5G	5G
容量	接入方式	OFDMA	SOMA （半正交频分多址）	GMFDM （通用多载波频分多址）
	双工方式	半双工	半双工	全双工
	调制	64QAM	256QAM	256QAM
	带宽	20Mbit/s	20Mbit/s	100Mbit/s 及以上
	CA	4CC	LTE-U 8CC 以上	海量 CA
	MIMO	2×2、4×4	海量 MIMO （8T8R 及以上）	海量 MIMO （16T16R 及以上）
时延	降低时延	1ms TTI	0.5 ms TTI	0.1 ms TTI
连接数	更多许接数	固定 15kHz 子载波	D2D（LTE-D）	可变带宽子载波
架构	网络架构	扁平化和 IP 化	Cloud EPC	NFV、SDN

7.4.1 基于 NFV 和 SDN 的网络架构

传统的 4G 网络已不能满足网络用户的需求，5G 网络的传输速率是 4G 网络的数百倍，更具有灵便、高效及可编程等特征，有助于网络业务创新性的优化。SDN 技术与 NFV 技术在 5G 网络系统中进行部署，能够实现无线资源的虚拟化，同时也能够将全部的网络资源虚拟化，并且通过统一的控制器可以实现数据的集中管理与控制。

软件定义网络（SDN）于 2006 年在美国诞生，它是由 GENI 项目资助的斯坦福大学"推倒重来"（CleanSlate）课题组提出的一种新型网络创新架构，也是网络虚拟化的一种实现方式。该技术的本质在于通过软件编程充分控制网络行为，实现按需分配。SDN 对优化 5G 网络架构起到了积极的推动作用，其应用价值主要表现在集中控制、开放接口及网络虚拟化这 3 个方面。

（1）集中控制。SDN 技术的优势就是控制与转发分离，而将其应用于 5G 网络中，能够实现控制逻辑的集中。SDN 部署中出现的控制器，能够获取全局的信息，并且能够立足业务需求，对网络资源进行统一调配与优化。

（2）开放接口。SDN 的开放接口，可以为用户提供便利的条件，实现按需调配网络资源。同时，还有助于开发新型网络业务，最大限度地缩短新型业务的成熟周期。

（3）网络虚拟化。借助 SDN 开放接口的统一性与开放性，可以有效地屏蔽底层物理转发设备的差异性，促进软件与硬件的解耦，还有助于逻辑网络突破专有设备物理位置的束缚，灵动地调配网络资源，以满足业务的需求。逻辑网络还有一个明显优势就是能够为多租户共享提供支撑，满足租户网络的定制需求。

网络功能虚拟化（NFV）是移动核心网络应用的关键技术，实现了网络设备取代通信专用设备的目标，真正达到了网络功能虚拟化的目的。NFV 技术的应用优势具体表现在有效控制支出成本、强化动态迁移性及优化业务创新性这 3 个方面。一是有效控制支出成本。NFV 技术应用于 5G 网络，无论是开发移动业务功能还是更新移动业务功能，都完成了"硬件支撑"向"软件加载"的转化，缩短了网络功能开发耗费的时间，减少了硬件设备花费的资金，有效地控制了支出的成本。二是强化动态迁移性。通过使用 NFV 技术，提高了网络的弹性，减少了硬件安装调配花费的时间，实现了按需自动化配置，大大提升了网络效率，同时用户还可以灵活地按需删除或添加。三是优化业务创新性。网络功能由"硬件化"转化为"软件化"，能够为新网络功能的创新与定制提供支撑，同时也能够为优化业务创新、满足用户定制需求提供支撑，可见 NFV 技术具有较高的伸展性与灵便性。

IMT-2020（5G）推进组发布的 5G 网络架构设计白皮书给出了引入 SDN/NFV 技术的 5G 网络架构，如图 7-3 所示。5G 硬件平台支持虚拟化资源的动态配置和高效调度，在广域网层面，NFV 编排器可实现跨数据中心的功能部署和资源调度，SDN 控制器负责不同层级数据中心之间的广域互联。城域网以下可部署单个数据中心，数据中心内部使用统一的 NFVI 基础设施层，实现软硬件解耦，利用 SDN 控制器实现数据中心内部的资源调度。

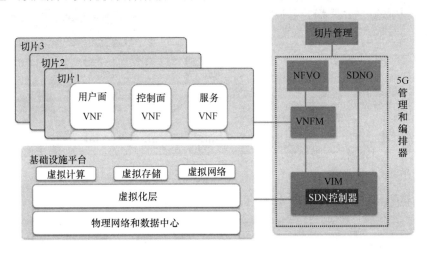

图 7-3　引入 SDN/NFV 技术的 5G 网络架构

NFV、SDN 技术在接入网平台的应用是业界聚焦探索的重要方向。利用平台虚拟化技术，可以在同一基站平台上同时承载多个不同类型的无线接入方案，并能完成接入网逻辑实体实时动态的功能迁移和资源伸缩。利用网络虚拟化技术，可以实现 RAN 内部各功能实体动态无缝连接，便于配置客户所需的接入网边缘业务模式。另外，针对 RAN 侧加速器资源配置和虚拟化平台间高速大带宽信息交互能力的特殊要求，虚拟化管理与编排技术需要进行相应的扩展。

SDN 技术与 NFV 技术的融合将进一步提升 5G 组大网的能力。NFV 技术实现底层物理资源到虚拟化资源的映射，构造虚拟机（VM），加载网络逻辑功能；虚拟化系统对虚拟化基础设施平台进行统一管理和资源的动态重配置。SDN 技术则实现虚拟机间的逻辑连接，构建承载信令和数据流的通路，最终实现接入网和核心网功能单元的动态连接，配置端到端的业务链，达到灵活组网。

一般来说，5G 网络的组网功能元素可分为 4 个层次，组网视图如图 7-4 所示。中心层以控制、管理和调度职能为核心，如虚拟化功能编排、广域数据中心互联和 OSS/BSS 系统等，可按需部署于全国网络，实现对网络的总体监控和维护。汇聚层主要包括控制面网络功能，如移动性管理、会话管理、用户数据和策略等，可按需部署于省一级网络。边缘层主要功能包括数据面网关功能，重点承载业务数据流，可部署于地市一级网络，移动边缘计算功能、业务链功能和部分控制面网络功能也可以下沉到这一层。接入层包含无线接入网的集中式单元（CU）和分布式单元（DU）功能，CU 可部署于回传网络的接入层或汇聚层；DU 部署在用户近端。CU 和 DU 间通过增强的低时延传输网络实现多点协作功能，支持分离或一体化站点的灵活组网。

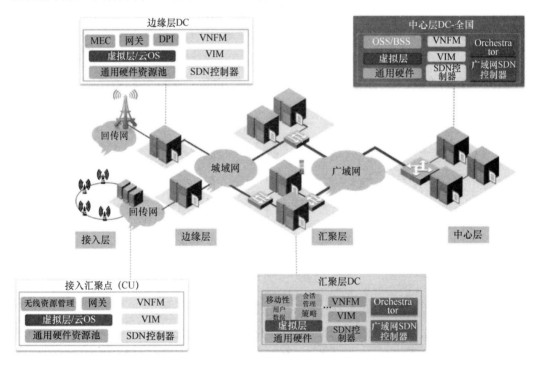

图 7-4 5G 网络的组网视图

借助于模块化的功能设计和高效的 NFV/SDN 平台。在 5G 组网实现中，上述组网功能元素部署位置无须与实际地理位置严格绑定，可以根据每个运营商的网络规划、业务需求、流量优化、用户体验和传输成本等因素综合考虑，对不同层级的功能加以灵活整合，实现多数据中心和跨地理区域的功能部署。

综上所述，在网络用户与日俱增和网络流量急剧增加的状况下，优化网络结构与性能已然成为迫切需要解决的问题。将 NFV 技术引入 5G 通信网络，实现了网络功能由"硬件化"到"软件化"的转化，同时也实现了网络功能的虚拟化；而将 SDN 技术引入网络，就是为了实现高效网络部署，提升网络的传输性能。无论是 SDN 的部署，还是 NVF 的应用，都是为了降低网络的容量，减轻运营管理的负担。这样，通过融合 SDN 与 NFV，能够实现网络资源的虚拟化，并对数据进行集中管理与控制，提高传输速率，拓展网络容量，进而为广大用户提供更为优质、稳定的服务。

7.4.2　设备到设备（D2D）通信

在研发 5G 无线通信技术的过程中，一方面需要考虑持续提升传统的无线通信性能指标，如网络容量、频谱效率等，以进一步提高有限且日益紧张的无线频谱效率；另一方面还需要考虑更丰富的通信模式以提升终端用户体验，拓展蜂窝通信的应用领域和应用范围。

在 5G 之前的移动通信网络中，控制信令和数据包都是通过基站进行中转的。一直以来，网络运营商非常希望能够只占用少部分或不占用基站资源就能使用户之间直接进行通信，又能不影响对用户按通话时长或流量的计费。其实之前也有一些终端设备已经采用了直接通信的方式，如蓝牙设备之间进行近距离数据交互及苹果手机之间通过 AirDrop 进行隔空投送。但是这些技术的总体传输速率低、覆盖距离短，无法满足 5G 时代万物互联和大规模数据传输的应用场景，而 D2D 通信技术的出现正可以解决此问题。

作为 5G 的关键技术之一，D2D 通信技术是邻近终端设备之间直接进行通信的技术，它通过使用目前智能终端普遍具有多种空口优势，以及所带来的丰富频谱资源、高频谱效率和近距离低功率提供的空间高重用因子，实现大容量和低成本的通信。在移动通信网络中，一旦终端之间建立了 D2D 通信链路，传输语音或数据就不需要基站的干预了，以此减轻通信系统中核心网和基站的通信负载，从而提供比基站转发形式的速率更高、功耗更低的短距离传输服务，保证通信网络更灵活、高效、智能地运行，极大提高 5G 网络接入方式的灵活性和网络连接的性能，具有提高频谱效率、提升用户体验、扩展蜂窝通信应用的良好前景，受到产业界的广泛关注。2008 年高通公司首次提出了 D2D 通信技术，随后华为、爱立信、富士通、中兴等通信行业巨头也纷纷进行相关的研究，并已有大量的已授权相关专利。目前 D2D 方案包括广播、组播、单播等技术，未来还将研发一系列的增强技术，包括基于 D2D 的中继、多天线、联合编码、发送功率控制和资源分配等技术。

与物联网的机器到机器（M2M）通信概念比较类似，D2D 通信旨在使一定距离范围内的用户通信设备直接通信，以降低对服务基站的负荷。在 D2D 通信技术出现之前，已有类似的通信技术出现。例如，蓝牙技术能够实现短距离时分双工通信，Wi-Fi 的 Direct 技术可以实现更快的传输速率和更远的传输距离，高通提出的 FlashLinQ 技术可以极大地提高 Wi-Fi 的传输距离。后两种技术由于各种原因都没能大范围商用，而 3GPP 研究的 D2D 通信技术在一定程度上能够弥补点对点通信的短板。相对于其他不依靠基础网络设施的直通技术，D2D 通信更加灵活，既可以在基站控制下进行连接及资源分配，也可以在无网络基础设施的时候进行信息交互。D2D 通信与蓝牙、无线局域网（主要是 Wi-Fi）等基于 ISM 非授权频段的短距离通信技术的最大区别是它使用电信运营商的授权频段，其干扰环境是明确可控的，直接通信范围可达 100m，信道质量更高，数据传输具有更高的速率和可靠性，更能满足 5G 超低时延通信的要求。此外，蓝牙设备只有在用户进行手动匹配后才能实现通信，无线局域网设备在通信之前需要对接入点（AP）进行用户自定义设置，而 D2D 通信无须用户手动配置连接对象或网络，可以通过终端设备进行智能识别连接，提供了更好的用户体验。此外，D2D 通信还可以满足人与人之间的大量信息交互，且传输速率更高，相比免费的 Wi-Fi Direct 有更好的 QoS 保证。D2D 通信既可以满足手机终端用户之间的通信，也支持大规模的 M2M 业务，如车载终端通信。具有 D2D 通信功能的智能终端可以在 D2D 通信模式与普通通信模式之间进行切换，如手机终端在通信高峰期根据通信距离与通信质量，智能选择是否使用 D2D 通信模式。D2D 通信的直接覆盖距离可达 100m，还可以利用其他具有 D2D 通信功能的终端设备充当网络中继器来转发消息，从而进一步扩展 D2D 通信范围，如不在移动通信网络基站信号覆盖范围内的手机用户可以通过 D2D 通信技术多跳传输接入网络。

假设某被蜂窝网络覆盖的小区中央配有一个全向天线基站，该网络利用 OFDM 技术，将频谱资源分为一系列相互正交的子载波分配给不同的用户，利用正交资源的用户之间不会产生干扰。网络中的用户终端可以分为两类，一类是传统蜂窝用户，它们之间通过基站通信；另一类是 D2D 用户，彼此之间可以使用 D2D 通信方式进行直接通信，也可进行蜂窝通信，并且能够实现两种通信模式的切换。

D2D 通信的控制可以分为集中式控制和分布式控制两种方式。集中式控制由基站控制连接，基站通过终端上报的测量信息，获得所有链路信息，但该类型控制会增加信令负荷；分布式控制则由设备自主完成链路的建立和维持。相比集中式控制，分布式控制更容易获取设备之间的链路信息，但会增加设备的复杂度。集中式控制既可以发挥 D2D 通信的优势，又便于对资源进行管理和控制。

根据蜂窝网络基站的参与程度来划分，D2D 通信可以分为 3 种应用场景。

（1）完全没有蜂窝网络覆盖的 D2D 通信。该场景对应于蜂窝网络信号瘫痪或移动终端位于基站信号覆盖范围之外，此场景下移动终端直接进行 D2D 通信。此时，D2D 通信的设备发现及会话建立都由设备自主完成，不需要基站参与。在该场景中进行 D2D 通信的移动终端功能复杂度相对较高。D2D 通信终端设备还具有充当网络中继节点自动转发消息的功能，蜂窝网络覆盖范围之外的设备可以通过中间设备传递消息，两跳甚至多跳连接到远处的基站进行网络连接。

（2）部分蜂窝网络覆盖的 D2D 通信。此时的 D2D 通信需要基站的辅助控制。基站在 D2D 通信的开始阶段参与设备发现和会话建立，负责引导设备双方建立连接，后续不再进行资源调度，由 D2D 通信设备根据内置算法自行选择信道资源。这种 D2D 通信模式的网络复杂度相对较低，但由于自行选择信道资源，因此干扰不可控，一般通信用户和 D2D 用户的通信质量都将受到一定影响。

（3）蜂窝网络覆盖下的 D2D 通信。在此场景中，从设备发现和会话建立到通信资源分配都在基站的严密管控下完成。使用 D2D 功能的目标设备向基站发送信号请求配对，基站收到需要发现 D2D 通信设备的请求配对消息后建立逻辑连接，控制 D2D 通信设备的资源分配，即让该目标设备附近的 D2D 通信设备接收该信号，然后分配单独的信道资源或复用蜂窝网络的信道资源。此时两个 D2D 通信设备可以获得高质量的通信。基站可以通过控制具体复用哪条信道资源及设备的发送功率，将 D2D 通信对一般通信的干扰控制在最低范围。

D2D 通信的应用场景如图 7-5 所示。

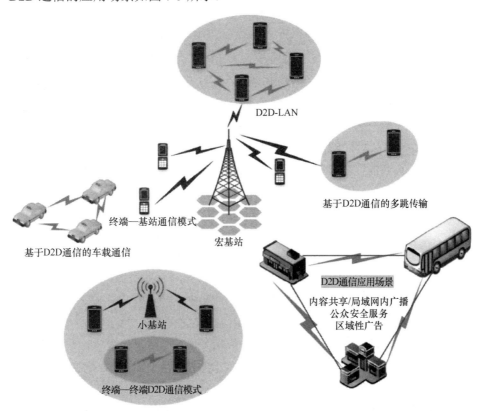

图 7-5　D2D 通信的应用场景

5G 技术的普及应用将加速推动人类社会进入万物互联的新时代。2020 年全球范围内大约有 500 亿台的终端设备接入通信网络，其中大部分的通信终端都具有物联网的信息感知特征。D2D 通信技术的使用将能给 5G 网络带来下面 3 项好处。

（1）提高 5G 频谱效率。在 D2D 通信模式下，用户数据直接在终端之间传输，避免了蜂窝通信中用户数据经过网络中转传输，由此产生链路增益；D2D 用户之间及 D2D 通信终端与蜂窝之间的资源可以复用，由此可产生资源复用增益；链路增益和资源复用增益可以提高无线频谱资源的效率，进而提高网络吞吐量。

（2）提升 5G 用户体验。随着移动通信服务和技术的发展，具有邻近特性的用户间近距离的数据共享、小范围的社交和商业活动及面向本地特定用户的特定业务，都在成为当前及下阶段无线平台中一个不可忽视的增长点。基于邻近用户感知的 D2D 通信技术的引入，有望提升上述业务模式下的用户体验。

（3）扩展 5G 通信应用。传统无线通信网络对通信基础设施的要求较高，核心网设施或接入网设备的损坏都可能导致通信系统瘫痪。D2D 通信的引入使得蜂窝通信终端建立 Ad-Hoc 网络成为可能。当无线通信基础设施损坏或者在无线网络的覆盖盲区时，终端可借助 D2D 通信技术实现端到端通信甚至接入蜂窝网络，无线通信的应用场景得到进一步的扩展。

D2D 通信的应用方向大体上可以分为以下 3 类。

（1）本地业务。本地业务一般可以理解为用户面的业务数据不经过网络侧（核心网等）而直接在本地传输。本地业务的一个典型用例是社交应用，基于邻近特性的社交应用可看作 D2D 通信技术最基本的应用场景之一。例如，用户通过 D2D 通信设备发现功能寻找邻近区域的感兴趣用户；通过 D2D 通信功能进行邻近用户之间的数据传输，如内容分享、互动游戏等。本地业务的另一个基础应用场景是本地数据传输。本地数据传输利用 D2D 通信的邻近特性及数据直通特性，在节省频谱资源的同时扩展移动通信应用场景，为运营商带来新的业务增长点。例如，基于邻近特性的本地广告服务可以精确定位目标用户，使得广告效益最大化；进入商场或位于商户附近的用户，可以接收到商户发送的商品广告、打折促销等信息；电影院可向附近用户推送影院排片计划、新片预告等信息。本地业务的另一个应用是蜂窝网络流量卸载（Offloading）。在高清视频等媒体业务日益普及的情况下，其大流量特性也给运营商核心网和频谱资源带来巨大压力。基于 D2D 通信的本地媒体业务利用 D2D 通信的本地特性，节省运营商的核心网及频谱资源。例如，在热点区域，运营商或内容提供商可以部署媒体服务器，时下热门媒体业务可存储在媒体服务器中，而媒体服务器则以 D2D 通信模式向有业务需求的用户提供媒体业务；或者用户可以从邻近的已获得媒体业务的用户终端处获得该媒体内容，以此缓解运营商蜂窝网络的下行传输压力。另外，近距离用户之间的蜂窝通信也可以切换到 D2D 通信模式以实现对蜂窝网络流量的卸载。

（2）应急通信。当极端的自然灾害如地震发生时，传统通信网络基础设施往往也会受损，甚至发生网络瘫痪，给救援工作带来很大的障碍。D2D 通信的引入有可能解决这个问题。例如，通信网络基础设施被破坏，终端之间仍然能够基于 D2D 通信连接建立无线通信网络，即基于多跳 D2D 通信组建 Ad-Hoc 网络，保证终端之间无线通信的畅通，为灾难救援提供保障。另外，受地形、建筑物等因素的影响，无线通信网络往往会存在盲点。通过一跳或多跳 D2D 通信，位于覆盖盲区的用户可以连接到位于网络覆盖范围内的用户终端，借助该用户终端连接到无线通信网络。

（3）物联网增强。移动通信的发展目标之一是建立一个包括各类型终端的广泛互联互通网络，这也是当前在蜂窝通信框架内发展物联网的出发点之一。如果 D2D 通信技术与物联网结合，则有可能产生真正意义上的互联互通无线通信网络。

针对物联网增强的 D2D 通信的典型场景之一是车联网中的车与车（Vehicle-to-Vehicle）通信。例如，在高速行车时，车辆的变道、减速等操作，可通过 D2D 通信方式发出预警，该车周围的其他车辆基于接收到的预警对本车驾驶员提出警示，甚至在紧急情况下对车辆进行自主操控，以缩短行车中面临紧急状况时驾驶员的反应时间，降低交通事故的发生率。另外，通过 D2D 通信的设备发现技术，车辆可以更可靠地发现和识别其附近的特定车辆，如经过路口时的具有潜在危险的车辆、具有特定性质的需要特别关注的车辆（载有危险品的车辆、校车等）。基于终端直通的 D2D 通信由于具有在通信时延、邻近设备发现等方面的特性，在车联网车辆安全领域具有先天优势。

在万物互联的 5G 网络中，由于存在大量的物联网通信终端，网络的接入负荷成为严峻的问题之一。基于 D2D 通信的网络接入有望解决这个问题。例如，在巨量终端场景中，大量存在的低成本终端不是直接接入基站的，而是以 D2D 通信方式接入邻近的特殊终端，通过该特殊终端建立与蜂窝网络的连接。如果多个特殊终端在空间上具有一定的隔离度，则用于低成本终端接入的无线资源可以在多个特殊终端间重用，不但可以缓解基站的接入压力，而且能够提高频谱效率。相比目前 4G 网络中小小区（Small Cell）的架构，这种基于 D2D 通信的接入方式更灵活且成本更低。例如，在智能家居应用中，可以由一台智能终端充当特殊终端；具有无线通信能力的家居设施，如家电等，均以 D2D 通信方式接入该智能终端，而该智能终端则以传统蜂窝通信的方式接入基站。基于蜂窝网络的 D2D 通信的实现，有可能为智能家居行业的产业化发展带来实质性的突破。

7.4.3　多输入多输出（MIMO）

MIMO 技术通俗地说就是为了提升无线信号的传输质量，利用多个天线将信号进行同步收发的技术。MIMO 技术起初是由马可尼（Marconi）在 1908 年提出来的，其目的是利用该技术来抑制无线信道的衰落。发展至今的 MIMO 技术，不但可以用于提高传输的可靠性，提升接收信噪比，还可以有效提高数据传输的峰值速率，甚至可以用于扩大覆盖范围。MIMO 技术在维基百科中的定义是一种用来描述多天线无线通信系统的抽象数学模型，能利用发射端的多个天线各自独立发送信号，同时在接收端用多个天线接收并恢复原信息。在主流的 802.11n 无线产品中，MIMO 架构是标志性的无线技术之一。在无线通信领域中，MIMO 技术中的智能天线技术非常重要，该技术能在不增加带宽的情况下成倍地提高通信系统的吞吐量、传送距离和频谱效率。应该说，一个无线通信系统只要其发射端和接收端同时采用了多个天线（或者天线阵列），就构成了一个无线 MIMO 系统。

如上所述，MIMO 是一个抽象的数学模型，它能够代表一类配置有多根发射天线和接收天线的天线通信系统。MIMO 技术能够利用空间无线信道的强相关性或弱相关性，从发射端的多根发射天线上发送相互独立或相关联的信号，并在接收端利用多根接收天线恢复出相应的数据。与传统的单输入单输出（SISO）系统相比，MIMO 系统还包括单输入多输出（SIMO）系统和多输入单输出（MISO）系统。

MIMO 技术为 3G 通信系统和后续的无线通信系统实现高速率和高质量的数据传输提供了基本保障。因此为满足 LTE 系统在传输速率和系统容量等多个方面的需求，标准规定支持下行 MIMO 技术，包括波束赋形、传输分集、空间复用等技术。LTE 系统支持的下行 MIMO 技术，基本天线配置为 2×2，即两根发射天线和两根接收天线，但 LTE 标准规定，该系统最多能够支持 4×4 的天线配置。

波束赋形技术应用在发射天线间隔较小的 MIMO 系统中，该技术的原理是利用空间无线信道之间较强的相关性，基于波的干涉能够产生具有强方向性的辐射图，使信号功率辐射图的主瓣指向用户所在的方向，从而直接提高接收信噪比，间接提升系统容量或覆盖范围。传输分集的原理是利用空间无线信道之间较弱的相关性，以及无线信道的时间选择性和频率选择性，传输更多的信号副本，从而提高信号传输的可靠性，并改善接收信噪比。空间复用的原理是利用空间无线信道之间较弱的相关性，在多个独立的空间信道上传输多条并行的数据流，从而有效提高数据的传输速率。由于空间复用技术能够有效提升频谱效率，提高传输速率，显著提高信道容量，因此受到业界的广泛关注。

MIMO 技术采用空间复用技术对无线信号进行处理后，数据通过多重切割之后转换成多个平行的数据子流，数据子流经过多副天线同步传输，在空中产生独立的并行信道传送这些信号流。为了避免被切割的信号不一致，在接收端也采用多个天线同时接收，根据时间差的因素将分开的各信号重新组合，还原出原本的数据。使用 MIMO 技术的好处是，可以通过增加天线的数量来传输数据子流，将多个数据子流同时发送到信道上，各发射信号占用同一频段，从而在不增加频段宽度的情况下提高频谱效率。例如，采用 MIMO 技术的无线局域网频谱效率可达到 20～40bit/(s·Hz)，非常适合在室内环境无线网络系统中应用。因此，MIMO 技术其实在 5G 之前的通信系统中已经得到了一些应用，使用 MIMO 技术后，可以令无线信号的传输距离、天线的接收范围进一步扩大，信号抗干扰性更强，无线传输更为精准快速，可以说它是一种提高系统频谱效率和传输可靠性的有效手段。因天线占据空间、实现复杂度高等一系列问题的制约，5G 之前 MIMO 技术应用中的收发装置所配置的天线数量偏少，但在大规模 MIMO 中，对基站配置了数目相当多的天线，把 4G 阶段的天线数量提升了一到两个数量级，极大地提高了通信容量和可靠性，彰显了该技术的优越性。

MIMO 技术的发展经历了单用户 MIMO、多用户 MIMO 及大规模 MIMO 3 个主要阶段。

（1）单用户 MIMO。单用户 MIMO 是一种非常简单的单点对单点的无线传输通信技术，无线发送端与用户端通过多条天线连接。这项技术存在很多问题，如多个用户之间容易相互干扰。随着我国科技水平的不断发展，人们对网络通信质量的要求越来越高，这种单用户 MIMO 技术已经逐渐落后。

（2）多用户 MIMO。相对于单用户 MIMO 而言，多用户 MIMO 技术在单用户 MIMO 技术的基础上增加了中间连接点，我们称这些中间连接点为基站。这在很大程度上解决了用户之间的干扰问题。多用户 MIMO 技术虽然比单用户 MIMO 技术更能满足人们的需求，但是它也存在各基站之间容易互相干扰的缺点，如果要消除这种干扰，就需要运用更加高端的大规模 MIMO 技术。

（3）大规模 MIMO。大规模 MIMO（Masive MIMO 或 mMIMO）是 MIMO 技术的扩展和延伸，其基本特征是在基站侧配置几十甚至几千个大规模天线阵列。其中，基站天线的数量比每个信令资源的设备数量多得多，利用空分多址（SDMA）原理，同时服务多个用户，可以显著提高频谱效率和能源效率。大规模 MIMO 可以实现 16/32/64 通道，提高终端接收信号强度，避免信号干扰；并且可同时同频服务更多用户，提高网络容量，更好地覆盖远近端小区。mMIMO 技术经历了从二维到三维，从无源到有源，从高阶多输入多输出到大规模阵列的发展，能把频谱效率提高数十倍甚至更多倍，对满足 5G 系统容量与速率需求起到重要的作用。有源天线阵列的引入，使基站侧的协作天线数量多达 128 根，可将原 2D 天线阵列扩展成 3D 天线阵列，形成 3D-MIMO 技术。通过每个低成本、低功耗天线模块的半自治功能，支持多用户波束智能赋形，减少用户间干扰，进一步改善无线信号覆盖性能。mMIMO 技术早在 4G 时代就已经被广泛应用了，只不过传统 4G MIMO 技术最多实现 8 天线通道，而在 5G 时代，mMIMO 可以实现 16/32/64 通道。

基站和终端之间发射天线功率和接收天线功率的变化关系可以通过图 7-6 中的弗里斯功率传输方程得出。

为了提高接收天线功率 P_r，可选的做法是增大发射天线功率 P_t，或者提高天线增益 G_t 和 G_r，或者缩短收发天线之间的距离 R，或者增加工作波长 λ。但实际上，由于功放技术的极限限制及国家无线电管理局的规定，我们不能无限地增大发射天线功率 P_t。根据材料和物理规律，现阶段不可能无限提高天线的增益 G_t 和 G_r。如果缩短移动设备与基站之间的收发天线距离 R，则意味着要多建基站，这对运营商来说成本太高。由于 5G 使用的是高频段，增加波长是不可行的，而且频率越高，信号越趋近于直线传播，绕射能力越差，进而在传播介质中的衰减也越大。使用高频段传输的最大问题是传输距离大幅缩短，覆盖能力大幅减弱，于是覆盖同一个区域需要的 5G 基站数量将大大超过 4G。由于通信频率越来越高，波长越来越短，天线也跟着变短，基站和智能终端可以部署多根天线，因此，MIMO 技术自然而然地被应用起来。由于 5G 频率高、波长短，因此基站发射信号是向四周辐射的。如何将散开的信号束缚在一起，使得信号能尽可能地利用起来，这就需要前面所提到的波束赋形技术了。

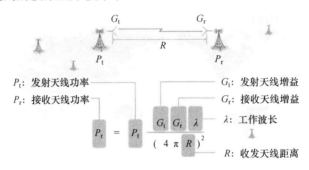

图 7-6   弗里斯功率传输方程

具体来说，波束赋形是根据特定场景自适应地调整天线阵列辐射图的一种技术。传统的单天线通信方式是基站与手机间单天线到单天线的电磁波传播，在没有物理调节的情况下，其天线辐射方位是固定的，导致同时同频可服务的用户数受限。而在波束赋形技术中，基站侧拥有多根天线，可以自动调节各天线发射信号的相位，使其在移动设备端接收点形成电磁波的有效叠加，产生更强的信号增益来克服损耗，从而达到提高接收信号强度的目的。在通信系统中，天线的数目越多、规模越大，波束赋形能够发挥的作用也就越明显。进入 5G 时代后，随着天线阵列从一维扩展到二维，波束赋形也发展成了立体多面手，能够同时控制天线方向图在水平方向和垂直方向上的形状，并且演进为 3D 波束赋形 （3D Beamforming）。3D 波束赋形针对用户空间分布的不同，使基站将信号更加精准地指向目标用户。打个比方，传统的单天线通信就像电灯泡，照亮整个房间；而波束赋形就像手电筒，光亮可以智能地汇集到目标位置上，并且还可以根据目标的数目来构造手电筒的数目。3D 波束赋形可以使手电筒的光束跟随目标移动，保证在任何时候目标都能被照亮。波束赋形这种空间复用技术，由全向的信号覆盖变为精准指向性服务，波束之间不会相互干扰，在相同的空间中提供更多的通信链路，极大地提高了基站的服务容量。传统基站与 5G 基站的天线发射对比如图 7-7 所示。

大规模天线阵列负责在发送端和接收端将越来越多的天线聚合进越来越密集的数组，而 3D 波束赋形负责将每个信号引导到终端接收器的最佳路径上，提高信号强度，避免信号干扰。基于波束赋形的大规模 MIMO 技术就是通过给天线进行波束赋形来提高发射天线增益 G_t 的，从而达到提高接收天线功率 P_r 的目的。mMIMO 技术的优势有下面几点。

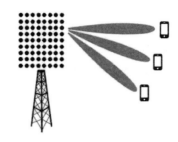

传统基站
（机调/电调，方向固定）

5G基站
（天线阵列，波束赋形，信号跟踪）

图 7-7　传统基站与 5G 基站的天线发射对比

（1）精确的 3D 波束赋形，提升终端接收信号强度。不同的波束都有各自非常小的聚焦区域，用户始终处于小区内的最佳信号区域。

（2）同时同频服务更多用户，提高网络容量。由于在覆盖空间中，对不同用户可形成独立的窄波束覆盖，使得天线系统能够同时传输不同用户的数据，因此可以数十倍地提升系统吞吐量，提高网络容量。

（3）有效减少小区间的干扰。由于天线波束非常窄，并且能精确地为用户提供覆盖，可以大大减少对邻区的干扰。

（4）更好地覆盖远近端小区。波束在水平和垂直方向上的自由度可以带来连续覆盖上的灵活性和性能优势，更好地覆盖小区边缘和小区天线下近点。

在重点区域多用户场景下，由于信号覆盖范围内用户过多，干扰过大，进而打电话、上网等都变得十分困难。在 5G 时代，为了有更好的用户体验，mMIMO 技术的精准波束赋形和独立波束覆盖就显得特别重要。特别是在高楼覆盖的场景下，由于传统基站垂直覆盖范围通常很窄，所以可能需要部署多个天线才能满足需求。而 mMIMO 技术的 3D 波束赋形可以有效提升水平覆盖及垂直覆盖能力，与原来只能靠室内专网覆盖相比，可以同时覆盖高楼层和低楼层，最大限度地解决高层楼宇的信号覆盖问题。

7.4.4　超密集组网（UDN）

智能终端的日益普及将带来数据流量的井喷式增长。5G 技术发展的主要目标是应对未来迅猛增长的移动数据流量、海量的设备连接、不断涌现的各类新业务和应用场景，同时与行业深度融合，满足垂直行业终端互联的多样化需求，实现真正的万物互联愿景，故 5G 最重要的目标是提高系统的容量。

由香农理论可知，提升移动通信系统容量的方式主要有 3 种：小区分裂、增加带宽和提高频谱效率。无线物理层技术，如编码技术、MAC 调制技术和多址技术等，只能提升约 10 倍的频谱效率，即便采用更大的带宽也只能提升几十倍的传输速率，并且增加带宽和提高频谱效率都伴随着研发复杂度和软硬件成本的提升，因此在 5G 容量需求爆发的情况下，小区密集化部署和超密集组网技术能够更直接提升系统容量。

未来的数据业务将主要分布在室内和热点地区，那么对应的移动通信网络也主要覆盖陆地上的人口密集地区。IMT-2020 归纳出了几种典型的超密集组网应用场景，主要有办公室、公寓、密集住宅区、体育场、大型集会、密集街区和地铁等，具体应用场景的需求特点如表 7-3 所示。在 4G 时代，对于这些高热点、容量密集的局部区域，爆发式增长的数据量已经让 4G 网络基站力不从心，经常因容量不足而导致数据处理延迟或接收数据失败。

表 7-3　超密集组网应用场景的需求特点

应用场景	站点位置	场景需求特点
办公室	室内	上下行流量密度要求都较高。通过室内小基站覆盖室内用户，每个办公区域内无内墙阻隔，小区间干扰较为严重
公寓	室内	下行流量密度要求较高。通过室内小基站覆盖室内用户，室内存在内墙阻隔，小区间干扰较小
密集住宅区	室外	下行流量密度要求较高。通过室外小基站覆盖室内和室外用户
体育场	室外	上行流量密度要求较高。通过室外小基站覆盖室外用户，小区间干扰较为严重
大型集会	室外	上行流量密度要求较高。通过室外小基站覆盖室外用户，小区间干扰较为严重
密集街区	室内、室外	上下行流量密度要求都较高。通过室外或室内小基站覆盖室内和室外用户
地铁	室内	下行流量密度要求较高。通过车厢内小基站覆盖车厢内用户，车厢无阻隔，小区间干扰较为严重

5G 超密集组网的基本思想是密集部署各种小小区以增加网络密集度，这些小小区具有低成本、低功耗、即插即用的特点并且可以提供短距离传输服务，通过这种途径可以对业务进行分流，以及提高频谱效率、系统覆盖率和网络吞吐量。换句话说，超密集组网通过减少小区半径、密集部署传输节点、提高同样覆盖范围内的小区数，可达到提升系统容量的目的。相关研究发现，在超密集网络环境下，通信系统的容量将会随着小区密度的增大而形成几乎线性的增长。因此，超密集组网部署能够有效解决未来 5G 网络中数据流量的爆发式增长问题，是 5G 的必然发展趋势。

UDN 需要在一个区域范围内布建更多的小小区，小小区可以是家庭基站（Femtocell）、微微小区（Picocell）与微小区（Microcell）等，它们的覆盖范围通常远小于宏小区（Macrocell）。家庭基站发射功率为 10～100mW，覆盖半径为 10～20m，主要用于室内小面积覆盖；微微小区可以分为室内型和室外型，室内型发射功率小于 250mW，覆盖半径为 30～50m，室外型发射功率小于 1W，覆盖半径为 50～100m，可用于中小型企业公共热点；微小区的发射功率为 5～10W，覆盖半径为 100～300m，可用于室外覆盖。UDN 中的这些微小基站体积小、回传灵活、传输功率小、容易安装、建设阻力小、成本也比较低；更重要的是 UDN 显著减少了基站与用户之间的传输距离，路径损耗变小，可较大程度地提升信号质量；基站间距减小，频率复用度提升，频谱效率提高。信号质量和频谱效率的提升将直接增加系统容量，故 UDN 是 5G 的必然选择。

但超密集组网随着小小区数量的上升，站间距减小，用户接收有用信号的同时来自其他基站的干扰也急剧增加，如果不能妥善处理或抑制这些基站之间的干扰，则系统容量难以提升。由于宏小区与小小区通常共享一个频段，因此小小区的信号会受到宏小区的严重干扰。可见，UDN 使 5G 成为一个干扰受限系统，因此如何有效抑制邻近基站的干扰是 UDN 必须面对的严峻挑战。除此之外，随着无线接入站点间距的进一步缩短，小区间的切换将更加频繁，这会使移动信令负荷加剧，信令消耗量激增，用户业务服务质量下降。还有，为了有效应对热点区域内高系统吞吐量和高用户体验速率要求，需要引入大量的密集无线接入节点、丰富的频率资源及新型接入技术，同时需要兼顾系统部署运营成本和能源消耗，尽量使其维持在与传统移动通信技术相当的水平上。

超密集组网具体涉及下面几项关键技术。

1．多连接技术

宏/微异构组网中，微基站通常被布置在热点地区，微基站之间具有非连续覆盖间隙。因此，对于宏基站而言，除了需要增加信令基站控制面功能，还要满足部署需求，提供微基站末端区域用户面数据。多连接技术能够实现用户终端和多个无线网络节点的连接。不同节点可以应用同个无线接入技术，也可以应用不同无线接入技术。由于宏基站不用进行用户面处理，因此不用宏/微小区同步，这样就免去了对宏/微小区之间回传链路的需求。双连接模式下，宏基站是双连接模式的核心，提供集中统一控制；微基站则是双连接辅助基站，只进行了用户面数据承载。辅基站不用和 UE 控制面连接。主基站和辅基站将无线资源管理功能协商以后，辅基站可以将配置信息经过 X2 接口传递到主基站，最后 RRC 消息只需要通过主基站传输给 UE。

2．无线回传技术

目前无线回传技术在视距传播距离下工作，具体是在微波频段与毫米波频段，传播速率十分高。当前无线回传和无线空口技术所应用的方式与资源不一样。在现有网络框架中，基站与基站之间没有办法进行迅速有效的通信。基站还没有办法即插即用，布置和维护费用相对较高。为了加强节点布置灵活性，降低成本，可以使用与接入链路相同的频谱当作无线回传，这样就可以有效解决相关问题。在无线回传中，无线资源不仅可以为终端提供服务，还可以为节点提供服务。无线回传技术具备很多优势，其不需要有线连接，能够进行无规划的节点部署，从而缩减费用。共享频谱与无线传输技术，也能够缩减频谱与硬件成本。经过接入链路与回传链路的结合优化，系统能够在网络负载实际情况上入手，以此进行资源的合理配置，进而提高资源使用率。因为运用授权频谱，通过和接入链路结合优化，无线回传链路质量能够得到有效提升，传输可靠性也会更高。

3. 接入与回传联合设计

在超密集组网中，接入与回传联合设计是关键环节，其中包含了混合分层回传、多跳多路径回传、自回传等技术。所谓混合分层回传，主要是指架构中把不同基站分层标示，宏基站和其他享有有线回传资源的小基站属于一级回传层，二级回传层小基站是一跳形式，和一级回传层小基站连接。多跳多路径回传，主要是无线回传小基站和相邻小基站之间进行多跳路径的有效选择，还有多路径建设与多路径承载管理，能够给系统容量带来十分明显的增益。自回传技术，主要是指回传链路与接入链路使用无线传输技术，使用同个频谱，经过时分或频分方式回用资源，这种技术包含了接入链路和回传链路的联合优化，以及回传链路理论的相关方面。在接入链路与回传链路联合优化中，经过回传链路与接入链路之间资源分配的调整，资源使用效率得到提升。

4. 干扰管理与抑制

超密集组网可以提高系统容量，但是在小区更密集部署、覆盖范围重叠的情况下，具有十分严重的干扰问题。目前干扰管理和抑制方式有很多。例如：自适应小小区分簇，调整每个子帧、每个小区开关状态，关闭没有用户连接或不需要提供额外容量的小小区，以此来减少对临近小小区的影响和干扰；在集中控制基础上的多小区相干协作传输，合理选用周围小区联合协作传输，终端对源于多小区的信号做相干合并，以此避开干扰，从而有效提升系统频谱效率；在分簇基础上的多小区频率资源协调，依据整体干扰性能最优的原则，对密集小基站做频率资源划分，同一个频率小站是一簇，簇间是不同频的，能够有效增强边缘用户的体验。

5. 小区虚拟化

小区虚拟化技术包含了以用户为核心的小区虚拟化技术、虚拟层技术与软扇区技术。将用户作为核心的小区虚拟化技术，能够突破小区边界限制，提供无边界的无线接入，仅围绕用户建设覆盖提供服务，虚拟化小区在用户移动之下快速更新，并且保障虚拟小区和终端之间一直都有很好的链路质量，让用户可以在超密集部署区域中不管怎样移动，都能够获得一致的高 QoS/QoE。虚拟层技术是通过密集部署的小基站构建虚拟层和实体层网络，虚拟层承担着广播和寻呼等控制信令，进行移动性管理；而实体层则承担着数据传输责任，当用户在同个虚拟层中移动时，不会发生小区重选或切换情况，以此让用户获得轻快的体验。软扇区技术采用集中式设备部署及波束赋形手段构成多个软扇区，能够有效控制大量站址、设备和传输产生的成本，并且还能够提供虚拟软扇区与物理小区之间的统一管理优化平台，降低运营商维护复杂程度，这是一种容易部署和容易维护的轻型解决方案。

为了解决特定区域内持续发生高流量业务的热点高容量场景带来的挑战，5G 使用超密集组网技术解决上述问题一般有两个主要措施。

其一，接入网采用微基站进行热点容量补充，同时结合大规模天线、高频通信等无线技术，提高无线侧的吞吐量。其中，在宏-微覆盖场景下，通过覆盖与容量的分离，实现接入网根据业务发展需求及分布特性灵活部署微基站。同时，宏基站充当微基站之间的接入集中控制模块，负责无线资源协调、小范围移动性管理等功能。除此之外，对于微-微超密集覆盖的场景，微基站间的干扰协调、资源协同、缓存等需要进行分簇化集中控制。此时，接入集中控制模块可以由分簇中某一个微基站负责或单独部署在数据中心，负责提供无线资源协调、小范围移动性能管理等功能。

其二，为了尽快对大流量的数据进行处理和响应，需要将用户面网关、业务使能模块、内容缓存/边缘计算等转发相关功能尽量下沉到靠近用户的网络边缘。例如，在接入网基站旁设置本地用户面网关，实现本地分流。同时，在基站上设置内容缓存/边缘计算能力，利用智能的算法将用户所需内容快速分发给用户，同时减少基站向后的流量和传输压力，更进一步地将诸如视频编解码、头压缩等业务使能模块下沉部署到接入网侧，以便尽早对流量进行处理，减小传输压力。

综上所述，5G 采用超密集组网旨在通过部署更多的基站为系统整体提供倍增的频宽流量。然而超密集组网系统有一个致命的问题，即在频谱效率提高的同时，用户受到来自其他基站的干扰剧增，导致系统的效能不增反降，故需在部署网络时采取多种措施有效抑制基站间的干扰。5G 超密集组网网络架构一方面通过控制承载分离，实现未来网络对于覆盖和容量的单独优化，实现根据业务需求灵活扩展控制面和数据面资源；另一方面通过将基站部分无线控制功能抽离进行分簇化集中式控制，实现簇内小区间干扰协调、无线资源协同、移动性管理等，提升系统容量，为用户提供极致的业务体验。除此之外，网管功能下沉、本地缓存、移动边缘计算等增强技术，同样对实现本地分流、内容快速分发、减少基站骨干传输压力等有很大帮助。与此同时，5G 组网采用模块化功能设计，并引入 SDN/NFV 技术，在同一基站平台上同时承载多个不同类型的无线接入方案，实现无线接入网（RAN）内部各功能实体动态无缝连接，并能完成接入网逻辑实体的实时动态的功能迁移和资源伸缩，最终实现接入网和核心网功能单元的动态连接，配置端到端的业务链，达到灵活组网。

7.4.5　移动边缘计算（MEC）

据 IDC 统计数据，2020 年已有超过 500 亿的终端与设备接入网络。其中，50%的物联网网络面临网络带宽的限制；40%的数据需要在网络边缘侧分析、处理与存储，这一比例到 2025 年预计增长到 50%。近年来视频类业务蓬勃发展，从 2012—2017 这 5 年来看，全球视频流量从 2012 年的每月 13483PB 增长至 2017 年的 46237PB，增长接近 2.5

倍。5G 正式商用后，网络速率的提升还将进一步刺激视频流量的增长。根据思科的数据分析，从 2016 年到 2021 年，移动视频总量增长 8.7 倍，在移动应用类别中享有最高的增长率。

根据国际电信联盟（ITU）对 5G 的发展愿景要求，5G 标准包括增强移动宽带（eMBB）、大规模机器类型通信（mMTC）、高可靠低时延通信（uRLLC）3 类应用场景，主要指标包括提供峰值 10Gbit/s 以上速率、毫秒级时延和超高密度连接，移动性达 500km/h、时延低至 1ms、用户体验数据率达到 100Mbit/s，实现网络性能新的跃升。新愿景要求 5G 网络除满足人与人之间的连接需求外，还需要解决人与物、物与物之间的通信需要。4G 近100ms 的网络时延已无法满足车联网、工业控制、AR/VR 等业务场景的需求；5G 网络需要更低的处理时延和更高的处理能力。而现实情况是，随着物联网、视频业务、垂直行业应用的快速发展，集中式的数据存储、处理模式将面临难解的瓶颈和压力，现有网络架构将对回传带宽造成巨大压力，同时恶化网络指标、影响用户体验。此时，需要在靠近数据产生的网络边缘提供数据处理的能力和服务。

边缘计算概念源于 ETSI，它的定义是在距离用户移动终端最近的无线接入网（RAN）内提供 IT 服务环境及云计算服务，旨在进一步降低时延、提高网络运营效率、提高业务分发/传送能力、优化/改善终端用户体验。尽管边缘计算的概念已经提出多年，对边缘计算的需求也一直存在，但边缘计算直到近两年才开始成为热点，很大一部分原因在于 5G 网络技术的提升，业务需求和网络升级共同驱动了边缘计算的发展。

移动边缘计算的出现使得传统电信蜂窝网络和互联网业务得到了深度的融合，减少了移动业务交付时的端到端的时延，挖掘出无线网络的潜在能力，进而提升用户的体验。移动边缘计算的出现同时推动了物联网、5G 和运营商个性化业务的发展。

连接设备数量的快速增长，不仅代表着海量数据的产生，而且代表着接入网的设备还需要进行一定的智能计算。物联网的核心理念是万物互联，让每个物体都能够智能地连接和运行。MEC 遵循"业务应用在边缘，管理在云端"的计算模式，完成了把计算、网络和存储能力从云延伸至物联网网络边缘的转变。通过在近网络边缘进行数据分析处理，MEC 使物联网中物与物之间的传感、交互和控制变得更加容易。具备计算和存储能力的智能终端使在网络边缘完成数据的分析处理成为可能。

在当前的网络架构中，由于主网络的高位部署，传输时延相对较高。LTE 技术可以将无线接口的传输速率扩大到 3G 的 10 倍，但端到端的时延只能优化为 3G 的 1/3。原因是空中效率大幅提升之后，网络架构未完全优化，成为提升业务效率的瓶颈。尽管LTE 网络实现了扁平的两跳架构，但核心网络基站往往距离数百千米，多个传输设备与不可预测的拥塞和抖动相关联，无法保证低时延。为了减少等待时间和功耗，有必要显著减少空中接口的传输时延，尽可能地减少传输节点并减少源节点和节点之间的"距离"。此外，该服务在云中完全无效，特别是某些区域服务未在本地完成，浪费带宽和增加时延。

移动边缘计算能够解决上述问题。一方面，移动边缘计算部署在网络边缘，有效地集成了无线网络和互联网技术，并为无线网络侧增加了计算、存储、处理和其他功能，由于服务和应用程序内容部署在移动边缘，因此可以减少数据传输和处理时间，减少端到端时延，满足低时延要求并降低功耗。另一方面，移动边缘计算将数据内容下沉到区域网络边缘，在本地缓存内容，一些区域性企业不需要通过终端进行远程任务分配。因此，移动边缘计算技术成为 5G 网络的核心技术之一。

对于运营商来说，当下传统的运营商网络是非智能的，包月套餐大量存在，难以满足不同用户的差异化需求；资费相同的情况下，流量使用少的用户补贴流量使用多的用户；业务缺少优先级的区分，导致对实时性要求高的业务无法获得优先保障。与非智能的网络形成对比的是通信网络正承载着更多的基于新型智能终端、基于 IP 的多媒体应用，运营商商业模式和资费的单一，让运营商在业务和用户的掌控力上显得不足。MEC 关键技术包含了业务和用户的感知能力，因为边缘网络靠近用户，能够实时获取用户真实的信息。MEC 可以通过大数据分析用户的特征实现用户画像，用户画像有利于对用户需求和行为进行预测，为不同的用户定制个性化业务，为用户带来更好的体验。

1. 移动边缘计算的技术架构

在 EISI GS MEC 003 协议中，ETSI 定义了移动边缘计算基于 NFV 的参考架构，如图 7-8 所示。

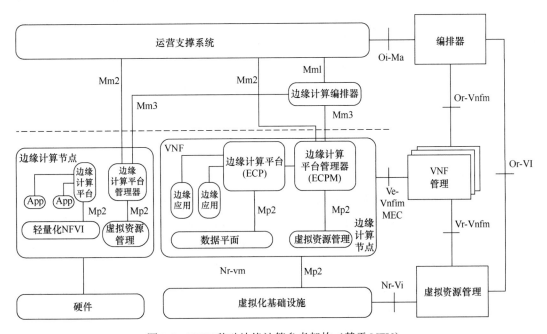

图 7-8　ETSI 移动边缘计算参考架构（基于 NFV）

根据 ETSI 的定义，移动边缘计算侧重的是在移动网络边缘给用户提供 IT 服务的环境和云计算的能力，意在通过靠近移动用户来减少网络操作和服务交付的时延。移动边缘计算的系统架构可以分为移动边缘系统层、移动边缘主机层和网络层，如图 7-9 所示。

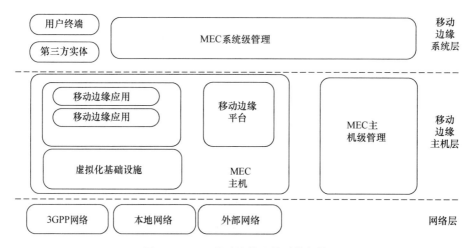

图 7-9　ETSI 移动边缘计算系统架构

ETSI 提出的系统架构中展示了 MEC 的功能要素和每个功能要素之间的参考节点。其中移动边缘系统层结构由 MEC 系统级管理、用户终端和第三方实体组成。MEC 系统级管理用于掌握部署的 MEC 主机、可用资源、可用 MEC 服务和整个网络拓扑；加载用户或第三方应用程序包，包括检查包的完整性和真实性，验证应用程序的规则和要求，必要时进行调整以满足运营商策略；记录加载的数据包并准备虚拟基础架构管理器以进一步处理应用程序，以便它可以根据应用程序处理的要求管理虚拟化基础架构，如分配，管理和释放虚拟化基础架构的虚拟化资源；基于时延、可用资源等选择或重新选择适当的 MEC 主机应用程序。移动边缘主机层架构主要包括 MEC 主机级管理和 MEC 主机，MEC 主机级管理包括移动边缘平台管理器和虚拟化基础架构管理器，而 MEC 主机由移动边缘平台、移动边缘应用和虚拟化基础设施 3 部分组成。MEC 主机级管理主要进行移动边缘平台管理和虚拟化基础设施管理。移动边缘平台和移动边缘应用可以提供或使用彼此的服务，如移动边缘应用发现和使用移动边缘平台提供的无线网络信息、用户信息和位置信息等，同时通知移动边缘平台为用户提供服务。移动边缘平台为移动边缘应用提供运行环境，同时接收来自管理器、应用程序或服务的行业规则，进而对数据执行对应的指令，进行业务路由；它还从其管理员的域名解析系统接收记录，并配置 DNS 代理/服务器以管理移动边缘服务，如可以在移动边缘平台上的服务列表中注册应用程序，使其成为平台提供的移动边缘服务之一；此外，通过移动边缘平台可以访问永久存储信息和时间信息。虚拟化基础设施使用通用硬件来提供底层硬件的计算、存储、网络资源和硬件虚拟化组件，以运行多个移动边缘应用程序，从而降低了处理成本，有限的资源也可以灵活有效地重复使用和共享。移动边缘应用是基于虚拟化基础设施形成的虚拟应用程序，通过标准应用程序接口和第三方应用程序对接，为用户提供服务。

2．移动边缘计算的应用场景

移动边缘计算服务在靠近数据源或用户的地方提供计算、存储等基础设施，并为边缘应用提供云服务和 IT 环境服务。相比于集中部署的云计算服务，移动边缘计算解决了时延过高、汇聚流量过大等问题，为实时性和带宽密集型业务提供更好的支持。随着 5G 和工业物联网的快速发展，新兴业务对移动边缘计算的需求十分迫切。在众多垂直行业新兴业务中，对移动边缘计算的需求主要体现在时延、带宽和安全 3 个方面。目前智能制造、智慧城市、直播游戏和车联网等几个垂直领域对移动边缘计算的需求最为明确。

在智能制造领域，工厂利用移动边缘计算智能网关进行本地数据采集，并进行数据过滤、清洗等实时处理。同时移动边缘计算还可以提供跨层协议转换的能力，实现碎片化工业网络的统一接入。一些工厂还在尝试利用虚拟化技术软件实现工业控制器，对产线机械臂进行集中协同控制，这是一种类似于通信领域软件定义网络中实现转控分离的机制，通过软件定义机械的方式实现了机控分离。

在智慧城市领域，应用主要集中在智慧楼宇、物流和视频监控几个场景中。移动边缘计算可以实现对楼宇各项运行参数的现场采集分析，并提供预测性维护；对冷链运输的车辆和货物进行监控和预警；利用本地部署的 GPU 服务器，实现毫秒级的人脸识别、物体识别等智能图像或视频流分析。视频流分析在车牌识别、人脸识别、家庭安全监控等领域有着广泛的应用。视频流分析的基本操作包括目标检测和分类。视频分析算法通常具有较高的计算复杂度，因此可以将分析工作从视频捕获设备（摄像机等）中移开，简化设备设计和降低成本。如果在中心云端去处理这些计算复杂度高的任务，那么视频流会被路由分到核心网络中，由于视频流数据的性质，这将消耗大量的网络带宽。在靠近边缘设备的地方进行视频流分析，系统不仅可以具有低时延的优点，还可以避免大量视频流上传导致的网络拥塞。

在直播游戏领域，移动边缘计算可以为 CDN 提供丰富的存储资源，并在更加靠近用户的位置提供音视频的渲染功能，让云桌面、云游戏等新型业务模式成为可能。特别是在增强现实/虚拟现实的场景中，边缘计算的引入可以大幅降低 AR/VR 终端设备的复杂度，从而降低成本，促进整体产业的高速发展。具体来说，AR 技术将真实世界环境和虚拟信息高度集成，生成被人类感官所感知的信息，以得到超越现实的感官体验。AR 可用在智能手机、智能眼镜和平板电脑等移动设备上，以支持新的应用和新的服务，如 3D 电影、虚拟游戏等。AR 技术需要使用终端设备的相机或定位技术，通过分析拍摄的图像来确定用户所处的位置和朝向。由于 AR 在对视频、图像等任务复杂度很高的数据进行处理的同时，还要实现和用户的实时互动，所以对时延极为敏感，对数据传输速率也有很高的要求。移动边缘计算将时延敏感的 AR 任务卸载到附近的移动边缘计算服务器中执

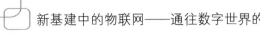

行，能够让应用得到更快的响应速度，同时又降低了任务的处理时延。

在车联网领域，业务对时延的要求非常苛刻，车联网可以通过各种传感器来感知车辆的行为和路况，提高车辆的安全性，减轻交通拥堵的程度，也能带来一些增值服务机会，如车辆定位、寻找停车位置等。但是这种技术还没有成熟，车到云端的时延还处于100ms 到 1s 之间，远不能达到要求。移动边缘计算可以为防碰撞、编队等自动/辅助驾驶业务提供毫秒级的时延保证，同时可以在基站本地提供算力，支撑高精度地图的相关数据处理和分析，更好地支持视线盲区的预警业务。边缘计算还通过将连接的车云系统扩展到高度分布的移动基站环境中，使数据和应用程序可以更靠近车辆，这样可以有效减少数据的往返时间。应用程序运行在部署于 5G 基站站点的 MEC 服务器上，提供道路侧的相关功能。通过接收并分析来自邻近车辆和路边传感器的消息，移动边缘计算能够在1ms 端到端的时延内传播危险警告和时延敏感信息，低时延使得附近的车辆能够在几毫秒内接收到数据，从而让驾驶员可以立即做出反应。

7.4.6　非正交多址接入（NOMA）

移动通信技术的发展使得频谱资源越来越紧张，5G 必须寻找更先进的技术来解决这些问题。而 5G 中新的多址接入技术可以大大提升频谱效率和系统容量，从而有效解决这一问题。纵观前 4 代移动通信的发展历史，每一代都会根据发展需求产生不同的多址接入技术。1G 主要采用频分多址（FDMA），将不同的频谱资源分配给不同的用户，每个用户占用独自的频段，资源互不干扰。2G 主要采用时分多址（TDMA），将不同时隙分配给不同的用户，这些用户仅占用某一个频段的资源。3G 主要采用码分多址（CDMA），所有用户在相同的频段上，通过不同的编码区分用户。4G 主要采用正交频分多址（OFDMA），它将 FDMA 技术和 OFDM 技术相结合，将不同的时频资源块分配给不同的用户。这些多址接入都采用了正交多址接入（OMA）技术。在 OMA 的一个小区中，每个用户都拥有唯一接入的资源块。OMA 避免了小区内的干扰，并且可以实现单用户检测/解码和简单的接收机设计。然而，由于频谱效率的限制，正交接入信道变得越来越受到限制。

虽然传统的 OMA 技术已经经历了较长的理论研究和商业应用阶段，技术相对成熟，但在频谱效率方面已经很难有大幅的改进与提升，而且未来 5G 对系统容量的要求也越来越高。因此，5G 提出一种新的多址接入技术——非正交多址接入技术。非正交多址接入技术被国内学者广泛认为是一种对提高无线通信系统容量大有前景的 5G 技术，其原理是在发送端非正交叠加多个用户，在接收端使用干扰消除技术解调区分用户。非正交多址接入技术中的多个用户在相同的时频资源上进行功率复用，一方面可以大大提高系统的吞吐量和频谱效率，另一方面可以在现有紧张的频谱资源下成倍提高用户的网络接入量。因此，非正交多址接入技术的优异系统性能对推动 5G 技术的发展有着重要的意义。

非正交多址接入技术将改变传统单一时频资源传输信息的方法，同一时频资源可以传输多个用户，从而使相同带宽可以获得更高的系统容量。现在提出的在通信领域受到广泛关注的新型非正交多址接入技术主要有两大类：一类是由日本的移动通信运营商NTT NOCOMO 公司提出的基于码域的非正交多址接入技术；另一类是基于扩频码域的多址接入技术，主要有中兴提出的多用户共享接入（MUSA）技术、华为提出的稀疏码分多址（SCMA）技术及大唐电信提出的图样分割多址（PDMA）技术。相比其他多址接入技术，NOMA 采用功率复用技术，硬件结构设计简单，实现起来比较容易，与现有的比较成熟的技术也可以实现较好的结合，其发射模块和接收模块都可以看作在 4G 基础上的简单扩展。因此，NOMA 技术在 5G 的实际应用中具有很大的优势。

NOMA 的基本思想是在发送端采用分配用户发射功率的非正交发送，主动引入干扰信息，在接收端通过串行干扰消除（SIC）接收机消除干扰，实现正交解调。NOMA 的子信道传输依然采用正交频分复用（OFDM）技术，子信道之间是正交的，互不干扰，但是一个子信道上不再只分配一个用户，而是多个用户共享。同一子信道上不同用户之间是非正交传输的，这样就会产生用户间的干扰问题，这也是在接收端采用 SIC 技术进行多用户检测的目的。在发送端，对同一子信道上的不同用户采用功率复用技术进行发送，不同用户的信号功率按照相应的算法进行分配，这样到达接收端每个用户的信号功率都不一样。SIC 接收机再根据不同用户信号功率的大小按照一定的顺序进行干扰消除，实现正确解调，同时也达到了区分用户的目的。

SIC 技术是非正交多址接入接收端必备的技术，是一种针对多用户接收机的低复杂度算法，该技术可以顺次地从多用户接收信号中恢复出用户数据。在常规匹配滤波器（MF）中，每一级都提供一个用于再生接收到的来自用户信号的用户源估计，适当地选择时延、幅值和相位，并使用相应的扩频序列对检测到的数据比特进行重新调制，从原始接收信号中减去重新调制的信号（干扰消除），将得到的差值作为下一级输入，在这种多级结构中，这一过程重复进行，直到将所有用户全部解调出来，SIC 接收机利用串联方法可以方便地消除同频同时用户间的干扰。

NOMA 技术用到了 4G 的 OFDM 技术。与 OFDM 相比，由于 NOMA 可以不依赖用户反馈的 CSI 信息，在采用 AMC 和功率复用技术后，应对各种多变的链路状态更加自如，即使在高速移动的环境下，依然具有很好的速率表现；同一子信道可以由多个用户共享，在保证传输速率的同时，可以提高频谱效率。

虽然 NOMA 技术存在众多优点，但是也面临众多挑战。

（1）系统复杂度。NOMA 接收端采用 SIC 接收机进行信号检测，由于发送端主动引入了干扰信息，要在接收端对用户信号进行正确解调，需要先消除干扰信号，因此系统的复杂度比较高。

（2）信号检测处理时延。SIC 接收机进行信号检测是分多级来进行的，每一级都会产

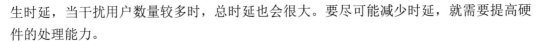

生时延，当干扰用户数量较多时，总时延也会很大。要尽可能减少时延，就需要提高硬件的处理能力。

（3）多用户调度和功率分配。NOMA 系统一个子频段资源将由多个用户共享，同一波束内的多个用户要在功率域进行复用，要对每个用户分配不同的功率，也需要对功率分配算法进行研究。

（4）与其他技术的兼容问题。在 5G 网络中，大规模 MIMO 会带来更严重的波束间干扰，而 AMC 会给 SIC 信号检测带来干扰，因此如何与其他技术完美兼容依然有待研究。

7.4.7 网络切片（Network Slice）

5G 时代的到来，出现了不同应用场景和差异化的业务需求。不同的应用场景对应不同的网络需求，为满足这些需求，5G 网络通过对实际网络资源和功能进行划分，形成了不同的网络切片。每个切片可以被看作一个逻辑网络，逻辑网络切片由网络切片实例承载，网络切片实例是一个部署的网络切片，包括一些网络功能实例及所需的资源（计算、存储及网络等），是提高网络灵活性和可扩展性的关键技术之一。其在提高网络安全性的同时，降低了网络运营投资成本。

网络切片是指提供特定网络功能和网络特性的逻辑网络，一个网络切片实例是网络功能和所需物理/虚拟资源的集合，具体可包括接入网、核心网、传输承载网及应用。网络切片可基于传统的专有硬件构建，也可基于 NFV/SDN 的通用基础设施构建。每个虚拟网络之间（包括网络内的设备、接入、传输和核心网）是逻辑独立的，任何一个虚拟网络发生故障都不会影响其他虚拟网络。依据应用场景可将 5G 网络分为移动宽带物联网、海量物联网和任务关键性物联网等三类。由于 5G 网络的三类应用场景的服务需求不同，且不同领域的不同设备大量接入网络，这时网络切片就可以将一个物理网络分成多个虚拟的逻辑网络，每一个虚拟网络对应不同的应用场景。通过在通用物理设备上提供多种网络服务并提供多层级的隔离来满足垂直行业的差异化需求。网络切片包含核心网切片、传输切片和无线切片等多个子切片。每个子切片可以单独管理，子切片不能提供单独的网络功能。3GPP 定义终端、无线网、核心网的切片规范，承载网的切片规范由 IETF 定义。3GPP 协议主要定义了 eMBB、uRLLC、mMTC 三大业务场景，切片标准分阶段实现。eMBB 类切片于 2018 年 6 月在 3GPP R15 SA 架构中基本完成定义，uRLLC 类切片于 2019 年 12 月在 3GPP R16 中完成定义，mMTC 类切片在 3GPP R17 中定义。其中，无线切片在 2018 年 8 月已完成 R15 版本的协议定义，但随着 5G 全面商用的来临，无论从技术层面还是从市场层面，运营商都需要无线切片技术能在标准层面进一步增强，以满足垂直行业不同的业务场景及时延、可靠性、速率等性能方面的差异化需求。网络切片可由运营商使用，基于同客户签订的业务服务协议（SLA），为不同垂直行业、不同客户、不同业务，提供相互隔离、功能可定制的网络服务，是一个提供特定网络能力和特性的逻辑网络。

为支持 5G 端到端网络切片，3GPP 在 R15 阶段重点完成无线切片的关键技术标准化定义。无线切片是网络切片的子切片，无线切片可以被专享，即一个无线切片对应于一个核心网切片；也可以被共享，即一个无线切片对应于多个核心网切片。核心网切片数量可以很多，但是无线切片受限于资源等原因数量有限，可以将具有类似无线特性的切片共享一个无线切片。

无线切片是一组配置规则和切片 ID 的映射，通过调度和不同的 L1/L2 配置来完成切片所支持的网络服务。3GPP R15 定义了无线切片的如下关键技术点。

（1）切片感知。目前 3GPP 标准定义 NSSAI 来标识网络切片。对于无线侧，通过识别和感知 NSSAI 来识别切片类型并提供服务。切片感知粒度是 PDU 会话，UE 在初始注册和 PDU 建立时都需要携带 NSSAI。无线支持针对不同切片（不同功能和特性）采取不同业务的差异化处理方式。

（2）资源管理和隔离。无线切片以动态或静态的方式根据配置规则共享无线资源和通信硬件（数字基带处理单元、模拟无线单元）。对于动态资源共享，每个切片应基于需求或优先级获取使用资源。单个 RAN 节点可以支持多个切片，对于每个支持的切片，无线资源应该可以基于 SLA 自由地应用最佳的 RRM 策略。无线切片支持根据 SLA 执行资源隔离。无线资源可通过 RRM 策略或保护机制实现。这些策略和保护机制应避免其中一个切片因资源短缺而影响另一个切片的 SLA。

（3）QoS 差异化。无线切片支持 QoS 差异化。QoS 是针对单个承载/Flow 的优先级，切片是针对一组承载/Flow 的资源保证。在同一切片的不同业务可以有不同的 QoS，按照 QoS 区分优先级。

（4）AMF 选择。RAN 基于 UE 提供的 TempID 或 NSSAI 选择 AMF。在 TempID 不可用的情况下，RAN 使用 UE 在 RRC 连接建立时提供的 NSSAI 来选择适当的 AMF（该信息在随机接入过程的 MSG3 之后提供）。如果此类信息也不可用，则 NG-RAN 将 UE 路由到配置的默认 AMF。当使用 NSSAI 选择 AMF 时，RAN 使用先前在 NG 设置响应消息中接收的支持的 S-NSSAI 列表，也可以通过 AMF 配置更新消息更新该列表。

（5）切片可用性。验证 UE 是否有权接入网络切片是核心网的职责。但是在接收初始上下文之前，基于 UE 请求访问的切片，无线资源可以应用一些暂定或本地的策略验证 UE 是否允许接入。在初始上下文建立时，将会通知无线资源具体最终选择的切片。某些切片可能仅在部分网络中可用，gNB 能够感知相邻 gNB 支持的切片有利于频间的移动性。无线资源应该处理在指定区域内有效或无效的切片服务请求，通过是否支持切片、资源是否可用、是否支持该服务请求等因素综合决定是否同意接入该切片。

（6）UE 同时关联多个切片。UE 关联多个网络切片的情况，一个 UE 可以同时属于多个切片。当 UE 同时配置了多个切片，仅有一个用于信令和同频小区重选，UE 总是选择最好的小区驻留。对于异频小区重选，可通过专用优先级用于小区驻留。综上所述，R15 已完成的无线切片关键技术标准化内容可概括为通过接入过程的 AMF 选择和 PDU 会话建立/修改/删除携带的切片 ID 来实现无线切片感知，获取切片 ID 后无线切片采取的资源管理、资源隔离、接入控制及可用性等，大多数关键技术需要依赖非标准化的算法来实现。从产业链发展及技术本身来看，仍然无法很好地满足各种不同的需求。

网络切片管理在 5G 中至关重要。运用虚拟化技术，可以对网络切片资源的生命周期进行管理。每个网络切片的生命周期可以分为五个阶段，这里重点介绍商务设计、实例编排和运营管理三个阶段，具体如下。

（1）商务设计阶段。商务设计阶段又包括切片设计和商业设计。在切片设计过程中，设计人员按照特定业务需求选择相应的特性，如利用功能、时延、安全性等标准，设计切片模板。可以针对不同业务客户的独特服务需求进行量身定制，实现切片的按需设计。商业设计是指网络切片模板的生成过程。首先，网络切片管理功能提供方为网络切片需求方提供切片编辑工具和标准化模板。模板中主要包括结构和配置的描述，还包括如何进行实例化和控制网络切片实例。基于此，设计人员选择相应的功能组件，以满足需求方所需业务的要求，生成内部的网络拓扑，并确定各部分之间的交互协议。此外，要结合承载的业务特点设定相应的安全性和可靠性要求，并考虑业务体验，以保证为其划分的资源规模能达到性能指标。

（2）实例编排阶段。在购买网络切片模板后进入到编排阶段。这个阶段中，切片管理器解析模板配置，为其之后创建切片获取所需的逻辑资源。同时，对这些资源进行逻辑隔离，以保证其与其他网络切片对应的资源彼此独立。编排过程是一个自动化过程，一个切片模板可进行多次编排，即可以生成多个网络切片实例。

（3）运营管理阶段。在运营管理阶段，网络切片运营方可以通过切片管理器提供的接口进行动态管理。通过该接口，可以对资源、性能等进行监控，及时进行维护、升级和调整。此外，可以根据所需的特定要求对网络切片进行二次开发。

网络切片可以看作一个完全实例化的逻辑网络，可以满足服务实例要求的功能或特性，如超低时延、可靠性等。不同的场景对网络有不同的要求，有些甚至会产生冲突。如果使用单个网络为不同的应用场景提供服务，则可能会导致复杂的网络架构、低效的网络管理和低效的资源利用。5G 网络切片技术为不同的应用场景提供隔离的网络环境，使不同的应用场景可以根据自身要求定制功能与特性。5G 网络切片的目标是结合终端设备、接入网资源、核心网资源、网络运营和维护管理系统，为不同的业务场景或业务类型提供独立、隔离和集成的网络。网络切片的架构如图 7-10 所示。

网络切片具体有两种形式。一是独立切片，是指拥有独立功能的切片，包括控制面、用户面及各种业务功能模块，为特定用户群提供独立的端到端专网服务或部分特定功能服务。二是共享切片，是指资源可供各种独立切片共同使用的切片。共享切片提供的功能可以是端到端的，也可以提供部分共享功能。

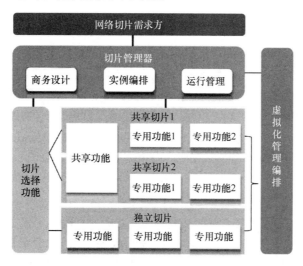

图 7-10　网络切片的架构

网络切片有三种部署场景。

（1）共享切片与独立切片纵向分离。端到端的控制面切片作为共享切片，在用户面形成不同的端到端独立切片。控制面共享切片为所有用户服务，对不同的个性化独立切片进行统一管理，包括鉴权、移动性管理和数据存储等。

（2）独立部署各种端到端切片。每个独立切片包含完整的控制面和用户面功能，形成服务于不同用户群的专有网络，如 CIoT、eMBB 和企业网等。

（3）共享切片与独立切片横向分离。共享切片实现一部分非端到端功能，后接各种不同的个性化独立切片。典型应用场景包括共享的 vEPC+GiLAN 业务链网络。

随着端到端网络切片技术和生态链的逐步成熟，对无线切片增强技术的标准化需求越来越迫切。2019 年 12 月，3GPP 批准了 R17 无线切片增强立项，涉及灵活部署策略、基于切片覆盖保持业务连续性和终端快速接入指定切片等方向的研究。其中灵活部署策略的研究目标是放开 R15 下对网络切片部署的限制，在 R17 能实现无线切片按需部署或动态部署，能动态划分不同网络切片；研究无线资源在 TA 级部署切片外，是否可以支持更小的切片部署粒度，不过放开 TA 级的限制需要重点考虑后向兼容性的问题。业务连续性策略研究方向的目标是保证业务的连续性。通过协调部署或 SLA 降级策略保证网络拥塞场景的业务连续性。通过研究切片间的重映射、回落或数据转发等解决移动过程中目标网络不支持切片造成业务中断的问题，重点考虑对高优先级业务的重映射策略。接入控制策略研究方向的目标是针对 RAN 网络架构的切片增强。考虑 CU-DU 分离后基于网络切片信息选择合适的网元，以更好地在 RAN 侧实现基于切片的虚拟化。

7.5　5G 的窄带蜂窝物联网技术

自 3GPP 的 R13 版本发布以来，NB-IoT 和 eMTC 技术逐步实现标准化，能够为各种场景用例提供低成本、低功耗的物联网设备与服务，R14 版本在 R13 版本的基础上提升了 2 倍的连接容量、3dB 的深覆盖、5～7 倍的连接速率。目前 NB-IoT 生态系统已经成熟，全球已有上百张商用网络和几十亿个 NB-IoT 连接，覆盖抄表、停车、共享单车、路灯、农牧等数十个应用场景。为了向 LPWA 物联网应用提供更优质的性能体验，R15 版本继续优化了时延、功耗等关键技术指标，其中包括：唤醒信号用于高效监听寻呼，终端功耗在 164dB 深覆盖场景降低 30%～45%；随机接入信道（RACH）期间的早期数据传输能够在没有建立无线资源控制（RRC）连接的情况下进行，从而进一步降低时延和 UE 功耗。

2018 年 3 月，在印度金奈召开的 3GPP 无线接入网（RAN）第 79 次全会正式明确了"5GNR 与 eMTC/NB-IoT 将应用于不同的物联网场景"，完成了增强型机器类型通信（eMTC）与窄带物联网（NB-IoT）间的应用互补分析，绘制了物联网在未来时期内的发展蓝图。按照会议的内容及决定，明确了 5G 新空口（NR）大规模机器类型通信应用将不会涉及低功能耗广域网，NB-IoT 技术与 eMTC 技术仍然是低功耗广域网接入的主要技术，这在某种程度上标志着在 3GPP 协议中 NB-IoT 与 eMTC 已经被认可成为 5G 的一个重要组成部分，并将与 5GNR 实现共同发展。

eMTC 和 NB-IoT 技术为当前物联网的快速发展提供了强有力的规范和技术支持，但同时 eMTC 和 NB-IoT 都属于窄带移动通信技术，在 4G 时代其可利用现有 LTE 的网络设施和频谱。与 4G 网络相比，eMTC 和 NB-IoT 在传输速率上都进行了很大的降低，当传输数据量过大时，极易出现网络堵塞、网络时延增加的情况，使得物联网感知层的数据信息不能及时传输到应用层，难以达到物联网技术智能化应用的标准。

5G 与物联网的融合为解决以上问题提供了可能性，5G 网络具有高数据传输速率、低时延、更节能、低成本、高系统容量、高可靠连接等技术优势，智能家居、物流追踪、智慧楼宇、智能穿戴、农业物联、工业物联等相关产业链的发展，促进了 5G 网络与物联网的进一步融合。特别是 5G 网络速率优势、5G 网络安全优势，充分满足物联网对数据传输的需求，从而使得物联网应用的全面、深度发展成为可能。5G 技术带来了更快的数据传输，成为未来的主要网络技术，其拓展了物联网网络层数据传输的平台，在一定程度上加快了物联网业务发展的步伐。现 5G 技术支持 eMTC 和 NB-IoT 持续演进，截至 2021 年，物联网设备连接数已约有 225 亿个。面对如此庞大的生态系统，5G+IoT 将是一个好的选择。

7.5.1　窄带物联网（NB-IoT）

2015 年 9 月，窄带物联网（NB-IoT）技术被正式纳入 3GPP 的 R13 协议，定义了上行有效宽带为 180kHz，下行有效宽带为 15kHz 和 3.75kHz。2016 年 6 月，3GPP 正式对外宣布 R13 完成 NB-IoT 窄带物联网技术相关标准的制定工作，同年 12 月完成了对 NB-IoT 窄带物联网技术性能指标及终端的测试性工作。

NB-IoT 体系架构主要分为 NB-IoT 终端、基站、物联网核心网、物联网平台(云平台)、第三方应用 5 个部分。NB-IoT 终端属于物联网层次架构中的感知层，负责实时监测并收集相关数据；基站、物联网核心网、云平台属于网络层，其中物联网核心网是 NB-IoT 体系架构的核心部分，该层主要负责数据的传输、存储，并对数据加以分析；应用层包含了基于物联网平台的各种应用，如智能停车、智能路灯、智慧农业等。

瞄准物联网产业发展过程中的通信痛点问题，NB-IoT 技术具有低功耗、低成本、广覆盖、海量连接的独特优势。

1. 低功耗

NB-IoT 主要适用于低速率、低功耗的设备。其独特的省电模式（PSM）、扩展的不连续接收（eDRX）技术，使得终端在 90%以上的时间都处于休眠状态，减少了通信元件的损耗。

省电模式的原理在于 NB-IoT 终端大部分时间都处于休眠态。当终端传输完数据后，会进入空闲态。在该段时间内，终端并不会向基站发送数据，而是等待基站与终端设备进行通信。如果两者没有发生任何通信，则终端会进入休眠态。进入休眠态后，由于通信元件的损耗较少，所以其功耗非常低。而休眠的时间可以通过两个低功耗的定时器实现，即激活定时器及休眠定时器。通过对两个定时器时间的设置可以控制空闲态及休眠态的时长。PSM 省电模式的劣势很明显，在 90%的休眠态中，基站是无法与终端设备进行通信的，所以该模式比较偏重数据主动上报的场景。PSM 原理如图 7-11 所示。

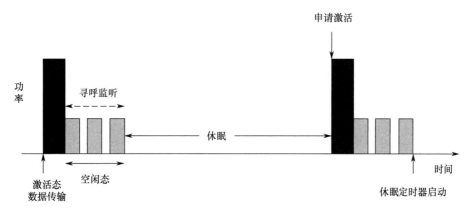

图 7-11 PSM 原理

eDRX 是 DRX 技术的扩展。当终端设备与基站进行通信的时候，在 DRX 技术的基础上，终端设备会周期性地监听寻呼消息。相比于 DRX 技术，eDRX 技术支持的寻呼周期更长，从而达到节电的目的。除此之外，该技术更适合上行加下行的场景，一定程度上下行数据可以实时接收。eDRX 原理如图 7-12 所示。

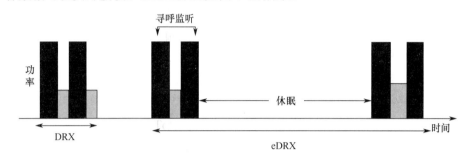

图 7-12　eDRX 原理

2. 低成本

NB-IoT 技术低功耗的独特优势使得该技术的成本相比其他物联网通信技术更低。芯片成本往往和芯片尺寸相关，尺寸越小，成本越低，模块的成本随之变低。相比其他的通信技术，NB-IoT 技术不需要重新建网，射频模块和天线是可以重复使用的。通过对物理层和硬件的重新设计，终端芯片的价格也会不断下降，未来的目标是将该芯片的价格降到 1 美元。低成本的价格使得 NB-IoT 技术在未来可以得到更好的推广，应用于实际生活的各领域。

3. 广覆盖

一些物联网应用场景对于覆盖区域和穿透强度的要求更高。与通用无线分组业务（GPRS）相比，NB-IoT 可以在所有操作模式下提供多达 20dB 的增强覆盖。NB-IoT 广覆盖来自两方面。下行主要依靠增加各自信道的最大重传次数以获得覆盖增强，上行主要通过提升其功率谱密度及增加上行信道的最大重传次数增强其覆盖面积。在频段相同的情况下，该技术与传统的物联网通信技术相比，覆盖目标为 164dB，比传统的 2G 技术增强 20dB，相当于提升了近 100 倍的覆盖区域能力。

4. 海量连接

NB-IoT 的终端可以支持大批量部署，目标是在一个 Cell-Site 扇区内至少支持 52547个设备的接入。NB-IoT 技术实现海量连接的方式主要有两种，分别是降低信令开销和窄带传输。NB-IoT 通过降低信令开销提高了数据包在传输过程中的效率，同时可以节省 4～5 条信令。NB-IoT 采用窄带传输技术。业务传输占用的频段资源相比 LTE 降低了许多。因此，在总资源一定的情况下，NB-IoT 技术资源利用率更高，与此同时，支持的连接数也就越多。经过统计发现，在同一基站的情况下，NB-IoT 通信技术相比传统的

2G/3G/ZigBee 物联网通信技术，可以提供 50～100 倍的接入数。

相对于传统产业，物联网的产业生态更为纷杂庞大。对于低功耗广域网络，从纵向来看，目前已形成"底层芯片—模组—终端—运营商—应用"的完整产业链。NB-IoT 技术是由芯片设计商、通信设备商和电信运营商共同努力得到的结果，所以一直都受到全球主流运营商和通信设备厂商的广泛支持。根据 GSMA 的统计数据，经过两三年的发展，目前全球已有 84 张 NB-IoT 网络实现商用，全球模组种类已超过 100 种，成为全球应用最广的物联网技术之一。NB-IoT 用户增长迅速，2019 年全球连接数过亿个，是 GSM 过去 6 年的总和。除整体发展态势良好外，NB-IoT 技术在整条产业生态链上都拥有成熟的产品。首先，NB-IoT 拥有更成熟的元件厂商生态。NB-IoT 产业已经拥有包括华为海思、高通、中兴微电子等 9 家芯片厂商，以及中兴通讯、上海移远通信、中移物联网在内的 21 家 NB-IoT 模组厂商。这些厂商构成了 NB-IoT 强大的元件厂商生态，为其发展打下坚实的基础。随着这些元件厂商生态的成熟，其模组价格也在快速下降。截至目前，NB-IoT 模组价格已经从 2017 年的 100 元下降到现在的 20 元以下，基本与 2G 持平。其次，NB-IoT 得到了众多运营商的支持。目前，全球多个运营商紧跟 NB-1oT 发展步伐，在标准协议完成之后第一时间进行技术验证、测试和商用部署。Vodafone、德国电信、软银等 56 家运营商均已部署了 NB-IoT 商用网络。

7.5.2　增强型机器类型通信（eMTC）

2008 年，LTE 第一版 R8 的终端等级中使用了不同的 Cat 来代表不同的速率等级。在 4G 发展的初期，上行峰值速率仅有 5Mbit/s 的终端等级为 Cat.1，也就是 eMTC 并没有得到过多重视。后来随着可穿戴设备普及，可以被应用于物联网低速率场景的 Cat.1 逐渐走到台前。可穿戴设备一般配备 1 根天线，而在原标准设计中 Cat.1 终端需使用 2 根天线，所以针对可穿戴设备等物联网场景，将 Cat.1 进行技术优化势在必行。于是，为达到更高的成本要求，在 R12 中增加了新终端等级 Cat.0，放弃了对多天线 MIMO 的支持，简化为半双工传输，峰值速率降低为 1Mbit/s，终端复杂度随之降低为普通 LTE 终端的 40%。为解决射频接收宽带太大问题，在 R13 中新增终端等级 Cat.M1，信道带宽和射频接收带宽均为 1.4MHz。Cat.M1 就是现在的 eMTC。

从蜂窝物联网技术的发展过程来看，3GPP 引入了基于长期演进（LTE）的两种蜂窝式物联网技术，即增强型机器通信或 Cat.M1、窄带物联网（NB-IoT）或 Cat.NB1，这些系统旨在与现有的 LTE 基础设施、频谱和设备共存。其中，eMTC 是一种在 3GPP R13 版本标准中引入的用于提供低功耗、广覆盖的蜂窝物联网技术，提供与 NB-IoT 相比在移动性和速率上的差异化服务。对于 eMTC，运营商正是看重其相对于 NB-IoT 的差异化特点：一是速率高，eMTC 支持上、下行最大 1Mbit/s 的峰值速率，相比 NB-IoT 可支撑更丰富的物联网应用；二是移动性，eMTC 支持连接态的移动性，物联网用户可以无缝切换，如智能公交、智能电梯、工业监控等都比较适合；三是可定位，基于 TDD 的 eMTC可以利用基站侧的 PRS 测量信息，在不增加 GPS 芯片的情况下就可以进行位置定位，低成本的定位技术更有利于 eMTC 在物流跟踪、货物跟踪等场景的普及；四是支持语音，eMTC 从 LTE 协议演进而来，可以支持 VoLTE 语音，也可应用到语音手表等可穿戴设备中。

eMTC 的关键特性主要为了实现降低终端成本、提升深度覆盖能力、降低终端功耗、提升待机时长的目标。低成本终端是海量物联网终端通过移动网络接入的基础，支持1.4MHz 的 eMTC 芯片成本为 Cat.1 的 25%，模组成本也会相应下降；终端长时间待机是物联网一个重要条件，支持 PSM 模式的 eMTC 终端最长可支持 5～10 年；由于 eMTC 可以提升 15dB 覆盖能力，而提升 LTE 网络上、下行覆盖能力对运营商开展物联网（特别是抄表类业务需要深度覆盖）业务具有重要意义。

eMTC 提升覆盖能力、降低终端成本、降低终端功耗的特性如下。

1. 重复发送和跳频

所谓重复是指在多个 TTI 上重复发送传输块的信息。eMTC 的目标是要做到 15dB 覆盖增强，其中还要考虑 R13 中"低复杂性/覆盖增强"（LC/CE）的用户终端（UE）单射频接收天线的 4dB 损失和最大发射功率下调至 3dB 的损失，所以至少要达到 18dB 的覆盖增强，与 NB-IoT 类似的重复发送技术是提升覆盖能力的关键技术。跳频技术是覆盖增强的另一个关键技术，跳频大概可得到 1～3dB 的增益。R13 中的 LC/CE UE 规定了新的跳频方式，即在子帧间跳频及 N 个子帧跳一次。

2. 终端低成本（支持 1.4MHz 带宽 eMTC 终端接入和调度）

相对于 Cat.0 的 UE，R13 标准中 eMTC 新增一类终端类型"带宽减小且复杂性降低"（BL）UE，即 Cat.M1 UE 单接收天线。而 R13 的 eMTC 还定义了一种新的终端工作模式EC，其他普通 UE 也可以工作于 EC 模式。EC 模式下，UE 可当作 BL UE，非单天线 UE是否会工作于单天线模式，由具体终端实现决定。

LTE 系统的带宽有 1.4MHz、3MHz、5MHz、10MHz、15MHz 和 20MHz 这几种，而终端带宽降至 1.4MHz。对于系统带宽大于 1.4MHz 的系统，R13 中的 eMTC 终端传输资源是将系统带宽划分为一系列的 1.4MHz 窄带信道，每个窄带（NB）大小为 6PRB。为了资源分配灵活，除传输系统消息的 NB 固定为 6PRB 外，允许 eMTC 的 UE 调度 NB 小于6PRB 的资源块，剩余 NB 允许被其他 UE 使用，但 NB 间不允许重叠。降低 UE 的系统带宽应该保证 UE 可以在任何带宽的系统中正常工作，支持降低带宽的 UE 与普通的 UE频分复用，同时支持重用传统系统带宽。

除此之外，为降低成本，eMTC 的 UE 终端不支持上、下行 64QAM；不支持低阶调制阶数；只支持 QPSK 或 16QAM。UE 终端还降低了输出功率或完全去掉功率放大器。降低发射功率会影响上行覆盖性能和频谱效率，进而会影响功耗和版本标准。通过简单地去除最后的功率放大器，设备的输出功率可能会下降 0dBm 到 5dBm。另外，芯片设计可能允许明显更高的功率输出。所以 Cat.M1 的 UE 是否降低发射功率至 20dBm，取决于各芯片厂商和终端的实现。

3. 支持终端 PSM、eDRX 模式

eMTC 的通信带宽为 1.4MHz，峰值速率降低（TBS 最大 1000bit），所以对于上行，在时隙配比为 3/1（DL/UL）时最大速率为 200kbit/s。为了省电和降成本，终端可以单天线接收，上行发射功率也可以从 23dBm 下降到 20dBm。eMTC 基于 LTE 标准，采用 OFDM 技术，子载波间隔为 $f = 15$kHz，1 个资源元素（RB）在频域上占用 12 个带宽为 15kHz 的子载波，占用 24 个带宽为 7.5kHz 的子载波。

与 NB-IoT 技术方案类似，eMTC 支持终端的 PSM 和 eDRX 模式。

PSM 是终端节省功率消耗的最主要的技术，处于省电模式的 UE 接收机一直处于关闭状态，空口接入层的功能被停止，不监听空口寻呼信道。PSM 适合低频、周期性、时延不敏感小包，有非常高的节电要求的应用，如只有电池供电的燃气表/水表等，一天只需要上报一次数据。

传统网络中为了降低功耗，终端可以使用 DRX 技术，在一个 DRX 周期，终端只在寻呼时刻监控寻呼指示信道，其他时刻终端是不监控寻呼指示信道的，这样就降低了终端的功耗。由于传统网络要兼顾终端低功耗和业务及时性要求，所以这个 DRX 周期最大为 2.56s。为了适应物联网更低功耗、时延更不敏感的业务，eMTC 标准在省电方面提出了 eDRX 技术，通过扩展现有 DRX 周期可以达到分钟和小时级别（eDRX 的寻呼周期为 1.28s～10.24s，最大约为 2.913h），达到终端既省电又满足一定时延的应用要求（手环、跟踪、街灯控制等交互式应用），在省电和时延之间取得平衡。

7.5.3　NB-IoT 与 eMTC 的应用互补和选择竞争

自从诞生以来，蜂窝物联网的两种制式 NB-IoT 与 eMTC 就存在竞争关系。到底应该选择哪种网络制式，业内一直争执不休。其实双方各有技术优势，同时又有合作的基础，并不存在最佳选择，比拼的多是模组芯片成本、商用化程度和网络建设完善情况等。

在 2017 年 6 月的 3GPP 第 76 次全会上，业界就涉及 NB-IoT 和 eMTC 移动物联网技术的 R15 版本演进方向达成了共识，即：不再新增系统带宽低于 1.4MHz 的 eMTC 终端类型；不再新增系统带宽高于 200kHz 的 NB-IoT 终端类型。3GPP 这一决议推动了移动物联网技术的有序发展，让 eMTC 与 NB-IoT 的应用界限更为明晰，逐渐转为混合组网、差异化互补的合作关系。

1. 从技术层面来看两者的关系

在峰值速率方面，NB-IoT 对数据速率支持较差，为 200kbit/s，而 eMTC 能够达到 1Mbit/s；在移动性方面，NB-IoT 由于无法实现自动小区切换，因此几乎不具备移动性，eMTC 在移动性上表现更好；在语音方面，NB-IoT 不支持语音传输，而 eMTC 支持语音；在终端成本方面，NB-IoT 由于模组、芯片制式统一，现已降至 5 美元左右，但是 eMTC 目前的价格仍然偏高，且下降缓慢；在小区容量方面，eMTC 没有进行过定向优化，难以满足超大容量的连接需求；在覆盖方面，NB-IoT 覆盖半径比 eMTC 大 30%，eMTC 覆盖较 NB-IoT 差 9dB 左右。

2. 应用场景中两者的混合组网

从双方的技术特征可以看出，NB-IoT 在覆盖、功耗、成本、连接数等方面性能占优，通常使用在追求更低成本、更广/深覆盖和长续航的静态场景下。eMTC 在覆盖及模组成本方面目前弱于 NB-IoT，但其在峰值速率、移动性、语音能力方面存在优势，更适合有语音通话、高带宽速率及有移动需求的场景。在真实的市场使用场景中，双方可以形成互补关系。

有数据预测显示，NB-IoT 由于其低成本、广覆盖的特征，连接数量与 eMTC 相比是 8∶2 的比例关系。但相对来说，eMTC 网络应用场景更加丰富，应用与人的关系更加直接，eMTC 网络环境下用户的 ARPU 值会更高。

中国移动发布的《移动物联网行业解决方案白皮书》提到，NB-IoT/eMTC 混合组网后，应用场景将更加丰富。NB-IoT 技术应用涉及静态场景，如智能抄表、智能开关、智能井盖等，但 NB-IoT/eMTC 混合组网后，将涉及更多交互协同类的物联网应用，如产品全流程管理、智能泊车、共享单车、融资租赁、款箱监控、智慧大棚、动物溯源、林业数据采集、远程健康、智能路灯、空气监测、智能家庭等。因此，NB-IoT 与 eMTC 同步推进，可满足多场景的综合需求。

3. 国际运营商的选择与态度

基于对 NB-IoT 与 eMTC 不同应用场景的考虑，国际运营商从经营战略与业务发展出发，在蜂窝物联网部署策略上也出现明显差异。据 GSMA 最新发布的蜂窝物联网演进报告显示，Verizon、AT&T 和澳洲电信已部署 eMTC 商用网络，沃达丰（西班牙、荷兰）、德国电信、韩国 KT 和中国电信等已部署 NB-IoT 商用网络，而阿联酋电信部署了 NB-IoT 和 eMTC 双商用网络。

以美国 AT&T、Verizon 为代表的国际领先运营商已首先完成 eMTC 部署。早在 2016 年，AT&T 和 Verizon 就开始了网络部署竞赛，当年 8 月，Verizon 高调宣布计划实现北美首个 eMTC 商用网络，并在 2017 年 3 月，宣布完成了美国 eMTC 商用网络部署。2016

年 10 月，AT&T 在旧金山开通了美国第一个 eMTC 商用基站。目前，AT&T 在美国已完成了 eMTC 的商用部署，2016 年年底在墨西哥完成 eMTC 网络部署。澳洲电信紧跟美国运营商的步伐，于 2017 年 8 月完成了 eMTC 的全网商用部署。AT&T、Verizon 和澳洲电信拥有目前全球最大的三张 eMTC 网络，均由爱立信提供部署支持。

欧洲与亚洲运营商是 NB-IoT 技术的主要推动者，尤其以沃达丰、德国电信、韩国 KT 等运营商为代表。沃达丰在全球的部署进度持续加速。2017 年年初，沃达丰在西班牙推出了首个 NB-IoT 商用网络，并且首次在一张商用网络上完成了其 NB-IoT 试验。2017 年 8 月，沃达丰在荷兰的 9 个城市推出 NB-IoT 网络，同年 9 月在爱尔兰推出首个全国性 NB-IoT 网络；在新西兰、澳大利亚等地积极开展测试，加快推出商用网络。2017 年初，德国电信宣布部署泛欧洲 NB-IoT 商用网络，计划先在德国推出，然后在荷兰、奥地利、克罗地亚、希腊、匈牙利、波兰和斯洛伐克等国家陆续商用。2016 年 11 月，韩国 KT 和 LG U+共同发布 NB-IoT 战略，双方在 2017 年完成 NB-IoT 网络的全国覆盖。到 2017 年年中，LG U+的 NB-IoT 网络建设已经基本完成。

技术上竞合与业务场景的互补，使部分国际运营商致力于推动 eMTC 和 NB-IoT 的联合部署。澳洲电信在完成 eMTC 部署后，宣布在今年内还会完成 NB-IoT 的全网部署。2017 年 7 月，阿联酋电信宣布推出 eMTC 和 NB-IoT 商用网络，成为北非地区首个提供这些新技术的运营商，从而支持多种解决方案和服务的实现。

4. 国内运营商在混合组网上的计划与目标

我国政府高度重视物联网发展，在政策层面出台了多项支持措施，确立了未来发展目标。国内基础运营商积极推动物联网发展，在加快建设 NB-IoT 网络的同时，积极跟进 eMTC。

在《国务院关于推进物联网有序健康发展的指导意见》《中国制造 2025》《国务院关于积极推进"互联网＋"行动的指导意见》等国家政策顶层设计中对物联网发展提出了要求。工业和信息化部发布的《信息通信行业发展规划物联网分册（2016—2020 年）》中提出，到 2020 年具有国际竞争力的物联网产业体系基本形成，总体产业规模突破 1.5 万亿元，公众网络 M2M 连接数突破 17 亿。

工业和信息化部在 2017 年 6 月发布的《关于全面推进移动物联网（NB-IoT）建设发展的通知》中指出，要加快推进网络部署，构建 NB-IoT 网络基础设施。基础电信企业要加大 NB-IoT 网络部署力度，提供良好的网络覆盖和服务质量，全面增强 NB-IoT 接入支撑能力。到 2017 年年末，实现 NB-IoT 网络覆盖直辖市、省会城市等主要城市，基站规模达到 40 万个。到 2020 年，NB-IoT 网络实现全国普遍覆盖，面向室内、交通路网、地下管网等应用场景实现深度覆盖，基站规模达到 150 万个。加强物联网平台能力建设，支持海量终端接入，提升大数据运营能力。

基于 800MHz 低频覆盖优势，中国电信 NB-IoT 建设领先。2017 年上半年，中国电信宣布 NB-IoT 网络商用，同时还与深圳水务集团、海信、海尔等达成了战略合作。中国电信不仅发展 NB-IoT，也关注 eMTC 技术。

中国联通在推进 NB-IoT 试点商用的过程中，启动了 eMTC 试点，并认为这两项技术具有互补关系。2016 年，中国联通已经在 7 个城市（北京、上海、广州、深圳、福州、长沙、银川）启动基于 900MHz、1800MHz 的 NB-IoT 外场规模组网试验及 6 个以上业务应用示范，2018 年开始全面推进国家范围内的 NB-IoT 商用部署。中国联通已在北京等城市开通了 eMTC 试验网，2016 年年底打通了端到端业务流程，目前正在推进基于 eMTC 的物联网应用。

2017 年 6 月 29 日，在中国移动举办的移动物联网大会上，沙跃家副总详解了中国移动物联网的发展策略，致力于同步推动 NB-IoT 与 eMTC 协同发展，从而实现技术互补，产业共进；之后，在杭州、上海、广州、福州开展 NB-IoT 及 eMTC 的规模试验，后续在多个重点城市开展商用；2018 年实现全网规模商用。

综上所示，NB-IoT 与 eMTC 不存在对立的关系，而是由于应用场景的不同，运营商会选择将两者协同，共同做大产业链，不断拉动消费升级，为厂商提供更多不为技术限制的应用场景，让用户体验得到提升，激发用户的刚性需求，并为 5G 与各行业的融合发展打下基础，这是未来 NB-IoT 与 eMTC 的融合发展趋势。

7.6　本章小结

5G 网络并不是对 4G 网络的简单升级，设计之初 5G 就面向万物互联时代的各种物联网应用场景。5G 技术体系中的窄带蜂窝物联网技术（NB-IoT 和 eMTC 等）有效解决了物联网技术和产业发展曾长期面临的依赖低速短距离连接所带来的高复杂性和低可靠性的数据传输短板问题，使得物联网感知终端可以长距离、低功耗、低成本地将采集到的数据提交到后台或云端。5G 的到来不仅标志着用户网络体验的进一步提升，同时也将满足未来万物互联的多样化应用需求。可以预见，在新基建利好政策的支持下，5G 和物联网的商业化进程将加速融合、加快推进。

第 8 章 具有物联网时代特征的大数据中心

8.1 大数据中心的起源和发展

8.1.1 数据中心的起源

根据数据中心概念的内涵，结合业界对数据中心特性的统一认识，赛迪顾问给出了数据中心的定义，即数据中心是指按照统一标准建设，为集中存放的具备计算能力、存储能力、信息交互能力的 IT 应用系统提供稳定、可靠运行环境的场所。数据中心按照服务的对象可以分为企业数据中心（EDC）和互联网数据中心（IDC）。企业数据中心指由企业或机构构建并所有，服务于企业或机构自身业务的数据中心。互联网数据中心由 IDC 服务提供商所有，通过互联网向客户提供有偿信息服务。

在 20 世纪 70 年代，早期的计算机多为大型机，操作和维护都很复杂，需要配备一个特殊的机房环境，并且连接所有设备组件需要很多电缆，于是人们提出了很多安置这些设备的方法，如用标准的支架来安放设备，增加地板高度，并设置能够安装在屋顶上或地板下的电缆支架。又因为以前的大型计算机体积巨大，需要大量的电源支持，所以必须要有冷却设备以防止设备过热。当时的计算机非常昂贵，并常被用于军事目的，所以安全问题同样非常重要，人们为此设计了最原始的机房访问权限控制基本策略。

从 20 世纪 80 年代开始，微型计算机迅猛发展并逐渐普及。在很多情况下，人们很少关心计算机操作环境的特殊需求，因为大家随时随地都可以操作自己的个人计算机。现在，随着信息技术的发展，计算机操作类型开始变得纷繁复杂，企业开始认识到需要一种方式来统一组织和管理信息资源。同时由于客户/服务器（C/S）模式的计算业务的迅速发展，从 20 世纪 90 年代开始，微型机（被称为服务器）开始被统一布置在大型机房中使用，网络设备更加便宜，新的网络电缆标准也应运而生。这些都使得企业将服务器分等级放置在一些特定的房间内成为可能，这种特别设计的机房很快得到了业内认可并流行开来。

这一时期互联网迅速发展，数据中心的概念也随之被提出。运营商或网络公司需要快速进行网络连接及提供能够不间断进行互联网服务的主机，并且不断维护和操作这些主机。由于很多小公司没有能力配备或安装这类设备，一些大型公司开始批量建设被称为网络数据中心的大型设施，专门为运营商或网络公司提供商业化的系统部署和操作解决方案。随后越来越多的新技术被应用于该领域，用来满足处理大量计算和操作的需求。

2007 年以后，数据中心的设计构建和运行开辟了一个新兴的计算机产业，并且开始由专业的组织或机构来制定行业的统一标准，如美国通信工业协会（TIA）制定了数据中心设计需求标准。现代数据中心得到了飞速发展，能够提供除存储服务、系统部署以外的多种服务，如商业评价和预测分析等，这些服务由于具有友好的操作环境和完善的数据支持，已被广泛应用于生产实践。

8.1.2　大数据中心建设重要性分析

互联网和云计算的发展支撑着世界各国之间的联系和国民经济的运转，而数据中心在当前社会的数字化、网络化和智能化的高速发展中起着重要的基础性作用。大数据、物联网、人工智能等新兴技术的融合正在帮助各行各业的数字化转型实现跨越式发展。

数据中心的重要作用在国家新基建战略中已经得到了体现。作为新基建七大领域之一，大数据中心是国家未来的重点建设方向。与传统数据中心相比，大数据中心的提法更能突出数字经济对数据中心这个枢纽作用的新要求。新基建中提出的大数据中心究竟是大型数据中心还是大数据的数据中心，在这个问题上有很多讨论。从广义上来讲，大数据中心是为 5G、物联网、AI 及各垂直行业提供的强有力和广泛的基础设施保障，大数据中心的"大"表示体量大、数量大和实现形态多样化，契合大型云数据中心和大量分布式边缘数据中心的趋势。

新基建主要是指新一代信息基础设施，主要表现在数字化和智能化方面，大数据中心作为信息化发展的基础设施和数字经济的底座，有利于促进数据要素参与价值创造与分配。大数据中心不仅具有传统的数据中心作用，对其承载的分布式海量数据进行存储和处理，而且能够运用大数据的思想和技术，使产业上下游更好地利用大数据中心基础设施上提供的存储、处理和数据服务能力，及时发现和满足新的市场需求及节约企业运营和生产成本，赋能各行各业的数字化和智能化转型，实现产业升级。随着数字经济规模的不断扩大，加快对大数据中心的建设并投入使用，对信息技术产业、制造业、能源和公共事业、金融服务、交通运输等各行业都会产生重大影响，推动行业资源的集聚，促进产业链上下游的发展。

数据中心的数字经济枢纽作用在新冠肺炎疫情防控期间体现得淋漓尽致。突然暴发的疫情，使得远程办公、远程协作大范围普及，大量业务走向线上化、数字化，随之而来的是线上数据量激增，数据流动性大大加强，这一切都需要强有力的大数据中心来支撑，以完成对数据的计算、传输及存储。

事实上，疫情防控期间因为业务量激增造成的大数据中心运维难度大、业务宕机等情况屡见不鲜，充分体现了大数据中心强大与否对数字经济的影响。工作模式上的根本性转变，对大数据中心的稳定性、运维能力提出了更高要求；未来，线上化的趋势会更加明显，而且随着 5G 商用的逐步深入，靠近用户侧的边缘数据中心场景将会大量增多，大数据中心的价值与作用将会进一步显现。

8.1.3　新基建推动大数据中心发展

随着消费互联网的成熟、产业互联网的兴起、5G 的推广及企业数字化、智能化转型的深入开展，全球数据量呈现出海量聚集、爆发增长的特点。据 DC 预测，2025 年全球的数据总量将达到 175 ZB。在中共中央、国务院 2020 年 4 月 9 日印发的《关于构建更加完善的要素市场化配置体制机制的意见》中，首次将数据要素与土地要素、劳动力要素、资本要素、技术要素并列为中国经济的生产要素。2021 年 7 月 4 日，工业和信息化部发布了《新型数据中心发展三年行动计划（2021—2023 年）》，明确用 3 年时间，基本形成布局合理、技术先进、绿色低碳、算力规模与数字经济增长相适应的新型数据中心发展格局。总体布局持续优化，全国一体化算力网络形成国家枢纽节点、省内数据中心、边缘数据中心的梯次布局。技术能力明显提升，产业链不断完善，国际竞争力稳步增强。算力、算效水平显著提升，网络质量明显优化，数网、数云、云边协同发展。能效水平稳步提升，电能利用效率（PUE）逐步降低，可再生能源利用率逐步提高。

当前，在新型基础设施建设中，5G、工业互联网、人工智能正在加速渗透到各行各业，这将会催生出海量数据和应用，同时特高压、城际铁路及新能源汽车充电桩与数字技术的结合，也将产生大量的数据。由此可见，在新基建的基础上，数据将成为推动我国经济和社会发展的重要资源。而大数据中心是存储、处理和应用这些海量数据资源的基础设施。海量数据的处理和分析的背后，离不开大数据中心的支撑。作为新基建的重要组成部分，可以说，大数据中心为应对 5G、人工智能、工业互联网的大数据需求而生，大数据中心是新基建的根本。大数据中心作为新基建的核心基础设施平台，为所有的互联网和大数据应用提供安全、稳定、可靠的技术支撑。发展新一代数据中心，可以为我国数字经济与实体经济的创新融合夯实重要的数字基础。对于企业来说，作为数据收集、处理和交互的中心，大数据中心直接决定了企业的核心竞争力。

由上可知，伴随着 5G 商用的快速发展，工业互联网和各行业应用领域的海量数据将被分析挖掘，数据资源云化推动互联网数据中心（IDC）产业升级，IDC 产业格局正在改变。科智咨询发布的《2019—2020 年中国 IDC 产业发展研究报告》显示，中国 IDC 产业 2022 年进入新一轮爆发期，业务市场规模超过 3200.5 亿元，同比增长 28.8%。在国家政策的支持下大数据产业将得到较好的应用和发展。

传统的数据中心一般采用集中式架构，以两地三中心的形式满足数据存储、备份和容灾需求。新基建下的数字经济和技术都呈现跳跃式发展，5G 带来的数据流量相比 3G、4G 更加具有不可预测性，工业互联网和 AI 等新技术也导致应用形态的多样化、动态化，使得工作负载需要跨核心、跨云和边缘进行迁移。传统数据中心主要支撑 B2B 业务，重心是数据的存储和处理；而新基建下的数据中心，未来不仅要支撑 C2B、B2B、B2C，还可能支撑 M2M，迫切需要跨核心、云和边缘的新型基础架构。5G、工业互联网、人工智能的加速发展，将推动新应用的数量从数千、数万跃升至数百万。如果继续采用以前的手动应用管理，那么结果是难以想象的，只有自动化的应用管理才是最明智的选择。此外，越来越多的企业基于应用进行云计算的部署和管理，然而由于多云之间的管理隔离，使得多云下的应用管理难以进行，不仅 IT 资源难以根据应用需求进行动态分配，而且难以满足企业"出海"过程中业务对快速部署的需求。

传统的数据存储往往以关注服务质量（QoS）和服务等级协议（SLA）为主，只要数据不出事就可以，数据价值根本没有得到充分的体现。相关调查数据表明，目前只有不到 2% 的企业数据被存储下来，其中又只有 10% 被用于数据分析。在新基建的浪潮中，数据堪比黄金，数据的管理和变现能力直接决定了企业的业务竞争力。在新基建的加持下，5G 的高速传输、海量物联网感知层产生的海量数据、工业互联网的万物互联，带来的数据量将是百倍、千倍的增长。企业不仅要跨核心、云和边缘进行数据统一、自动化和智能化存储，还要通过云上与云下数据统一管理、实时分析，最大化释放数据价值，将数据从成本转化为利润。

因此，不论是从架构还是从应用部署、数据价值上看，新基建下的大数据中心都与传统的数据中心有着迥异的区别。新基建下的大数据中心需要跨核心、云和边缘的高度分布式 IT 架构，能够跨虚拟机、微服务、区块链进行动态、快速、完全自动化的应用部署，同时通过数据管理和分析提高数据变现能力。

当前数据大爆炸的产业社会背景无疑对大数据中心的承载能力、计算能力、数据安全能力等都提出了更高的要求。因此，大数据中心应该具备云计算基础设施、海量异构数据源整合治理、数据即服务、完善的数据安全和隐私保护能力。

（1）大数据中心承载并处理海量异构数据所需的算力会动态地变化，需要引入云计算基础设施来实现资源的弹性伸缩。

（2）大数据中心需要整合海量异构数据源，以及具有全方位的数据管控治理能力。

（3）大数据中心需要对外提供数据即服务（DaaS）的功能，使大数据中心为整个产业链乃至全社会提供服务并产生真正的经济和社会价值。

（4）大数据中心还需要具备完善的数据安全和隐私保护能力，从基础设施安全到数据本身安全，以及个人隐私和企业商业机密都需要非常有效的保护措施。

当前大数据中心的发展主要体现在以下 3 个方面。

（1）数字经济建设进入规模化实施期，数据中心投资稳步增长。云计算、大数据、物联网、人工智能等新一代信息技术快速发展，数据呈现爆发式增长，数据中心建设成为大势所趋。世界主要国家纷纷开启数字化转型之路，在这一热潮的推动下，全球数据中心 IT 投资呈现快速增长趋势。全球 IT 投资规模增长率高于全球 GDP 增长率（2.3%），相应地，我国数据中心投资规模增长率也高于我国 GDP 的增长率（6.1%）。

（2）亚太市场仍是全球数据中心市场的亮点，投资增速最快。从全球数据中心建设发展来看，世界三大数据中心市场——美国、日本和欧洲的数据中心 IT 投资规模仍占全球数据中心 IT 投资规模的 60% 以上，美国保持市场领导者地位，在数据中心产品、技术、标准等方面引领全球数据中心市场发展。

（3）数据中心数量增速放缓，大型数据中心占比逐年增长。2019 年我国数据中心数量大约有 7.4 万个，大约占全球数据中心总量的 23%，数据中心机架规模为 227 万架，在用 IDC 数量为 2213 个。数据中心大型化、规模化趋势仍在延续，区域性应用、多层级集团企业均倾向通过规模化建设避免盲目建设和重复投资。

大数据中心的未来增长潜力及推动因素主要有以下 3 个方面。

（1）数据资源已成为关键生产要素，是数字经济发展的"新能源"。互联网的高速发展使得万物数据化，数据量和计算量呈指数级增长，根据赛迪顾问数据，到 2030 年数据原生产业规模量占整体经济总量的 15%，中国数据总量将超过 4YB，占全球数据量的30%。更多的产业将通过物联网、工业互联网、电商等结构或非结构化数据资源提取有价值的信息，海量数据的处理与分析要求构建大数据中心。

（2）AI、5G、区块链等场景化应用，为数据中心发展打开新的成长空间。在国家政策和资本的共同推动下，AI 生态不断完善，AI 场景化应用加速落地，AI 基础设施服务将迎来快速发展的新时期。大量基于 5G 的应用在金融、制造、医疗、零售等传统行业中开始示范与推广，VR/AR、自动驾驶、高清视频、智能交通、智慧医疗等应用需求也将推动数据中心市场发展与服务模式创新。2019 年年底，政府首次将区块链技术发展列为国家战略重点方向，未来区块链技术在应用场景上将从当前的跨境交易、商品溯源、金融创新、供应链整合等经济领域，延伸到民生需求、城市治理和政务服务等社会政策和公共服务领域，必然带来大量分布式计算、分布式存储、分布式数据库管理需求，这些均离不开大数据中心做支撑。

（3）工业计算服务需求旺盛，成为未来数据中心发展的新动力。作为新一代信息技术与制造业深度融合的产物，工业互联网日益成为新工业革命的关键支撑。我国拥有巨大的信息化、数字化、智能化应用市场，传统行业的信息化改造、数字化及智能化升级，以及企业上云、设备上云的步伐将加快，工业计算需求将爆发式增长，并且国家高度重视工业互联网的发展。2019 年 3 月，工业互联网首度写入政府工作报告，提出要围绕推动制造业高质量发展，打造工业互联网平台，拓展"智能+"，为制造业转型升级赋能。

8.2 物联网系统中的大数据特征与架构

据相关研究统计，随着物联网技术的发展，物联网中产生的感知数据的数量远远超过互联网。在工业企业自动化生产线及其设备上产生的运行数据和感知数据呈指数级增长。物联网大数据的获取、传输、存储、分析、挖掘及应用等面临着许多技术挑战。

8.2.1 物联网大数据特征

物联网大数据相比互联网大数据，对大数据技术的要求更高。物联网大数据的特征在业界被定义为"5HV"（High-Volume、High-Variety、High-Velocity、High-Veracity、High-Value），即数据规模更大、数据类型更多、处理速率更高、数据真实性要求更高、数据价值更大，如图 8-1 所示。

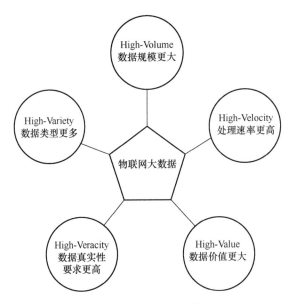

图 8-1　物联网大数据特征

（1）High-Volume：数据规模更大。物联网的主要特征之一是传感器节点的海量性。同时，物联网节点的数据产生频率更高，而传感器节点通常处于 7 天 24 小时工作状态，数据流会迅速产生。因此，可以快速积累更大规模的数据。

（2）High-Variety：数据类型更多。传统的获取信息的方式是借助于感觉器官，单靠感觉器官获取的数据研究自然现象和规律及行为活动是远远不够的。因此，传感器成为感知世界的重要途径。除了常见的话筒、摄像头、指纹传感器、红外线传感器等传感设备外，传感器早已渗透到工业生产、海洋探测、环境保护、资源调查、医学诊断、生物工程等广泛领域。传感器获取的数据具有数据规模大，数据类型复杂，同时具有连续采集、数据之间关联度高的特征。

（3）High-Velocity：处理速率更高。物联网中数据的连续性和海量性对物联网数据的传输速率要求更高，即要求实现数据的实时传输；由于物联网设备与现实世界直接关联，通常需要实时访问、控制设备，因此需要更加高效的数据处理技术来满足数据处理的实时性要求。

（4）High-Veracity：数据真实性要求更高。物联网是现实世界与硬件设备的结合，其对数据的处理及决策将直接影响物理世界，甚至其反馈的信息关乎设备的运行安全及周边环境或生命安全，因此物联网中数据的真实性显得尤为重要，对数据质量的要求更高。

（5）High-Value：数据价值更大。由于物联网数据的真实性要求高等特征，所以物联网数据的价值与数据量成正比。积累的传感器数据越多，越能发现数据变化的规律；在特殊情况下，甚至需要更完善的数据集才可能分析出更有价值的结果。

8.2.2　物联网大数据分析平台逻辑架构

针对物联网大数据存在的以上特征，物联网大数据处理技术需要实现以下需求。

（1）架构上采用业务逻辑和平台解耦的插件方式，业务逻辑可独立进行更新升级，提高业务上线速度。

（2）提供行业业务套件，如地理围栏业务，以及驾驶行为报告、车辆健康报告、维保通知、车辆告警通知等车辆联网业务。

（3）提供海量存储和分析服务。

（4）提供高性能实时流处理服务。

（5）支持公有云部署，基于公有云大数据服务平台，进行维护管理。

基于以上的需求，可以构建基于云平台的物联网大数据分析处理逻辑架构，如图 8-2 所示，该架构展示了物联网大数据的数据采集、传输、存储、分析、挖掘及应用等完整的处理环节。

该架构分为不同的层次。

1．终端层

终端层主要是物联网设备和硬件设备的数据采集层，通过物联网设备进行实时、连续的数据获取。

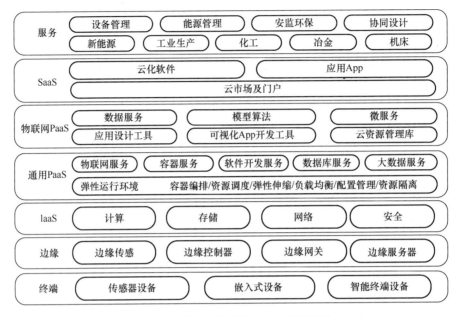

图 8-2　物联网大数据分析处理逻辑架构

2．边缘层

边缘层的设计主要为了提供边缘计算。边缘计算的发展原因主要如下。

（1）云服务的推动。云中心具有强大的处理性能，能够处理海量的数据。但是，将海量的数据传送到云中心成了一个难题。云计算模型的系统性能瓶颈在于网络带宽的有限性，传送海量数据需要一定的时间，云中心处理数据也需要一定的时间，这就会加大请求响应时间，用户体验极差。

（2）物联网的推动。现在几乎所有的电子设备都可以连接到互联网，这些电子设备会产生海量的数据。传统的云计算模型并不能及时、有效地处理这些数据，在边缘节点处理这些数据将会缩短响应时间、减轻网络负载、保证用户数据的私密性。

（3）终端设备的角色转变。终端设备大部分时间都在扮演数据消费者的角色，如使用智能手机观看爱奇艺、抖音视频等。然而，智能手机的发展让终端设备也有了生产数据的能力，如使用淘宝购买东西，使用百度搜索内容，这些都能使终端节点产生数据。

边缘计算主要具有 3 个优点。

（1）可以提高物联网设备的响应效率，缩短响应时间。

（2）通过边缘计算可以减少整个系统对能源的消耗。

（3）大大提高物联网数据在整合、迁移等方面的效率。

通过边缘层来对采集到的数据进行边缘计算，能够提高物联网设备的响应速度，从而减少对整个系统计算资源的消耗，提高物联网大数据整合的效率。

3．IaaS（基础设施即服务）层

该层主要是硬件基础设施层，是整个物联网大数据分析平台的硬件设备，包括计算和存储基础设备。

4．通用 PaaS（平台即服务）层

随着"应用上云"的发展，云计算技术已经逐渐成熟。Docker 容器技术的发展，给云计算技术注入了新的血液，使得容器云成为最新的云解决方案。通用 PaSS 层底层通过云虚拟化技术进行资源整合、池化。采用 Kubernetes 进行容器编排、资源调度、弹性伸缩、负载均衡、配置管理及资源隔离等管理。将物联网服务、数据库服务及大数据服务等部署于容器中，进行统一管理。数据库服务实现多源异构互联网大数据的分布式存储管理，而大数据服务提供海量离线物联网数据分析功能和高性能实时流处理功能。

5．物联网 PaSS 层

物联网 PaSS 层主要对物联网大数据分析处理、建模、挖掘、可视化及云资源管理提供服务平台，同时提供面向物联网领域的各种微服务平台。

6．SaaS（软件即服务）层

主要面向物联网领域提供门户服务，将物联网大数据分析处理结果的报表数据信息进行呈现等。

7．服务层

物联网大数据分析平台对各领域提供的服务接口，几乎满足各领域的需求。

8.3　物联网系统中的大数据管理

8.3.1　物联网大数据云平台的数据处理

在物联网大数据云平台中，平台即服务（PaSS）层是核心层之一。物联网大数据云平台的 PaaS 层的建设主要是构建一个可拓展的平台服务。PaaS 层的主要任务是整合现有生产端的 MES、ERP 乃至 CPS 等实时数据（边缘层采集），统一汇总分析，提供实时监控、生产管理、能效监控、物流管理等多种生产运行管理的核心功能（百万工业 App），实现整体产业链工业化、信息化融合。

物联网大数据云平台的 PaaS 层支撑着高质量、智能化的工业企业转型升级。从实践上来看，在把来自机器设备、业务系统、产品模型、生产过程及运行环境中的海量数据

汇聚到物联网大数据平台的 PaaS 层上，并将技术、知识、经验和方法以数字化模型的形式沉淀到平台上以后，只需采用各种大数据处理技术和数字化模型对多源异构数据进行组合、分析、挖掘、呈现，就可以快速、高效、灵活地开发出各类物联网应用，提供全生命周期管理、协同研发设计、生产设备优化、产品质量检测、企业运营决策、设备预测性维护等多种多样的服务。

物联网大数据云平台的 PaaS 层提供的大数据相关技术包括分布式文件存储、NoSQL 数据库、交互式查询、大数据批处理及大数据流式处理等技术。如图 8-3 所示，在物联网终端设备采集的数据通过边缘计算处理并且逐步汇入 PasS 层后，需要采用合适的大数据技术对物联网数据进行处理分析。首先根据采集的物联网数据的特性采用 Hadoop、Spark 等大数据计算服务进行批量数据处理分析，或者根据不同数据的类型选择 NoSQL 数据库进行存储管理，并且借助大数据交互查询工具进行数据分析等相关工作。对于需要通过模型进行分析的物联网大数据可以采用 PaaS 层的算法组件和模型组件进行建模分析。最终数据结果通过可视化工具进行报表展示，报表信息服务通过 SaaS 层对外提供。

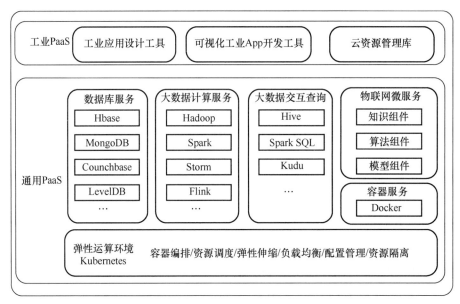

图 8-3　PaaS 层相关服务平台

8.3.2　物联网大数据存储与管理

在生产过程中，传感器采集的数据连续不断地向物联网大数据中心传输，形成了海量的物联网数据，结合物联网大数据的特征，海量物联网数据的存储与管理面临着如下挑战。

（1）物联网大数据的海量性。物联网有大量的传感器，每一个传感器均按照一定的频率频繁对数据进行采样，大数据中心需要存储这些数据的最新版本及历史版本，从而满足应用对历史数据的查询及溯源等需求。例如，车牌识别传感数据包括车牌号码、监测点号码、监测时间及其他辅助信息。若一个城市仅按 1000 个监测点、180 天计，就将产生约 36 亿条车辆识别数据。来自各监测点的数据以 1000 条/s 的频率汇聚到监管系统的数据处理中心，数据处理中心应承载 3TB 左右的结构化数据及满足 PB 量级图片数据的存储、集成、管理和分析等需求。以一个广域覆盖的高精度位置服务平台为例，高精度 GPS 数据每秒采集一次，以一个城市每秒 100 万条数据汇集到大数据中心计，每秒产生的数据总量大约为 100MB，则每月存储的数据总量超过 70TB。又如，车载物联网中一辆汽车内部大约有 900 个传感器，每秒将产生规模很大的物联网数据，要求系统必须能够实时接入并将数据存储到磁盘中，还需要系统能够高效地完成数据的查询。

（2）物联网大数据的高维和部分稀疏特性。在很多应用情况下，传感器并不是孤立的，而是围绕设备整体进行组织的。例如，在车载物联网中，一辆车的传感器有 900 多个，一条基础数据包含了车载 CAN（Controller Area Network）总线采集的 900 多个传感器的信息，这使得大数据中心接收到的数据具有高维特性，对物联网数据的查询也涉及基于多维约束条件进行复杂的查询。传感器数据还具有部分稀疏特性。例如，传感器数据有模拟量和状态值等，由于状态值一般可用布尔型表示，因此可以将状态为 0 的数据项当作空项进行压缩，这对于海量数据的存储具有很大的价值。

（3）物联网数据的时空相关性。与传统互联网数据不同，物联网中的传感器具有地理位置（有时是动态变化的）和采样时间属性，因此数据普遍存在空间和时间属性。特别是在位置服务、智能交通、车联网等应用领域，物联网数据的时空属性非常重要。在物联网应用中，对传感器数据的查询也不仅仅局限于传统互联网的关键字查询等，而是需要基于复杂的条件进行查询。例如，查询在某时间段内某指定地理区域中温度、湿度等多个属性上满足某约束条件的记录，并对它们进行统计分析。

（4）物联网数据的序列性与动态流式特性。由于物联网传感器的采样是间断进行的，不同传感器的采样频率并不一定相同，因此当查询某时刻的数据时，与给定时间匹配的概率极低，为了有效进行查询处理，一般将同一传感器的历次采样数据组合成一个采样数据序列，并通过插值计算的方式得到监控对象在指定时刻的物理状态。采样数据序列反映了监控对象的状态随时间变化的完整过程，包含比单个采样值丰富的信息。此外，采样数据序列的动态变化表现出明显的动态流式特性。

针对物联网大数据存储与管理上的挑战，传统的关系型数据库无法满足物联网大数据的存储与管理要求。并行数据库由于采用了严格的事务处理机制，在采样数据频繁更新的条件下处理效率比较低，同时并行数据库针对海量数据的可扩展性也达不到物联网大数据的要求。然而，NoSQL 数据库本身是一个稀疏的、分布式的、持久化存储的多维排序 Map（Map 由 Key 和 Value 组成），适合存储高维、稀疏的海量数据，并且近年来已经在生产环境中得到应用，技术体系发展渐趋成熟。因此，针对物联网大数据的存储和管理，目前最有效的方法之一是采用基于分布式文件系统、NoSQL 数据库系统等新形式的海量数据管理技术。但是，由于物联网大数据的时空相关性、动态流式特性及查询实时性的要求，现有的 NoSQL 数据库在某些应用场景中还不能完全满足物联网大数据存储和管理的需求。因此，利用 NoSQL 数据库来管理和存储物联网大数据，需要在其基础上面向物联网大数据进行有效、合理的设计，必要时进行特定的改进。

8.3.3　分布式文件系统关键技术

针对海量物联网感知数据的存储，业界通常选择 Hadoop 分布式文件系统（HDFS）作为底层存储系统。下面以 HDFS 技术为例，介绍物联网大数据文件存储的关键技术。

1．HDFS 的设计目标

（1）集群硬件故障处理。由于物联网数据的数据真实性要求更高、数据价值更大等特征，数据的高可靠存储成为最重要的需求。Hadoop 的分布式文件系统集群部署于大量廉价服务器上，即使单台服务器发生故障的概率很低，但多台服务器连接同时工作，总故障率将大大提高。因此，快速检测故障并从故障中恢复成为系统设计的核心目标之一。

（2）支持流式数据存取。HDFS 的设计目标是实现数据的高吞吐存取，而不是数据的低延迟访问；HDFS 主要侧重流式数据存取和海量数据的批处理，而不是传统文件系统的交互式查询。因此，HDFS 适合面向大规模流量数据的访问，针对实时随机数据的访问并不合适。

（3）支持大数据集存取。HDFS 用于存取大规模数据文件，文件大小以 GB 或 TB 为单位，不适合存取海量的 kB 或 MB 量级的小型文件。因为海量的小型文件读写时的寻道时间将远远长于读写数据的时间，严重的将造成文件读写时间延迟。

（4）支持异构软硬件平台的可移植性。HDFS 采用 Java 语言开发而成，可移植性较好，同时在设计上也注重了系统的可移植性，因此很容易从一个平台移植到另一个平台，该特点有利于 HDFS 的广泛应用和快速迁移。

2．HDFS 的体系架构

HDFS 的系统管理采用主从结构，如图 8-4 所示，每个集群有一个管理节点，称为 NameNode。NameNode 管理文件系统的元数据，元数据包括树形结构的文件命名空间、文件副本个数、组成文件的数据块及其 ID 等信息。存储文件数据的计算机称为 DataNode，

DataNode 一般部署在机架上，通过交换机连接在一起，HDFS 在存储大数据集文件时，会将大数据集文件切分成固定大小的数据块，并且均衡地分布在不同的数据节点上，对所有的数据文件采用默认三副本机制进行备份存储，从而极大地保证了数据的可靠性。当节点数量众多时可以分别部署在多个机架上，机架之间通过高速交换机连接。用户通过客户端（Client）与 HDFS 集群打交道，从 NameNode 中获得元数据，然后从 DataNode 中读取数据。

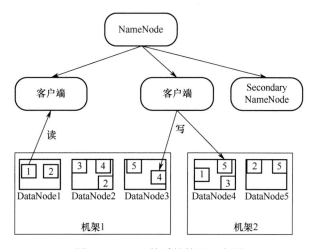

图 8-4　HDFS 的系统管理示意图

　　文件数据以数据块（Block）为单位存储在 DataNode 中，Hadoop2.0 以后默认数据块的大小为128MB，文件元数据管理Block 的标识BlockID和对应的存储位置。当NameNode 出现故障时，Secondary NameNode 提供备用的管理能力。

　　NameNode 管理整个集群的文件元数据，执行文件系统命名空间的所有操作，包括打开、关闭、重命名，以及创建文件和目录，为文件分配数据块并指定文件到数据块的映射。NameNode 节点管理的文件系统元数据同其他已知的文件系统非常类似，都以树形结构组织文件名称，不同点在于 HDFS 不支持文件或目录的硬链接或软链接方式，但是 HDFS 并不阻止在系统中加入这些特征。

　　客户端对文件系统的访问首先从 NameNode 获得文件元数据，但是客户端不会从 NameNode 中直接得到文件数据，客户端需要从文件元数据中解析得到文件数据块的位置，然后直接从 DataNode 中读取，HDFS 对用户访问不设限制。

　　Secondary NameNode 是为增强系统的可靠性而配置的，为 NameNode 提供备用的管理功能，在最初的版本中并没有实现 Secondary NameNode，这是在后来的开发中逐渐增加的功能。

　　DataNode 负责响应客户端对文件数据的读写请求，文件数据在 DataNode 中以数据块的形式存在，每个文件的数据块大小及数据块副本的数量可以通过配置来指定。一个文件的数据块除了最后一块，其他块都是同样大小的。数据块副本的数量可以在文件创建以后更改，但是数据块的大小在文件创建后不能再改变。DataNode 定期向 NameNode 发送心跳信号及本节点上数据块的信息，NameNode 根据这些信息判断 DataNode 是否正常工作，并且根据配置信息指示 DataNode 是否需要复制数据块及复制到其他的 DataNode。

3. HDFS 的优势

HDFS 作为目前主流的分布式存储系统，拥有以下几点优势。

（1）HDFS 支持超大文件存储。HDFS 支持 GB 和 TB 量级的数据存储，正好符合高通量基因测序数据的特点和存储要求。

（2）具有快速检测和应对集群硬件故障机制。在 Hadoop 集群运行过程中，服务器硬件故障是最为常见的问题。Hadoop 集群由成百上千台服务器连接构成，这大大提高了集群的故障率，因此故障检测和自动恢复成为 HDFS 的一个重要的设计目标。Hadoop 集群通过 NameNode 节点（主节点）的心跳机制来定时检测集群中所有 NameNode 节点是否正常工作或存在。假如一个 DataNode 节点宕机，则由于 HDFS 的多副本数据备份机制，可以从其他 DataNode 节点进行数据恢复。

（3）支持流式数据访问。HDFS 的数据处理规模比较大，一次应用可能需要大量的数据，由于这些业务通常都是批量数据处理，而不是简单的用户交互式处理，应用程序可以通过流式数据形式访问分布式文件系统。这突出了 HDFS 的高吞吐量的特点。

（4）具有高容错性特点。Hadoop 集群默认数据自动保存 3 个副本，当某个节点发生故障丢失数据时，可以通过副本实现丢失数据的自动恢复，不会影响全局数据的完整性。Hadoop 集群可部署在廉价服务器上，实现集群线性（横向）灵活扩展，当 Hadoop 集群增加新节点时，NameNode 可以感知到新节点，并且将集群上的数据自动分配和备份到新节点上，实现数据的安全管理。

（5）硬件投资廉价。Hadoop 并不需要运行在昂贵且高可靠的硬件上，并且当 HDFS 遇到故障时，其能够继续运行且让用户察觉不到明显的中断。因此 HDFS 满足大文件存储、数据安全保障及高吞吐量数据存储管理需求。

（6）具有安全的空间资源回收机制。基于 HDFS 删除文件或减少数据副本时，系统有不同的回收资源方式。第一，当执行删除操作时，HDFS 会将数据文件移动到/trash 目录下，而不是真正删除文件。文件默认保存 6 小时（该参数可配置），在文件从/trash 目录中删除之前用户还可以进行数据恢复。当/trash 目录中数据超时删除后，表示数据真正删除，并释放相应数据的存储空间。第二，当副本数配置变小时，NameNode 节点通过心跳机制将信号传递给 DataNode 节点，DataNode 节点会执行删除操作，并直接释放数据存储空间。

（7）具有多种访问接口。为了方便 HDFS 的使用，系统提供了多种应用接口，常用的有命令行接口、Java API、Web 接口等。详细内容可以参考官方文档，本书不再进行详细介绍。

8.4　大数据中心建设的物联网应用需求

8.4.1　数据中心建设安全分级标准

随着技术和市场的发展，数据中心不单是简单的服务器统一托管、维护的场所，已经衍变成一个集海量数据运算和存储为一体的高性能计算机集中地。根据数据中心基础设施的实用性和安全性的不同，可以把数据中心分为以下 4 个级别。

第一级数据中心（基础级或 T1 级）：计划性和非计划性的维护都容易引起中断。第一级数据中心的可用性为 99.671%。

第二级数据中心（具有冗余部件级或 T2 级），具有一些冗余的部件，因此计划性和非计划性的维护引起数据中心中断的可能性小于第一级数据中心。第二级数据中心的可用性为 99.741%。

第三级数据中心（可并行维护级或 T3 级）：可以在不引起计算机硬件运行中断的情况下进行所有计划性的维护。第三级数据中心的可用性为 99.982%。

第四级数据中心（容错级或 T4 级）：基础设施的性能和能力可以保证任何计划性维护都不会引起关键负载的中断，它的容错能力也使得基础设施能够忍受至少一次最糟糕的情况——非计划性故障或非关键性负载事件的冲击。第四级数据中心的可用性为 99.995%。

传统的数据中心资源利用率低，应用系统建设相对独立，造成了多个资源孤岛，同时整个部署和配置管理过程以人工为主，缺乏相应的平台支撑，没有自服务和自动部署管理能力。同时，全球气候日趋变暖，能源日趋紧张，数据中心正面临着降低能耗、提高资源利用率、节约成本的严峻考验。构建节能型的数据中心已经成为未来数据中心发展的必然趋势，建设新一代数据中心势在必行，绿色数据中心、数据中心虚拟化、数据中心自动化、数据中心云计算等新概念不断涌现。

8.4.2　数据中心需要控制的物理环境要素

数据中心通常需要占用较大的建筑面积，可能是一幢大楼的一个房间，也可能是一层或多层甚至整幢大楼。大部分设备常常放在具有 19 英寸（常规服务器宽度，1 英寸=2.54 厘米）隔层的机架中。这些机架成排放置，形成一个走廊，从而允许人们从前面或后面操作隔层上的设备。不同的设备大小不一，从 1U（表示服务器外部尺寸的单位）的服务器到独立筒仓式的存储设备，在尺寸上都有很大的不同，而且存储设备还要占据很大一部分的面积。另外还有一些设备，如大型计算机和存储设备常常和机架差不多大，被放在机架的旁边。大型的数据中心可以使用集装箱来放置设备，每个集装箱能容纳1000个或者更多的服务器；当有维修或升级需要的时候，可以直接替换整个集装箱而不需要维修单个服务器，建筑规范可能会限制集装箱的最低高度。这样看来，数据中心配置如此多的重要设备和服务器，数据中心的物理环境必须要严格受控，需要控制的物理环境要素主要有温度和湿度的控制、冗余电源的支持、建筑设施的特殊要求、消防设施的特殊要求、数据的物理安全性等几个方面。

1．温度和湿度的控制

数据中心需要使用空调来控制温度和湿度。美国采暖、制冷与空调工程师学会（ASHRAE）在《数据处理环境的热量建议》标准中指出，数据中心合理的室内温度应为16～24℃，湿度为40%～55%，数据中心最大露点（空气湿度达到饱和时的温度）应为15℃。但数据中心的电源长期工作会加热室内空气，除非这些热量被移走，否则温度会持续上升，导致电源设备故障。因此，需要通过空调控制空气温度，这样可以使服务器组件在搁板层上仍然保持在规定的温度和湿度范围内。空调系统一般通过冷却露点以下的部分空气来控制空间湿度。在室内，当湿度太高时，水会在内部组件上凝结成露珠；而当湿度太低时，空气太干燥，会出现静电放电问题，导致组件损坏，此时就需要辅助潮湿系统来增加水蒸气。然而，对于一些地下的数据中心来说，显而易见的是，在设计时可以比常规的数据中心花费更少的资金配备冷却设备。

现代数据中心开始使用节能设备，以减少热量的产生，从而达到冷却的目的。他们可以完全使用外界空气来保证数据中心的温度。美国华盛顿州现在有几个这样的数据中心，他们大部分时间都使用外部空气冷却所有的服务器，没有使用专门的冷却设备或空调，因此也节约了数百万美元的资金。

2．冗余电源的支持

数据中心的备份电源一般由一个或多个不间断的电源来供应，同时还可能需要一个或多个柴油机发电机，用于组成整个数据中心的电源供应系统。在数据中心，为了防止单个节点故障影响整个系统，所有的用电系统，包括备份系统，都保留一个存储了相同内容的副本，并且关键服务器还要连接两个电源，以防不测。这种安排使得数据中心形成了 $N+1$ 冗余结构模型。有时静态开关也被用于发生电源故障事件时进行设备电源的瞬时切换。

3．建筑设施的特殊要求

典型的数据中心通常使用可移动的地砖将地面高度升高约60cm，而现代数据中心为了更好地保证空气流通，地面高度升高80～100cm。这种设置不仅使空气在地下能够充分流通，而且为电力电缆提供了足够大的空间。

在现代数据中心，数据电缆通常采用架空的设计方式。但是，在有些情况下，出于安全考虑还是将它们置于地板下面，而且大部分冷却系统通常设置在房屋的顶部。小型数据中心通常没有采用特殊的可移动地砖，计算机电缆只好放置在走廊中，以保证最好的空气流通效果。

4．消防设施的特殊要求

数据中心的另外一个特征就是具备完备的防火系统，不仅是防火设施的配置，还包含对各种已知和未知情况的预测、防火程序的执行等要素。烟雾报警器是必须安装的，它可以在事故点设备进一步燃烧之前发现产生烟雾的地点，并发出警报。这样就能在第一时间切断电源，并在火势扩大之前，使用灭火器进行人工灭火。还有一种自动喷水灭火系统，它可以用来控制大范围的火灾，但它要求喷水头下方的距离至少为46cm。与自动喷水灭火系统相比，火灾前期通常需要通过火灾气体检测系统来发现和发出警报。另外还有一些消防保护设施，如设置在数据中心周围的防火墙，它可以保证一旦其他火灾防护设备未安装或失效时，能够有效且比较容易地避免火灾蔓延到关键的设备和服务器，但显然，由于防火墙的结构和特点，也只有在万不得已的情况下，才会采取这种办法。防火墙最大的一个特点是只能阻止火焰的侵入，但不能阻止热量的侵入，因此，防火墙对一些热敏性高的设备的保护能力仍显不足。

5．数据的物理安全性

物理安全在数据中心中同样扮演着重要的角色。物理访问地点常常限制于特定人员，而且这些特定的人员访问时仍然需要通过安全控制系统的验证。对于一些大型数据中心或包含机密信息的数据中心，几乎都配备了视频监控系统和实时安全报警系统，而且指纹身份验证安全系统的使用已经非常普遍。

8.4.3　基于物联网的数据中心环境运维方式

数据中心机房已经渐渐发展成为大数据时代下的一类重要设施。随着海量的大数据对人们生产和生活的影响越来越大，互联网公司和运营商对数据中心的存储性能及计算性能的要求也愈加严格。如今，数据中心机房的数量与规模依然在不断扩张，随之而来的是服务器和其他各类机房设备越来越多。作为基础性设施，这些设备的价值在于共同为数据中心营造一个安全性较高的运营环境。一旦这些设备出现各式各样的问题，数据中心机房将无法继续正常运行。若不能及时处理，甚至还会衍生出其他灾害，产生不可挽回的社会影响和不可估量的经济损失。虽然大部分数据中心机房已经安装了烟雾报警器、温感器、摄像头等安防基础设施，一定程度上可以监控数据中心机房的基本状态，但是这些监控设备往往需要消耗大量人力，需要专业人员 7 天 24 小时不间断监控。不仅如此，很多监控设备需要依靠人工手动完成运营维护，导致运维人员工作压力过大，非常不利于数据中心机房监管系统安全性能的有效保障。在此状态下，运维人员极易产生疲劳和工作疏忽，可能忽略部分不易发现的设施故障。因此，基于物联网技术的智能化机房环境监控系统是数据机房的重要组成部分和未来发展的必然趋势。系统主要由监控主机及与其连接的各类传感器组成，包括配电、UPS、空调、温/湿度、漏水、烟雾、视频、门禁、防雷、消防等设备，可以针对数据中心机房需要控制的物理环境要素进行监控。应用先进的物联网技术手段强化数据中心机房监测系统的综合性能，已成为数据中心运营管理方的共识。

1. 机房环境监控系统设计的几个原则

为了充分满足数据中心多物理环境要素的综合监控需求，基于物联网技术的机房环境监控系统必须将安保监控、动力监控及环境监控作为核心的监控任务，其最终目的就是将监测系统的价值最大化，全面保障数据中心的安全，规避机房运行存在的安全风险。基于此原因，在设计监控系统时必须遵循几个基本原则。第一，可扩展性。数据中心的建设规模随着市场需求的扩大而不断拓展。因此，监控系统必须要具备一定的可扩展性，以此来保障新加入的各类设备可以很快地被接入系统。第二，可靠性。系统必须要采取成熟的产品和相关技术，在满足各项监控需求的基础上，全面确保系统运行的鲁棒性与高效性。第三，安全性。监控系统设立的基本准则与最终目的就是全面保障数据中心机房的安全性，这是一项最为重要的设计原则。

2. 机房环境监控系统的主要功能框架

基于物联网技术的机房环境监控系统的实现是建立在数据中心机房监控系统信息化基础之上的，借助于有效的数据采集和通信手段，将远方数据中心机房设备的运行状况相关数据收集到云平台，云服务器对数据进行存储和分析，同时将重要的告警信息推送到各用户移动终端。按照上述设计原则，基于物联网技术的机房环境监控系统可以分为终端监控点、区域监控中心、分析中心与主监控三级监控。其中，终端监控点的主要功能是采集终端数据及接收来自分析中心和主监控的各项命令；区域监控中心的主要功能是上报终端监控点数据及转发其他监控中心的控制命令；分析中心与主监控的主要功能是负责接收监控数据，并对数据进行分析，最终生成监控报告和具体的处理建议。在三级监控的技术框架中，可以采用有线或无线通信链路将各级监控采集的数据信息传输至中心机房的其他监控中心。

3. 机房环境监控系统中各功能子系统的建设

（1）温/湿度监控物联网系统。

在数据中心机房中，随着业务需求的不断扩充，计算规模和应用也在日益增加，对应消耗的能源和产生的热量也在增加，需要及时获知数据中心机房内部的温度状况，才能有效地起到对环境监控的作用，及时预防问题的发生，让数据中心在相对适宜的环境中运行工作。目前大部分数据中心的"热管理"依旧处于被动运维的阶段，即先发现热点，再进行处理，这种思维模式导致的后果有可能是反应滞后，稍有不慎，就会酿成大错。

基于物联网技术手段，通过使用一体化温/湿度传感器，将中心机房中的温/湿度等信息即时传送至云服务器，云服务器经过数据处理后，结合建筑信息模型（BIM）生成的数据中心机房信息模型，生成温度云图（见图 8-5）和湿度云图。当温/湿度不达标时，系统将向运维人员发出警报，并且可以通过基于物联网的反馈控制技术自动使用加湿机、除湿机、空调等设施展开应对措施。

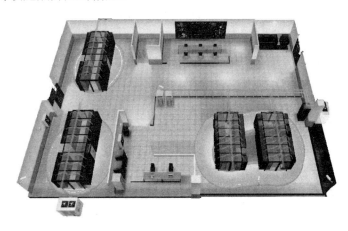

图 8-5　数据中心温度云图

（2）配电监控物联网系统。

数据中心机房一般采用 UPS 来稳定机房电流，对尖峰、瞬变、浪涌、高低压等电力异常情况准确做出处理和保护措施。配电监控物联网系统的主要功能是对供配电设备的运行状况进行监视，对各种电气设备的电流、电压、频率、有功功率、功率因数、用电量、开关动作状态、变压器的油温等参数进行测量，并根据测量所得的数据进行统计、分析、预告（维护保养）、用电负荷控制及自动计费管理，并能够及时发现供电异常。

配电监控物联网系统的建设主要是通过对供配电设备安装智能电表、无线测温探测器、无线数传终端、射频识别电子标签等物联网数据采集和监控终端，实时采集温度、漏电情况等安全数据，通过云端的存储、分析和决策，实现状态信息的异常报警与趋势预测，借助监控中心大屏或运维人员的手机客户端 App，随时随地实现对供配电设备安全状态的云监控，并对发现的电气安全隐患即时预警，避免电气安全事故的发生。

（3）门禁监控物联网系统。

传统的门禁系统主要由后台主机、后台软件、门禁控制器、室外门禁读卡器、电动门磁锁和通信网络等部分组成。在传统的门禁系统中，门禁控制器是与功能实现直接相关的最重要部分，后台主机通过网络向门禁控制器下发指令，门禁控制器接收到指令后控制电动门磁锁的开关，门禁的开关状态和人员出入日志等由门禁控制器保存并向后台主机上传，控制器还可以控制读卡器来进行门禁卡的读写。而基于物联网的新型门禁系统不仅仅具有上述控制门锁开关的功能，还具有许多其他功能模块，并且具有在物联网架构下运用传感器、RFID、嵌入式等技术集成的一整套完备的人员和车辆出入管理和报警系统。

基于物联网的新型门禁系统至少应包含 RFID 门禁子系统、视频监控子系统、报警子系统和其他辅助子系统等。应根据具体的需求在门禁系统设计基本原则的指导下进行设计，各功能子模块之间应具有协同工作的能力。门禁监控物联网系统比传统的门禁系统具有更强的智能感知能力、网络传输能力和智能控制能力。借助物联网技术手段，新型门禁系统能够更快、更准确地实现门禁功能，感知突发情况，快速反应并进行处理，解放更多人力物力，这对提高数据中心的门禁安全性能具有重要的意义。

目前最先进的门禁监控物联网系统都具备生物特征识别功能。生物特征识别技术所依据的不是传统的标识物或标识知识（钥匙、卡片或密码），而是依据人体生物特征进行身份认证，即通过计算机将人体所固有的生理特征或行为特征收集起来并进行处理，以实现对个人身份的鉴定。生物特征识别依据的是人体本身所拥有的东西，是个体特性。生物特征分为基于身体特性（生理特征）的生物特征和基于行为特征的生物特征两类。生理特征与生俱来，多为先天性的；行为特征多为后天形成。生物特征识别技术是目前最为方便与安全的识别系统，无须记住身份证号码或密码，也不需要随身携带智能卡之类的东西。目前，一些用于门禁领域中的生物统计特征主要有指纹、掌纹、虹膜、人脸等。

（4）消防监控物联网系统。

在消防系统中，一般会采用温度传感仪器和烟雾传感仪器来感知温度和烟雾浓度，当中心数据机房室内温度与烟雾浓度超标时，消防子系统将会及时向运维人员发出警报信息，利用吊顶型喷头与物联网智能技术向周围自动洒水，展开自动化消防工作。

目前数据中心的消防灭火解决方案通常采用气体灭火系统。其设计消防能力大大超过灭火所需，通常具有额外的灭火能力，将会超出实际要求的 40%，确保在有限的时间内达到足够灭火的气体浓度。然而，该解决方案的缺点在于，除非断开电源，否则不能有效且可靠地防止再燃，特别是在 VdS 准则规定的灭火浓度下 10 分钟保持时间结束之后。在最糟糕的情况下，再燃的大火可能再次恢复到先前的水平，甚至可能进一步蔓延。而采用惰性气体再次灭火是不可能的，因为灭火气瓶已经清空，没有其他消防储备设施可供使用。

消防监控物联网系统可以将多个消防系统进行智能化组合，创建一个具有创新性和前瞻性的消防解决方案，其目标是尽可能早地发现火情。通过使用空气采样烟雾探测器来采集空气样本，我们甚至可以检测到最小量的烟雾颗粒。例如，可以在真正的火灾发生之前检测到引燃的电缆。这个发现事故于萌芽状态的技术措施可以有效、及时地发现火情。一旦高灵敏度空气采样烟雾探测器在其最早阶段检测到火灾，消防监控物联网系统将会立即降低房间内的氧气浓度，气体灭火系统通过从专用的加压储存罐中温和地释放氮气，使氧气浓度从 20.9%降低到 17%。氧气浓度的降低将使火势无法进一步蔓延，并且在理想情况下，火会逐渐熄灭。然后，气体灭火系统中的氮气发生器通过在现场产生氮气，维持 17%的氧气浓度，这样的氧气浓度仍然可以允许操作人员进入受保护区域，使其有机会灭火。

消防监控物联网系统的部署能够实现火警的及时上报和处理，能够对相关的火警信息、地点、时间、频次等进行多维度的报表呈现，监控云平台可以通过起火点的位置、电话拨打记录、联系人确认情况等信息，为火灾调查提供严谨的科学依据。同时监控云平台还可以对网关、探测器的安装地点、状态进行查询、展示。

（5）防漏水监控物联网系统。

我国幅员辽阔，南北气候相异甚大。北方冬季漫长，使用供暖设备多；南方夏季炎热，制冷空调普及，而机房内设备及种类繁多，一般不宜多人值守。 供暖/供冷输水管道又分布在楼层间，再加上生活用水、消防用水等都是漏水事故的潜在隐患。同时数据中心机房都自备发电机组，那么发电机房的漏水监控也是不可忽视的一部分。一般来说，数据中心机房漏水的潜在隐患存在于：①机房精密空调水管破损漏水；②机房内空调冷凝水管破损漏水；③辅助工作间消防用水、生活用水水管破损漏水；④天花板因雨水发生渗漏。

数据中心机房作为信息化的重要基础设施，存有许多重要资料，对安全性和可靠性要求非常高，并且数据中心投资巨大，内设主机、核心服务器等重要设备。漏水事故在数据中心中经常发生，发生漏水情况时如果不能及时发现和排除，则有可能造成无法挽回的经济损失，不仅是电路断连和设备损坏，而且可能会造成重要数据的损坏丢失及业务中断等无法估计的严重后果。另外，根据《计算机场地安全要求》《安全防范工程程序与要求》等国家规定，每个大中小型机房都要按规定配备环境监测设备，以防止机房因出现漏水事故而损坏设备和服务器，造成重要数据丢失，因此选用可靠、耐用、高效的漏水检测系统非常重要。

数据中心机房防水通常采取主动和被动两种措施：主动措施是在数据中心规划建设时减少漏水隐患；被动措施是万一发生漏水，工作人员能在第一时间发现并处理，采用机房防漏水监控物联网系统即可实现这一目的。机房防漏水监控物联网系统的主要职责是监测有水源区域（精密空调、消防水管等）的漏水情况，保护数据中心、计算机机房等重要资料和服务器设备安全，一旦出现漏水情况，机房防漏水监控物联网系统就会通过水浸传感器、漏水感应线缆和外接设备以声光报警、手机短信等方式告知值班人员早期发现漏水及时处理。同时可联动排水设备排水，如联动进出水管的电磁阀开关；如果漏水隐患分布范围较广，还需要进行定位，监测漏水的具体位置，以便迅速找到漏水点，及时处理，避免造成巨大损失。机房防漏水监控物联网系统具有响应快、功能强、使用方便的特点，适用于 IDC、计算机机房的安全防控工作。

（6）视频监控物联网系统。

视频监控物联网系统主要是在机房内安装摄像头，运用物联网技术，以视频监控的方式，对进出数据中心机房的人员进行监控，在数据中心机房的出入口部署摄像头，在数据中心机房内部楼道、重要的机房入口都要部署。针对机房所有的设备及环境进行集中监控和管理，监控对象构成机房的动力系统、环境系统、消防系统、保安系统、网络系统等各子系统，通过视频监控物联网系统采集数据中心机房运行的各种数据来判断是否出现异常，使管理员观察机房状况时更加直观，以便运维人员做出积极、准确的判断，辅助其他监控子系统帮助管理员做出最准确的决策。

部署了非常重要业务的机房内部也要部署摄像头，防止一些人员的恶意操作或误操作，避免给数据中心机房业务带来影响。数据中心机房里的很多设备、仪器都是非常昂贵的，因为人为的原因导致损坏的情况也并不罕见。除此之外，还要防止一些偷盗行为，如数据中心机房里的 40G/100G 光模块，每个价值数千元，若丢失则会给数据中心带来巨大的经济损失。视频监控物联网系统能够最大限度地避免上述恶意行为的出现，或者在事后可以通过监控录像进行分析、追责，这些视频录像可以作为重要的证据，所以视频监控物联网系统是数据中心机房不可缺少的一部分。

视频监控物联网系统以具有视频分析功能的监控摄像头为感知终端，在实现视频监控系统内部报警联动监视的同时，还可以为门禁、照明、空调、消防火警等其他设备的联动控制提供触发信号。另外，视频监控物联网系统还可以通过红外、雷达、电子围栏等其他感知终端或外部信号驱动，实现视频监控物联网系统的外部报警和联动监视。与传统的视频监控系统相比，视频监控物联网系统的特色和优势主要体现在智能联动控制方面：①与照明设备进行联动，可以为摄像提供照明环境，以获得更清晰的监控图像；②与门禁设备进行联动，可以对门禁设备非法拆除、非法开门、门开超时、胁迫开门、刷卡开门、按钮开门、指纹开门、撤防、布防等各种状况进行视频监控，以增强门禁的安全性；③与电子围栏进行联动，可以对闯入、撤防、布防等各种报警状况进行调节镜头、转动云台等控制，实现视频监控，以提高周界安全性；④与雷达和补光灯进行联动，可以极简单地实现违法抓拍、跟拍；⑤与智能传感器进行联动，可以减少视频监控的死角、盲区，增强视频监控的管理效率；⑥与智能驱动器进行联动，可以对摄像头感知到的各类报警状态，直接做出反应，使摄像机真正具有"感知、决策、执行"的一体化智能。

8.5　本章小结

数据是新基建的根基和重中之重，要有新介质、好介质、快存储介质来存储数据，保证敏捷、快速的数据读取和数据写入，以及数据的随时可用。在数据的基础上，要有计算场景，复杂的计算场景要跨中心、跨云、跨边缘，形成高度分布式的技术架构。在此基础上，还要在大数据中心构建以软件定义技术为支撑的灵活性和扩展性功能，以支持云原生应用，因此要提供自动化、智能化的运维、用户管理界面，提供一致性的用户体验，帮助用户实现从数据资产到数据洞察的快速迁移，帮助用户快速交付应用，将数据洞察快速应用在业务决策中，从而实现数据资产的价值最大化。在物联网时代，数据的新特征对数据中心的技术架构提出了更高的要求，未来的绿色数据中心应该涵盖计算、网络、存储及数据保护等多方面功能，物联网技术在大数据中心建设领域大有可为，将发挥极为重要的支撑作用。

第9章　人工智能助推物联网系统的智能化演进

9.1　人工智能的发展历程

9.1.1　人工智能的概念内涵

人工智能是研究和开发用于模拟和扩展人的智能的理论、方法、技术及应用系统的一门新的技术科学。它是计算机科学的一个分支，人工智能试图去了解智能的实质，并生产出一种新的能以与人类智能相似的方式做出反应的智能机器，该领域的研究包括机器人、语言识别、图像识别、自然语言处理和专家系统等。人工智能从诞生以来，理论和技术日益成熟，应用领域也不断扩大。可以设想，未来人工智能带来的科技产品，将会是人类智慧的容器。人工智能可以对人的意识、思维的信息过程进行模拟。人工智能不是人的智能，但能像人一样思考，也可能产生超过人的智能。

人工智能是一门极富挑战性的科学，从事相关工作的人必须懂得计算机知识和心理学。人工智能由不同的领域组成，范围十分广泛，如机器学习、计算机视觉等。总体说来，人工智能研究的主要目标之一是使机器能够胜任一些通常需要人类智能才能完成的复杂工作。但不同的时代、不同的人对这种复杂工作的理解各不相同。

人工智能的定义可以分为两部分，即"人工"和"智能"。"人工"比较好理解，争议也不大。有时我们会考虑什么是人力所能及制造的，或者人自身的智能程度有没有高到可以创造人工智能的地步等。关于什么是"智能"，这涉及意识（Consciousness）、自我（Self）、思维（Mind，包括无意识的思维）等。人唯一了解的智能是人的智能，这是普遍认同的观点。但是我们对自身智能的理解非常有限，对构成人的智能的必要元素也了解有限，很难定义什么是"人工"制造的"智能"。因此，人工智能的研究往往涉及对人的智能本身的研究。关于动物或其他人造系统的智能也普遍被认为是人工智能相关的研究课题。

尼尔森教授对人工智能下了这样一个定义："人工智能是关于知识的学科，是研究怎样表示知识及怎样获得知识并使用知识的科学。"而美国麻省理工学院的温斯顿教授认为："人工智能就是研究如何使计算机去做过去只有人才能做的智能工作。"这些说法反映了人工智能学科的基本思想和基本内容，即人工智能是研究人类智能活动规律，构造具有一定智能的人工系统，研究如何让计算机去完成以往需要人的智力才能胜任的工作，也就是研究如何应用计算机的软硬件来模拟人类某些智能行为的基本理论、方法和技术。

人工智能是计算机学科的一个分支，自 20 世纪 70 年代以来被称为世界三大尖端技术（空间技术、能源技术、人工智能）之一，也被认为是 21 世纪三大尖端技术（基因工程、纳米科学、人工智能）之一。这是因为这些年来它获得了迅速的发展，在很多学科领域都获得了广泛应用，并取得了丰硕的成果，人工智能已逐步成为一个独立的分支，无论在理论和实践上都自成系统。

人工智能是研究使计算机来模拟人的某些思维过程和智能行为（学习、推理、思考、规划等）的学科，主要包括计算机实现智能的原理，制造类似于人脑智能的计算机，使计算机能实现更高层次的应用。人工智能将涉及计算机科学、心理学、哲学和语言学等学科，可以说几乎覆盖了自然科学和社会科学的所有学科，其范围已远远超出了计算机科学的范畴。人工智能与思维科学的关系是实践和理论的关系，人工智能处于思维科学的技术应用层次，是思维科学的一个应用分支。从思维观点看，人工智能不仅限于逻辑思维，还要考虑形象思维、灵感思维才能促进人工智能的突破性发展，数学常被认为是多种学科的基础学科，数学也进入语言、思维领域，人工智能学科也必须借用数学工具，数学不仅在标准逻辑、模糊数学等方面发挥作用，数学进入人工智能学科，它们将互相促进而更快地发展。

9.1.2　人工智能的技术发展历程

从诞生至今，人工智能已有 60 年的发展历史，大致经历了三次浪潮。第一次浪潮为 20 世纪 50 年代末至 20 世纪 80 年代初。第二次浪潮为 20 世纪 80 年代初至 20 世纪末。第三次浪潮为 21 世纪初至今。在人工智能的前两次浪潮当中，由于技术未能实现突破性进展，相关应用始终难以达到预期效果，无法支撑起大规模商业化应用，最终在经历过两次高潮与低谷之后，人工智能归于沉寂。随着信息技术的快速发展和互联网的快速普及，以 2006 年深度学习模型的提出为标志，人工智能迎来了第三次高速成长。

人工智能的传说可以追溯到古埃及，但随着 1941 年电子计算机的问世及发展，技术已达到可以创造出机器智能。人工智能（Artificial Intelligence）一词最初是在 1956 年 DARTMOUTH 学会上提出的，从那以后，研究者们发展了众多理论和原理，人工智能的概念也随之扩展。在它还不长的历史中，人工智能的发展比预想的要慢，但一直在前进。从 20 世纪人工智能出现至今，许多 AI 程序和算法出现，给其他技术的发展带来了影响。

1941 年，电子计算机的发明使信息存储和处理的各方面都发生了革命。第一台计算机要占用几间装空调的大房间，对程序员来说是场噩梦，仅仅为运行一个程序就要设置成千的线路。1949 年，改进后的能存储程序的计算机使得输入程序变简单了，而且计算机理论的发展产生了计算机科学，并最终促使人工智能的出现。计算机的发明，为人工智能的可能实现提供了一种媒介。虽然计算机为 AI 提供了必要的技术基础，但直到 20 世纪 50 年代早期人们才注意到人类智能与机器之间的联系。Norbert Wiener 是最早研究反馈理论的美国人之一。我们最熟悉的反馈控制的例子是自动调温器。它将收集到的房间温度与希望的温度进行比较，并做出反应将加热器开大或关小，从而控制环境温度。Wiener 从理论上指出，所有的智能活动都是反馈机制的结果，而反馈机制是有可能用机器模拟的。这项发现对早期 AI 的发展影响很大。

1956 年夏季，以麦卡锡、明斯基、罗切斯特和香农等为首的一批有远见卓识的年轻科学家在达特茅斯学会上聚集，共同研究和探讨用机器模拟智能的一系列问题，并首次提出了"人工智能"这一术语，它标志着"人工智能"这门新兴学科的正式诞生。IBM 公司"深蓝"计算机击败了人类的世界国际象棋冠军更是人工智能技术的一个完美表现。

在会议后的 7 年时间中，AI 研究快速发展。虽然这个领域还没有明确定义，但会议上提出的一些思想已被认真考虑和使用。卡内基梅隆大学和麻省理工学院开始组建 AI 研究中心，研究建立能够更有效解决问题的系统，如在"逻辑专家"中减少搜索，以及研究如何建立可以自我学习的系统。

1957 年，一个新程序"通用解题机"（GPS）的第一个版本被测试。这个程序是由"逻辑专家"的制作组开发的。GPS 扩展了 Wiener 的反馈原理，可以解决很多常识问题。两年以后，IBM 成立了一个 AI 研究组。Herbert Gelerneter 花 3 年时间制作了一个解几何题的程序。

当越来越多的程序涌现时，1958 年 Mccarthy 宣布 LISP 语言诞生。LISP 的意思是表处理（List Processing），它很快就被大多数 AI 开发者采纳，LISP 语言直至今天还在使用。

1963 年，MIT 得到美国国防部高级研究计划局 220 万美元的资助，用于研究机器辅助识别，用以保证技术进步领先于苏联。这个计划吸引了来自全世界的计算机科学家，加快了 AI 研究的发展步伐。用人类的智慧创造出堪与人类大脑相比拟的机器大脑，对人类来说是一个极具诱惑的领域。要让机器与人之间使用语言完全自由交流是相当困难的。人类的语言和智能是经过漫长历史演化的结果，我们目前对人工智能的研究可能还未触及其核心本质的最边沿。

随后的几年陆续出现了大量程序，其中一个 SHRDLU 是"微型世界"项目的一部分，包括在微型世界（只有有限数量的几何形体）中的研究与编程。MIT 的研究人员发现，面对小规模的对象，计算机程序可以解决空间和逻辑问题。20 世纪 60 年代末出现的"STUDENT"程序可以解决代数问题，"SIR"程序可以理解简单的英语句子。这些程序

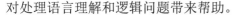

对处理语言理解和逻辑问题带来帮助。

20 世纪 70 年代出现了专家系统，可以预测在一定条件下某种解的概率。由于当时计算机已有巨大容量，专家系统有可能从数据中得出规律。专家系统被用于股市预测，帮助医生诊断疾病，以及指示矿工确定矿藏位置等，市场应用前景非常广阔。

20 世纪七八十年代是人工智能发展的黄金时期，许多新方法被用于 AI 开发，如 Minsky 的构造理论和 David Marr 的机器视觉新理论（该理论是关于如何通过一副图像的阴影、形状、颜色、边界和纹理等基本信息辨别图像的，而且可以通过分析这些信息推断出图像可能是什么）。1972 年，PROLOGE 语言出现。20 世纪 80 年代，AI 技术发展更为迅速，并在商业领域得到更多应用。1986 年，美国 AI 相关软硬件销售高达 4.25 亿美元。专家系统尤其受到市场欢迎，如数字电气公司使用 XCON 专家系统为 VAX 大型机编程，杜邦通用汽车公司和波音公司也大量依赖专家系统。

20 世纪 80 年代人工智能的发展也并非一帆风顺。1986 年和 1987 年，AI 系统的市场需求下降，使得业界损失了近 5 亿美元。美国国防部高级研究计划局投资了所谓的“智能卡车”项目，试图研制一种能完成许多战地任务的机器人。但由于项目出现难以克服的技术缺陷并且成功无望，该项目被中止。尽管经历了这些受挫的事件，AI 仍在慢慢恢复发展。

20 世纪 80 年代中期到 90 年代，随着人工智能应用规模的不断扩大，专家系统存在的应用领域狭窄、缺乏常识性知识、知识获取困难、推理方法单一、缺乏分布式功能、难以与现有数据库兼容等问题逐渐暴露出来。

20 世纪 90 年代到 2010 年，网络技术特别是互联网技术的发展，加速了人工智能的创新研究，促使人工智能技术进一步走向实用化。1997 年，国际商业机器公司（简称 IBM）深蓝超级计算机战胜了国际象棋世界冠军卡斯帕罗夫，2008 年 IBM 提出“智慧地球”的概念。以上都是这一时期的标志性事件。

2011 年至今，人工智能进入了蓬勃发展的时期。随着大数据、云计算、互联网、物联网等信息技术的发展，泛在感知数据和图形处理器等计算平台推动以深度神经网络为代表的人工智能技术飞速发展，大幅跨越了科学与应用之间的“技术鸿沟”，诸如图像分类、语音识别、知识问答、人机对弈、无人驾驶等人工智能技术实现了从“不能用、不好用”到“可以用”的技术突破，迎来爆发式增长的新高潮。

9.1.3　人工智能的特征与技术框架

人工智能主要具有下面 3 方面的特征。

（1）由人类设计，为人类服务，本质为计算，基础为数据。从根本上说，人工智能系统必须以人为本，这些系统是人类设计出的机器，按照人类设定的程序逻辑或软件算法，通过人类发明的芯片等硬件载体来运行或工作，其本质体现为计算，通过对数据的采集、加工、处理、分析和挖掘，形成有价值的信息流和知识模型，为人类提供延伸人类能力的服务，实现对人类期望的一些"智能行为"的模拟。在理想情况下，人工智能必须体现服务人类的特点，而不应该伤害人类，特别是不应该有目的性地做出伤害人类的行为。

（2）能感知环境，能产生反应，能与人交互，能与人互补。人工智能系统应能借助传感器等器件产生对外界环境（包括人类）进行感知的能力，可以像人一样通过听觉、视觉、嗅觉、触觉等接收来自环境的各种信息，对外界输入产生文字、语音、表情、动作（控制执行机构）等必要的反应，甚至影响到环境或人类。借助于按钮、键盘、鼠标、屏幕、手势、体态、表情、力反馈、虚拟现实/增强现实等方式，人与机器之间可以产生交互与互动，使机器设备越来越"理解"人类，乃至与人类共同协作、优势互补。这样，人工智能系统能够帮助人类做人类不擅长、重复性、低价值但机器能够完成的工作，而人类则适合去做更需要创造性、洞察力、想象力、灵活性、多变性乃至用心领悟或需要感情的一些工作。

（3）有适应特性，有学习能力，有演化迭代，有连接扩展。人工智能系统在理想情况下应具有一定的自适应特性和学习能力，即具有一定的随环境、数据或任务变化而自适应调节参数或更新优化模型的能力；并且，能够在此基础上通过与云、端、人、物越来越广泛、深入的数字化连接扩展，实现机器客体乃至人类主体的演化迭代，使系统具有适应性、鲁棒性、灵活性、扩展性，以应对不断变化的现实环境，从而使人工智能系统在各行各业产生丰富的应用。

新一代人工智能技术体系由基础技术平台和通用技术体系构成，其中基础技术平台包括云计算平台与大数据平台，通用技术体系包括机器学习、模式识别与人机交互。在此技术体系的基础上，人工智能技术不断创新发展，应用场景和典型产品不断涌现。

云计算平台是基础的资源整合交互平台。云计算主要共性技术包括虚拟化、分布式、计算管理、云平台和云安全等技术，具备实现资源快速部署和服务获取、进行动态伸缩扩展及供给、面向海量信息快速有序化处理、可靠性高、容错能力强等特点，为人工智能的发展提供了资源整合交互的基础平台。尤其是它与大数据技术的结合，为当前受到最多关注的深度学习技术搭建了强大的存储和运算体系架构，促进了神经网络模型训练过程优化，显著提高语音、图片、文本等辨识对象的识别率。

大数据可以提供丰富的分析、训练与应用资源。大数据主要共性技术包括采集与预处理、存储与管理、计算模式与系统、分析与挖掘、可视化计算及隐私及安全等，具备数据规模不断扩大、种类繁多、产生速度快、处理能力要求高、时效性强、可靠性要求严格、价值高但密度较低等特点，为人工智能提供丰富的数据积累和价值规律，引发分析需求。同时，从跟踪静态数据到结合动态数据，推动人工智能根据客观环境变化进行相应的改变和适应，持续提高算法的准确性与可靠性。

机器学习能够持续引导机器智能水平提升。机器学习指通过数据和算法在机器上训练模型，并利用模型进行分析决策与行为预测的过程。机器学习技术体系主要包括监督学习和无监督学习，目前广泛应用在专家系统、认知模拟、数据挖掘、图像识别、故障诊断、自然语言理解、机器人和博弈等领域。机器学习作为人工智能最为重要的通用技术，未来将持续引导机器获取新的知识与技能，重新组织整合已有的知识结构，有效提升机器智能化水平，不断完善机器服务决策能力。

模式识别提供从感知环境和行为到基于认知的决策。模式识别是对各类目标信息进行处理分析，进而完成描述、辨认、分类和解释的过程。模式识别技术体系包括决策理论、句法分析和统计模式等，目前广泛应用在语音识别、指纹识别、人脸识别、手势识别、文字识别、遥感和医学诊断等领域。随着理论基础和实际应用研究范围的不断扩大，模式识别技术将与人工神经网络相结合，由目前单纯的环境感知进化为认知决策，同时量子计算技术也将用于未来模式识别研究工作，助力模式识别技术突破与应用领域拓展。

人机交互可以支撑实现人机物的交叉融合与协同互动。人机交互技术赋予机器通过输出或显示设备对外提供有关信息的能力，同时可以让用户通过输入设备向机器传输反馈信息达到交互目的。人机交互技术体系包括交互设计、可用性分析评估、多通道交互、群件、移动计算等，目前广泛应用在地理空间跟踪、动作识别、触觉交互、眼动跟踪、脑电波识别等领域。随着交互方式的不断丰富及物联网技术的快速发展，未来肢体识别和生物识别技术将逐渐取代现有的触控和密码系统，人机融合将向人机物交叉融合进化发展，带来信息技术领域的深刻变革。

9.1.4　人工智能涉及的关键技术

1. 机器学习

机器学习是一门涉及统计学、系统辨识、逼近理论、神经网络、优化理论、计算机科学、脑科学等诸多领域的交叉学科，研究计算机怎样模拟或实现人类的学习行为，以获取新的知识或技能，重新组织已有的知识结构使之不断改善自身的性能，是人工智能技术的核心。基于数据的机器学习是现代智能技术中的重要方法之一，研究从观测数据（样本）出发寻找规律，利用这些规律对未来数据或无法观测的数据进行预测。根据学习模式、学习方法及算法的不同，机器学习存在不同的分类方法。根据学习模式，机器学习分为监督学习、无监督学习和强化学习等。根据学习方法，机器学习分为传统机器学习和深度学习。

2. 知识图谱

知识图谱本质上是结构化的语义知识库，是一种由节点和边组成的图数据结构，以符号形式描述物理世界中的概念及其相互关系，其基本组成单位是"实体-关系-实体"

三元组，以及实体及其相关"属性–值"对。不同实体之间通过关系相互连接，构成网状的知识结构。在知识图谱中，每个节点表示现实世界的"实体"，每条边为实体与实体之间的"关系"。通俗地讲，知识图谱就是把所有不同种类的信息连接在一起而得到的一个关系网络，提供了从"关系"的角度去分析问题的能力。

知识图谱可用于反欺诈、不一致性验证、组团欺诈发现等公共安全保障领域，需要用到异常分析、静态分析、动态分析等数据挖掘方法。特别地，知识图谱在搜索引擎、可视化展示和精准营销方面有很大的优势，已成为业界的热门工具。但是，知识图谱的发展还面临很大的挑战，如数据的噪声问题，即数据本身有错误或数据存在冗余。随着知识图谱应用的不断深入，还有一系列关键技术需要突破。

3. 自然语言处理

自然语言处理是计算机科学领域与人工智能领域中的一个重要方向，研究能实现人与计算机之间用自然语言进行有效通信的各种理论和方法，涉及的领域较多，主要包括机器翻译、语义理解和问答系统等。

机器翻译技术是指利用计算机技术实现从一种自然语言到另一种自然语言的翻译过程。基于统计的机器翻译方法突破了之前基于规则和实例翻译方法的局限性，翻译性能取得巨大提升。基于深度神经网络的机器翻译在日常口语等一些场景的成功应用已经显现出了巨大的潜力。随着上下文的语境表征和知识逻辑推理能力的发展，自然语言知识图谱不断扩充，机器翻译将会在多轮对话翻译及篇章翻译等领域取得更大进展。

语义理解技术是指利用计算机技术实现对文本篇章的理解，并且回答与篇章相关问题的过程。语义理解更注重对上下文的理解及对答案精准程度的把控。随着 MCTest 数据集的发布，语义理解受到更多关注，取得了快速发展，相关数据集和对应的神经网络模型层出不穷。语义理解技术将在智能客服、产品自动问答等相关领域发挥重要作用，进一步提高问答与对话系统的精度。

问答系统分为开放领域的对话系统和特定领域的问答系统。问答系统技术是指让计算机像人类一样用自然语言与人交流的技术。人们可以向问答系统提交用自然语言表达的问题，系统会返回关联性较高的答案。尽管问答系统目前已经有了不少应用产品出现，但大多是在实际信息服务系统和智能手机助手等领域中的应用，在问答系统鲁棒性方面仍然存在着问题和挑战。

自然语言处理面临四大挑战：一是在词法、句法、语义、语用和语音等不同层面存在不确定性；二是新的词汇、术语、语义和语法导致未知语言现象的不可预测性；三是数据资源的不充分使其难以覆盖复杂的语言现象；四是语义知识的模糊性和错综复杂的关联性难以用简单的数学模型描述，语义计算需要参数庞大的非线性计算。

4．人机交互

人机交互主要研究人和计算机之间的信息交换，主要包括人到计算机和计算机到人的两部分信息交换，是人工智能领域的重要外围技术。人机交互是与认知心理学、人机工程学、多媒体技术、虚拟现实技术等密切相关的综合学科。传统的人与计算机之间的信息交换主要依靠交互设备进行，主要包括键盘、鼠标、操纵杆、数据服装、眼动跟踪器、位置跟踪器、数据手套、压力笔等输入设备，以及打印机、绘图仪、显示器、头盔式显示器、音箱等输出设备。人机交互技术除传统的基本交互和图形交互以外，还包括语音交互、情感交互、体感交互及脑机交互等技术。

5．计算机视觉

计算机视觉是使用计算机模仿人类视觉系统的科学，让计算机拥有类似人类提取、处理、理解、分析图像及图像序列的能力。自动驾驶、机器人、智慧医疗等领域均需要通过计算机视觉技术从视觉信号中提取并处理信息。近来随着深度学习的发展，预处理、特征提取与算法处理渐渐融合，形成端到端的人工智能算法技术。根据解决的问题，计算机视觉可分为计算成像学、图像理解、三维视觉、动态视觉和视频编解码五大类。

6．生物特征识别

生物特征识别技术是指通过个体生理特征或行为特征对个体身份进行识别认证的技术。从应用流程看，生物特征识别通常分为注册和识别两个阶段。注册阶段通过传感器对人体的生物表征信息进行采集，如利用图像传感器对指纹和人脸等光学信息进行采集，以及利用麦克风对说话声等声学信息进行采集，然后利用数据预处理及特征提取技术对采集的数据进行处理，最后将得到的相应特征进行存储。

识别过程采用与注册过程一致的信息采集方式对待识别人进行信息采集、数据预处理和特征提取，然后将提取的特征与存储的特征进行比对分析，完成识别。从应用任务看，生物特征识别一般分为辨认与确认两种任务，辨认是指从存储库中确定待识别人身份的过程，是一对多的问题；确认是指将待识别人信息与存储库中特定单人信息进行比对，确定身份的过程，是一对一的问题。

生物特征识别技术涉及的内容十分广泛，包括指纹、掌纹、人脸、虹膜、指静脉、声纹、步态等多种生物特征，识别过程涉及图像处理、计算机视觉、语音识别、机器学习等多项技术。目前生物特征识别作为重要的智能化身份认证技术，在金融、公共安全、教育、交通等领域得到广泛的应用。

7．虚拟现实/增强现实

虚拟现实（VR）/增强现实（AR）是以计算机为核心的新型视听技术。结合相关科学技术，在一定范围内生成与真实环境在视觉、听觉、触感等方面高度近似的数字化环境。用户借助必要的装备与数字化环境中的对象进行交互，相互影响，获得近似真实环境的感受和体验，通过显示设备、跟踪定位设备、力触觉交互设备、数据获取设备、专用芯片等实现。

虚拟现实/增强现实从技术特征角度，按照不同处理阶段，可以分为获取与建模技术、分析与利用技术、交换与分发技术、展示与交互技术及技术标准与评价体系 5 个方面。获取与建模技术研究如何把物理世界或人类的创意进行数字化和模型化，难点是三维物理世界的数字化和模型化技术；分析与利用技术重点研究对数字内容进行分析、理解、搜索和知识化的方法，其难点在于内容的语义表示和分析；交换与分发技术主要强调各种网络环境下大规模的数字化内容流通、转换、集成和面向不同终端用户的个性化服务等，其核心是开放的内容交换和版权管理技术；展示与交互技术重点研究符合人类习惯数字内容的各种显示技术及交互方法，以期提高人对复杂信息的认知能力，其难点在于建立自然、和谐的人机交互环境；技术标准与评价体系重点研究虚拟现实/增强现实基础资源、内容编目、信源编码等的规范标准及相应的评估技术。

目前虚拟现实/增强现实面临的挑战主要体现在智能获取、普适设备、自由交互和感知融合 4 个方面。在硬件平台与装置、核心芯片与器件、软件平台与工具、相关标准与规范等方面存在一系列科学技术问题。总体来说虚拟现实/增强现实呈现出虚拟现实系统智能化、虚实环境对象无缝融合、自然交互全方位与舒适化的发展趋势。

9.2 人工智能技术与物联网的融合

9.2.1 大数据是人工智能的基石

大数据可以说是人工智能的基石，目前的深度学习就主要建立在大数据的基础之上。人工智能主要有 3 个分支：一是基于规则的人工智能；二是无规则的人工智能，计算机读取大量数据，根据数据的统计、概率分析等方法，进行智能处理；三是基于神经元网络的深度学习。

基于规则的人工智能，即在计算机内根据规定的语法结构录入规则，用这些规则进行智能处理，缺乏灵活性，也不适合实用化。因此人工智能实际上的主流分支是后两者。而后两者都是通过"计算机读取大量数据，提升人工智能本身的能力和精准度"的。如今，在大量数据产生之后，既有低成本的存储器将其存储，又有高速的 CPU 对其进行处理，所以才使得人工智能后两个分支的理论得以实践。

大数据往往混合了来自多个数据源的多维度信息。假如能利用用户 ID，将用户在微博上的社交行为和用户在电子商务平台的购买行为关联起来，就可以向微博用户更准确地推荐其最喜欢的商品。聚合更多数据源和增加数据维数，是提高大数据价值的好办法。

大数据的价值在于数据分析及分析基础上的数据挖掘和智能决策。大数据的拥有者只有基于大数据建立有效的模型和工具，才能充分发挥大数据的价值。例如，利用"谷歌趋势"对过去 5 年全球地震的分布情况进行分析汇总。根据用户查询地震相关关键词的频率，可以看出过去 5 年内主要地震的发生时间和地点。在这里，"谷歌趋势"就是一个利用已有大数据建模、分析和汇总的有效工具。大数据在应用层面上来说，往往可以取代传统意义上的抽样调查。大数据可以被实时获取，价值在于数据分析及在分析基础上的数据挖掘和智能决策。人工智能的发展离不开使用海量数据进行反复的训练。

9.2.2　人工智能是物联网的大脑

物联网是指通过感知设备，按照约定协议，连接物、人、系统和信息资源，实现对物理和虚拟世界的信息进行处理并做出反应的智能服务系统。作为互联网、移动互联网的延伸和发展，物联网使得网络终端的范围由具有高处理能力的计算机、手机等延伸至具有低处理能力的终端甚至一般物品，实现了人与人、人与物、物与物之间更大范围、更高效率、更加精准的连接。

人工智能预示着一个"计算机可以计划、制定策略、评估选择和计算概率，并做出明智选择"的新世界。

在人类社会的生产生活中，越来越多的联网设备日益出现，无时无刻不在采集的海量数据在给生活带来极大便利的同时，也可以为各行各业提供惊人的洞察力，但如何分析处理如此多的数据却是一个巨大的挑战。单纯的采集数据并不能体现出价值，除非能真正分析理解并使用数据，而这恰恰是人工智能的强项。如果把物联网系统比作智能生命体，那么根据物联网收集的数据进行分析和决策的人工智能就是这个生命体的大脑。换言之，人类使用触觉、听觉和视觉等感官去感知物理世界，而数以亿计的传感器和摄像头从物理环境中采集大量数据，人工智能将这些数据转化为知识机理并赋予业务价值。从某种意义上说，只有凭借人工智能，才能跟得上物联网采集生成海量数据的高速度，获取并利用数据隐藏的洞察力。换句话说，物联网收集数据，人工智能处理这些数据并使其有意义。物联网就是让人工智能具备行动能力的身体。物联网还提供人工智能所需的数据，以做出明智的决定。

通过将人工智能的分析能力应用于物联网数据收集，企业可以识别和理解收集来的所有数据，并做出更明智的决策。这为消费者和企业带来联网设备更好协同工作的方法，并使这些系统更易于使用。

这反过来又提高了采用率。我们需要提高人工智能数据分析的速度和准确性，以确保物联网实现其承诺的愿景。收集数据是一回事，但对数据进行排序、分析和理解却是另外一回事。这就是为什么当物联网开始渗透到我们生活的方方面面时，为了跟上正在收集大量数据的速度，而去开发更快、更精确人工智能的重要原因。

物联网中的人工智能应用主要包括以下几方面。

（1）机器视觉。视觉大数据将允许计算机更深入地了解屏幕上的图像，使用新的 AI 应用程序来理解图像的背景。

（2）个性化服务。例如，使用认知系统创建新的食谱，以吸引用户的味觉，为每个人创建优化菜单，并自动适应当地配料。

（3）智能语音。较新的传感器将允许计算机"收听"收集有关用户环境中的声音信息。

（4）联网和远程操作。通过联网和智能的仓库操作，工人将不再需要在仓库内四处行走，通过从货架上拣货来完成订单。相反地，货架在小机器人平台的引导下，可以在过道上快速移动，将正确的库存物资运送到正确的地点，避免沿途碰撞。订单交付更快、更安全、更高效。

（5）预测性维护。通过预测和预防此类事件的位置和时间，在任何故障或泄漏发生之前进行有效处理，为企业节省大量费用。

这些只是人工智能在物联网中的一些创新应用。高度个性化服务的潜力是无穷无尽的，并将极大地改变人们的生活方式。

物联网和人工智能这两种技术都需要达到相当的发展水平，才能像我们认为的那样完美地运作。科学家们正在尝试找到开发更智能数据分析软件和设备的方法，以实现安全有效的物联网。这可能需要一段时间才能实现，因为人工智能的发展落后于物联网。

将人工智能集成到物联网正在成为当今物联网生态系统成功的先决条件。因此，越来越多的企业通过将人工智能和物联网结合来提升价值。事实上，唯一能够跟上物联网生成数据并获得其隐藏洞察力的方法是，让人工智能成为物联网发展的催化剂。

9.2.3　人工智能技术与物联网的融合应用

传感器能够实现信号转换，把非电信号转换成电信号，这不能叫感知，它不能"感"更做不到"知"，最多是信号采集。人的眼睛就是视频传感器，孤立地使用眼球去看一个杯子，眼睛输出的一定不是杯子的图像，而是谁也看不懂的非常复杂的生物电流波形。但是，通过神经传输（通信网络）、大脑处理（CPU），我们就看到了杯子的图像，这是"人"的行为，也就是我们所说的智能化。因此，传感器是通过模仿人的眼睛、鼻子、耳朵和嘴巴工作的，这是仿生学的范畴。智能化的传感器采集、通信传输、计算机处理过程，是仿人的五官（传感器）采集、神经（通信网络）传输、大脑（CPU）处理的，是仿人的，是人工智能的表现。

下面以智能安防为例来说明人工智能与物联网的融合应用。

安防系统是非常典型的物联网系统。早期，安防产品以探测、报警及实体防护为主，且多应用在博物馆及保密要害单位等高价值场所。随着中国安防产业格局的初步形成，安防产品应用领域逐步扩展到金融、房地产、运输服务等行业。随着技术的普及，传统安防已经不能完全满足人们对安防准确度、广泛程度和效率的需求。进入 21 世纪，视频监控产品向数字化、高清化、网络化和智能化的方向发展，在应用层面上也开始向社会化安防产品、民用市场深耕。2012 年，新兴产业发展规划的出台促使众多安防企业开始落地平安城市和智慧城市建设，天网工程和雪亮工程等国家政策整体推动了人工智能+安防的发展。AI 技术在安防市场上得到了大规模落地与应用，人工智能开始推动传统安防产业进化和革新。前端信号的采集和探测设备中开始加入 AI 芯片，通过智能识别并筛选图像后再进行传输，减小传输空间和缩短时间；后端处理平台可同时处理的前端相关产品数量大幅增加，清晰度和识别准确度都显著提高。

安防系统每天产生的海量图像和视频信息造成了严重的信息冗余，识别准确度和效率不够，并且可应用的领域较为局限。在此基础上，智能安防开始落实到产品需求上。算法、算力、数据作为智能安防发展的三大要素，在产品落地上主要体现为视频结构化（对视频数据的识别和提取）、生物识别（指纹识别、人脸识别等）、物体特征识别（车牌识别系统）。视频结构化是利用计算机视觉和视频监控分析方法对摄像机拍录的图像序列进行自动分析，包括目标检测、目标分割提取、目标识别、目标跟踪，以及对监视场景中目标行为的理解与描述，理解图像内容及客观场景的含义，从而指导并规划行动。生物识别技术是利用人体固有的生理特性和行为特征来进行个人身份鉴定的技术。人脸、指纹、虹膜 3 种识别方式是目前较广泛的生物识别方式，三者同时使用使得产品在便捷性、安全性和唯一性上都得到了保证。物体特征识别是判定一组图像数据中是否包含某个特定的物体、图像特征或运动状态，在特定的环境中解决特定目标的识别。目前物体特征识别能做到的是简单几何图形识别、人体识别、印刷或手写文件识别等，在安防领域较为典型的应用是车牌识别系统，通过外设触发和视频触发两种方式，采集车辆图像，自动识别车牌。

9.3　智能物联网的发展前景展望

9.3.1　协同智能化的物联网系统

在物联网系统中，带有智能化节点的物联网体系建立起来以后，每个物联网感知节点具有了智能化特性。建立智能化体系只是物联网万里长征的第一步，接下来紧要的问题是如何应对千变万化的环境和个性化的感知需求，实现对外部环境中目标、事件的全面感知。解决物联网复杂巨系统的输入非确定性及输出多样性问题，可以借鉴人类和动物社会中的协作模式，像人类和动物群体同心协力完成一项任务一样，通过建立物联网的智能化协同分工、处理和自学习机制，保障感知需求的有效实现。

物联网系统的协同智能化整体架构包括智能化的协同分工、智能化的协同处理和智能化的自学习机制三大部分，它们依托于组织架构网络、目标驱动网络、任务驱动网络和环境驱动网络，并在各层级体现协同智能化的思想。

协同分工是人类社会的发展规律，也是人类文明的标志之一，更是商品经济发展的基础。感知节点的异构性导致的个体差异，以及感知需求的多样性，使得物联网系统的感知节点之间也需要进行智能化协同分工。

智能化的协同分工体现在目标出现、任务执行和环境变化等各阶段，与目标驱动网络、任务驱动网络和环境驱动网络等各网络形态相辅相成。

当目标出现时，目标驱动网络会相应形成，智能化的协同分工机制会将目标的特性与节点的特性做出初步的匹配。例如，对于攀爬围栏的人员目标，周围的视频节点、倾角节点、声音节点等会被安排以更高的采样率获取不同的物理量数据。当任务执行时，任务驱动网络会相应形成，智能化的协同分工机制会将任务的特性与节点的特性进一步匹配。例如，对于目标识别任务，会选择计算能力更强的多个节点执行识别算法，或者根据算法（模糊分类器、神经网络分类器等）的计算量选择合适的节点组合来分布式地运行算法。当环境变化时，环境驱动网络会相应形成，智能化的协同分工机制会根据环境变化对节点分工进行调整。例如，环境变化后信噪比改善的节点承担更多的任务。

众所周知，学习对于人类和人类社会来说非常重要，在物联网系统中也是如此。物联网系统的边界条件不可预知，环境的动态变化，如刮风下雨、其他目标的扰动，导致即使针对同类事件的感知，背景噪声也是不同的，需要具有环境觉察机制快速适应不同的环境背景，自配置、自学习、自修复、自完善。另外，用户需求也是不断变化的，物联网系统需要智能化的自学习机制适应动态变化的感知需求。

9.3.2　服务智能化的物联网系统

在物联网系统中，带有人类组织行为的网络体系建立起来以后，通过分工与协同，物联网中各要素实现了有序组织和分工协作。接下来，就要探讨物联网系统如何提供服务了。与移动通信网和互联网不同，移动通信网的服务是传输，互联网的服务是内容，而物联网的服务是感知。物联网的四大特性在给网络和协同带来智能化特性的同时，也要求物联网的服务具有智能化的属性。

物联网是以感知为目的的综合信息系统，其最终目标是实现人与物、物与物之间的互动和知识共享，提升对实体世界的综合感知能力，为人类社会提供智慧和集约的服务。实体世界的纷繁复杂、感知需求的变化多样、单系统服务能力的局限性、新需求的层出不穷，使得现有信息系统的服务体系难以满足需求，物联网需要智能化服务体系。

服务需求复杂多样、难以预知。在物联网实际应用系统中，感知需求往往来自各行各业、各系统，甚至来自环境变化。以智慧景区物联网系统为例，景区管理者需要知道景区各项资源与游客数量的对应关系，景区的安防与卫生状况，天气条件对游客数量、卫生、生活保障的影响等；游客关心的是景区景点的客流状况，从家里到景区的交通状况，景区配套的停车场、饭店、旅馆等资源的使用情况，景区附近的配套资源使用情况，景区天气情况等；环保人士关心的是景区的环境参数指标，高密度人流对景区环境的影响等。这些都来自人的需求。物联网系统的不同节点、单元，也可能对彼此提出服务需求。例如，进入景区道路旁的显示屏，需要景区的车位、饭店、旅馆信息，以便及时引导游客选择正确的资源；景区中旅游车站指示牌需要车辆提供及时的位置信息，等等。这些是来自物的需求。此外，环境变化也会对物联网系统提出服务需求。例如，景区休息区的空调、照明系统需要根据环境温度、光照进行自动调节；景区安防、卫生系统需要对环境剧烈恶化做出响应。

不同系统提供服务的能力有限，并且存在差异。实际物联网应用系统在设计之初就有既定的应用场景和目标，不同系统提供的服务存在很大的差异。例如，农业物联网关注农业生产条件、农作物生长态势、病虫害的监控、农业耕作的合理化建议等；交通物联网关注道路交通状况、交通秩序管理、交通决策支持等；环保物联网关心大气、水源、土质等资源的污染状况，重点排污企业的监控，重点湖泊河流的监控监管等，以便对生活、生产决策提供支持。不同系统提供的服务存在一定程度的重复，更多的是互补。对于跨行业、跨系统、跨应用的服务需求，需要有效组织、融合不同系统的服务。为了资源的有效利用，也需要有效整合不同系统的服务。实际物联网应用系统有既定的应用场景和目标，导致其在设计时采用的节点、网络、软件、算法等都具有较强的针对性，系统资源有限，因此提供设计目标之外的服务的能力有限。另外，不同行业之间也存在一定的壁垒，隐私、安全、政策法规等因素都会导致系统对外提供服务的能力受到限制。

新需求需要创新的智能化服务。实际运行中的物联网系统已经能够满足来自社会方方面面的服务需求，但是随着经济社会的发展，新的需求将不断涌现，物联网系统应该顺应时代的发展趋势，在满足现有需求的基础上，运用服务自学习机制分析新的外部需求，提供新的服务内容，同时将该新的服务需求作为新的服务案例加入系统。当再次出现类似需求时，根据之前记录的服务案例提供相应的服务，从而实现服务的创新。为应对服务需求的复杂多样与难以预知、单系统服务能力的局限性、新需求的层出不穷，物联网的智能化服务体系需要有协同有序的组织形式、基于需求的智能化发布模式及具有智能化属性的服务更新。

9.4　人工智能的典型应用——自动驾驶汽车

9.4.1　自动驾驶汽车的技术现状

自动驾驶汽车可以说是当前智能网联汽车技术发展的高级形态。从应用导向看，智能网联汽车是融合了高带宽、低时延（5G、LTE 等）通信网络，物联网，云计算等信息通信技术的应用平台；从产业导向看，3D 打印、先进材料、先进传感器与自动控制、先进机器人等技术都与智能网联汽车的产业链高度相关。智能网联汽车的发展将带动相关各类技术的不断创新、应用与产业化，促进产业升级，提升经济规模。

智能网联汽车搭载了先进的车载传感器、控制器、执行器等装置，融合现代通信与网络技术，实现车、人、环境（其他车辆、道路等）智能化的信息交换与共享。智能网联汽车融合了复杂环境感知、拟人决策、协同控制等多类关键技术，提供安全、高效和舒适的行驶反馈，并最终可实现无须人工干预的完全自主行驶。

智能网联汽车已超越传统汽车电气自动化控制的核心架构，传统车辆的机械电气系统成为智能网联汽车的移动载体与服务供应平台。清华大学李克强教授等研究者提出，智能网联汽车的自主行驶主要分为两个技术层面，即算法、控制与数据支持的信息技术层面与平台基础设施层面。信息技术层面包含了车辆感知、决策、控制所需的全部信息技术，以及相关的数据支撑；平台基础设施层面是智能网联汽车的物理载体，包含车载平台与用于信息交互的道路基础设施（见图 9-1）。

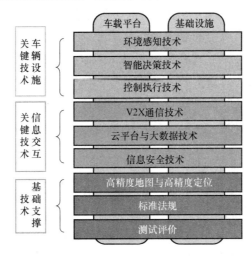

图 9-1　智能网联汽车技术架构

信息技术层面依托车道级别高精度地图、亚米级精度定位能力，以 V2X 通信等方式丰富车辆感知能力；以云计算+边缘计算等方式，以及基于大数据分析结果提供实时 AI 决策，最终提升车辆控制与执行能力，实现车辆自主行驶。

平台基础设施为实现车辆自主行驶所提供的车载平台与基础设施条件，支撑车辆感知、决策、控制与执行的物理架构，以及车路信息交互的基础设施。

智能网联汽车包含的两个技术层面，显性层涵盖了车辆自主行驶、信息交互提取及安全、基础数据支撑三方面的技术；隐性层则是各类技术的承载平台。智能网联汽车技术体系如表 9-1 所示。

表 9-1　智能网联汽车技术体系

技术应用方向	技术类别	技术细分领域
车辆自主行驶	环境感知	雷达探测技术
		机器视觉技术
		车辆姿态感知技术
		乘员状态感知技术
		协同感知技术
		信息融合技术
	关键行为决策	行为预测技术
		态势分析技术
		任务决策技术
		轨迹规划技术
		行为决策技术
	车辆控制执行	关键执行机构（驱动/制动/转向/悬架）
		车辆纵向/横向/垂向运动控制技术
		车间协同控制技术
		车路协同控制技术
		智能电子电气架构
信息交互提取及安全	专用通信与网络	车辆专用短程通信技术
		车载无线射频通信技术
		LTE-V 通信技术
		移动自组织网络技术
		面向智能交通的 5G 通信技术
	大数据	非关系型数据库技术
		数据高效存储和检索技术
		车辆数据关联分析与挖掘技术
		驾驶员行为数据分析与应用技术
	应用平台	信息服务平台
		安全/节能决策平台
	信息安全	车载终端信息安全技术
		手持终端信息安全技术
		路侧终端信息安全技术
		网络信息安全技术
		数据平台信息安全技术
基础数据支撑	高精度地图	三维动态高精度地图
	高精度定位	卫星定位技术
		惯性导航与航迹推算技术
		通信基站定位技术
		协作定位技术

续表

技术应用方向	技术类别	技术细分领域
基础数据支撑	基础设施	路侧设施与交通信息网络建设
	车载硬件平台	通用处理平台/专用处理芯片
	车载软件平台	交互终端操作系统
		车辆控制器操作系统/共用软件基础平台
	人因工程	人机交互技术
		人机共驾技术
	整车安全架构	整车网络安全架构
		整车功能安全架构
	标准法规	标准体系与关键标准
	测试评价	测试场地规划与建设
		测试评价方法
	示范应用	示范应用与推广

智能网联汽车智能化水平体现了车辆的自主驾驶能力，网联水平体现了车辆的数据交互能力。对智能化水平及网联化水平进行等级划分，是对智能网联汽车两个不同方向技术能力的展现。

在智能化层面，美国 SAE、NHTSA，德国 VDA 等组织已经给出了各自的分级方案，在我国的《新能源智能网联汽车技术路线图》中，以美国 SAE 分级定义为基础，综合考虑了我国道路交通情况的复杂性，加入了对应级别下智能系统能够适应的典型工况。智能化等级划分如表 9-2 所示。

表 9-2　智能化等级划分

智能化等级	等级名称	等级定义	控制	监视	失效应对	典型工况
人监控驾驶环境			—	—	—	—
1（DA）	驾驶辅助	系统根据环境信息执行转向和加减速中的一项操作，其他驾驶操作都由人完成	人与系统	人	人	车道内正常行驶，高速公路无车道干涉路段，泊车工况
2（PA）	部分自动驾驶	系统根据环境信息执行转向和加减速操作，其他驾驶操作都由人完成	人与系统	人	人	高速公路及市区无车道干涉路段，换道、环岛绕行、拥堵跟车等工况
自动驾驶系统（系统）监控驾驶环境			系统	系统	人	
3（CA）	有条件自动驾驶	系统完成所有驾驶操作，根据系统请求，驾驶员需要提供适当的干预	系统	系统	人	高速公路正常行驶工况，市区无车道干涉路段

续表

智能化等级	等 级 名 称	等 级 定 义	控　制	监　视	失 效 应 对	典 型 工 况
4（HA）	高度自动驾驶	系统完成所有驾驶操作，特定环境下系统会向驾驶员提出响应请求，驾驶员可以对系统请求不进行响应	系统	系统	系统	高速公路全部工况及市区有车道干涉路段
5（FA）	完全自动驾驶	系统可以完成驾驶员能够完成的所有道路环境下的操作，不需要驾驶员介入	系统	系统	系统	所有行驶工况

在网联化层面，按照网联通信内容的不同，划分为网联辅助信息交互、网联协同感知、网联协同决策与控制 3 个等级。网联化等级划分如表 9-3 所示。

表 9-3　网联化等级划分

等　级	等 级 名 称	等 级 定 义	控　制	典 型 信 息	传 输 需 求
1	网联辅助信息交互	基于车–路、车–后台通信，实现导航等辅助信息的获取及车辆行驶与驾驶员操作等数据的上传	人	地图、交通流量、交通标志、油耗、里程等信息	传输实时性、可靠性要求较低
2	网联协同感知	基于车–车、车–路、车–人、车–后台通信，实时获取车辆周边交通环境信息，与车载传感器的感知信息融合，作为自车决策与控制系统的输入	人与系统	周边车辆/行人/非机动车位置、信号灯相位、道路预警等信息	传输实时性、可靠性要求较高
3	网联协同决策与控制	基于车–车、车–路、车–人、车–后台通信，实时并可靠获取车辆周边交通环境信息及车辆决策信息，车–车、车–路等各交通参与者之间信息进行交互融合，形成车–车、车–路等各交通参与者之间的协同决策与控制	人与系统	车–车、车–路间的协同控制信息	传输实时性、可靠性要求最高

9.4.2　自动驾驶汽车的发展趋势

美、欧、日等国家和地区的自动驾驶汽车的主要目标为提高出行安全与行车效率，研发与技术侧重点集中在环境感知、信息处理与行为决策、V2X 通信、车辆自主控制等方面。车–路、车–车协同系统及高级别自主驾驶系统成为各国自动驾驶汽车的主要研究与发展方向。

从政策及规划角度看，美、欧、日等国家和地区的自动驾驶汽车发展主要是政府出台国家战略规划，明确发展目标，确定时间表与技术路线，协调各相关政府机构与企业达成发展共识。

美、欧、日为推进自动驾驶汽车的发展，建立了各部门深入协同的组织推进体系。美国政府管理机构主要为美国交通运输部（DOT），其成立了智能交通系统联合项目办公室（JPO），组织并协同美国联邦公路局（FHWA）、美国联邦汽车运输安全管理局（FMCSA）、美国国家公路交通安全管理局（NHTSA）等6家单位共同推进；欧洲由欧盟委员会协同欧洲各国一体化发展；日本则由内阁府负责，建立推进委员会，协同警察厅、总务省、经济产业省、国土交通省共同推进。

从技术发展角度看，美、欧、日在智能交通领域已于20世纪60年代开始了研究工作，在交通信息化、车辆智能化方面积累了大量的研究成果，形成了可观的产业成果。在2010年以后，随着人工智能、大数据、通信技术、微电子技术的爆发式发展，车辆自主驾驶与V2X协同逐渐相互融合。

美、欧、日的自动驾驶汽车形成了具有各自特色的技术体系。美国的技术方向趋向于向车联网发展，基于政府推动与强大的科技企业，已形成较为完备的V2X车辆与车联网产业；欧洲的汽车电子零部件与整车生产处于世界领先地位，基于车辆自有传感器的自动驾驶技术发展迅速；日本具有更好的交通基础设施，以基础设为保障稳步推进自动驾驶汽车发展。

9.5 物联网的典型应用——智能交通物联网

9.5.1 从车联网到智能交通物联网

智能网联汽车依靠车联网获取与交换外部信息。车联网是一种以车内网、车载自组网和车载移动互联网为基础，依据特定的通信协议和数据传输标准，通过车与一切事物（V2X，车、路、行人、家及互联网等）之间的互联互通，实现交通管理的智能化和车辆的智能化，并能为驾驶者提供动态信息服务的泛在网络。

车联网提供了车辆与周围环境互联互通的网络基础，以解决数据传输问题。当车联网相关技术逐渐完善，V2X的数据传输得到较好保障时，车辆自主行驶与自动化驾驶水平的提升则要更多地依靠车联网提供的数据作为支撑。

随着4G网络的成熟应用与5G网络的逐渐商用，传统意义上的车联网逐渐与物联网融合，成为物联网技术应用体系的一部分。同时以深度学习为代表的AI技术的快速发展和应用，使车辆获得了远超传统机器学习所能提供的智能化水平。

自主式智能的自动驾驶汽车依托物联网能够获得实现更复杂环境感知、智能决策、协同控制等能力的基础数据，实现V2X智能信息交换、共享，为自动驾驶汽车提供了更广阔的数据视野，以及提供了远超单车认知水平的智能决策与协同运行能力。

5G网络提供的低时延高带宽通信能力，使车辆在行驶过程中具备了高时间敏感度信息数据的实时传输能力。基于5G网络的物联网环境，能够使AI处理任务不仅能够通过车载设备完成，还能够通过高处理能力的分布式或集中式数据中心完成并实时下发至指定车辆。

AI 的发展使得包括车辆在内的交通装备获得了一定水平的自主式智能，物联网也为车辆与车辆、车辆与基础设施等各类交通要素间的数据通信提供了稳定可靠的通信链路。

自主智能与物联网的结合使智能网联汽车具备了一定的自主驾驶能力，智能网联汽车实现了自主智能车辆间数据和信息层面上的互联互通，但实现智能交通系统大系统下的车辆大规模协作行驶，更需要将人类智能与社会性行为向群体化车辆智能延伸。

为实现这一目标，近年来得益于物联网基础网络的成熟与完善及 AI 应用的越发广泛，研究者对下一代智能技术基础设施展开了探讨，"智能交通物联网或交通智联网"的概念在学术界被提出并逐渐清晰。有学者认为，"智能交通物联网"是以互联网、物联网技术为前序基础科技，建立包含人、机、物在内的智能实体之间语义层次的联结、实现各智能体所拥有知识之间的互联互通，智能交通物联网的最终目的是支撑和完成需要大规模社会化协作的、特别是在复杂系统中需要的知识功能和知识服务。

智能交通物联网环境是能够推动智能交通系统大环境形成感知、认知、思维行动一体化的大智能系统。

智能交通物联网应覆盖交通运输领域众多层面，涉及多种异构交通要素。这包括交通运输的根本需求者——人；实现运输目的的交通装备、基础设施；以及运输的主要对象——货物等。智能交通物联网也时刻与环境保持密切关联，这包括关系到交通运输安全的气候气象、水文地理及对周围环境产生不利影响的交通装备污染排放等。

智能交通物联网将有效依托于物联网与 AI 的深度融合，为智能交通系统提供具备自适应能力的智慧化网络。智能交通物联网将能够使 V2X 获得语义层次连接，能够实现车辆自主智能知识认知的互联互通，使车辆跳出"反应智能"范畴，即跳出根据环境输入协调和决定车辆行驶控制输出的"自主智能"水平。

智能交通物联网环境能够为自动驾驶汽车提供"认知智能"，完成对自动驾驶汽车在知识层面的思考，如完成面向交通流的自动驾驶行驶路线长短期规划、道路突发事件的重大紧急决策及基于行驶环境的动态适应等，让自主智能车辆间达成"协同知识自动化"和"协同认知智能"，即以协同方式进行原始数据的主动采集，进而完成自动驾驶过程中驾驶环境推理、驾驶行为决策、驾驶路线规划等过程的全自动化。

9.5.2 智能交通物联网的应用前景

物联网为车辆自主驾驶提供了周边车辆、红绿灯等交通控制系统信息，能提供拥堵预测等基于数据认知的决策辅助信息；同时，车辆自主智能结合物联网环境能够提供各类盲区位置环境信息，辅助自动驾驶系统更全面掌握车辆周边交通环境。

智能交通物联网自身是一个基于通信网络的智能化信息采集、处理、认知、分发自动化系统。交通系统与电信系统存在众多相似结构：数据交换节点与道路交叉口具有类似特征；数据的信道传输与车辆的公路行驶同样存在带宽、时延等相似特征；通信网络中的通信请求与交通系统中的出行行为同样存在起始节点、目的节点、中继节点等关键环节。但交通系统与通信系统同样存在巨大差异，导致通信网易于管理，而交通系统难以提供全局有效的管理与控制。通信系统无论是流量均衡、通信质量保证（QoS）、多跳最短时延转发等均有相对完备的协议机制；但交通系统难以进行有效的全局控制与管理，主要原因如下。

（1）无法精确获取出行需求。

通信网络中任何一个通信请求都带有明确的源节点与目的节点，无论是集中式网络或分布式网络，数据包的源节点与目的节点均能被系统准确获取。交通网络的承载主体实质上是车辆中的人，出于隐私或技术等原因，车辆或出行个体的路线很难统一提交至一个全网或区域内的集中式计算节点，供统筹进行出行资源规划与车辆调度。

（2）无法准确计算交通系统容量。

通信网络在信道状况稳定的情况下，传输速率通常可以得到保障，系统容量精确、可计算；但道路交通系统中车辆性能高低不齐导致车速不一，驾驶人员的各类不良驾驶行为对车流稳定性存在不可预知的影响。同时局部地区的突发气象状况也会改变道路行车状况，从而导致交通系统容量产生较大波动。交通系统的管理模式如路面调度指挥、道路封闭管制等情况也是交通系统容量产生突发波动的因素之一。

交通系统的主要目标为服务人类活动，其中必然掺杂着大量目标与结果均不可预知的人类行为。此类行为导致系统容量计算异常复杂，使道路交通系统容量难以准确获知。

（3）无法有效控制交通系统出行路径与出行方式。

对于出行者个人驾驶的乘用车而言，车辆的行驶与控制由出行者个人决定，车辆行驶路径与状态是驾驶者个人遵守道路交通管理规定前提下的意志体现。因此交通系统出行路径与出行方式可在一定程度上引导，但无法精确控制与管理。通信系统在通信协议支持的情况下，对于需多跳转发或有多个传输路径可选的数据包，可有效安排其转发路径，使得通信系统的数据传输全局或局部可控。

总体而言，交通系统是一个时变、非线性、不连续、不可测及不可控的复杂系统，智能交通物联网如果需要发挥实质效能，则上述问题需要得到有效解决。

未来智能交通物联网的行业应用大致有以下几种途径。

（1）出行身份跟踪的交通系统模型与监测模式。

随着 LTE 网络、智能手机、智能车载终端的逐渐普及，物联网与大数据应用日益广泛，为城市交通系统由"参数化"向"身份化"监测转变提供支撑。交通流信息监测是交通系统的关键数据源之一，监测数据的完备性决定了交通系统的可测度。基于高可测度的交通系统，智能交通物联网能够提供较高精度的道路交通精确诱导控制等道路交通服务管理业务，实现道路车辆的精确调度管理。

传统交通流监测系统提供典型的"参数化"监测，如地磁、地感线圈、射频、超声波等采集感知技术通常无法确定车辆身份信息，仅能采集车流量、车速等信息。当前视频识别技术能在一定程度上在一定区域内对特定车辆识别跟踪，但仍无法获取车辆 OD 信息，提供给交通系统的可用信息仍不足。

"身份化"监测是指完整观测车辆个体出行，获取完备的车辆出行数据，将使交通系统的三个基本特征容量、需求、状态得到满足。当"身份化"监测数据在交通系统中占据较高比例时，交通系统即具备了与通信网络类似的可测性，使交通系统完全可知。智能交通物联网基于交通系统的先验知识，能够对交通系统 3 个基本特征进行解构，结合完备的调度指挥系统，能够实现交通出行与运力资源的主动管理，使交通系统自主可控。

（2）可计算的公路水运交通网络模型。

实现智能交通物联网的自主智能化交通管理与调度，首先需要具备交通网络模型的高精度地图，能够准确描述车道及车道属性信息（包含河流与航道关系）；其次，能够准确描述路网（航道）逻辑关系，能够进行对象关联与推导。

智能交通物联网通过基于交通语义的关系表达构建自主控制核心节点，既可构建为单一节点，也可构建为分布式节点集群。在此基础上，构建全部数字化、信息化的交通运输知识库，包含所有交通运输基础设施、交通规则、营运管理规章制度、交通运输综合执法标准与处罚标准、信号控制策略、乘用车及营运车辆（或船舶）调度策略等。

可计算的公路水运交通网络模型结合数字化、信息化交通运输知识库，将使交通运输网络能够被计算、存储与查询。对交通实体与关系的描述，可获取管理对象的基础路网数据，在管理过程中实现对交通运行数据与运输资源数据的有效组织，关联展现管理结果数据与基础交通运输网络数据。基于可计算的公路水运交通网络模型，通过业务与相关数据的加载，可实现对公路水运交通运输网络、运输资源、营运监管等多维度的精细化管理。

（3）异构数据融合综合解译。

数据共享是进行异构数据融合的关键环节。借鉴目前的技术基础，智能交通物联网基于数据共享交换平台，通过数据仓库的技术途径实现数据共享。共享交换平台通过从各类业务系统抽取及通过各类业务系统的定期推送获得数据。由于多年多批次建设导致数据标准不统一，数据准确性受监测设备可靠性影响，准确性不足，同时由于统计口径与标准的差异导致不同平台间统计数据存在矛盾，数据深入挖掘受到较大影响。当前交通运输行业已经逐渐开始重新梳理建立相关的数据标准与共享交换规范，以业务为驱动实现数据统一共享交换。

9.6 智能交通物联网与自动驾驶汽车的协同

9.6.1 车网知识协同的优势

车辆、智能交通物联网、车载知识库、数据中心知识库与集中或分布式高性能计算节点构成庞大的交通运输智能实体体系。通过构建车网知识协同，知识可以在智能实体体系内流动，填补单一智能实体的知识缺口。

车网知识协同主要是指车辆除使用自身知识进行自主驾驶外，还通过智能交通物联网的知识资源、计算资源等进行知识协同。通过智能交通物联网，使网络中大量智能实体进行知识协同，激发网络整体可观的协同效应。协同效应远非多个车辆间数据交互的简单总和，而是通过知识协同产生的高效配合、激发，远大于简单数据交互所产生的效益。

智能交通物联网的知识协同也将使智能交通物联网中各智能实体通过知识共享，实现道路交通运行效率、运输资源调配等交通运输管理与服务水平的提升。

9.6.2 车网知识协同体系架构

车网知识协同是一个知识资源在隐性与显性间不断重组优化的过程，主要包括知识分析、发掘、重构、整合与创新。

车网知识协同体系架构应当满足知识主体、客体、环境等要求，达到在时间、空间上有效协同的状态，即公路运输客货运需求者、大范围相互作用的车辆智能实体、影响车辆行驶的路面突发与异常事件、车辆行驶环境等实现有效协同。车网知识协同的目标是在恰当的时间与车辆行驶环境下，车辆智能实体自有知识与数据中心知识库内知识能够传递给恰当的车辆或管理主体，并运用在当前场合；知识的"单向""双向"或"多向"多维动态传输则是车网知识协同的高级阶段。

知识协同包括知识转移与知识创造两个层次，知识转移包括了知识的交流与共享，而协同效应则由知识共享进行体现。智能交通物联网的车网知识协同，要以知识获取为前提，以知识获取—知识转移—知识创造的逻辑顺序在智能交通物联网中循环往复，进一步激发新知识产生，提升道路交通运行效率、运输资源调配能力，同时提升交通运输管理与服务水平。

智能交通物联网与车辆智能实体的良好协作需要知识的不断更新与扩充，这个过程即为知识的不断流入与流出。知识流入能够弥补智能交通物联网的知识空缺，同时能够协同激发知识创新；知识流出则是智能交通物联网知识创新后的行业外输出。

道路交通与客货运不断变化的客观环境与不断发展的技术条件，使智能交通物联网的知识需求具有不确定性和多样性。开放的网络边界将使智能交通物联网不断进行知识创新以满足这种持续变化的知识需求。基于广域网络复杂多样的数据资源，知识的自由流动使知识共享、传递更为简便。

知识转移是智能交通物联网中智能实体知识协同的关键。智能实体的高效运行需要依托于知识的高效流转。智能交通物联网的知识在流动中获得价值增值，不断推动知识创新。

智能交通物联网的知识协同以道路车辆通行能力、交通运输资源调配等多方面服务与行业管理能力的提升作为目标，包含了交通运输发展与规划、业务与资源的协同机制。知识来源于交通运输业务实践，知识创新的成果同时促进交通运输业务能力创新。

智能交通物联网环境下的智能网联车辆知识协同是一个多智能实体参与的"交通业务+知识"的智能化生态环境。知识协同目标为在不同智能实体间建立活动联动关系与进行资源互补管理，因此需要形成与之相对应的知识协同运行机制，用以促进各智能实体的协调互利与智能交通物联网的整体进化发展。智能交通物联网知识拥有者与知识协同的关系如图 9-2 所示。

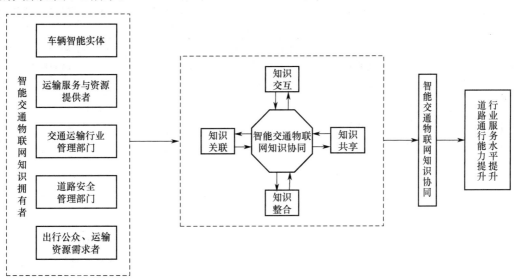

图 9-2　智能交通物联网知识拥有者与知识协同的关系

知识协同运转机制的构建需要充分考虑智能交通物联网各智能实体间已存在的各种互动链条，如知识、运营管理过程、技术等，同时也要充分考虑道路行驶环境与交通运输营运环境不断变化的影响。智能交通物联网智能实体知识协同特征与约束如表 9-4 所示。

交通运输发展与规划协同、业务协同与资源协同构成了智能交通物联网知识协同的三个基本层面。交通运输发展与规划协同是指交通运输管理实体、营运组织实体、车辆智能实体等依托于行业规划,在目标、动机、价值理念方面具有一致性。目标一致性是一种控制机制,以行业规划为基础,增强智能交通物联网中各智能实体分享知识的意愿,促进知识在更大范围内共享与整合。动机一致性是指各智能实体通过知识协同的方式,实现与完成规划既定目标的心理倾向与行动导向。价值理念一致性则是认同发展规划对行业发展的促进与推动作用,在创新认识、管理营运与建设等方面的行为规则的匹配性。开放式创新的智能交通物联网需要面对观念、认识等差异产生的冲突,以期知识协同能够在广泛领域解决实际问题。

表 9-4 智能交通物联网智能实体知识协同特征与约束

特　征	特征概括总结	约　束　条　件
资源共享性	在制度与规则框架内,知识、信息与其他资源的共享	智能交通物联网知识协同的基础是知识共享,知识共享需要完备的网络协议与规则框架
动态性	知识网络可重构、重用、扩充	交通智能实体的动态特性要求知识协同也具有动态性
开放性	能够获取、吸收外部资源,与外部进行资源、知识与信息的可持续交换	交通运输与车辆行驶的开放性要求知识协同具备开放性
网络性	智能交通物联网中的智能实体依据网络协议构成具备协作能力的子网络	网络性、系统性与智能实体间的协作关系是智能交通物联网知识协同的组织基础
知识协同性	智能实体间的感知能力、处理能力与知识要素的互补关系,基于 V2X 通信技术,对分布式知识汇总再创造,本质为基于数字化工具知识层面的协同与合作	智能交通物联网智能实体的知识协同高度依赖信息技术发展,并受到知识结构及其耦合机制的影响

交通运输业务协同是指交通运输管理实体、营运组织实体、车辆智能实体等,在交通运输业务上具有业务从属、业务覆盖与业务管理的关系,业务协同体现了业务关系、管理层级与沟通联络频率等,反映了交通运输行业管理、组织管理间的协调性、亲密性等。智能实体在不同维度进行协调、合作以至于结构调整是提升道路车辆通行能力与交通运输能力的重要手段,在这个过程中,重要任务之一就是确认各智能实体间的业务协同与互补性,即智能交通实体应选择业务存在适当差异但又存在一定关联的其他智能实体作为业务协同的主要对象,管理实体、营运组织实体、车辆智能实体间相互信任、紧密合作,加强沟通协调,才能使各类知识有效共享与整合。

资源协同是指智能交通物联网的核心数据节点能够有效地对已有知识进行重整合,将各知识实体共享的知识内容进行优化配置,提高知识利用效率。知识具备了交叉性、集成性与复合性才能够有效指导相关实体的运行与协作;知识的价值也需要通过整合,借助相关实体的群体化才能实现。知识资源的整合、分发平台由智能交通物联网的核心或分布式资源中心承担。

9.6.3　基于智能交通物联网环境的自动驾驶汽车发展展望

智能交通物联网环境能够依托车联网收集、整理、融合、提炼及分发各车辆实体获得的道路行驶经验，结合云端预置的先验知识，能够反输与扩充车辆智能实体的知识库，持续提升在网智能网联汽车的自动驾驶水平，不断适应各种新的、更为复杂的道路状况。

纵观智能网联汽车的发展，在车辆自主感知、低时延高带宽无线通信技术、高精度导航与智能决策等领域取得一定进展的前提条件下，依托于智能交通物联网环境，自动驾驶汽车在保持自身硬件设备不变的情况下，车辆的智能化能力也能够在不依靠原厂技术支持的条件下持续演进。

智能网联汽车的进一步发展将是智能交通物联网+自动驾驶，车辆的高实时性智能决策能力主要依托于网络供给+边缘计算，智能交通物联网自动驾驶汽车的发展在一定程度上取决于知识计算与知识自动化的发展，以及大数据处理及分析能力的发展。在可以预见的未来，知识计算与知识自动化的发展将能够正向推动智能网联汽车向智能交通物联网不断演进，自动驾驶汽车的网联能力将不再局限于广域数据获取，而将进一步向以知识为基础结构的实时决策方向发展。

9.7　本章小结

物联网和人工智能的深度融合让硬件、网络和交互变得更为智能。智能手机将不再是核心载体，基于人工智能的智能家居、可穿戴设备将会是物联网领域形成规模化、爆发式增长的关键，车联网、机器自动化等领域的想象空间巨大。未来受语言、手势甚至眼神和意念等交互方式及虚拟现实、深度学习技术创新的推动，物联网与人工智能的融合将成为未来智能制造和智慧产业发展的主导模式，从而建立智慧的经济发展模式和社会生态系统。

第 10 章　基于物联网底座构建工业互联网应用

10.1　工业互联网的前世今生

10.1.1　从消费互联网到产业互联网

过去的 20 年是我国互联网飞速发展的 20 年。互联网产业出现了百度、阿里巴巴和腾讯（BAT）这样的互联网巨头，在搜索、电商和社交领域都占据了巨大的市场空间，但同时 BAT 的快速发展也代表消费互联网已达到顶峰状态。消费互联网的商业模式以"眼球经济"为主，是以满足消费者在互联网中的消费需求而诞生的互联网类型。消费互联网具备两个属性，一是媒体属性，由以提供资讯为主的门户网站、自媒体和社交媒体组成；二是产业属性，由为消费者提供生活服务的电子商务及在线旅行平台等组成。这两个属性的综合运用使以消费为主线的互联网迅速渗透至人们生活的各个领域，影响人们的生活方式。

消费互联网的发展是由互联网企业主导和推动的，它能够根据商品的档次和类别快速整合供应商和消费者，本质上就是平台模式。平台模式具有强大的网络效应，所有用户都可能在网络规模扩大的过程中获得更高的价值，因为网络的价值往往与网络中节点的数量成正比。在消费互联网平台上，供给方因能接触到更多的需求方而可以使市场得到扩张，反过来，大量供给方也为需求方提供了更多的选择。在消费互联网"猪也能飞上天"的风口，互联网平台的地位凸显，互联网企业利用平台的先发优势吸引流量做到赢者通吃。也就是说，一旦平台的规模达到某个阈值，就会产生马太效应。大者恒大，少数几个平台形成垄断格局。具体体现：一方面，平台业务量高速增长，平台采用开放聚合模式，对资源的吞吐效率远高于传统的线性价值链；另一方面，平台可以免费提供有价值的业务，如免费创造用户、用户创新等。如果说工业经济依靠生产侧规模经济建立了成本竞争门槛，那么消费互联网则依靠需求侧规模经济建立了用户价值优势。在消费互联网时期，平台成为技术创新的推动者和主导者。传统零售行业越脆弱，就越能显示出消费互联网在零售领域的创造性。

经过了十来年的飞速发展，消费互联网的渗透从过去的快速上升态势到如今的缓慢增长态势，发展已经逐渐趋于稳定。据数据统计，2020 年中国网民规模为 9.89 亿人，中国网民总体规模已占全球网民的 1/5，同比增速下滑至个位数，用户数和用户活跃度进一步提高的空间极其有限。

为应对消费互联网进一步增长乏力的新局面，互联网巨头纷纷从面向个人消费者业务（to C）向面向行业业务（to B）转型。随着"互联网+"的深化发展，互联网企业逐渐向以工业为代表的传统产业渗透，同时传统产业开始主动拥抱互联网即"+互联网"。在这两股力量的共同推动下，互联网由上半场的消费互联网进入下半场的产业互联网。其实无论是"互联网+"还是"+互联网"，都属于传统产业与互联网从数据流通到商业模式的深度融合，只不过前者站在互联网企业的角度以互联网企业为主体向传统产业进行渗透，而后者站在传统产业的角度以传统产业为主体接纳互联网思维来革新自己的管理方式和商业模式。例如，阿里巴巴正依托阿里云将发展重心从服务消费者逐步转向服务各行业企业。2018 年，腾讯宣布要"扎根消费互联网，拥抱产业互联网"。比较而言，美国通往产业互联网的推动者主要是产业实体，如通用电气和英特尔。而在中国产业互联网发展的进程中，虽然也有专注于 to B 的企业，但是互联网公司和资本方是主要的发起者，这一点与国外存在明显差异。

产业互联网的服务提供商大致可以分为 3 类。

第一类是互联网企业。例如，腾讯将自身的定位从面向消费者的"一站式生活平台"转变为面向传统产业的"各行业最贴心的数字化助手"。互联网企业的优势在于掌握先进的生产要素并在实践上领先一步，劣势是欠缺服务企业客户的经验，缺乏把要素转化为传统企业生产力的能力。从有利的方面来说，掌握数字化技术、资本、用户、品牌的互联网企业，能够对舆论、消费者和政策产生较大的影响力，无疑是产业互联网发展浪潮中最活跃的力量。腾讯著名的"半条命"理论认为，腾讯只有半条命，另外半条命交给合作伙伴，腾讯必须奋力而为。如果将这个理论应用到产业互联网，则"半条命"代表要帮助传统产业成长为产业互联网生态体系中的一员。从不利的方面来说，我国的互联网企业在"猪也能飞上天"的风口下迅速膨胀，大多带有消费互联网的强大惯性，热衷做低附加值的外包业务，主要商业模式是按人头计费，还沉浸在消费互联网时代以我为主的风光之中，并未做好转向产业互联网、服务行业客户的准备。

第二类是以 IBM 等为代表的 IT 企业。IT 企业在服务企业客户的过程中积累了丰富的技术经验和深厚的行业认知，更贴近企业客户的实践需求。然而在互联网方面相对逊色，缺乏相应的生产要素和商业运作经验。

第三类是由客户分化或转型而来的企业。传统企业有可能在接受服务的过程中有所觉悟而设立相应的部门，进而进化为服务商。此类服务商有海尔、徐工、富士康、三一重工等，它们有可能因自身拥有深厚的从业经验而为同行提供更有针对性的服务，也有可能独立于互联网企业自发地完成转型过程。它们是传统企业中的佼佼者，在自身顺利转型之后，谋求对其他传统企业输出经验。虽有观点认为，平台化输出是传统企业数字化转型的战略误区，但是总体而言，和互联网企业一样，具备条件的传统企业完全可以充当先进要素扩散的推手。

产业互联网建设的专用性强，容易形成像物联网那样的碎片化和烟囱式应用，如果是以互联网企业为主体进行建设的，则往往要求对行业特点具有深刻的理解。另外，产业互联网的资本回收缺乏规模效应，而且投资回报周期长，对社会资本缺乏吸引力，技术上往往必须具备更低的时延、更高的可靠性和安全性，才能满足实际生产的需要。受限于这些因素，潜在的客户、服务商和投资方往往会受阻观望，产业互联网或"互联网+"的推进速度远远比不上当初消费互联网的发展速度。

在英文中"产业"与"工业"是同一个单词（Industry），并且产业互联网的最初应用主要集中在工业领域，所以早期中文文献中产业互联网也经常被译为工业互联网。后来工业互联网概念与德国的"工业 4.0"概念相融合，逐步成为各种政府文件和学术文献中的通用概念。

消费互联网与工业互联网的对比如图 10-1 所示。

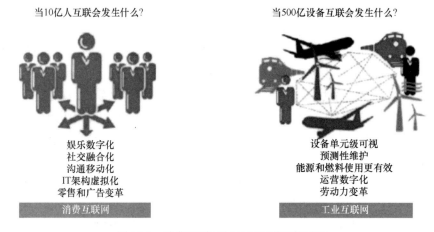

图 10-1　消费互联网与工业互联网的对比

10.1.2　工业互联网的起源与历程

众所周知，工业互联网的概念起源于 2014 年 3 月由美国通用电气（GE）联合 AT&T、思科、IBM 和英特尔发起成立的工业互联网联盟（Industrial Internet Consortium，IIC）。

GE 关于"工业互联"的初始想法开始于 2009 年的国际金融危机期间，当时 GE 发现工业客户开始将更多的注意力从"提高生产力"转向了"提高利润率"。那么，升级"工业网络"就是一个必要和可行的解决方案。任何机器设备都有一定的物理极限，即不论怎么挖掘机器设备的性能潜力，总有一个极限。可是，如果将各种机器设备纳入一个高效畅通的信息网络，机器之间有了信息交互能力，就能在整体上优化运营效率。对于工厂、航空公司或能源工业来说，利润很大程度上源于运营效率。这就像人脑中的神经细胞，细胞体能单独做的事情是非常有限的，但是数量巨大的细胞体和神经纤维，构建了一个复杂、高效的神经元系统，细胞体之间有了复杂的交互性，就能赋予人脑无与伦比的强大智能。

GE 下大力气推动的"工业互联网"，其实就是传统工业网络的全面升级，核心价值集中体现在两个方面：一是联网节点数量的大量增长，GE 遍布全球的航空发动机、大型医疗设备都要纳入同一个网络，而且利用目前商业互联网成熟的基础设施和技术，就能低成本实现大范围的信息交互；二是构建"云端"的数据分析系统，对各网络节点（每台联网的机器设备都是一个网络节点）发来的海量工业数据进行深度分析和决策，然后将高价值的信息提炼出来，服务于工业客户。

2011 年，来自思科（CISCO）的比尔·鲁赫开始接管 GE 的工业互联网战略业务，比尔·鲁赫认为，工业生产领域已将物理学原理发挥到了极致，只靠升级设备已不足以支持生产效率再提高 1%。"通过智能机器间的连接并最终将人机连接，结合软件和大数据分析，我们才可以突破物理和材料科学的限制，改变世界的运行方式。云计算和大数据正大幅驱动向工业互联网的商业转型，工业互联网的核心在于机器可以智能互联，我们可以用软件分析其中的数据，以促进生产率革命。"这些认知，已经非常契合工业互联网的内在本质。

2012 年，GE 提出一份报告——《工业互联网：突破智慧与机器的界限》，这里面算了一笔账：假设将燃气发电厂的效率提高 1%，就可以在全球范围内节省 660 亿美元的燃油；假设在铁路运营上节约 1% 的成本，每年就可以节省 56 亿美元；如果将石油天然气勘探开发的资本利用率提高 1%，则每年将减少近 900 亿美元的资本支出；如果全球航空业能节省 1% 的燃料，则将节约超过 300 亿美元；如果医疗行业效率提高 1%，就会帮助全球医疗行业节约 630 亿美元。仅仅在铁路、航空、医疗、电力、石油天然气这 5 个领域做出 1% 的提升，就可以减少数千亿美元的支出。

2012 年，GE 强调"要建立一个开放、全球化的网络，将人、数据和机器连接起来"。这一表述在 2015 年发生了一点变化，"软件分析"被加了进去，另外"机器"前面加了"智能"二字。GE 工业互联网收获的早期成果，就是建立了更广泛的"网络连接"，通过发掘"数据价值"，构建一个高效运行的资产性能管理（APM）系统。

2013 年 6 月，在整合智能机器、传感器和高级分析功能的基础上，GE 推出了第一个大数据与分析平台，夯实了资产性能管理系统高效运行的基础。2014 年 10 月 10 日，GE 正式对外宣布与 Verizon、思科、英特尔缔结"物联网同盟"，打造一个 Predix 平台。

GE 赋予 Predix 平台的最大价值是"兼容和开放"。只要愿意共享数据，GE 就提供更好的信息和软件服务，客户可以通过购买或订阅 GE 的云操作系统，获取 Predix 平台服务。Predix 作为 GE 管理其工业互联网解决方案的操作系统平台，正式完全开源开放给产业界，希望以此吸引更多的企业基于这一平台开发工业互联网应用和解决方案，从而成为业界的事实标准，这很像 Android 的开放平台策略。这样，作为一个完全开放的操作系统平台，Predix 并不局限于 GE 自有的设备与应用，而是面向所有的工业企业，它们都可以利用 Predix 开发和共享各种专业应用。2015 年，GE 进行了组织架构调整，将公司内所有的数字化职能部门整合为一个统一的数字化业务部门——GE 数字部门（GE Digital），以提升效率，为客户及投资者创造更大的价值。2015 年，GE 已经可以每天监控和分析 5000 万个数据点，它们来自 1000 万个传感器，传感器所属的设备管理资产总值达 10000 亿美元。

10.1.3　各国先进制造战略发展背景

世界主要国家抢抓"再工业化"与信息化交汇的重要机遇，纷纷出台先进制造相关战略，着力形成多层次、全方位的政策推进机制，系统促进新兴技术创新和应用推广，加快推动制造业数字化转型，抢占新工业革命制高点。

1. 美国先进制造伙伴计划

由于信息产业的发展、人力成本的提高、服务业的兴起等因素导致产业格局变化，美国的传统制造业持续衰退，被称为去工业化。近几年的金融危机使美国重新意识到虚拟经济带来的弊端和传统制造业的重要性。美国政府认为以新一代信息技术为基石的先进制造业是推动国家未来经济发展的引擎。自 2008 年国际金融危机以来，美国持续推出先进制造业战略行动，被称为"再工业化"，旨在鼓励创新，高度重视、充分发挥信息技术优势，积极探索制造业与互联网等信息技术融合创新发展路径，强化创新驱动的前沿引领优势，利用信息互联技术与物理设施的融合，如信息物理系统（CPS），塑造新的制造产业链，重塑工业格局，确保美国在先进制造业的领导地位。美国通过"制造业复兴法案"，先后出台《先进制造伙伴关系（AMP）计划》《先进制造业战略计划》《国家制造业创新网络计划》等计划。其中，《先进制造伙伴关系（AMP）计划》包括 2011 年发布的《确保美国在先进制造业的领导地位》、2012 年发布的《获取先进制造业国内竞争优势》和 2014 年发布的《加速美国先进制造业发展》。2018 年 10 月 5 日，美国又发布《美国先进制造业领导力战略》，开发和转化涵盖半导体、人工智能、先进材料、工业机器人、数字制造等在内的新型制造技术，加快以工业互联网为关键支撑的先进制造业发展。美国国防部牵头成立数字制造与设计创新中心（DMDII），通过制定标准，建设测试平台，开发新型软件工具、模型和生产方法，拓展人工智能、区块链等新兴技术应用，重点支持先进制造工厂、智能机器、先进分析、信息物理系统安全等相关技术的研发与产业化。

　　美国的《先进制造伙伴关系（AMP）计划》规划了三大支柱。①加快创新。因为未来制造业将迎来智能化、网络化、互联化，技术创新是实现未来制造的助推器。美国要保持制造业领导者的地位就必须依赖创新才可以实现。②确保人才输送。人才历来是保障国家创新能力的关键要素，而美国存在优秀人才不愿意进入制造业的情况，因此保证人才输送将是实现工业创新的关键。③改善商业环境。美国市场是一个充满竞争的资本主义市场，美国一直以本国市场化的商业环境为骄傲，为保证未来的美国制造，自然会格外重视商业环境的改善。《先进制造伙伴关系（AMP）计划》还将制造业中的先进传感技术、先进控制技术和平台系统，虚拟化、信息化和数字制造，先进材料制造等技术列为三大优先领域。

2．德国工业 4.0

　　德国政府强调，当今最重要的颠覆式创新是数字化。近年来，德国持续升级相关战略计划，为智能制造的体系化建设和持续性推进提供政策保障，大力支持工业 4.0（被誉为第四次工业革命），保持和扩大制造业高端竞争优势。2006 年，德国政府发布了首个《德国高技术战略》，2010 年又发布了新的《德国 2020 高技术创新战略》。在 2011 年举办的汉诺威工业博览会上，德国政府正式推出了工业 4.0 概念。2013 年，德国发布了《保障德国制造业的未来——关于实施"工业 4.0"战略的建议》《"工业 4.0"标准化路线图》。随后，德国又相继发布《新高科技战略（3.0）》《数字议程（2014—2017）》《数字化战略 2025》《国家工业战略 2030》等，将 CPS 作为工业 4.0 的核心技术，并在标准制定、技术研发、验证测试平台建设等方面做出了一系列的战略部署。2019 年，德国《国家工业战略 2030（草案）》指出，机器与工业 4.0 是极其重要的突破性技术，机器构成的真实世界和互联网构成的虚拟世界之间的区分正在消失，工业中应用物联网技术逐渐成为标配，这一变化才刚刚开始；明确提出将机器与工业 4.0 作为数字化发展的颠覆性创新技术加速推动，通过政府直接干预等手段确保掌握新技术，保证在竞争中处于领先地位。德国联邦教育与研究部累计拨付上亿欧元经费支持工业 4.0 技术研发项目，德国联邦经济与能源部出资 5600 万欧元建立 10 个中小企业数字化能力中心。德国地方政府也积极筹措配套资金加大工业 4.0 落地。

　　德国工业 4.0 规划可以简单概括为"一个核心""二重战略""三大集成"，具体内容如下。

　　（1）一个核心。

　　德国工业 4.0 的核心是"智能+网络化"，即通过信息物理系统（CPS），构建智能工厂，实现智能制造。CPS 建立在信息通信技术（ICT）高速发展的基础上，通过大量部署各类传感元件实现信息的大量采集，将 IT 控件小型化与自主化，然后将其嵌入各类制造设备从而实现设备的智能化；依托日新月异的通信技术达到数据的高速与无差错传输；无论是后台的控制设备，还是在前端嵌入制造设备的 IT 控件，都可以通过人工开发的软件系统进行数据处理与指令发送，从而达到生产过程的智能化及方便人工实时控制的目的。

（2）二重战略。

基于 CPS，德国工业 4.0 通过采用二重战略来增强德国制造业的竞争力。一是"领先的供应商战略"，关注生产领域，要求德国的装备制造商必须遵循工业 4.0 的理念，将先进的技术、完善的解决方案与传统的生产技术相结合，生产出具备"智能"与乐于"交流"的生产设备，为德国的制造业增添活力，实现"德国制造"质的飞跃。该战略注重吸引中小企业的参与，希望它们不仅成为"智能生产"的使用者，也能化身为"智能生产"设备的供应者。二是"领先的市场战略"，强调整个德国国内制造业市场的有效整合，构建遍布德国不同地区、涉及所有行业、涵盖各种规模企业的高速互联网络是实现这一战略的关键。通过这一网络，德国的各类企业能够实现快速的信息共享，最终达成有效的分工合作。在此基础上，生产工艺可以重新定义与进一步细化，从而实现更专业化的生产，提高德国制造业的生产效率。除生产外，商业企业也能与生产单位无缝衔接，进一步拉近德国制造企业与其国内市场和世界市场之间的距离。

（3）三大集成。

具体实施需要三大集成的支撑：关注产品的生产过程，力求在智能工厂内通过联网解决生产联通性问题，达成纵向集成；关注产品整个生命周期的不同阶段，包括设计与开发、安排生产计划、管控生产过程及产品的售后维护等，实现各不同阶段之间的信息共享，从而达成端到端集成；关注全社会价值网络的实现，从产品的研究、开发与应用拓展至建立标准化策略、提高社会分工合作的有效性、探索新的商业模式、考虑社会的可持续发展等，从而达成横向集成。

德国工业 4.0 所追求的就是在企业内部实现所有环节信息的无缝衔接，这是所有智能化的基础。纵向集成主要解决企业内部的集成，即解决信息孤岛问题，解决信息网络与物理设备之间的联通问题。横向集成是企业之间通过价值链及信息网络实现的一种资源整合，是为了实现各企业间的无缝合作提供的实时产品与服务，推动企业间研产供销、经营管理与生产控制、业务与财务全流程的无缝衔接和综合集成，实现产品开发、生产制造、经营管理等在不同企业间的信息共享和业务协同。横向集成主要实现企业与企业之间、企业与售出产品之间（车联网等）的协同，将企业内部的业务信息向企业以外的供应商、经销商、用户进行延伸，实现人与人、人与系统、人与设备之间的集成，从而形成一个智能的虚拟企业网络。端到端集成就是围绕产品全生命周期的集成，流程从一个端点到另一个端点是连贯的，不会出现局部流程、片段流程，没有断点。从企业层面来看，ERP 系统、PDM 系统、组织、设备、生产线、供应商、经销商、用户、产品使用现场等围绕整个产品生命周期价值链上的管理和服务都是 CPS 网络需要连接的端点。端到端集成就是把所有该连接的端点都集成互联起来，通过价值链上不同企业资源的整合，实现从产品设计、生产制造到物流配送、使用维护的产品全生命周期的管理和服务，它以产品价值链创造集成供应商、制造商、分销商及客户信息流、物流和资金流，在为客户提供更有价值的产品和服务的同时，重构产业链各环节的价值体系。

ICT 的不断发展，为三大集成的可实现性提供了保证。相关的技术主要包括以下方面。一是机器到机器（M2M）通信技术，用于终端设备之间的数据交换。M2M 通信技术的发展，使得制造设备之间能够主动地进行通信，配合预先安装在制造设备内部的嵌入式软硬件系统实现生产过程的智能化。二是物联网技术，其应用范围超越了单纯的机器对机器通信，将整个社会的人与物连接成一个巨大的网络。三是各类应用软件，包括实现企业系统化管理的企业资源计划系统、产品生命周期管理系统、供应链管理系统等，这些系统在德国工业 4.0 中进一步发挥协同作用，成为企业进行智能化生产和管理的利器。

在制造业自动化领先的基础上，以西门子、SAP 等为代表的德国企业不断强化信息技术应用，加快数字化工业布局。西门子将工业互联网平台作为数字化转型的关键杠杆，2017 年数字化业务收入超过 140 亿欧元。从 2007 年开始，西门子在数字化领域开展了一系列并购，致力于实现信息系统与自动化控制系统的集成。西门子在"公司愿景 2020+"中，明确将数字化工业作为未来三大业务方向之一，联合库卡、费斯托、艾森曼等 18 家合作伙伴共同创建"MindSphere World"，打造 Mindsphere 平台生态系统。最新发布 MindSphere 平台 3.0 版本，强化工业 App 开发与应用服务能力，通过大数据分析做出性能数字孪生产品，优化产品设计，实现闭环生产。博世融合 Eclipse 开源组织，打造从数字孪生到嵌入式编程的边缘开放生态，博世 IoT 平台集成了 10 余种工业协议，基于模块化 OSGi 架构，下发至网关设备上进行灵活配置。软件企业 SAP 在 HANA 平台的基础上，进一步推出涵盖边缘计算、大数据处理与应用开发功能的 Leonardo 平台，通过数字孪生网络，横跨企业研发、生产、供应、销售、服务全价值链，连接产业链利益相关方，在物联网、数字孪生、企业资产管理、数字化实时工厂、机器学习、区块链透明交易六大领域，支持企业全方位的数字化转型。装备企业库卡推出一系列产品布局智能生产，基于 KUKA Connect 云平台，客户能够随时随地访问自己的 KUKA 机器人，运用大数据和云计算技术进行预测分析，持续提高生产率、质量和灵活性。

法国、英国、日本等发达国家均发布了制造业数字化转型及工业互联网发展计划，并成立了由产学研用各方组成的跨部门、跨领域统筹机构，协调相关推进工作。日本经济产业省在 2018 年 5 月设立数字化转型研究组，讨论数字化转型面临的挑战和应对措施，同年 6 月发布《日本制造业白皮书》，进一步明确"互联工业"战略，依托工业价值链促进会（IVI）等组织，汇聚丰田、三菱、日立等一大批知名企业，共同推动智能制造应用落地。

10.2　GE 和 IIC 的工业互联网发展困局

10.2.1　GE 工业互联网的兴起与挫折

GE 2012 年开始提出工业互联网概念，之后倡议组建工业互联网联盟，并投入重金招募上千名研发人员，直到工业互联网概念在中国爆发，GE 一时间成为国人心中工业互联网的代名词、风向标和朝圣对象，从而风光无限。

GE Digital 的业务发展规划看起来还是比较稳健的，遵循"三步走"的发展策略，即 GE 服务 GE（GE For GE）、GE 服务客户（GE For Customers）和 GE 服务世界（GE For World）。基于 GE 自身在复杂工业设备生产制造领域的深厚积累，前两步实现起来相对容易，但第三步要困难很多。

为了减少不必要的维护成本及避免影响航空公司正常运营，早在 2005 年，GE 就在飞机上安装了传感器，实时采集飞机的各种参数，通过大数据分析技术为航空公司提供运维管理、能力保证、运营优化和财务计划的整套解决方案。例如，其为意大利航空的每架飞机都安装了数百个传感器，实时采集发动机的运转情况、温度和耗油量等数据，仅此一项，当年意大利航空 145 架飞机就节约了 1500 万美元的燃油成本，并能做出预测性维护。后来，这种安装在航空发动机上的传感器数量增加到了 1000 多个，越来越多的数据被采集，于是销售航空发动机的业务，逐渐变成了销售"产品+服务+维护+其他增值项"。基于工业要素的互联互通，促使新技术、新模式、新业务被逐渐开发出来。

GE 提出工业互联网概念是希望通过工业设备与 IT 的融合，将高性能设备、低成本传感器、互联网、大数据收集及分析技术等要素有机组合，大幅提高现有产业的效率并创造新产业。GE 在 2012 年 11 月发布的《工业互联网：打破智慧与机器的边界》报告中重点讨论了"旋转设备"。GE 在报告中预测全球将有相当规模的旋转设备需求，这些旋转设备都可以通过类似航空发动机的机理进行连接、采集、分析、优化，这是非常庞大的市场。GE 重点分析旋转设备的原因有两个：一是 GE 的航空发动机、燃气轮机等大部分产品是旋转设备，GE 自身具有丰富的行业知识，可以对这些产品提供增值的智能服务；二是旋转设备做数据采集、预测性维护等相对比较容易，也是最容易形成的新商业模式。按照此思路，GE 应用在自身产品上的工业互联网经验可以很好地推广到风电、空气压缩机、盾构机等不同行业的旋转设备上，市场容量足够大。GE 的认知相当超前和精准，事实上也确实取得了一定的成果。

一时间良好的发展态势让时任 CEO 的伊梅尔特面对全球工业界喊出了一句响亮的口号："GE 昨天还是一家制造业公司，一觉醒来就已经成为一家软件和数据公司了。"GE 进一步设想，"如果工业互联网能够使生产率每年提高 1%~1.5%，那么未来它可能使美国人的平均收入提高 25%~40%；如果世界其他地区能确保实现美国生产率增长的一半，那么工业互联网在此期间会为全球 GDP 增加 10 万亿~15 万亿美元"。2014 年 4 月，工业互联网联盟成立，在美国政府提出的"再工业化战略"背景的加持下，其希望通过新的技术、标准、商业模式来"重新定义制造业"。2015 年 4 月，GE 宣布将在未来两年内剥离旗下价值 3630 亿美元的大部分金融业务，全身心投入高端制造业。2016 年 3 月，伊梅尔特明确将 GE 称为"数字工业公司"，并将工业物联网（IIoT）作为企业的转型方向。可是一年以后，GE 的转型成效尚未完全显现，力挺工业互联网的伊梅尔特黯然退休。2017 年，GE 甚至遭遇史无前例的巨大亏损，股价腰斩，以致在第二年通用电气股票被剔除出道琼斯工业指数（DJIA），这是 GE 110 年以来的第一次。2017 年 8 月，GE 新任 CEO 开始进行一系列改革，不断出售非核心业务以改善经营。2017 年 9 月，GE 的工业解决方案业务被卖给 ABB。

工业互联网平台的逻辑并不复杂，就是收集数据、分析、反馈、执行、创造效益。但在具体执行中，两个环节能否做好甚为关键：第一，面对复杂多样的工业现场总线协议，数据并非像消费互联网一样容易获取，如何做好连接层至关重要，它既需要必要的传感器、通信设备，又需要相应的软件开发；第二，要满足平台快速部署、方便易用、有便于开发的模块、能将通用功能快速复制、尽快在工厂落地等需求，要满足这些需求，既需要了解工厂需求，也需要平台的设计和开发能力。简单来说，工业互联网是纵向垂直的，其将行业深度经验转化为有用的知识和数据。因此，工业互联网中的工业软件需要深厚的工业知识积累，这是一个长期沉淀打磨的过程，不可能一蹴而就。工业互联网的关键是行业知识的数字化。工业领域的数字化更看重垂直的行业知识，而非水平的通用平台。在工业互联网发展的过程中，GE 缺少对跨行业工业知识的足够准备，缺少对工业软件的系统规划，忽视了行业工业知识的难度，忽略了从自身熟悉的"旋转设备"做起的初衷，转向了遍地开花的多元化设备，并希望能就此"重新定义制造业"。但是，工业过程完全不像消费互联网那样可以在服务领域快速部署和爆发式增长。工业的基本物理属性决定了它恰恰是需要慢、需要渐进、需要稳行的。工业要遵循基本的物理定律和发展规律，不可能在"+互联网"或"互联网+"之后就能够突然拔地而起并青云直上。GE 作为工业公司，在其有积累的领域，则希望利用行业知识和软件开发能力，开发出符合用户需求的软件产品；而在其不熟悉的领域，可以通过 Predix 平台吸引第三方开发者来开发，并合作将产品卖给有需求的用户。正是由于工业企业的核心在于行业知识，普通的第三方开发者不具备开发核心工艺相关软件的能力，只能开发通用功能软件；而具备开发核心工艺相关软件能力的企业，因为担心有泄密风险，并不愿意在第三方平台上开发。

在 GE 向其他行业推进 Predix 平台业务的过程中，因为期望太高，导致工业互联网项目难以落地，难以像之前那样为客户创造显著的商业价值，工业互联网平台 Predix 也从始至终都没有带来预期的营业收入。GE 的工业互联网发展困局说明，工业互联网毕竟不同于消费互联网，跨行业工业知识的储备和工业软件的系统规划尤其重要，个别企业很难建立那么"广泛的连接"和"市场的自然垄断"。在消费互联网领域，消费者往往有相同的需求，譬如都关注天气预报等，因此互联网公司追求扩展性和规模化，但工业生产都是垂直化和差异化的，生产手机和生产服装完全不同。在垂直的工业体系中，工业互联网应用也必然是垂直的，工业云平台上的应用软件生态就不如消费互联网那样通用且庞大。一般来说，即便某个工业企业在自身擅长的领域搭建起功能非常强大的平台，但出于核心工艺的敏感性和对数据容易泄露的担忧等原因，其竞争对手也不会使用该平台。

GE 在工业互联网上的挫折与 GE 的业务结构也有关系。工业互联网需要感知、分析、行动 3 个环节，GE 与西门子和 ABB 等老牌工业自动化企业最大的区别在于 GE 没有底层工业控制能力，好比医生诊断出患者得了肺炎，给出了治疗建议，GE 的工作就到此为止，但西门子和 ABB 还能继续实施治疗。这一区别的背后正是业务结构的差别，也就是 ABB 和西门子拥有 GE 所不具备的工业自动化业务。具体而言，在离散工业领域，西门子第一，ABB 第二；在流程工业领域，ABB 第一，西门子第二。硬件业务结构的短板限制了 Predix 平台的客户基础，因为相比 GE 的主营业务，以 PLC 软件为代表的工业自动化产品更加通用，客户基础更广。在数字闭环上，缺乏工业自动化产品意味着 GE 缺少执行部件，需要与其他公司进行合作。

在工业互联网时代，没有哪一家公司能够独自满足客户对工业互联网的全部需求。平台固然重要，但它无法独自为客户创造价值，这意味着工业互联网市场必然比消费互联网市场存在更加复杂的竞合关系。目前的工业互联网市场，既有阿里巴巴和腾讯这类传统的面向消费互联网的互联网公司，也有 PTC 这类传统的独立工业软件公司，此外还有诸如埃森哲和 IBM 这类的兼具软件开发和咨询业务的公司，它们也在以系统集成商的身份介入，但面对工业客户垂直、复杂的业务需求和工业互联网平台之间的残酷竞争，目前还没有出现像 PC 和手机操作系统那样两三个巨头垄断绝大部分市场的局面，工业互联网将会呈现出彼此联合、竞合兼具的态势，未来也不会只有一个或几个平台接管一切，不同的客户可能会使用不同的平台，但是不同平台之间需要逐步做到互相连接和数据交换。

10.2.2 工业互联网联盟的困境与转型

工业互联网联盟的成立旨在发展工业互联网标准化工作，明确工业互联网参考架构模型等理论研究，通过案例收集、测试床测试等工作，推广工业互联网解决方案。在工业互联网联盟的工作基础上，成员单位相继在边缘计算、数字孪生等新兴技术领域深入研究和应用，分别发起成立 OpenFog（雾计算联盟）、DTC（数字孪生体联盟）等组织。2017 年之后，GE 在工业互联网业务经营上开始遇到困难，甚至不得不退出 IIC，这给 IIC

的发展造成了巨大的打击。但好在 IIC 采取的是由一个社团管理机构——美国对象管理组织（OMG）独立运行管理的机制。OMG 迅速进行了调整，采取了 3 项主要措施：第一，开始劝说思科发起雾计算联盟（OpenFog），希望两家联盟报团取暖，合并起来运行；第二，考虑到德国和中国企业希望国际化的意愿，吸纳德国博世和 SAP 成为创始成员，同时还把华为纳入创始成员，期间施耐德电气短暂加入联盟，做了一年的创始成员；第三，加强跟德国、中国和日本的相关组织的标准对接。尽管 2019 年 1 月 OpenFog 被成功合并到 IIC 中，但这些措施并未改变联盟成员信心的持续减弱。随后，德国博世和 SAP 公司决定退出 IIC，而德国的另外一家知名工业企业西门子，甚至自始至终都没有加入 IIC。

工业互联网联盟（IIC）是在 2014 年由 GE 牵头，联合 AT&T、思科、IBM 和英特尔发起成立的。但自 2017 年起，随着 GE 的退出，工业互联网联盟逐渐进入下坡路，在技术理论体系构建、标准化研究和对接、实施方案供给、应对国际竞争等方面均困难重重。到目前为止，上述 5 家发起单位已全部退出了工业互联网联盟。目前该联盟的首批成员只剩下 EMC、华为和普渡大学（工程学院），成员单位为 158 家。这两年中美两国的科技战，进一步导致了工业互联网联盟不再具有太大的价值。工业互联网联盟在后续推进和维持方面，将面临严峻的挑战。

2021 年 8 月 18 日，工业互联网联盟向物联网进行全面转型，在网站上将其名称改为工业物联网联盟（Industrial IoT Consortium），其缩写 IIC 保持不变，并发布了《工业物联网网络框架》（IINF），详细描述了网络需求、技术、标准和解决方案，协助支持工业物联网和相关垂直行业的各种应用和部署。IINF 包含来自多个工业行业的用例（智能工厂、采矿、石油和天然气及智能电网等），深入介绍了网络技术和标准以帮助企业满足其技术要求。未来，工业互联网联盟将为设计和开发工业物联网（IIoT）的解决方案提供咨询和指导。

10.3　物联网支撑中国工业互联网发展

10.3.1　工业互联网相关产业政策

当前，我国经济社会发展正处于新旧动能转换的关键时期，再叠加上国际政治关系及疫情因素的影响，经济下行压力增大。作为在国民经济中占据绝对主体地位的工业经济同样面临着全新的挑战与机遇。近年来我国工业产业增加值的增长幅度正逐渐趋缓，压缩式的加速工业化使得我国工业面临着高投入、高能耗、高污染、低效益等问题，严重制约了工业经济高质量发展。纵观世界经济发展史，在一个国家的初级生产要素优势丧失后，能否依靠知识和技术等高级生产要素发展工业是避免该国掉入"中等收入陷阱"的关键。在此背景下，我国将工业互联网纳入新型基础设施建设范畴，以希望把握住新一轮的科技革命和产业革命，推进工业领域实体经济数字化、网络化、智能化转型，赋能中国工业经济实现高质量发展。

我国的工业与信息化融合工作主要是以围绕"两化融合""互联网+制造业"及智能制造来展开的，后来随着美国 GE 公司和工业互联网联盟发展的脚步，我国的"工业互联网"概念得以快速发展。2013 年，工业和信息化部提出"两化融合"促使工业制造业与新一代信息技术深度融合，并颁布一系列政策推动工业互联网的发展。2015 年 7 月发布的《关于积极推进"互联网+"行动的指导意见》，提出"以智能工厂为发展方向，开展智能制造试点示范，加快推动云计算、物联网、智能工业机器人、增材制造等技术在生产过程中的应用，推进生产装备智能化升级、工艺流程改造和基础数据共享"。2017 年11 月，《关于深化"互联网+先进制造业"发展工业互联网的指导意见》正式发布，这是我国最早正式提出发展工业互联网的政府纲领性文件。工业互联网被写入政府工作报告，将其推向了国家战略高度。2019 工业互联网全球峰会在沈阳召开，国家主席习近平致贺信。贺信指出，"当前，全球新一轮科技革命和产业革命加速发展，工业互联网技术不断突破，为各国经济创新发展注入了新动能，也为促进全球产业融合发展提供了新机遇。中国高度重视工业互联网创新发展，愿同国际社会一道，持续提升工业互联网创新能力，推动工业化与信息化在更广范围、更深程度、更高水平上实现融合发展。"

2017 年 11 月，国务院印发《关于深化"互联网+先进制造业"发展工业互联网的指导意见》，提出到 2025 年基本形成具备国际竞争力的基础设施和产业体系，到 2035 年建成国际领先的工业互联网网络基础设施和平台。围绕指导意见，我国工业和信息化部、国家发展改革委等部门陆续在工业互联网网络与平台建设、平台评价、标准化与安全保障等方面展开系列政策顶层设计。2020 年 3 月，工业和信息化部印发《关于推动工业互联网加快发展的通知》，提出加快新型基础设施建设、加快拓展融合创新应用、加快健全安全保障体系、加快壮大创新发展动能、加快完善产业生态布局及加大政策支持力度的发展任务。从工业大数据到工业应用软件（App），从企业上云到工业互联网产业示范基地，中国已经形成较为完整的工业互联网顶层政策体系，指导产业发展。根据中央及各部委出台的政策，我国工业互联网发展主要从以下 4 方面展开。

（1）网络与平台建设。建成工业互联网基础设施和技术产业体系：一是构建工业互联网标识解析体系，建设满足试验和商用需求的工业互联网企业外网和内网标杆网络；二是建成集成网络技术创新、标准研制、测试认证、应用示范、产业促进、国际合作等功能的开放公共服务平台及工业互联网网络实验环境；三是培育工业互联网平台，建设跨行业跨领域工业互联网平台与面向特定行业、特定区域的企业级工业互联网平台；四是建设工业互联网平台生态，推动工业互联网平台试验测试体系、开发者社区及新型服务体系建设。

（2）平台评价。为规范和促进我国工业互联网平台发展，支撑工业互联网平台评价与遴选工作的开展，主要提出 4 方面的规范。一是明确工业互联网平台资源管理、工业操作系统能力、平台基础技术、投入产出效益 4 方面基础共性能力要求。二是明确设备接入、软件部署和用户覆盖 3 方面特定行业平台要求。三是特定领域平台方面，对关键数据打通、关键领域优化构建两方面进行要求说明。四是特定区域平台方面，明确地方合作、资源协同、规模推广 3 方面要求。五是跨行业跨领域平台方面，规范建设工业互联网具有跨行业、跨领域、跨区域的能力，确保可开放运营、安全可靠性能。

（3）标准化与安全保障。标准化方面，建立工业互联网平台标准体系，制定平台参考架构、技术框架等基础共性标准，边缘计算、平台开放接口等关键技术标准，以及行业平台应用标准。工业互联网安全保障方面，建立监督检查、信息共享和通报、应急处置等安全管理制度，建成国家工业互联网安全技术保障平台、基础资源库和安全测试验证环境，在汽车、电子信息、航空航天、能源等重点领域，形成创新实用的安全产品、解决方案的试点示范。

（4）项目推进。为提升产业融合创新水平，国家发展改革委提出推进“互联网+”行动，加强 5G、工业互联网等新型基础设施建设，加快改造传统产业，促进平台经济、共享经济持续健康发展。科技部开展“网络协同制造和智能工厂”重点专项，提出创建网络协同制造支撑平台，培育示范效应强的智慧企业。试点示范方面，工业和信息化部开展工业互联网试点示范项目，围绕网络化改造集成创新应用、标识解析集成创新应用、“5G+工业互联网”集成创新应用、平台集成创新应用、安全集成创新应用五大方向，遴选出智慧机械制造、智慧港口等 81 个工业互联网试点示范项目，进行试点先行、示范引领。

此外，工业和信息化部印发《“5G+工业互联网”512 工程推进方案》，提出加强“5G+工业互联网”技术标准攻关、加快融合产品研发和产业化、加快网络技术和产品部署实施、打造 5 个内网建设改造公共服务平台、遴选 10 个重点行业、挖掘 20 个典型应用场景、建设测试床、打造项目库、培育解决方案供应商、构建供给资源池 10 项重点任务。

10.3.2　工业互联网的技术体系架构

工业互联网通过系统构建网络、平台、安全三大功能体系（见图 10-2），形成人、机、物的全面互联，实现全要素、全产业链、全价值链的互联互通，是新一代信息通信技术与工业经济和系统全方位深度融合的全新工业生态、关键基础设施和新型应用模式，工业互联网的发展将推动形成全新的工业生产制造和服务体系。作为以数字化、网络化、智能化为主要特征的新工业革命下的新型基础设施，工业互联网的本质是数据的流动、分析和再造，是工业智能化发展的核心信息基础设施，也是实现产业数字化转型的关键支撑和重要途径。

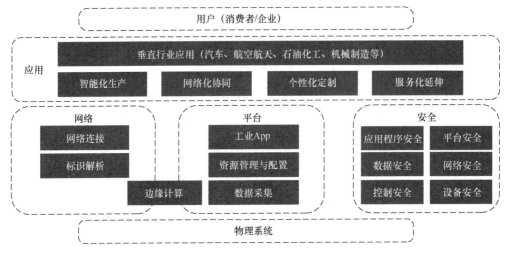

图 10-2　工业互联网的体系架构

1. 网络体系

　　工业互联网的网络体系作为工业互联网三大功能体系之一，为工业全要素的全面互联提供基础设施，促进各种工业数据的充分流动和无缝集成。工业互联网的网络其实也就是工业物联网的网络连接，它将连接对象延伸到人、机器设备、工业产品和工业服务，是实现全产业链、全价值链的资源要素互联互通的基础。网络性能需满足实际使用场景下低时延、高可靠、广覆盖的需求，既要保证高效率的数据传输，也要兼顾工业级的稳健性和可靠性。2017 年 11 月，国务院在《关于深化"互联网+先进制造业"发展工业互联网的指导意见》中，将"夯实网络基础"作为主要任务之一，提出大力推动工业企业内外网建设。

　　（1）网络连接。

　　工业互联网的网络连接包括网络互联和数据互通两个层次的内容。其中，网络互联包括工厂内网络和工厂外网络。

　　工厂内网络用于连接工厂内的各种要素，如人员（生产人员、设计人员、外部人员等）、机器（装备、办公设备等）、材料（原材料、在制品、制成品等）、环境（仪表、监测设备等）等，都通过工厂内网络与企业数据中心及应用系统互联，支撑工厂内的业务应用。在智能工厂内，一方面，工厂的数字化、网络化演进要求很多已有业务流程的数字化由相应的网络来承载；另一方面，引入了自动导引运输车（AGV）、机器人、移动手持设备等大量新的联网设备和资产性能管理、预测性维护、人员/物料定位等大量新的业务流程，这些新的业务流程和联网设备都对网络产生新的需求，从而促使工厂内传统的生产网络和办公网络需要相应地进行调整。由于工厂内网络所连接的工厂要素的多样化，边缘接入网络呈现为类型多样化：根据业务需求可以是工业控制网络、办公网络、监控网络、定位网络等；根据实时性需求可以是实时网络、非实时网络；根据传输介质可以是有线网络、无线网络；根据采用的通信技术可以是现场总线、工业以太网、通用以太网、无线局域网、蜂窝网络等。网络连接的范围可能是车间、办公楼或仓库等。工业企业可以综合考虑业务需求及成本，选择合适的技术部署相应的边缘接入网络。车间、办公楼、仓库与工厂内云平台/数据中心等之间通过高带宽、高速率的 3 层网络进行互联，根据企业规模的大小，连接可能需要路由器集群，也可能仅需要一两台骨干路由器。

工厂外网络用于连接智能工厂、分支机构、上下游协作企业、工业云数据中心、智能产品与用户等主体。智能工厂内的数据中心和应用系统通过工厂外网络与工厂外的工业云数据中心互联。分支机构/协作企业、用户、智能产品也根据配置，通过工厂外网络，连接到工业云数据中心或企业数据中心。工业互联网中的数据互通实现数据和信息在各要素间、各系统间的无缝传递，使异构系统在数据层面能相互"理解"，从而进行数据互操作与信息集成。工业互联网要求打破信息孤岛，实现数据的跨系统互通和融合分析。因此数据互通的连接层，一方面支撑各种工厂要素、出厂产品等产生的底层数据，向数据中心的汇聚；另一方面，为上层应用提供对多源异构系统数据的访问接口，支撑工业应用的快速开发与部署。从工业企业发展不同业务的需求角度看，工厂外网络主要分为 3 种专线和 1 种上网连接，专线实现有服务质量保障的联网服务，上网连接实现普遍上网服务。其中，上网专线可以实现智能工厂连接到互联网，还可以接受用户或出厂产品通过互联网对智能工厂的访问，这是工业企业基本的专线需求。互联专线可以实现智能工厂与分支机构/上下游企业间安全可靠的互联。对于大中型企业，这是常见的专线需求。上云专线可以实现智能工厂与位于公有云的工业云平台的互联，通常是企业到公有云服务提供商的专线，此类专线需求近年来发展迅速，尤其是随着国家推进"百万企业上云"工程，工业企业对此类专线的需求将尤为强烈。上网连接可以实现出厂产品到互联网的连接，进而与智能工厂或工业云平台互联，这是工业企业实现制造服务化的基础。

（2）标识解析。

工业互联网的标识解析体系是通过条码、二维码、射频识别标签等方式赋予每一个实体物品（产品、零部件、机器设备等）和虚拟资产（模型、算法、工艺等）唯一的身份编码，同时承载相关数据信息，实现全网资源的灵活区分和信息管理，以及实体和虚拟对象的定位、连接和对话的新型基础设施，也是工业企业数据流通、信息交互的关键枢纽。标识解析体系被认为是工业互联网"基础中的基础"，是支撑工业互联网互联互通的神经枢纽，也是驱动工业互联网创新发展的关键核心设施，其作用类似于互联网领域的域名解析系统（DNS）。

工业互联网标识解析体系分为根节点、国家顶级节点、二级节点、企业节点、递归节点 5 个层级（见图 10-3）。全球有多个根结点，每个根多节点都是独立、平等的。每个根节点都是由多组管理者（MPA）来负责的。目前全球共有 10 个 MPA 负责整个 DOA/Handle 根区的共同管理，面向全球范围不同国家、不同地区提供根区数据管理和根解析服务。国家顶级节点是我国范围内最上层的标识服务节点，能够面向全国范围提供融合性顶级标识服务,以及标识备案、标识核验等管理能力。二级节点面向行业提供标识注册和解析服务。工业互联网标识二级节点是工业互联网标识解析体系的中间环节,直接面向行业和企业提供服务。企业节点为特定工业企业提供标识注册和解析服务,并可根据该企业的规模定义工厂内标识解析系统的组网形式及企业内的标识数据格式。公共递归节点是实现公共查询和访问的入口,它是标识解析体系的关键性入口设施,能够通过缓存等技术手段提升整体服务性能。当收到客户端的标识解析请求时,递归节点会首先查看本地缓存是否有查询结果,如果没有,则会通过标识解析服务器返回的应答路径查询,直至最终查询到标识所关联的地址或信息,将其返回给客户端,并将请求结果进行缓存。

在这几类节点中,国家顶级节点是我国工业互联网重要基础服务设施、标识解析体系的核心枢纽,为国内工业互联网发展提供标识注册和解析服务。目前,我国已在武汉、北京、上海、广州、重庆 5 个城市分别建设了 1 个国家顶级节点。二级节点是推动标识产业应用规模性发展的主要抓手,向上对接国家顶级节点,向下对接企业节点及应用系统,担负着承上启下的关键作用。工业互联网标识解析二级节点作为重要网络基础设施建设项目之一,旨在打破信息孤岛,促进工业互联网数据互通,实现数据和信息在各要素间、各系统间的无缝传递,实现"跨企业-跨行业-跨地区-跨国家"标识数据管理和共享。工业互联网标识解析二级节点主要面向行业、企业提供标识解析服务,是衔接国家顶级节点和企业的重要枢纽,是工业互联网标识解析的重要组成部分。

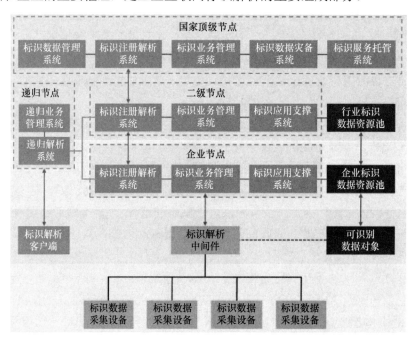

图 10-3　工业互联网标识体系架构(不显示根节点)

从上述内容可知，工业互联网的网络连接涉及工厂内外的多要素、多主体间的不同技术领域，影响范围大，可选技术多。目前，在工业领域已广泛存在各种网络和连接技术，这些技术分别针对工业领域的特定场景进行设计，并在特定场景下发挥巨大作用和性能优势，但在数据的互操作和无缝集成方面，往往不能满足工业互联网新业务、新模式日益发展的需求。因此，工业互联网的网络连接将向着进一步促进系统间的互联互通方向发展，从孤立的系统/网络中解放数据，使得数据为行业内及跨行业的应用发挥更大价值。

2．平台体系

工业互联网平台向下连接设备层，向上连接工业优化应用，自身承载汇聚的海量数据和工业经验与知识模型，支撑建模分析和应用开发，定义了工业互联网的中枢功能层级，在驱动工业全要素、全产业链、全价值链深度互联，推动资源优化配置，促进生产制造体系和服务体系重塑中发挥着核心作用，是工业全要素连接的枢纽。从实施角度看，由于工业企业行业的复杂特性，建设跨行业平台具有一定难度，因此可以引入云平台和大数据存储、分析技术，促进企业中各类生产设备、信息系统向云平台迁移，通过云平台实现生产设备、系统、产品和用户之间的信息交互，以及跨企业、跨领域和跨产业各类主体之间的互联。基于 PaaS 层的微服务架构数字化模型能够将大量的工业技术原理、行业知识、工业模型等组件封装成知识库，实现工业知识的显性化、数字化和系统化。工业互联网平台的主要功能是数据建模和分析，利用边缘侧和网络层收集数据，加上 PaaS 层形成的数字化模型，开发面向工业企业、消费者的海量工业 App，提供实时监控、生产管理、能效监控、物流管理等工业互联网应用和服务。基于工业互联网平台的工业模型和微服务组件是平台层的核心组成单元，解决了以往工业知识无法提取、工业经验不能沉淀及对人才过度依赖的难题。

工业互联网平台是面向制造业数字化、网络化、智能化需求，构建基于海量数据采集、汇聚、分析的服务体系，支撑制造资源泛在连接、弹性供给、高效配置的工业云平台，包括边缘、平台（工业 PaaS）、应用三大核心层级（见图 10-4），此外还有 IaaS 层。可以认为，工业互联网平台是工业云平台的延伸发展，其本质是在传统云平台的基础上叠加物联网、大数据、人工智能等新兴技术，构建更精准、实时、高效的数据采集体系，建设包括存储、集成、访问、分析、管理功能的使能平台，实现工业技术、经验、知识模型化、软件化、复用化，以工业 App 的形式为制造企业提供各类创新应用，最终形成资源富集、多方参与、合作共赢、协同演进的制造业生态。

最下面是边缘层，它通过大范围、深层次的数据采集，以及异构数据的协议转换与边缘处理，构建工业互联网平台的数据基础。一是通过各类通信手段接入不同设备、系统和产品，采集海量数据；二是依托协议解析技术实现多源异构数据的归一化和边缘集成；三是利用边缘计算设备实现底层数据的汇聚处理，并实现数据向云端平台的集成。

边缘层通过协议转化和边缘计算形成有效的数据采集体系，从而将物理空间的隐形数据在网络空间显性化。

在边缘层之上是 IaaS 层，其作用是将基础的计算网络存储资源虚拟化，实现基础设施资源池化。

再上面是平台层，它向下对接海量工业装备、仪器、产品，向上支撑工业智能化应用的快速开发和部署，基于通用 PaaS 叠加大数据处理、工业数据分析、工业微服务等创新功能，构建可扩展的开放式云操作系统。一是提供工业数据管理能力，将数据科学与工业机理结合，帮助制造企业构建工业数据分析能力，实现数据价值挖掘；二是把技术、知识、经验等资源固化为可移植、可复用的工业微服务组件库，供开发者调用；三是构建应用开发环境，借助微服务组件和工业应用开发工具，帮助用户快速构建定制化的工业 App。

最上面是应用层，通过应用层可以形成满足不同行业、不同场景的工业 SaaS 和工业 App，形成工业互联网平台的最终价值。一是提供了设计、生产、管理、服务等一系列创新性业务应用。二是构建了良好的工业应用创新环境，使开发者基于平台数据及微服务功能实现应用创新。工业 App 主要以行业用户和第三方开发者为主，行业用户主要是工业垂直领域的厂商，如富士康、中联重科等，第三方开发者主要基于 PaaS 层进行工业 App 的开发，通过调用和封装工业 PaaS 平台上的开放工具，形成面向行业和场景的应用。

除此之外，工业互联网平台还包括涵盖整个工业系统的安全防护体系，构成了工业互联网平台的基础支撑和重要保障。

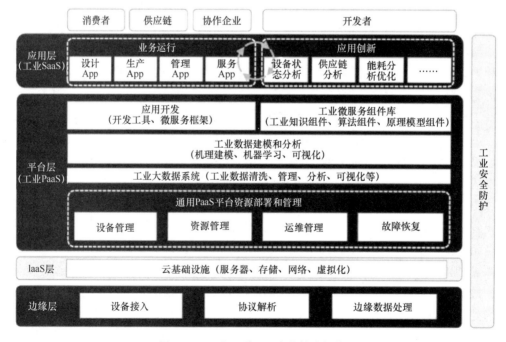

图 10-4　工业互联网平台的技术架构

泛在连接、云化服务、知识积累、应用创新是辨识工业互联网平台的 4 个特征。一是泛在连接，具备对设备、软件、人员等各类生产要素数据的全面采集能力。二是云化服务，实现基于云计算架构的海量数据存储、管理和计算。三是知识积累，能够提供基于工业知识机理的数据分析能力，并实现知识的固化、积累和复用。四是应用创新，能够调用平台功能及资源，提供开放的工业 App 开发环境，实现工业 App 创新应用。

以西门子的 MindSphere 平台为例。MindSphere 是一个开放的生态系统，它可以充分利用世界各地安装的西门子设备（自动化系统、智能仪表和关联产品）及丰富的应用程序接口（API）获取海量数据，并基于自身深厚的行业知识和经验提供数字化服务。MindSphere 平台包括边缘连接层、开发运营层，应用服务层 3 个层级，分别对应 MindConnect、MindCloud、MindApps 3 个核心要素。其中，MindConnect 负责将数据传输到云平台；MindCloud 为用户提供数据分析、应用开发环境及应用开发工具；MindApps 为用户提供集成行业经验和数据分析结果的工业智能应用，譬如结合设备历史数据与实时运行数据，构建数据孪生，及时监控设备运行状态，实现设备的预测性维护，基于现场能耗数据的采集分析对设备生产线等能效使用进行合理规划，优化能源数据管理、提高能源使用效率等。

工业互联网以面向业务应用的工业 App 的开发与应用为实现路径，以基于工业大数据分析的智能系统为发展方向，主要利用数据+模型为企业提供服务，满足企业的管理和需要。目前，国内工业互联网发展面临很多问题，如开发工具不足、行业算法和模型库缺失、模块化组件化能力较弱、工业微服务与工业 App 研发质量不高等。现有通用基础平台尚不能完全满足工业级应用需要，因此要实现工业经济全要素、全产业链、全价值链的全面连接，支撑服务制造业数字化、网络化、智能化转型，实现工业经济高质量发展，一定要加强基础研究部署，加快 5G 工业应用、边缘计算、人工智能等关键技术攻关，大力发展新型工业软件和工业 App 等应用技术。

3．安全体系

随着工业互联网发展迈向实践深耕阶段，安全问题也日益凸显。工业互联网安全保障在工业互联网发展过程中具有非常重要的作用。网络信息安全风险威胁正在从外部的安全向企业内部工业系统和设备延伸，因此工业互联网安全核心技术的研发需要适应当前复杂多变的外部环境攻击。工业互联网的整体防护能力是通过安全体系来实现的，涉及工业互联网领域各环节，是涵盖设备安全、控制安全、网络安全、平台安全和数据安全的工业互联网多层次安全保障体系，通过监测预警、应急响应、检测评估、攻防测试等手段为工业互联网健康稳定的发展保驾护航。随着计算机和网络技术的发展，特别是信息化与工业化深度融合及物联网的快速发展，工业控制系统产品越来越多地采用通用协议、通用硬件和通用软件，以各种方式与互联网等公共网络连接，导致暴露在外网的工业设备和工业漏洞越来越多。从实施角度看，工业互联网安全主要分为设备安全、网络安全、平台安全和数据安全。为了加强工业互联网安全建设，首先自主可控是保障工业互联网安全的关键切入点。加快攻击防护、漏洞挖掘、态势感知、入侵发现、可信芯片等安全产品的研发和技术成果的转化，把技术成果充分应用于工业互联网安全，带动整个网络安全产业的发展。其次，建立健全安全管理制度机制，引导企业建设安全防护能力，形成国家、行业、企业三方协调联动的工业互联网安全格局，建设全生命周期的安全保障体系。最后，建立基于设备边界、策略、特征的安全防护和统一的安全运营平台，通过规则分析、机器学习、智能分析、可视化等技术，为企业的安全运营分析平台提供技术与数据保障。

10.3.3 工业互联网应用的物联网底座

工业互联网不是工业的互联网，也不是互联网+工业，而是工业互联的网。它的目标是把工业生产过程中的人、数据和机器连接起来，使工业生产流程自动化、数字化、网络化和智能化，实现"数据的流通"，提升生产效率，降低生产成本。在这种意义上来说，工业互联网的本质就是工业物联网，这也是美国工业互联网联盟将名称改为工业物联网联盟的原因所在，在国外工业物联网这一名称的接受度比起工业互联网更高，因为它真实体现出工业环境生产要素的泛在连接和无缝集成。GE 最初发展工业互联网的初衷只是将工业革命成果与互联网革命成果进行融合应用，并没有像德国工业 4.0 那样强调基于物联网和服务联网（IoS）进行工业生产过程全要素的连接。但中国目前的工业互联网显然是将基于工业物联网的智能制造、工业化和信息化融合、企业数字化转型等概念内涵打包在工业互联网的口袋中进行重新包装，并且按照传统互联网的思维着重打造标识解析系统（类似互联网的 DNS 域名解析系统）和大平台（类似互联网的淘宝购物平台）。

从技术架构层面看，工业互联网包含设备层、网络层、平台层、软件层、应用层及安全体系。设备层负责通过传感器和工业控制系统采集设备生产过程数据并进行初步处理计算，执行生产动作。网络层负责信息的传输与转发。平台 PaaS 层负责网络、存储、计算等基础设施的编排。软件 SaaS 层负责工业生产过程的研发设计、生产控制和信息管理等软件的实施。应用层负责工业互联网的价值体现，在不同的垂直领域、行业内形成解决方案和应用。工业安全体系对各工业生产的安全负责，范围涵盖设备的运维更换、网络层面的安全认证、平台软件层面的安全漏洞等。工业互联网与传统互联网相比，主要是多了工业生产环境中的设备层，而这一层的数据采集正是物联网最基本的功能特点。

工业物联网是工业互联网中的"基础设施建设"，它连接了工业互联网的设备层和网络层，为平台层、软件层和应用层奠定了坚实的基础。设备层又包含边缘层。总体上，工业物联网涵盖了云计算、网络、边缘计算和终端，自下而上打通工业互联网中的关键数据流。工业物联网从架构上分为感知层、网络层、平台层和应用层。其中，感知层主要由传感器、视觉感知和可编程逻辑控制器（PLC）等器件组成，一方面收集振波、温度、湿度、红外、紫外、磁场、图像、声波流、视频流等数据，传送给网络层，到达上层管理系统，帮助其记录、分析和决策；另一方面收集从上层管理系统下发或已经编程好的指令，执行设备动作。网络层主要由各种网络设备和线路组成，包括具备网络固线的光纤和工业以太网，也包括通过无线电波通信的 3G、4G、5G、Wi-Fi、超声波、ZigBee、蓝牙等通信方式，主要满足不同场景的通信需求。平台层主要是将底层传输的数据关联和结构化解析之后，沉淀为平台数据，向下连接感知，向上提供统一的可编程接口和服务协议，降低了上层软件的设计复杂度，提高了整体架构的协调效率，特别是在平台层面，可以将沉淀的数据通过大数据分析和挖掘，对生产效率、设备检测等方面提供数据决策。应用层主要根据不同行业、领域的需求，落地为垂直化的应用软件，通过整合平台层沉淀的数据和用户配置的控制指令，实现对终端设备的高效应用，最终提升生产效率。感知层与网络层之间通过网关进行连接，网关隔离了终端传感器和控制器与上层网络端口，一方面减少传感器与控制器的业务逻辑复杂度，另一方面减少上层应用对数据协议的解析成本。

中国的工业互联网的范围和概念不断扩展，从扩展后的概念来看涵盖了工业物联网，并进一步延伸到企业的信息系统、业务流程和人员。工业互联网的概念实际上与国外提出的通过物联网（IoT）进行万物互联（IoE）的理念有相似之处，相当于是工业企业的万物互联。换句话也可以说，工业物联网强调的是"物与物"的连接，追求的是自动化；工业互联网是要实现"人、机、物"的全面互联，追求的是数字化；而智能制造是在工业物联网自动化基础上的新业务、新模式，追求的是智能化。工业物联网是自动化与信息化深度融合的突破口。在工业互联网体系内，工业软件是灵魂，是整体控制编排的中枢；工业物联网以数据为血液，为工业互联网提供各种有用的信息和养分。

因此，工业物联网是物联网在工业领域中的应用，但是又不仅仅等同于"工业+物联网"如此简单。首先工业控制系统为工业物联网的互联互通奠定了基础，其次工业软件系统为工业物联网的应用开发提供了支撑，另外，恶劣工业环境向工业物联网的网络技术提出了挑战。可以说，工业物联网是支撑工业互联网应用的一套使能技术体系，它是工业互联网应用得以实施的坚实底座。工业物联网这套使能技术体系包括硬件、软件、网络、数据等一些系列电子信息通信技术和自动控制技术，这些技术进行有机组合和应用后，作用于制造原料、制造过程、制造工艺和制造环境的自治生态，通过服务驱动构建新的工业体系。本书作者组织编写的《工业物联网白皮书》给出了工业物联网的定义，即工业物联网是通过工业资源的网络互联和数据互通，实现制造原料的自匹配、制造过程的自组织、制造工艺的自优化和制造环境的自适应，达到资源的高效灵活利用，从而构建服务驱动型的新工业生态体系。

按照上面的定义，图 10-5 给出了工业物联网技术的内涵。

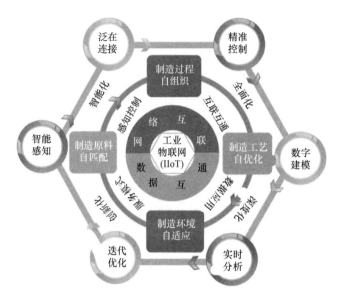

图 10-5　工业物联网技术的内涵

工业物联网作为支撑智能制造的一套使能技术体系，旨在通过工业资源互联互通、数据集成分析、呈现、从而孕育出新的生产模式、资源组织方式和企业运营模式，构建新的工业生态体系，实现资源的优化配置、合理应用。工业物联网表现为智能感知、泛在连接、精准控制、数字建模、实时分析和迭代优化六大典型特征，具体如下。

（1）智能感知。工业生产过程时时刻刻产生海量的工业数据，产品从生产、物流、销售到回收的全生命周期中同样存在大量的信息需要分析和处理，工业物联网的思想就是利用传感器技术、射频识别技术等获取工业设备和产品全生命周期内的信息数据，所以无论是精准控制的需求、工艺流程的优化，还是工业设备远程运维所需的知识库，信息和数据的智能感知都是必不可少的，智能感知要求信息感知设备进行不同维度的信息收集，获得准确、全面的工业数据和产品信息。

（2）泛在连接。工业物联网是为消除工业设备的信息孤岛效应而架设的信息通路。工业设备彼此之间通过网络来实现智能融合和通信，才能形成"工业物联网"。工业设备之间通过各种有线、无线形式彼此连接或与互联网相连接，形成便捷、高效的数据网络，网络连接的时延、功耗、灵活性、可靠性、路由能力和数据的解析能力正是泛在连通的基础，同时也是工业物联网技术的发展要求。

（3）精准控制。工业物联网强调工业设备彼此之间的信息互通与功能集成，共同协作完成复杂的生产过程，提高资源利用率，提升生产效率，保证生产质量。工业设备之间协作的基础就是精准控制，基于实时发生的信息交互，完成精准的控制操作，实现工业设备的异构集成与无间隙协作，正是工业物联网区别于传统工业自动化系统的优势。

（4）数字建模。实现工业设备智能感知、互联互通和无间协作的基础是彼此之间存在一致的信息接口模型，数字化建模的过程就是定义统一的或可兼容的信息接口模型。

数字建模将工业设备映射到数字空间中，在虚拟的世界里完成工业生产过程的重建，借助数字空间强大的信息综合能力，实现对工业生产过程全要素的模拟、分析和优化。

（5）实时分析。工业设备能够根据感知到的环境信息与控制信息，在数字空间中进行实时分析处理，完成对外部信息的实时响应，以实现工业物理网系统的自组织与自维护，同时实现在企业级层面上的生产资源调配、企业经营高效管理、供应链迅速响应等。

（6）迭代优化。海量工业数据经过处理、分析和存储，形成工业设备和生产过程专属的知识库、模型库和资源库，基于工业物联网数据共享的特点，工业物联网系统能够不断地自我学习与提升，优化信息处理、分析的能力。工业生产中有大量的流程需要信息化控制，工业企业在物料控制、原料耗费、生产过程监测与环境控制等方面需要进行正确、迅速地评估，而依据就是大量的实时数据。

支撑工业互联网和智能制造的工业物联网未来发展趋势将展现出下面 5 个主要的特征。

1．终端智能化

工业物联网终端智能化主要体现在两个方面，一是底层传感器设备自身向着微型化和智能化的方向发展，为工业物联网终端智能化的发展奠定基础；另一方面是工业控制系统的开放性逐渐扩大，使得工业控制系统与各种业务系统的协作成为可能。

传感器作为获取信息和数据的源头，是设备智能化的真正主角。由于信息时代信息量激增，要求传感器能捕捉处理海量信息的能力日益加强；与此同时还要求传感器必须配有标准的输出模式，而传统的大体积弱功能传感器往往很难满足上述要求，所以它们已逐步被各种不同类型的高性能微型传感器所取代。后者主要由硅材料构成，具有体积小、质量轻、反应快、灵敏度高及成本低等优点。智能传感器是 20 世纪 80 年代末出现的一种涉及多种学科的新型传感器系统，它是指在具有传感器基本功能之外，还具有自动调零、自校准、自标定功能，同时也具备逻辑判断和信息处理能力，能对被测量信号进行信号调理或信号处理。

工业控制系统是指由计算机与工业过程控制部件组成的自动控制系统。工业控制系统结构经历从最初的 CCS（计算机集中控制系统），到第二代的 DCS（分散控制系统），发展到 FCS（现场总线控制系统）。随着工业物联网和新一代信息技术的不断渗透和蔓延，作为控制大脑的工业控制系统原有相对封闭的使用环境逐渐被打破，开放性和互联性越来越强，使得工业控制系统与各种业务系统的协作成为可能，工业设备、人、信息系统和数据的联系越来越紧密，系统一体化、设备智能化、业务协同化、信息共享化、决策需求全景化、全部过程网络化等成为工业控制系统的发展趋势。

2．连接泛在化

工业物联网的网络连接建立在工业控制通信网络基础之上，工业控制通信网络经历了现场总线、工业以太网和工业无线等多种工业通信网络技术，负责将人机界面 HMI、数据采集与监视控制系统 SCADA、可编程逻辑控制器 PLC、分布式控制系统 DCS 等监控设备与系统，同生产现场的各种传感器、变送器、执行器、伺服驱动器、运动控制器，甚至 CNC 数控机床、工业机器人和成套生产线等生产装备连接起来。工业无线网络具有低功耗自组网、泛在协同、异构互联的特点，是工业控制系统领域的又一热点技术，能够降低工业测控系统成本、提高工业测控系统应用范围。工业物联网的发展推动工业网络中工业以太网和工业无线的快速增长。

与此同时，物联网的无线通信技术针对实际应用场景也呈现出多样化的发展趋势，尤其是低功耗广域网通信 LPWAN 技术。LPWAN 技术可以细分为两类，一类工作在非授频段的技术，如 LoRa、Sigfox 等；另一类是工作在授权频段的技术，如窄带物联网 NB-IoT 技术等。目前这些技术正在积极部署阶段，无疑也为工业物联网的网络连接提供了多种选择，加速工业物联网的连接泛在化趋势。

3．计算边缘化

边缘计算指在靠近物或数据源头的网络边缘侧，融合网络、计算、存储、应用核心能力的开放平台，就近提供边缘智能服务，满足行业数字化在敏捷连接、实时业务、数据优化、应用智能、安全与隐私保护等方面的关键需求。

工业系统检测、控制、执行的实时性高，部分场景实时性要求在 10ms 以内。边缘计算中数据不用再传到遥远的云端，在边缘侧就能解决，更适合实时的数据分析和智能化处理。边缘计算聚焦实时、短周期数据的分析，具有安全、快捷、易于管理等优势，能更好地支撑本地业务的实时智能化处理与执行，满足网络的实时需求，从而使计算资源更加有效地得到利用。此外，边缘计算虽靠近执行单元，但同时也是云端所需高价值数据的采集单元，可以更好地支撑云端应用的大数据分析。

4．网络扁平化

自动化系统正在进一步简化，系统性能将得到进一步提升同时降低未来的软件维护成本，这也是自动化行业多年来发展的趋势。目前国内外建立了服务于生产制造的全互联制造网络技术体系，其能使信息在真实世界和虚拟空间之间智能化流动，在此基础上对生产制造的实时控制、精确管理和科学决策进行了大量的研究与探索。目前，国内外对全互联制造网络的研究正在兴起，远未形成完备的技术体系，但相关支撑技术已经具备良好的研究基础。

单一的无线通信技术不能满足所有需求，IP 协议的优势使其在自动化网络中的使用成为趋势。利用 IP 技术实现工业环境下物物相连，可以突破传统控制系统的局限，实现自动化新的系统结构、灵活的数据访问及现场级和信息管理级无缝集成。IPv6 技术的实施可以使工业网络上的每台设备都使用 TCP（UDP）/IP 与其他互联网上的设备进行通信。

底层物联网设备之间利用 XML 进行信息交互，同时通过边界网关的转发，XML 格式的数据信息和管理信息还能够自由流动到 MES、ERP 等系统中，从而达到了底层物联网与互联网、智能设备与后台管理系统之间的无缝融合与集成的目标。

5. 服务平台化

利用工业物联网平台可打破应用孤岛，促进大规模开环应用的发展，形成新的业态，实现服务的增值化。根据服务对象和主攻方向不同，工业物联网平台又可以分为两大类。一是资产优化平台，就是国际上聚焦的 IIoT 平台，这类平台服务目标是设备资产的管理与运营，利用传感、移动通信、卫星传输等网络技术远程连接智能装备、智能产品，在云端汇聚海量设备、环境、历史数据，利用大数据、人工智能等技术及行业经验知识对设备运行状态与性能状况进行实时智能分析，进而以工业应用程序的形式，为生产与决策提供智能化服务。二是资源配置平台，这类平台聚焦要素资源的组织与调度，通过云接入分散、海量的资源，对制造企业资源管理、业务流程、生产过程、供应链管理等进行优化，提升供需双方、企业之间、企业内部各类信息资源、人力资源、设计资源、生产资源的匹配效率。

广义的工业物联网平台除了上述两类，还包括通用使能平台，这类平台提供云计算、物联网、大数据的基础性、通用性服务，主要由 ICT 企业提供，此类平台除为工业物联网提供技术支撑外，还广泛服务于金融、娱乐、生活服务等各产业。但当前，ICT 巨头都将工业物联网作为平台业务拓展的重点，为资产优化平台和资源配置平台的部署提供连接、计算、存储等底层技术支撑，使上层平台专注于工业生产直接相关的服务，从而实现专业分工，发挥叠加效应。

10.4　工业互联网与工业 4.0 的碰撞交流

2015 年 7 月，德国联邦经济和能源部（BMWi）与我国工业和信息化部（MIIT）签署谅解备忘录（MOU），旨在推动中德企业开展智能制造及生产过程网络化合作。德国联邦经济和能源部于 2016 年 6 月委托德国国际合作机构（GIZ）实施"中德工业 4.0 项目"（工业 4.0），该项目支持与我国工业和信息化部之间的相关合作机制。为了落实谅解备忘录，工业和信息化部相关机构与德国国际合作机构共同成立了中德智能制造/工业 4.0 合作对话平台及中德智能制造合作企业对话工作组（AGU）。2018 年 11 月，在人工智能、数字化商业模式、培训 4.0 和工业互联网 4 个领域成立了 4 个主要专家组。其中，工业互联网专家组就双方的治理体系、应用中的实践展开交流，开展了工业互联网互操作、工业互联网平台应用和工业互联网数据保护等工作。2020 年 8 月，由中国信息通信研究院（CAICT）和德国国际合作机构相关专家组成的工业互联网专家组发布了《工业 4.0×工业互联网：实践与启示》白皮书，对于中德两国各自提出的工业互联网和工业 4.0 的内涵进行了详细比较。

我国对工业互联网的定义来自工业互联网产业联盟（AII），分别有两个层面的内容：从宏观层面看，工业互联网通过工业经济全要素、全产业链、全价值链的全面连接，支撑制造业数字化、网络化、智能化转型，不断催生新模式、新业态、新产业，重塑工业生产制造和服务体系，实现工业经济高质量发展；从技术层面看，工业互联网是新型网络、先进计算、大数据、人工智能等新一代信息通信技术与制造技术融合的新型工业数字化系统，它广泛连接人、机、物等各类生产要素，构建支撑海量工业数据管理、建模与分析的数字化平台，提供端到端的安全保障，以此驱动制造业的智能化发展，引发制造模式、服务模式与商业模式的创新变革。

德国政府和产业界并没有工业互联网的提法，与工业互联网相关的定义其实就是物联网，来自物联网创新联盟（AIOTI）："物联网"（IoT）是一种能够连接嵌有电子、软件、传感器、执行器和网络的物理对象、设备、车辆、建筑物及其他物体，并能够收集和交换数据的网络。德方认为，在制造业领域，物联网、工业物联网及工业互联网是同义词，即基于互联网技术和标准将具有计算能力的物理实体相互连接的网络。

图 10-6 给出了美国工业互联网联盟与德国工业 4.0 相关机构（联合研究）工业互联网和工业 4.0 的关系。从图中可以看出，工业 4.0 主要聚焦于制造业，参考架构模型（RAMI4.0）旨在研究新一代制造业价值链的详细模型；而工业互联网是能源、医疗健康、制造、公共领域和交通运输等各产业的融合应用。在这两者中，工业互联网中的跨域和互操作问题都是迫切需要解决的根本性问题。

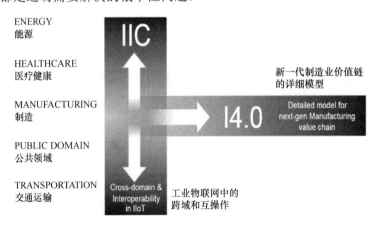

图 10-6　工业互联网与工业 4.0 的关系

基于《工业 4.0×工业互联网：实践与启示》白皮书，从德国工业 4.0 的视角来讨论工业互联网，工业 4.0 主要面向制造业，而工业互联网适用于能源、医疗保健和制造业等多种行业。因此，德国的"工业 4.0 平台"战略计划主要聚焦于制造业，并从市场和主要供应商这两个方面进行展开。在市场方面，使用新型先进技术提高效率、增强灵活性或缩短上市时间；在主要供应商方面，机器、自动化组件或软件解决方案等供应商面向主要市场提供产品和服务。图 10-7 给出了工业 4.0 的基本组成架构。

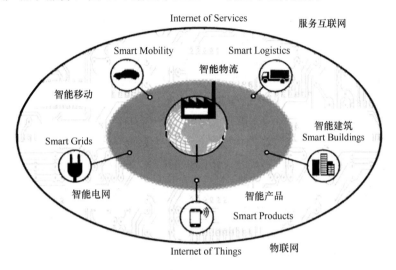

图 10-7　工业 4.0 的基本组成架构

如果从我国工业互联网产业联盟视角讨论工业互联网，工业互联网体系架构 2.0 包含三大核心板块。一是业务视图，体现产业目标、商业价值、数字化能力和业务场景。二是功能架构，明确支撑业务实现的功能，包括基本要素、功能模块、交互关系和作用范围。三是实施框架，描述实现功能的软硬件部署，明确系统实施的层级结构、承载实体、关键软硬件和作用关系。

通过比较上文对工业互联网的定义和讨论，可以发现德国工业 4.0 和我国工业互联网这两者存在重要的共同点。例如，两者均强调：实物资产连接至工业互联网（工业物联网）；平台是工业互联网（工业物联网）的核心要素；应用程序能够提供诸多益处，在平台中由应用层予以支持。当然，德国工业 4.0 和我国工业互联网也存在一定差异。例如，德方提出，工业 4.0 主要侧重于制造业，而我国工业互联网产业联盟所指的工业互联网不仅关注工业基础，还涵盖多个垂直行业，如能源、医疗保健和建筑行业。关于架构问题，德国工业 4.0 平台认为工业 4.0 参考架构模型足够涵盖工业互联网的各方面，而我国工业互联网产业联盟提出应具体定义工业互联网体系架构。

在白皮书中，德方提供了多个案例。这些案例都特别注重以安全可靠的方式交换数据并使用数据创造价值，注重通过机器连通性和组网解决智能制造系统和设备之间的互操作性问题。白皮书中的互操作性被定义为"两个产品、程序等可以一起使用的程度，或者能够一起使用的质量"。互操作性是在调整网络架构和连接最初使用不同标准的设备过程中的核心问题。网络是这种机器连通性的基础。从提供的案例可以看出，几乎所有企业都会在物理和协议层使用多种互操作相关标准，如以太网、Wi-Fi、4G、IPvx、HTTP、

MQTT 等。互联互通方式丰富多元，满足不同客户端基础架构的需求。多个案例的工业互联网平台采用了 MQTT 标准。另外，具有语法语义解析功能的高级别标准在统一解决方案方面日益发挥重要作用。德方的两个案例采用了 OPC UA 标准。德国非常重视标准在提高制造业系统互操作性方面的作用，为此开发并发布工业 4.0 参考架构模型（RAMI4.0）。两国提供的所有案例几乎都提到了数据保护问题。显然，能否通过工业互联网创造价值，数据保护是关键。数据保护的要求各不相同。德方的 4 个案例涉及与竞争性相关的数据保护、跨境数据传输保护及数字权利和知识产权保护。

工业互联网专家组的中德两国专家一致认为，下一阶段的工作重点应放在"机器连通性（包括语法和语义标准）"及"数据保护"两大领域。由于德国工业 4.0 和我国工业互联网产业联盟的视角存在明显差异，互操作性的含义和优先级亦有不同。简单理解工业 4.0，就是虚拟网络与实体物理系统相整合的革命。工业 4.0 促使企业建立全球网络，把产品设计、制造、仓储、生产设备融入 CPS 中，通过这些制造要素信息间相互独立的自动交换，接收动作指令、进行无人控制。工业 4.0 以物联网和制造业服务化为特征。工业 4.0 的核心是通过 CPS 系统将制造业智能化，通过智能制造生产智能产品。

10.5 工业互联网落地实施的待解问题

随着我国人均 GDP 的快速增长，以及人口逐渐老龄化带来的人力成本上涨，单纯依靠劳动力优势的生产制造企业正在减少。如何通过与信息化的深度融合来带动传统制造业的转型升级，提高生产效率及淘汰低效的生产销售和管理方式，是我国实体经济发展过程中主管部门面临的新课题。

回首过去的 20 年，互联网的迅猛发展深刻改变了人们的生产生活方式，造就了腾讯、阿里巴巴、谷歌等互联网巨头。无论是互联网的圈内人士还是圈外人士，言必谈互联网思维，似乎互联网能够包容一切，可以作为任何行业的"救世主"。对于制造业来说，互联网的深入融合似乎可以铺就一条弯道超车、迅速赶德超美的康庄大道。最近几年工业互联网概念快速升温，政策导向方面积极。各级政府、相关机构和各工业互联网平台企业对工业互联网热情高涨、积极推动；而作为工业互联网真正的实施主体，为数众多的中小型工业企业则普遍参与度不够、热情不高，工业互联网落地不易。那么是企业不需要数字化、智能化改造吗？显然不是。

首先，从认识上来说，工业互联网不能简单地从字面上看成互联网+工业，应该理解为工业互联的网或工业互联的系统。它可以连接工业生产过程中的人、机、料、法、环等多种要素，推动数据无缝流通，实现数字化、网络化和智能化，达到提升生产效率和降低生产成本的目的。美国 GE 公司提出工业互联网的初衷是将工业革命成果与互联网革命成果进行融合应用，并非像德国工业 4.0 那样强调基于物联网和服务互联网（IoS）进行工业生产过程全要素的连接。我国的工业互联网概念与国外的不同，集成了基于工业互联网的智能制造、工业化和信息化融合、企业数字化转型等概念内涵，按照互联网思维着重打造标识解析系统和服务平台。

我国工业互联网产业联盟发布的技术架构包含设备层、网络层、平台层、软件层、应用层及跨层的安全体系。与传统互联网相比，工业互联网主要是多了涉及工业生产环境的设备层，而设备层的数据采集正是物联网最基本的功能。因此，物联网在工业互联网中担任着基础设施建设的角色，它通过将设备层和网络层紧密连接，为上面各层的应用实施奠定了坚实的基础。

同时，我国工业互联网概念快速升温带动各级政府、研究机构和工业互联网平台企业积极推动相关技术发展，以及出台了多项政策加以引导，但为数众多的中小企业作为真正的实施主体，却普遍缺少实质性的参与，造成工业互联网难以真正落地实施。工业互联网发展的难点在于如何进行物联网的泛在连接和无缝集成，夯实工业互联网应用的坚实底座，解决跨行业、跨专业工业机理存在知识壁垒，以及标识体系标准不统一，缺少核心价值等主要问题。

10.5.1　跨行业、跨专业工业机理存在知识壁垒

我国是世界制造业第一大国，但大不代表强。从需求侧看，我国工业制造企业竞争激烈，渴望在成本和效率上得到提升，迫切需要转型升级。据安信证券计算，工业互联网在工业领域提升 1%的效率相当于给我国带来 2980 亿元的经济增值。据相关机构对企业数字化智能化改造后的效果进行调查统计显示，企业数字化智能化改造后，企业生产效率平均提升超 30%，运营成本约降 20%。正是出于对工业互联网这一方向的必要性和可行性的看好，政策和资本都在加码豪赌工业互联网的发展。众多企业争相进入工业互联网新赛道，形成了现在热度不减的工业互联网热潮。据不完全统计，国内仅提供工业互联网平台的企业就超过 500 家，远远超过世界所有其他国家的总和。每个工业互联网方面的会议论坛，都会云集众多工业互联网平台企业，不少企业登台推广自己的理念和方案。目前来看，国内的任何一个工业互联网平台，都很难解决工业企业的所有痛点和问题。即使这些被评为"跨行业跨领域"的优秀工业互联网平台，短板仍很明显。

中国工业互联网产业联盟发布的白皮书将工业互联网平台架构划分为 4 个层次，即边缘层、IaaS 层、工业 PaaS 层和工业 SaaS 层。其中，工业 PaaS 层是平台的核心，将工业技术、知识、模型等工业原理封装成微服务功能模块，供工业 App 开发者调用，是平台功能的核心部分；而上层的工业 App 是关键，它负责调用微服务模块，面向特定行业、特定场景开发在线监测、运营优化和预测性维护等应用服务。目前，工业互联网平台发展面临的短板和突出问题恰恰体现在工业 PaaS 层和工业 SaaS 层上，具体表现为工业 PaaS 层平台赋能不够，开发工具不足，工业 App 太少，远不能满足工业级应用需要。中国工

业互联网产业联盟 2018 年发布的数据显示，我国当时有 269 个工业互联网平台类产品，全球其他国家工业互联网平台总量也就有 150 个左右，而中国涌现的工业互联网平台数量近乎两倍于国外，超过其他国家数量的总和。

我国提出并推动工业和信息化"两化融合"多年，但融合之路并不顺畅。过去很多年制造业的信息化基本上停留在企业管理信息化方面，如办公自动化、ERP 等，这些信息化应用主要是提升企业管理的规范化，对工业生产过程的融合不深。而工业互联网的关键是行业知识的数字化，应用的是生产大数据，并直接提升企业生产效率，如优化节能降耗、提供设备状态检修等，如果对工业理解不深，触及不到工业实质，再先进的互联网也发挥不出应有的价值。目前正是因为工业行业应用太少，尤其是缺乏直击痛点的应用，所以，工业企业不愿因买单，平台难落地。

从目前国内数量众多的工业互联网平台来看，大都是通用平台，似乎无所不能，但是不同工业企业的需求千差万别，任何一个企业的通用平台都不能包打天下，需要不同细分行业的不同的产品、服务提供商来配合落地。因此，对任何一个平台企业来说，生态建设非常重要，这也是平台企业应该加强的。

德国智库墨卡托中国研究中心（MERICS）在 2020 年发布了《中国数字平台经济：针对工业 4.0 的发展评估》。按照墨卡托的定义，工业互联网平台对应的即为"数字工业平台"（Digital Industrial Platform）。因此，德国工业 4.0 对应的竞争对象即为中国工业互联网。墨卡托智库在报告中认为，中国工业互联网国家战略有三大短板，即：中国制造业总体数字化程度较低；中国缺乏核心部件和人力资源，大部分工业互联网平台没有核心竞争力；中国工业互联网平台没有用于高价值创造。在阐释这 3 个方面的短板之前，墨卡托用了"中国缺乏核心能力开发工业互联网平台"来评价，而且其还认为，这些问题是交织在一起的，并不容易解决。墨卡托从边缘计算、工业 IaaS、工业 PaaS 和工业 SaaS 等工业互联网的各层面进行了列举，以此证明中国本土供应商皆把国外厂商的部件"集成"和"包装"为工业互联网平台，实际上没有任何核心竞争力。中国大部分工业互联网平台还是聚焦于设备联网及如何把数据放到云平台上。墨卡托认为，这不是高价值创造领域，对于中小企业来讲，这也不是它们的痛点。为了证明这一点，墨卡托引用了中国工业互联网产业联盟的数据和分析，即中国工业互联网产业联盟对全国 168 家平台企业评估之后发现，80%平台连接的设备协议种类不足 20 个，83%的平台提供的分析工具不足 20 个，68%的平台提供的工业机理模型不足 20 个，54%的平台提供的微服务不足20 个。尽管平台开发者数量已经达到 5 万，但是 52%的平台第三方开发者数量在 100 人以下。除此之外，墨卡托指出，这些中国工业互联网平台大都缺乏深入理解先进工业的人才，只好依靠国外企业提供技术支持。该报告还是指出，在 SaaS 领域，部分中国企业有一定的市场份额，但在制造业上仍然以国外企业为主。

工业革命的最大成果之一是不同行业或专业具有不同的细分技术和专业知识。在制造业中最常见的焊接技术，就可以有七八百种不同的工艺；一根输电高压线，也可以有上百个不同的模型来描述，更不用说民用飞机、航空发动机、核潜艇、航母等复杂产品的超级综合复杂度。在本章 10.2.1 中提到 GE Digital 的"三步走"发展策略（GE For GE、GE For Customers 和 GE For World），从发展战略上来说还是比较务实的。在逻辑上，前两步都正确，但恰恰是第三步踩了专业知识壁垒的红线。GE 凭借自身在航空发动机、燃气轮机和风力发电机等复杂旋转设备领域的深厚积累，意图通过研发的 Predix 平台面向各行各业提供工业互联网服务，但由于缺少必需的对于其他行业或专业长期的沉淀与反复打磨，GE 多跨出去的那一步，就是导致其业务停摆的致命短板。

10.5.2　标识体系标准不一，缺少核心价值

国务院 2017 年 11 月 27 日印发的《关于深化"互联网+先进制造业"发展工业互联网的指导意见》指出，工业互联网的核心是基于全面互联而形成数据驱动的智能，标识解析体系作为工业互联网的关键神经系统，是实现工业系统互联和工业数据传输交换的支撑基础。通过工业互联网标识解析系统，构建人、机、物全面互联的基础设施，可以实现工业设计、研发、生产、销售、服务等产业要素的全面互联，提升协作效率，对促进工业数据的开放流动与聚合、推动工业资源优化集成与自由调度、支撑工业集成创新应用具有重要意义。

从指导意见可以看出，工业互联网标识解析系统是实现工业资源无缝连接的基础设施，主要用于供应链管理和产品溯源等流通环节，对各类资源进行标准化编码以实现信息共享，其作用类似于互联网的域名解析系统。工业互联网标识解析体系主要由标识编码和标识解析两部分构成，标识编码指为人、机、物等实体对象和算法、工艺等虚拟对象赋予全球唯一的身份标识，类似于互联网中的 DNS 名字服务；标识解析指通过标识编码查询标识对象在网络中的服务站点，类似于互联网中的域名解析服务。工业互联网标识解析系统整体上类似于域名解析系统，是实现资源互联互通的关键基础设施，主流的标识解析体系主要有 Handle、GS1 和 OID 等，目前多用于流通环节的供应链管理、产品溯源等场景中。随着工业互联网的深入推进，采用公有标识对各类资源进行标准化编码成为实现信息共享、推进工业智能化的基础。上述 3 种标识体系都是目前的国际标准，其中，Handle 标识体系的中国管理机构是国家工业信息安全发展研究中心，GS1 标识体系的中国管理机构是国家物品编码中心，OID 标识体系的中国管理机构是中国电子技术标准化研究院。

除此之外，2020 年 6 月 23 日，国际标准 ISO/IEC 15459 注册管理机构正式批准中国信息通信研究院（简称信通院）成为国际发码机构，编码前缀为"VAA"。信通院成为与国际物品编码协会（GS1 Global）、万国邮政联盟（UPU）等组织并行的国际发码机构。2021 年 10 月 20 日，中国工业互联网标识大会发布了《工业互联网标识解析 VAA 编码

导则》。按照中国信息通信研究院给出的数据："已分配 VAA 前缀的二级节点达 154 家，分布于 25 个省，覆盖 30 个行业，涉及供应链管理、产品追溯、智能化生产等 18 大应用场景，标识注册量超 530 亿。"2021 年 11 月 5 日上海第四届中国国际进口博览会期间，由中国工业互联网研究院作为秘书处的 MA 标识代码管理委员会又发布了《MA 标识体系白皮书》。MA 标识体系与 Handle、OID 等标识解析体系类似，整体架构采用树状层次结构，从上到下分别是 MA 根节点、MA 一级节点、MA 二级节点和 MA 三级节点。与 Handle、OID 等标识解析体系一样，MA 标识解析采用递归逐级解析。

《MA 标识体系白皮书》的发布稿写到："行业主流标识体系就包括了 Handle、OID、Ecode、VAA 等，不仅种类繁多，而且标准不一，这就直接导致了工业互联网发展存在巨大壁垒。所以说，MA 标识体系的出现可谓恰逢其时，将有望打破这一现状，开启工业互联网标识应用的星辰大海。"但恰恰由于 MA 与 Handle、OID、VAA 等标识体系的功能和作用的重复性，又带来了工业互联网标识解析新的标准不统一和应用壁垒问题。

有专家曾说，工业制造的生产现场过去没有互联网，现在没有互联网，未来也不太可能直接接入公众互联网。的确如此，目前企业与互联网进行连接的信息化管理系统只用于工厂的办公室层级，从生产安全性和信息安全性来考虑，生产现场一般不会与公众消费互联网进行直接互联。就像前面所说，没有哪个企业愿意把自己的研发知识、经验技巧及产品的数字化模型，放在不受自己控制的工业互联网平台上，同理也很少有企业愿意把自己的业务订单、加工工艺等生产要素和核心数据进行开放式的标识以供外部解析查询。企业对于研发、生产和经营数据在工业互联网平台上进行共享及供外界查询持有相当保守的态度，老板们经常问的是：这样做对我的企业有什么好处吗？画大饼式的美景描绘并不能真正满足企业提升生产效率、降低生产成本、增强产品竞争力的迫切愿望，不能解决其生存并发展的现实问题。

我国通用性的工业互联网平台和工业互联网标识解析系统的理念和需求其实并非由工业界提出，而是来自公共电信网络和消费互联网的研究机构。正是在消费互联网大发展过程中出现的人与人之间的连接和信息流的汇聚，淘宝、拼多多和京东这样的互联网电子商务平台改变了传统商务的交易模式，物流、资金流和信息流得以更完善的一体化整合，而使不同时间不同空间的交易成为可能。众所周知，互联网采用了层次树状命名的方法，在互联网上进行服务器或信息资源的访问需要使用分布式域名系统（DNS），将机器或资源的名字转换为 IP 地址，用户才可以进行浏览访问。而构建工业互联网标识解析系统的目的是将工业环境中的人、机、物等生产要素进行全面互联，其标识编码和标识解析被类比为互联网的名字服务和域名解析服务。显而易见，工业互联网平台和标识解析系统的建设思路沿袭了互联网时代的思维模式，但这样大平台大连接的互联网思维真的适合工业领域多样化的应用场景吗？工业互联网表面上看是互联网+工业，目的是用互联网思维改造提升工业生产，但实质上工业互联网是物联网在工业领域的典型应用，旨在解决工业全要素、全产业链、全价值链的生产要素之间全面连接和互操作的问题。这是美国工业互联网联盟将名称更改为工业物联网联盟的原因所在，也是前面 10.4 节中德国工业 4.0 认为对工业互联网的相关定义其实就是物联网的理由。因此从国际方面来说，工业物联网已形成基本共识，而工业互联网的概念成为中国特色。

工业企业之间存在着极大的差异，本身也是"千企千面"千差万别，应用需求各不相同。既然工业互联网实际就是工业物联网，那么就不能使用互联网思维把互联网平台的大通用性和互联网标识解析的大连接性简单地移植到工业企业的差异化物联网应用之中。作为一个面向具体场景的应用服务系统，物联网先天具有碎片化和烟囱式的特征，各行业、各专业的需求特色和解决方案各不相同，必须要因材施教、辨证施治，而不能简单机械的按方抓药。意图用一两个"基础共性平台"+若干"应用子集"的形式去实现差异度极大的工业物联网应用需求，这已被证明是失败的和不可能的。

目前我国已经投巨资建设了 5 个工业互联网标识解析国家顶级节点和若干工业互联网标识解析行业/地方二级节点。据中国信息通信研究院的数据，"截至 2021 年 10 月 9 日，全国累计接入国家顶级节点的二级节点达 156 个，这些二级节点分布于 25 省（自治区、直辖市），涵盖了 30 个行业，标识注册总量为 489.5 亿。累计接入的企业节点数量为 28838 家，国家顶级节点日解析量 4313 万次""在食品加工、汽车制造、装备制造、船舶制造、工程机械等行业中的应用不断深化，已形成产品追溯、供应链管理和全生命周期管理等典型应用模式，降本提质增效作用逐步显现""可为工业企业解决产品溯源难、产品质量管控难和设备运行数据缺失等痛点"。

从此处描述的应用场景来看，工业互联网标识解析主要针对的是产品追溯、供应链管理和全生命周期管理等工厂外的要素连接，这些要素由于是基于互联网的应用，唯一性标识是其能够被网络查询追溯的基本前提。基于公众消费互联网的工业互联网标识解析系统上运行的标识背后不可能像某些设计者所期望的那样，能够"承载工业机理、数据模型、数据互操作"等涉及企业命脉的核心内容。2021 年 9 月，美国政府借口全球芯片短缺问题，强迫台积电和三星等半导体厂商在 45 天内提供库存、订单及销售记录等机密数据，造成了厂商的极大忧虑，因为这将使他们在与美国企业的价格谈判中处于极为不利的地位。以此例观之，对于涉及生死存亡或关键利益的内部数据，企业不可能主动交由连接到公众互联网的标识解析系统去承载和查询。

在德国工业 4.0 技术架构中，面向设计协作网络（众包众筹和协同设计）、供应链协作网络（集成供应链管理）、服务协作网络（远程运维和个性化定制）、制造协作网络（云制造和网络协同制造）的服务互联网（Internet of Services）确实需要汇聚产业链相关资源才能完成，只有通过互联网的大平台、大解析、大连接才能得以实现，这也是在当前工业互联网的场景下，通用性的工业互联网平台和标识解析系统能够发挥作用的用武之处。但是对于企业内部涉及管理制度和生产流程的核心数据要素，企业必然不会将其与互联网进行连接，这些要素的标识只需在企业内部具有唯一性，满足生产管理要求即可。

全局唯一标识体系一般由不定长的前缀标识（OID、Handle 等）加上后缀定长的终端产品标识（UUID、GUID、DOI、UT、IDS Number、ISBN、ISSN 等）来共同组成唯一性标识，树状结构的前缀标识可用于全局的标识解析过程。面对种类繁多的终端产品标识，在进行全局大范围解析查询的时候，非常需要一个类似于 DNS 互联网域名系统那样，能够有效兼容各种终端产品标识，并进行递归查询的标识解析解决方案，而无论 OID 还是 GS1 或 Handle 其实都能满足此应用需求。但是，现在经国家层面政策文件明文推荐，可以作为顶层标识前缀，进行递归查询解析，功能特性基本相同的标识体系已经不少于 5 种。这其实与工业互联网标识解析体系建设伊始所提出的通过统一标识打破应用壁垒的初衷是不符的。

在实际应用中，工业互联网标识解析系统的应用推广面临的问题其实与工业互联网平台有一定的相似之处，即对于企业内部数据尤其是涉及 OT 环节的核心数据，企图采用互联网思维进行大而全的数据汇聚而延伸出新模式应用是根本不现实的。如前所述，工业互联网（或产业互联网）和消费互联网有着本质的区别，消费互联网中的思维模式是通过单纯的获客最大化来实现赢者通吃，使用大平台大连接获取更大的用户数量和业务流量就是利润和成功的保证。相对而言，产业互联网需要系统集成商或服务提供商俯下身子把本行业本领域的具体业务做起来，其流量来自提供价值的服务和产品，解决方案不说千企千面也是差异较大。

无论是美国还是德国或其他西方发达工业国家，当前在进行先进制造业或工业 4.0 发展战略的过程中，都没有提出像中国如此规模宏大的工业互联网标识解析规划。从工业 3.0 演进到工业 4.0，它们认为最应该注重解决的是工业自动化的自由式发展过程中产生的工厂内接口协议不统一和设备不兼容问题，只有围绕智能工厂，通过实施工业物联网，从标准化角度实现了智能制造系统集成所需的工业资源的网络互联、语法语义的数据互通和制造系统的设备互操作，才能提供面向制造过程的远程运维和个性化定制等服务新模式，让传统制造业产生新的价值。在它们看来，工厂外基于互联网的服务联网（Internet of Services）应用，可以充分利用现有的标识解析体系和信息化应用软件，通过市场化运作在充分竞争的环境下实现。

从某方面说，西方国家的先进制造业计划或工业 4.0 是凭借工业革命时代的领先优势，以工厂内的集成带动工厂外的服务，意图抢先转型制造业的高价值创造。这与我国发展工业互联网平台和标识解析体系的思路和侧重点大相径庭。我们是期望以具有互联网思维特征的工厂外平台和标识解析体系连接产业链上下游的资源要素，以此带动工厂内的生产要素互联，但明显做到后者要难得多，绝非一朝一夕之功，需要像西门子、ABB 那样的行业龙头企业静下心来在工业自动化领域深耕细作若干年。华为创始人任正非先生曾说过，"我们不要因炫耀锄头，而忘记了锄地"。在如今浮躁的社会中，如此常识性的真理却少人问津，人们容易沉醉在工具和概念营造的炫酷氛围，却忽略了工具不是方向，用好工具为客户为社会创造出价值才是方向。无论采取的发展举措和选择的发展方向如何，最后总归是要落实到真正取得的发展成效上。IT 和 OT 的深度融合是发展的必由之路，但 IT 必须是甘为配角的服务者，在掌握 OT 核心技术的基础上与 IT 按需融合，这才是国家提升制造能力的根本。

10.6 本章小结

我国的工业互联网变革和运动仍然在进行，从 IIC 的失败经验中吸取教训，可以帮助我们的工业互联网事业更好的发展，特别是在工业互联网理论体系构建方面，值得工业互联网领域的企业重视。在工业互联网中，平台是基础，而工业 App 是核心，脱离了实际应用场景与方式的平台无法吸引客户将自己的设备连接卜网。平台企业要从解决客户的实际痛点出发，设计解决方案，最终推动平台的使用。工业互联网不仅要提升安全保障能力，还要提供私有、公有或混合云的更多元的部署方式，允许客户的私有云和公有云对接，共同实现设备管理、企业运营等工业互联网功能。

第 11 章 物联网架起通往数字孪生世界的桥梁

11.1 数字孪生的发展背景

数字化技术正在不断改变人类的生产和生活方式，是我国经济社会未来发展的必由之路，世界经济数字化转型是大势所趋。当前，世界正处于百年未有之大变局，数字经济已成为全球经济发展的热点，美、英、欧盟等纷纷提出数字经济战略。数字化转型已经成为企业发展的基本共识，数字化不只要求企业开发出具备数字化特征的产品，还要求企业通过数字化手段改变整个产品的设计、开发、制造和服务过程，并通过数字化的手段连接企业的内部和外部环境。产品生命周期的缩短、产品定制化程度的加强及企业必须同上下游建立起协同的生态环境，都迫使企业不得不采取数字化的手段来加速产品的开发，提高开发、生产、服务的有效性，以及提高企业内外部环境的开放性。

通过提升数字化水平，企业设计人员不再需要依赖于开发实际物理原型来验证设计理念，不用使用复杂的物理实验去验证产品的可靠性，不需要进行小批量试制就可以直接预测生产的瓶颈，甚至不需要去现场就可以洞悉销售给客户的产品运行情况。这种数字化的设计和生产方式无疑将贯穿整个产品的生命周期，不仅可以加速产品的开发，提高开发和生产的有效性和经济性，还可以有效了解产品的使用情况并帮助客户避免损失，更能精准地将客户的真实使用情况反馈到设计端，实现产品的有效改进。上面的数字化制造过程是企业数字化转型的未来方向，需要企业具备完整的数字化能力，而其中的基础就是数字孪生（Digital Twin）。

数字孪生技术作为推动企业数字化转型、促进数字经济发展的重要抓手，已建立了普遍适用的理论技术体系，并在产品设计制造、工程建设和其他学科分析等领域有较为深入的应用。在我国各产业领域强调技术自主和数字安全的发展当前阶段，数字孪生技术本身具有的高效决策、深度分析等特点，将有力推动数字产业化和产业数字化进程，加快实现数字经济的国家战略。

2002 年美国密歇根大学教授 Dr. Michael Grieves 在发表的一篇文章中首次提出了数

字孪生的相关概念，他认为通过物理设备的数据，可以在虚拟（信息）空间构建一个可以表征该物理设备的虚拟实体和子系统，并且虚实之间的联系不是单向和静态的，而是与整个产品的生命周期都联系在一起的。显然，这个概念不仅涉及产品的设计阶段，而且延展至生产制造和服务阶段，但是由于当时的数字化手段有限，"Digital Twin"一词还没有被正式提出，因此数字孪生的概念也只停留在产品的设计阶段，通过数字模型来表征物理设备的原型。Grieves 将这一设想称为"Conceptual Ideal for PLM（Product Lifecycle Management）"，PLM 的数字孪生概念设想如图 11-1 所示。尽管如此，在该设想中数字孪生的基本思想已经有所体现，即在虚拟空间构建的数字模型与物理实体交互映射，忠实地描述物理实体全生命周期的运行轨迹。

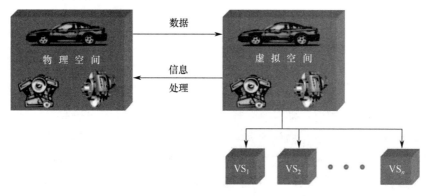

图 11-1　PLM 的数字孪生概念设想

　　2009 年美国空军研究实验室提出了"机身数字孪生"。2010 年"Digital Twin"一词在 NASA 的技术报告中被正式提出，并被定义为"集成了多物理量、多尺度、多概率的系统或飞行器仿真过程"。2011 年，美国空军探索了数字孪生在飞行器健康管理中的应用，并详细探讨了实施数字孪生的技术挑战。2012 年，美国国家标准与技术研究院（NIST）提出了基于模型的定义和基于模型的企业的概念，该概念将数字孪生的内涵扩展到整个产品的制造过程，即：要创建企业和产品的数字模型，数字模型的仿真分析就要贯穿整个产品的生命周期。同年，美国国家航空航天局与美国空军联合发表了关于数字孪生的论文，指出数字孪生是驱动未来飞行器发展的关键技术之一。在接下来的几年中，越来越多的研究将数字孪生应用于航空航天领域，包括机身设计与维修、飞行器能力评估、飞行器故障预测等。

　　近年来，得益于物联网、大数据、云计算、人工智能等新一代信息技术的发展，数字孪生技术首先在工业界不断深入应用，更多的工业产品、工业设备具备了智能的特征，数字孪生的实施已逐渐成为可能，数字孪生逐步扩展到了包括制造和服务在内的完整产品周期，并不断丰富着数字孪生的形态和概念。在制造业数字化、网络化、智能化发展的大趋势下，数字孪生技术逐步从萌芽起步期走向发展期，正在从数字化产品的角度推动着社会生产变革。正因为如此，数字孪生技术被 Gartner 选为 2019 年的十大战略技术趋势之一。Gartner 曾在 2019 年预计，到 2022 年年底，超过 2/3 已经实施物联网的公司中都将至少部署一个数字孪生项目。许多著名企业（空客、洛克希德·马丁、西门子等）与组织（Gartner、德勤等）尤其对数字孪生给予了高度重视，并且开始探索基于数字孪生的智能生产新模式，如 GE 将数字孪生技术应用于风电与发动机领域，西门子、Ansys、达索等著名工业企业也不断扩展数字孪生的应用领域。现阶段，除了航空航天等智能制造领域，数字孪生还被应用于电力、船舶、城市管理、农业、建筑、制造、石油天然气、健康医疗、环境保护等多个行业，数字孪生已被认为是一种实现数字世界与物理世界交互融合的有效手段。

11.2 数字孪生的概念与内涵

11.2.1 数字孪生的术语定义

不同行业和不同机构也对数字孪生技术的概念存在着不同的见解，尚未达成共识，但细究其共性部分，都离不开物理实体、实体数字模型、数据、连接、服务等数字孪生技术的核心要素。产品全生命周期不同阶段的数字孪生呈现出不同的特点，对数字孪生的认识与实践离不开具体对象、具体应用与具体需求。从应用和解决实际需求的角度出发，实际应用过程中不一定要求所建立的"数字孪生"具备所有理想特征，能满足用户的具体需要即可。西门子对数字孪生的定义是，数字孪生是产品、生产过程或性能的虚拟表达，它使各单一过程阶段无缝连接，革新整个价值链。这将持续提高效率，降低失败率，缩短开发周期，并开辟新的商业机会。GE 对数字孪生的定义是，数字孪生是资产和过程的软件表达，用于理解、预测和优化性能以改进业务产出。数字孪生体由 3 部分组成：数据模型、一组分析方法或算法、知识。PTC 对数字孪生的定义是，数字孪生体是由物（产生数据的设备和产品）、连接（搭建网络）、数据管理(云计算、存储和分析)和应用构成的功能体。因此，它将深度参与物联网平台的定义与构建。密歇根大学给出的定义是，数字孪生是基于传感器所建立的某一物理实体的数字化模型，可模拟显示世界的具体事物。美国国防军需大学给出的定义是，数字孪生是充分利用物理模型、传感器更新、运行历史等数据，集成多学科、多物理量、多尺度、多概率的仿真过程，在虚拟空间中完成映射，从而反映相对应的实体装备的全生命周期过程。Gartner 认为，一个数字孪生至少需要 4 个要素：数字模型、关联数据、身份识别和实时监测功能。数字孪生体现了软件、硬件和物联网回馈的机制。运行实体的数据是数字孪生的营养液输送线。反过来，很多模拟或指令信息可以从数字孪生体输送到实体，以达到诊断或预防的目的。数字孪生体是基于高保真的三维 CAD 模型，它被赋予了各种属性和功能定义，包括材料、感知系统、机器运动机理等。它一般存储于图形数据库，而不是关系型数据库。

　　为了统一全社会对数字孪生概念的认识，各标准化机构也推出多个数字孪生的标准研究项目，给出了数字孪生的标准化定义。国际标准化组织（ISO）的自动化系统与集成技术委员会（TC184）认为，数字孪生体是特定物理对象或过程的数字模型，该模型具有数据连接，能够使物理和虚拟状态保持同步。国际电工委员会（IEC）的工业过程测量、控制和自动化技术委员会（TC65）与 ISO/TC184 联合建立的 JWG21 工作组认为，数字孪生是物理实体与其虚拟实体在信息框架中的数字化表征，该信息框架将传统上分离的元素相互连接，从而提供生命周期角度的集成视图。目前最权威的定义来自 2020 年 10月获批立项的国际标准 ISO/IEC 30173《数字孪生　概念和术语》（*Digital twin—Concepts and terminology*），该标准指出，数字孪生是具有数字连接的特定物理实体或过程的数字化表达，该数据连接可以保证物理状态和虚拟状态之间的同速率收敛，并提供物理实体或流程过程的整个生命周期的集成视图，有助于优化整体性能。

11.2.2　数字孪生的典型特征

　　从数字孪生的定义可以看出，数字孪生具有以下几个典型特征。

　　（1）互操作性。数字孪生中的物理对象和数字空间能够双向映射、动态交互和实时连接，因此数字孪生具备以多样的数字模型映射物理实体的能力，具有能够在不同数字模型之间转换、合并和建立"表达"的等同性。

　　（2）可扩展性。数字孪生技术具备集成、添加和替换数字模型的能力，能够针对多尺度、多物理量、多层级的模型内容进行扩展。

　　（3）实时性。数字孪生技术要求数字化，即以一种计算机可识别和处理的方式管理数据以对随时间轴变化的物理实体进行表征。表征的对象包括外观、状态、属性、内在机理，形成物理实体实时状态的数字虚体映射。

　　（4）保真性。数字孪生的保真性指描述数字虚体模型和物理实体的接近性。不仅要求虚体和实体保持几何结构的高度仿真，而且在状态、相态和时态上也要仿真。值得一提的是，在不同的数字孪生场景下，同一数字虚体的仿真程度可能不同。例如，工况场景中可能只要求描述虚体的物理性质，并不需要关注化学结构细节。

　　（5）闭环性。数字孪生中的数字虚体，用于描述物理实体的可视化模型和内在机理，以便于对物理实体的状态数据进行监视、分析推理、优化工艺参数和运行参数，实现决策功能，即赋予数字虚体和物理实体一个"大脑"。因此数字孪生具有闭环性。

11.2.3　与相近概念的联系和区别

1．数字孪生和建模仿真（Modeling Simulation）

　　数字孪生系统的核心技术是仿真，基础是建模。建模是为我们对物理世界或问题的理解建模，模拟是为了验证和确认这种理解的正确性和有效性。但数字孪生系统和传统建模仿真之间又具有一定的区别。

仿真技术是应用仿真硬件和仿真软件通过仿真实验，借助某些数值计算和问题求解，反映系统行为或过程的模型技术，是将包含了确定性规律和完整机理的模型转化成软件的方式来模拟物理世界的方法，目的是依靠正确的模型和完整的信息、环境数据，反映物理世界的特性和参数。仿真技术仅仅能以离线的方式模拟物理世界，不具备分析优化功能，因此不具备数字孪生的实时性、闭环性等特征。

数字孪生需要依靠包括仿真、实测、数据分析在内的手段对物理实体状态进行感知、诊断和预测，进而优化物理实体，同时进化自身的数字模型。仿真技术作为创建和运行数字孪生的核心技术，是数字孪生实现数据交互与融合的基础。在此基础之上，数字孪生必需依托并集成其他新技术，与传感器共同在线以保证其保真性、实时性与闭环性。

换句话说，传统建模仿真与数字孪生均强调虚拟模型与物理实体的一致性，数字孪生实现该一致性的关键手段是借助物联网技术，与物理实体进行深度融合分析，而传统的建模仿真缺乏与物理实体的深度融合分析。数字孪生和建模仿真均可面向现有或尚未构建的物理实体进行应用，数字孪生模型是动态模型，其应用可以贯穿物理实体全生命周期的活动，通过对生命周期活动的融合分析，指导不同阶段的应用，而传统建模仿真往往仅针对某一具体阶段进行阶段性分析与应用。数字孪生能够基于信息技术和明确机理进行融合计算分析，如基于大数据和运行机理的融合决策和预测等，而传统建模仿真大多是基于明确运行机理进行分析的。

2．数字孪生和信息物理系统（CPS）

数字孪生技术与 CPS 技术是高度相似的。从功能角度上看，数字孪生与 CPS 都包含两个部分，真实物理世界和虚拟数字世界，都旨在构建数字世界与物理世界间的交互闭环，实现对物理世界中活动的状态预测和决策指导。然而它们之间又有一定的区别。

数字孪生与 CPS 都是利用数字化手段构建系统为现实服务的。其中，CPS 属于系统实现，而数字孪生侧重于模型的构建等技术实现。CPS 通过集成先进的感知、计算、通信、控制等信息技术和自动控制技术，构建了物理空间与虚拟空间中人、机、物、环境和信息等要素相互映射、适时交互、高效协同的复杂系统，实现系统内资源配置和运行的按需响应、快速迭代和动态优化。

CPS 更多的是一个理论框架和理念指导，是在物联网的基础上，数字世界与物理世界之间的多对多连接管理。CPS 并未给出具体的实施方案。数字孪生则侧重具体的实施技术，强调针对具体问题给出具体的解决方案。CPS 强调计算、通信和控制功能，传感器和控制器是 CPS 的核心组成部分，旨在实现数字世界对物理世界的决策、预测和控制。数字孪生则更关注数字世界的数字孪生模型对物理世界的映射和记录，注重数字世界模型的映射能力和数字世界与物理世界的融合。

相比于综合了计算、网络、物理环境的多维复杂系统 CPS，数字孪生的构建作为建设 CPS 系统的使能技术基础，它是 CPS 具体的物化体现。数字孪生的应用既有产品，也有产线、工厂和车间，直接对应 CPS 所面对的产品、装备和系统等对象。数字孪生在创立之初就明确了其是以数据、模型为主要元素构建的基于模型的系统工程，更适合采用人工智能或大数据等新的计算方式解决数据处理任务。

3．数字孪生和数字主线（Digital Thread）

数字主线被认为是产品模型在各阶段演化利用的沟通渠道，是依托于产品全生命周期的业务系统，涵盖产品构思、设计、供应链、制造、售后服务等各环节。在整个产品的生命周期中，通过提供访问、整合及将不同/分散数据转换为可操作性信息的功能来通知决策制定者。数字主线也是一个可以连接数据流的通信框架，并提供一个包含生命周期各阶段功能的集成视图。数字主线有能力为产品数字孪生提供访问、整合和转换功能，其目标是贯通产品生命周期和价值链，实现全面追溯、信息交互和价值链协同。由此可见，产品的数字孪生是对象、模型和数据，而数字主线是方法、通道和接口。

简单地说，在数字孪生的广义模型之中，存在着彼此具有关联的小模型。数字主线可以明确这些小模型之间的关联关系并提供支持。因此，从全生命周期这个广义的角度来说，数字主线是属于面向全生命周期的数字孪生的。

4．数字孪生和资产管理壳（Asset Administration Shell）

出自工业 4.0 的资产管理壳，是德国自工业 4.0 组建开始，发展起来的一套描述语言和建模工具，从而使设备、部件等企业的每一项资产之间可以完成互联互通与互操作。借助其建模语言、工具和通信协议，企业在组成生产线的时候，具备通用的接口，即实现"即插即用"，大幅缩短工程组态的时间，更好地实现系统之间的互操作。

自数字孪生和资产管理壳问世以来，更多的观点是视二者为美国和德国工业文化不同的体现。实际上，相较于资产管理壳这样一个起到管控和支撑作用的"管家"，数字孪生如同一个"执行者"，从设计、模型和数据入手，感知并优化物理实体，同时推动传感器、设计软件、物联网、新技术的更新迭代。但是，由于这两者在技术实现层次上比较相近，德国目前也正在努力把资产管理壳转变为支撑数字孪生的基础技术。

5．数字孪生和数字孪生体（Digital Twins）

"体"在中文中包括事物本身（物体、实体）的含义，或者事物的格局或规矩（体制、体系）。因此，数字孪生体中的"体"不仅指与物理实体或过程相对的数字化模型的实例，也指数字孪生背后的技术体系或学科，还指数字孪生在系统级和体系级场景下的应用。

6．数字孪生和元宇宙（Metaverse）

元宇宙被定义为一个集体虚拟共享空间，它由虚拟增强的物理现实和物理持久的虚拟空间融合创造，是数字世界、增强现实和互联网的总和。数字孪生和元宇宙都是信息化发展到一定程度的必然性结果。与现在大热的元宇宙概念相比，虽然数字孪生和元宇宙看上去都是在创造数字世界中的虚拟对象，但本质上是完全不同的。元宇宙的定位是在虚拟的数字化形态下的永生，与物理世界是弱关联的，最好是脱离物理世界自由发展；但数字孪生要求的是必须和物理世界对象强绑定，实现虚实互动的闭环，让人们能够更好地控制和预测物理世界，提高物理世界的效率与安全性。数字孪生的目的不是脱实向虚，而是通过核心技术优化重塑一个更美好的物理世界。

11.3 数字孪生的技术体系

11.3.1 数字孪生参考模型

数字孪生技术能够通过传感器采集物理空间的数据，并传递给虚拟空间的虚拟实体，虚拟实体能够在虚拟空间准确地反映物理空间物理实体的状况，为用户提供了更加直观的观察和影响物理实体的手段。数字孪生的主要目的是以数字技术对物理空间中的所有物理实体进行仿真和优化，主要包括 3 个部分，即物理空间的物理实体、虚拟空间的虚拟实体、面向物理空间和虚拟空间的服务应用。除此之外，还包括支持物理空间、虚拟空间之间的信息交互接口等信息处理过程。数字孪生的概念模型如图 11-2 所示。其中物理实体是存在于物理空间的具体对象，虚拟实体或数字孪生体是物理实体全生命周期在虚拟空间的映射，与物理实体是一一对应的关系。物理空间是基础设施、设备设施（硬件设备）、信息设施（包含软件、软件的数据和业务）、环境、能源、人员等具体物理实体对象存在的空间。虚拟空间是物理空间的数字化镜像（包括几何、物理），数字化镜像本身和数字化镜像之间的行为，以及物理实体运行的规律、规则和知识等存在的空间。

物理实体和虚拟实体通过信息处理过程进行交互，并面向服务应用提供功能模块支持，服务应用通过信息处理过程为物理实体和虚拟实体提供应用反馈，支持物理实体和虚拟实体的动态优化。一般而言，物理实体属于物理空间，虚拟实体存在于虚拟空间，服务应用中的不同功能模块分别属于物理空间或虚拟空间，信息处理过程可理解为物理空间和虚拟空间的信息交互接口，具有数据采集、存储、分析、处理、传输等功能。数字孪生的参考模型如图 11-3 所示，它可以更好地描述物理实体、虚拟实体之间的迭代优化过程和数据驱动要求。

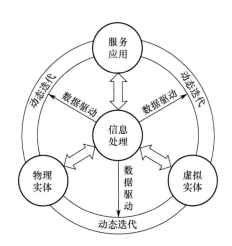

图 11-2　数字孪生的概念模型

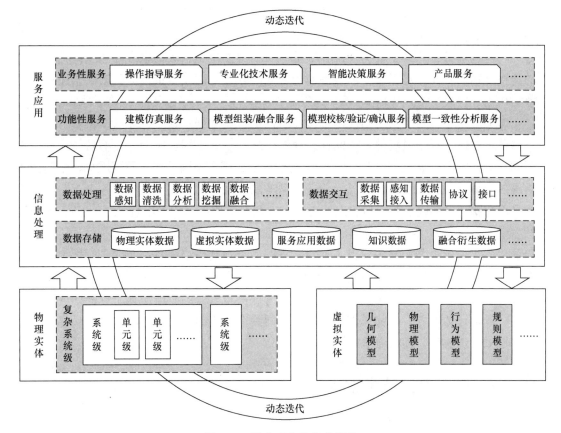

图 11-3　数字孪生的参考模型

　　物理实体一般具有层级性，按照功能及结构来划分可以分为单元级、系统级和复杂系统级。以数字孪生车间为例，车间内各设备可视为单元级物理实体，是功能实现的最小单元；根据产品的工艺及工序，由设备组合配置构成的生产线可视为系统级物理实体，可以完成特定零部件的加工任务；由生产线组成的车间可视为复杂系统级物理实体，是一个包括了物料流、能量流与信息流的综合复杂系统，能够实现各子系统间的组织、协调及管理等。物理实体可根据不同应用需求和管控粒度，分层构建不同功能的数字孪生模型。例如，针对单个设备构建单元级的数字孪生模型，可实现对单个设备的检测、故障预测和维护等；针对生产线构建系统级数字孪生模型，可对生产线的调度、进度控制和产品质量控制等进行分析和优化；针对整个车间构建复杂系统级数字孪生模型，可对各子系统及子系统间的交互和耦合关系进行描述，从而对整个系统的演化进行分析与预测。

虚拟实体包括几何模型、物理模型、行为模型和规则模型等，这些模型能够从多时间、多空间尺度对物理实体进行描述与刻画。通过对几何模型、物理模型、行为模型和规则模型的组装、集成与融合，可创建对应物理实体的完整虚拟实体。

信息处理主要包括数据存储、数据处理和数据交互等功能。其中数据存储功能是对物理实体数据、虚拟实体数据、服务应用数据、知识数据及融合衍生数据的存储；数据处理功能包括数据感知、数据清洗、数据分析、数据挖掘、数据融合等功能；数据交互功能支持物理实体、虚拟实体和服务应用之间的互联互通，包括数据采集、感知接入、数据传输、协议、接口等功能。

服务应用包括对数字孪生应用过程中所需的各类数据、模型、算法、仿真、结构进行服务化封装，以工具组件、中间件、模块引擎等形式支撑数字孪生内部功能运行与实现的功能性服务，以应用软件、移动端 App 等形式满足不同领域、不同用户、不同业务需求的业务性服务。功能性服务为业务性服务的实现和运行提供支持。其中，功能性服务是面向物理实体提供的模型管理服务，如建模仿真服务、模型组装/融合服务、模型校核/验证/确认服务、模型一致性分析服务等。业务性服务是面向终端现场操作人员的操作指导服务，如虚拟装配服务、设备维修维护服务、工艺培训服务；面向专业技术人员的专业化技术服务，如能耗多层次/多阶段仿真评估服务、设备控制策略自适应服务、动态优化调度服务、动态过程仿真服务等；面向管理决策人员的智能决策服务，如需求分析服务、风险评估服务、趋势预测服务等；面向终端用户的产品服务，如用户功能体验服务、虚拟培训服务、远程维修服务等。

11.3.2　数字孪生技术架构

数字孪生作为实现虚实之间双向映射、动态交互、实时连接的关键途径，可以将物理实体和系统的属性、结构、状态、性能、功能和行为映射到虚拟世界，形成高保真的动态多维、多尺度、多物理量模型，为观察物理世界、认识物理世界、理解物理世界、控制物理世界、改造物理世界提供一种有效手段。在万物互联时代，为了通过数字孪生技术实现物理实体与数字实体之间的实时互动，需要相应的多种基础技术作为支撑，更需要经历漫长发展阶段的演进才能很好地实现物理实体在数字世界中的塑造。首先，构建物理实体在数字世界中对应的实体模型之前，需要利用知识机理、数字化等技术构建一个数字模型，并且需要结合行业特性，对构建的数字模型进行充分评估，判断其是否可以在商业中投入使用；其次，利用物联网技术将真实世界中物理实体的元信息进行数据采集、传输、同步、增强，得到可以在业务应用中使用的通用数据；再次，通过这些数据，进一步仿真分析得到数字世界中的虚拟模型，在此基础之上我们可以利用 AR、VR、MR、GIS 等技术将物理实体在数字世界中完整复现出来，人们才能更友好地与物理实体交互；最后，我们可以结合人工智能、大数据、云计算等技术做数字孪生的描述、诊断、预警/预测及智能决策等共性应用赋能给各垂直行业。

中国电子技术标准化研究院发布的《数字孪生应用白皮书》给出了数字孪生的分层技术架构，如图 11-4 所示。下面对模型构建层、数据互动层、仿真分析层、共性应用层进行具体介绍。

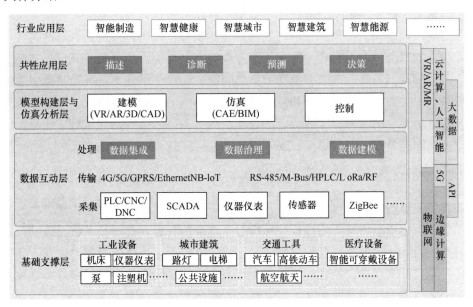

图 11-4　数字孪生的分层技术架构

1．模型构建层

数字化建模是对物理世界数字化的过程。这个过程需要将物理对象表达为计算机和网络所能识别的数字模型。建模的目的是将我们对物理世界或问题的理解进行简化和模型化。而数字孪生的目的或本质是通过数字化和模型化，用信息换能量，以更少的能量消除各种物理实体的不确定性，特别是复杂系统的不确定性。因此，建立物理实体的数字化模型或信息建模技术是创建数字孪生、实现数字孪生的源头和核心技术，也是数字化阶段的核心。

数字孪生模型构建的内容涉及概念模型和模型实现方法。其中，概念模型从宏观角度描述数字孪生模型的架构，具有一定的普适性；而模型实现方法主要研究建模语言和模型开发工具等，关注如何从技术上实现数字孪生模型。在模型实现方法上，相关技术方法和工具呈现多元化发展趋势。数字孪生建模语言主要有 AutomationML、UML、SysML及 XML 等。一些模型采用通用建模工具开发，如 CAD 等；更多模型的开发基于专用建模工具，如 FlexSim 和 Qfsm 等。

数字孪生信息模型的建立以实现业务功能为目标，按照信息模型建立方法及模型属性信息的要求进行。数字孪生信息模型库包括以人员、设备设施、物料材料、场地环境等信息为主要内容的对象模型库和以生产信息规则模型库、产品信息规则模型库、技术知识规则模型库为主要内容的规则模型库。

2. 数据互动层

物联网对于数字孪生的关键核心作用是，可以将物理世界本身的状态变为可以被计算机和网络所能感知、识别和分析的数据。这些状态包括物体的位置、属性、性能、健康状态等。物联网技术为物理世界的原子化向数字世界的比特化转变提供了完整的解决方案。同时物联网为物理对象和数字对象之间的互动提供了通道。互动是数字孪生的一个重要特征，主要是指物理对象和数字对象之间的动态互动，也隐含了物理对象之间的互动及数字对象之间的互动。前两者通过物联网实现，而后者则通过数字线程实现。能够实现多视图模型数据融合的机制或引擎是数字线程技术的核心。

3. 仿真分析层

仿真预测是指对物理世界的动态预测。这需要数字对象不仅表达物理世界的几何形状，还需要数字模型中融入物理规律和机理，这是仿真世界的特长。仿真技术不仅建立物理对象的数字化模型，还要根据当前状态，通过物理学规律和机理来计算、分析和预测物理对象的未来状态。物理对象的当前状态通过物联网和数字线程获得。这种仿真不是对一个阶段或一种现象的仿真，应该是全周期全领域的动态仿真，如产品仿真、虚拟试验、制造仿真、生产仿真、工厂仿真、物流仿真、运维仿真、组织仿真、流程仿真、城市仿真、交通仿真、人群仿真、战场仿真等。

4. 共性应用层

数字孪生的映射关系是双向的。一方面，基于丰富的历史、实时数据和先进的算法模型，可以高效地在数字世界对物理对象的状态和行为进行反映；另一方面，通过在数字世界中的模拟试验和分析预测，可为实体对象的指令下达、流程体系的进一步优化提供决策依据，大幅提升分析决策效率。数字孪生可以为实际业务决策提供依据，可视化决策系统最具有实际应用意义的，是可以帮助用户建立现实世界的数字孪生。基于既有海量数据信息，通过数据可视化建立一系列业务决策模型，能够实现对当前状态的评估、对过去发生问题的诊断，以及对未来趋势的预测，为业务决策提供全面、精准的决策依据。从而形成"感知—预测—行动"的智能决策支持系统。首先，智能决策支持系统利用传感器数据或来自其他系统的数据，确定目标系统的当前状态。其次，系统采用模型来预测在各种策略下可能产生的结果。最后，决策支持系统使用一个分析平台寻找可实现预期目标的最佳策略。

11.3.3　数字孪生的主要支撑技术

数字孪生的主要支撑技术包括物联网、大数据、云计算、边缘计算及人工智能等。例如，数字孪生中的孪生数据集成了物理感知数据、模型生成数据、虚实融合数据等高速产生的多来源、多种类、多结构的全业务、全流程的海量数据。大数据能够从数字孪生体动态运行而高速产生的海量数据中提取更多有价值的信息，以解释和预测现实事件的结果和过程；数字孪生的规模弹性很大，单元级数字孪生可能在本地服务器即可满足计算与运行需求，而系统级和复杂系统级数字孪生则需要更强大的计算与存储能力。云计算按需使用与分布式共享的模式可使数字孪生使用庞大的云计算资源与数据中心，从而动态地满足数字孪生的不同计算、存储与运行需求；数字孪生凭借其准确、可靠、高保真的虚拟模型，多源、海量、可信的孪生数据，以及实时动态的虚实交互为用户提供了仿真模拟、诊断预测、可视监控、优化控制等应用服务。AI 通过智能匹配最佳算法，可在没有数据专家参与的情况下，自动执行数据准备、分析、融合对孪生数据进行深度知识挖掘，从而生成各类型服务；数字孪生有了 AI 的加持，可大幅提升数据的价值及各项服务的响应能力和服务准确性。

（1）物联网技术。数字孪生是物理世界在数字世界的孪生，如何实现数字孪生与物理世界的虚实映射是数字孪生实施的基础。物联网是以感知技术和网络通信技术为主要手段，实现人、机、物的泛在连接，提供信息感知、信息传输、信息处理等服务的基础设施。随着物联网的不断健全和完善，数字孪生所需的各种数据的实时采集、处理得以保障。在空间尺度上，由于物联网万物互联的属性，面向的对象由整个产业垂直细分至较小粒度的物理实体。同时，在时间尺度上，由于物联网实时性的提升，使得不同时间粒度的数据交互成为可能。以上技术使得数字孪生正在变得更加多样化和复杂化，使得数字世界和物理世界能够在物联网的支持下进行时间和空间上细粒度的虚实交互，以支撑不同尺度的应用。

（2）大数据技术。数据是数字孪生系统动态运行的最重要的驱动力量。大数据具有海量、异构、高速、可变性、真实性、复杂性和价值性等特征，大数据分析面向解决具体问题提出相应的算法和框架模型。对数字孪生系统而言，大数据分析为深度探索物理空间事物提供可能，而通过数据可视化可以为数字孪生系统揭示物理实体的隐性信息提供有效工具。

（3）人工智能技术。数字孪生系统对工程应用的重要意义在于其智能分析和自主决策能力。人工智能技术的发展，可通过和传统的建模仿真分析技术结合，有效赋能数字孪生系统，使得数字孪生系统可针对过去、现在的状况进行综合智能分析，并进行自主决策，对物理世界的变化进行准确判断和决策，对物理世界的活动进行智能化支撑。

（4）云/边缘协同计算技术。数字孪生系统是庞大复杂的系统，然而其对物理世界的感知和决策支持往往具有时效性和个性化的特点。云/边缘协同计算技术，可有效地发挥云端强大的存储、计算能力和边缘端个性化实时感知、控制能力，为数字孪生系统的高效运行提供支撑。

11.4　物联网建立虚实世界之间的连接

数字孪生需要来自物理资产的数据，而物联网系统的传感器恰恰能够通过数据采集来提供这些实时数据。因此，物联网尤其是工业物联网，是将虚拟数字世界与物理世界连接的桥梁，也是虚实两个世界呈现的环境之一。将物理实体和数字孪生体与物联网连接，是数字孪生发挥价值的重要环节。近年来随着科学技术的飞速发展，高精度的智能传感器变得越来越先进、成本越来越低，使得在更多的企业及更广泛的对象和系统中采用数字孪生成为可能。随着物联网设备收集更多数据，数字孪生技术可以帮助开发人员和数据科学家优化物联网系统，并在部署前评估潜在场景。数字孪生技术与物联网将在下面几个典型场景得到进一步应用。

（1）预测性维护。数字孪生技术可以提供生产车间中每台设备如何工作的实时精确画面，使维护人员能够立即识别设备的问题，而不再需要依赖个人的丰富经验。一旦检测到来自物联网系统中传感器所采集数据的异常模式，并将其用于数字孪生的预测模型，就可以在故障发生之前进行预测，从而对每台设备都可以作为一个独特的单元进行精确跟踪和监控。这使得生产企业能够通过模拟来对设备在不同条件和环境下的行为进行预测。而且更方便的是，维护人员可以远程解决这些问题，大大缩短故障的解决时间。

（2）提升运营效率。对于可能存在潜在问题的解决方案，可以先在一个数字孪生体上进行测试。这样既节省了资源，又提高了安全性。随着技术应用的扩展，数字孪生将被用于监控整个生产流程，减少停机时间并防止错误发生。

（3）改进产品和服务。数字孪生让在使用数字原型构建完整版的物理设备之前运行模拟。虚拟原型是基于物理原型的，允许用户在降低成本的同时优化产品。收集到的数据还可用于改进现有的产品和服务，从而提高用户满意度和销售额。

（4）降低运营成本。可以利用该技术进行预测性维护和资产优化，以延长资产的使用寿命，从而降低运营甚至资本支出。

按照数字孪生系统所能实现的功能，大致可将其分为4个发展阶段。每个发展阶段，

都与物联网技术的应用密不可分。

1．数字仿真阶段

在这个阶段，数字孪生系统要对物理空间进行精准的数字化复现，并通过物联网实现物理空间与数字空间之间的虚实互动。在数字仿真阶段，数据的传递并不一定需要完全实时，数据可在较短的周期内进行局部汇集和周期性传递，物理世界对数字世界的数据输入及数字世界对物理世界的能动改造基本依赖于物联网硬件设备。

这一阶段主要涉及数字孪生的物理层、数据层和模型层（尤其是机理模型的构建），最核心的技术是建模技术及物联网的感知技术。通过 3D 测绘、几何建模、流程建模等建模技术，完成物理对象的数字化，构建出相应的机理模型，并通过物联网的数据处理技术使物理对象可被数字孪生系统进行感知和识别。

2．分析诊断阶段

在这个阶段，数据的传递需要达到实时同步的程度。将数据驱动模型融入物理世界的精准仿真数字模型中，对物理空间进行全周期的动态监控，最大限度地发挥物联网对物理世界动态感知和精准执行的突出作用。根据实际业务需求，逐步建立业务知识图谱，构建各类可复用的功能模块，对所涉数据进行分析、理解，并对已发生或即将发生的问题做出诊断、预警及调整，实现对物理世界的状态跟踪、分析和问题诊断等功能。

这一阶段的重点在于结合使用机理模型及数据分析模型的数据驱动模型，核心技术除物联网相关技术外，主要会运用到统计计算、大数据分析、知识图谱、计算机视觉等相关技术。

3．学习预测阶段

实现了学习预测功能的数字孪生能通过将感知数据的分析结果与动态行业词典相结合进行自我学习更新，并根据已知的物理对象运行模式，在数字空间中预测、模拟并调试潜在未发觉的及未来可能出现的物理对象的新运行模式。在建立对未来发展模式的预测之后，数字孪生将预测内容以人类可以理解、感知的方式呈现于数字空间中。

这一阶段的核心是由多个复杂的数据驱动模型构成的，是具有主动学习功能的半自主型功能模块，这需要数字孪生系统做到像人一般，可以灵活地感知并理解物理世界，而后根据理解学习到的已知知识，推理获取未知知识。所涉及的核心技术集中在机器学习、自然语言处理、计算机视觉、人机交互等领域。

4．决策自治阶段

到达这一阶段的数字孪生基本可以称为一个成熟的数字孪生体系。拥有不同功能及发展方向但遵循共同设计规则的功能模块构成了一个个面向不同层级的业务应用能力，这些能力与一些相对复杂、独立的功能模块在数字空间中实现了交互沟通并共享智能结果。而其中，具有"中枢神经"处理功能的模块则通过对各类智能推理结果的进一步归集、梳理与分析，实现对物理世界复杂状态的预判，并且自发地提出决策性建议和预见性改造，根据实际情况不断调整和完善自身体系。

在这一过程中，数据类型愈发复杂多样且逐渐接近物理世界的核心，同时必然会产生大量跨系统的异地数据交换甚至涉及数字交易。因此，这一阶段的核心技术除大数据、机器学习等人工智能技术外，必然还包括云计算、区块链及高级别隐私保护等技术。此时，决策自治的数字孪生系统从本质上来说也就是一个智能物联网（AIoT）系统。

11.5 本章小结

当今世界正在从物理世界向虚拟世界不断演进，与物理世界相对应，需要在虚拟世界中建设新的数字孪生基础设施。要想实现从物理世界到虚拟世界的数字化映射，就需要找到确定的物理世界与不确定的虚拟世界之间的一种较为明确、稳定的转换方式，而实现这一切的有效通路就是基于物联网的数字化。在某些场景中，人工智能算法并不需要真实物理世界的数据，仅需要虚拟的数据和信息即可运行。例如，Google 的搜索引擎或 Netflix 的视频推荐系统，它们仅需要取得网络数据或通过用户的行为数据，即可进行运算。而对特斯拉、台积电等生产实体商品的制造业，或者自动驾驶汽车、机器人等需要与实际物理世界进行交互的智能产品，在人工智能的应用上相对困难，因为它们需要连接物理世界与虚拟世界，要有能力实时接收来自物理世界的参量数据，将这些数据提供给人工智能平台进行运算，从而得到分析决策的结果，而物联网就是连接物理世界与虚拟世界的桥梁。

第 12 章 物联网新型基础设施建设政策与实施案例

12.1 《物联网新型基础设施建设三年行动计划（2021—2023年）》解读

最近几年，物联网已获得国内外产业界的高度认可，跨国公司纷纷推出自己的物联网发展战略和物联网相关产品。在地方政府的大力推动下，我国物联网的跨行业融合发展和示范应用不断推出，新技术、新产品、新业态层出不穷。自2013年以来，我国物联网行业规模保持高速增长，从2013年的4896亿元增长至2019年的1.5万亿元，物联网相关企业约有42.23万家，其中中小企业占比超过85%，形成了庞大的企业群体。"十四五"时期是物联网新型基础设施建设发展的关键期，为深入贯彻落实好党中央、国务院决策部署，系统谋划物联网新型基础设施建设，2021年9月10日，工业和信息化部等8部门共同印发了《物联网新型基础设施建设三年行动计划（2021—2023年）》（简称"行动计划"）。

12.1.1 行动计划出台背景

党中央、国务院高度重视物联网新型基础设施建设发展，党的十九届五中全会提出"系统布局新型基础设施"；国家"十四五"规划纲要提出推动物联网全面发展，将物联网纳入七大数字经济重点产业，并对物联网接入能力、重点领域应用等进行部署。

"十三五"以来，工业和信息化部大力推进物联网产业发展，取得积极成效。一是加强政策指引，印发了《信息通信行业发展规划物联网分册（2016—2020）》，引导物联网技术研发、应用落地和产业发展。二是启动了基地建设，推动杭州、无锡、重庆、福州、鹰潭5个物联网示范基地加快产业集群发展。三是加速应用落地，2018—2020年连续3年遴选具有技术先进性、产业带动性、可规模化应用的创新示范项目，推动优秀成果推广应用。"十三五"期间，我国物联网产业总体规模、骨干企业数、标准制定数量等指标全部达到规划预期目标，物联网应用部署范围和产业综合实力持续提升。

尽管如此，我国物联网产业发展仍然存在一些需要持续推进解决的问题。一是关键核心技术存在短板。物联网依然缺乏系统性研究和完整化、体系化的理论基础研究与有效支撑。物联网架构中的信息采集、传输、处理三大层级的关键技术和核心零部件仍依赖进口，基础核心芯片产品和专用电路从设计、工艺、封装、测试到基础算法编程软件、操作系统几乎完全依赖进口。基础技术薄弱，相关敏感元件生产化技术不能突破，成为技术升级和产业化发展的障碍。感知、传输、处理、存储、安全等重点环节技术创新积累不足，高端传感器、物联网芯片、新型短距离通信、边缘计算等关键技术仍需加大攻关力度。二是产业生态不够健全。我国物联网企业竞争力不足，具有生态主导能力的领军企业较少，产业链上下游的交流协作程度低。三是规模化应用不足。现有物联网基础设施建设规模小、零散化，广覆盖、大连接的物联网商业化应用场景挖掘不够，应用部署成本较高。四是支撑体系难以满足产业发展需要。标准引领产业发展的作用不强，物联网安全问题仍然严峻，相关知识产权、成果转化、人才培养等公共服务能力不足。我国业界长期缺乏跨界融合与超强协同能力的高端技术人才，即业内技术领军人物、高端复合型人才，特别是企业家人才；更缺乏培养高技术人才的环境和体系，以及造就高端人才和企业家的体制和机制。解决上述问题，需要进一步加强政策引导，汇聚合力，协同推进物联网技术创新、产业生态建设、重点领域应用推广和安全等工作。

行动计划确定了"聚焦重点，精准突破""需求牵引，强化赋能""统筹协同，汇聚合力""自主创新，安全可靠"的基本原则，并提出了全方位、系统性的解决方案和相应内容安排。强调要"聚焦感知、传输、处理、存储、安全等重点环节，加快关键核心技术攻关，提升技术的有效供给；聚焦发展基础好、转型意愿强的重点行业和地区，加快物联网新型基础设施部署，提高物联网应用水平"。这对物联网与工业经济深度融合、更加贴近百姓生活，构建全新的工业生态、关键基础设施和新型应用模式等都提出了具体要求，也为服务模式和服务理念创新提出了相应的指导。同时，对于构建起全要素、全产业链、全价值链、全面连接的新型工业生产制造和服务体系，以及对于支撑制造强国和网络强国建设、提升产业链现代化水平、推动经济高质量发展和构建新发展格局而言，都具有十分重要的意义。

12.1.2　行动计划主要内容

行动计划坚持问题导向和需求导向，以支撑制造强国和网络强国建设为目标，打造支持固移融合、宽窄结合的物联网接入能力体系，加速推进全面感知、泛在连接、安全可信的物联网新型基础设施。行动计划提出了2023年年底的具体行动目标，并提出"高端传感器、物联网芯片、物联网操作系统、新型短距离通信等关键技术水平和市场竞争力显著提升；物联网与5G、人工智能、区块链、大数据等技术深度融合应用取得产业化突破"是积极可行的，也是符合当前市场迫切需求和产业化发展趋势的。行动计划明确提出了"构建协同创新机制",发挥"产、学、研、用"的协同作用,建立企业主导下的物联网技术孵化创新中心,构建产业创新集群和产业链,鼓励企业组建物联网产业技术联盟,营造物联网产业生态体系,集中在产业优势地区建立先行试点与示范,"形成具有国际竞争力协同创新生态"是恰逢其时和至关重要的。

行动计划提出了 4 大行动、12 项重点任务。一是开展创新能力提升行动,聚焦突破关键核心技术,推动技术融合创新,构建协同创新机制。二是开展产业生态培育行动,聚焦培育多元化主体,加强产业聚集发展。三是开展融合应用创新行动,聚焦社会治理、行业应用和民生消费三大应用领域,持续丰富多场景应用。四是开展支撑体系优化行动,聚焦完善网络部署、标准体系、公共服务、安全保障,完善发展环境。同时,行动计划以专栏形式列出了各项任务落实的具体指引。为保障 4 大行动落地实施,行动计划明确了优化协同治理机制、健全统计和评估机制、完善人才培养体系、加大财税金融支持、深化国际交流与合作 5 个方面的保障措施。行动计划依托"十四五"规划纲要,在"双循环"经济推动下,明确提出了要"聚焦感知、传输、处理、存储、安全等重点环节,加快关键核心技术攻关,提升技术的有效供给";"突破智能感知、新型短距离通信、高精度定位等关键共性技术,补齐高端传感器、物联网芯片等产业短板,进一步提升高性能、通用化的物联网感知终端供给能力",重点强调了推动以传感器产业为代表的基础技术与产品的产业化发展。这样,既有效贯彻落实了国家总体战略目标要求,把总体战略目标与具体内容相结合,在基础领域增添了新的亮点。

行动计划提出,到 2023 年年底,在国内主要城市初步建成物联网新型基础设施,社会现代化治理、产业数字化转型和民生消费升级的基础更加稳固。具体发展目标体现为"五个一",突破一批制约物联网发展的关键共性技术,培育一批示范带动作用强的物联网建设主体和运营主体,催生一批可复制、可推广、可持续的运营服务模式,导出一批赋能作用显著、综合效益优良的行业应用,构建一套健全完善的物联网标准和安全保障体系。此外,行动计划对物联网龙头企业培育数量、物联网连接数及标准制定/修订数量提出了量化指标,设定推动 10 家物联网龙头企业,产值过百亿元;培育若干国家物联网新型工业化产业示范基地;在智慧城市、数字乡村、智能交通、智慧农业、智能制造、智能建造、智慧家居等重点领域,加快部署感知终端、网络和平台,使得物联网连接数突破 20 亿;完成 40 项以上国家标准或行业标准制定/修订等具体任务和量化指标是务实、可行的,也是当前物联网产业发展的基本需要。

行动计划从突破关键核心技术、推动技术融合创新、构建协同创新机制 3 个方面对提升物联网产业创新能力进行了部署安排。第一,突破关键核心技术。实施"揭榜挂帅",鼓励和支持骨干企业加大对高端传感器、物联网芯片、新型短距离通信、高精度定位等关键核心技术的攻关力度。第二,推动技术融合创新。加强 5G、大数据、人工智能、区块链等新兴技术与物联网的融合发展,提升物联网终端感知能力、应用平台数据处理能力和智能化水平。第三，构建协同创新机制。鼓励地方联合龙头企业、科研院所、高校建立一批物联网技术孵化创新中心，调动物联网产业技术联盟、基金会、开源社区等机构协同创新，形成合力。

行业应用是物联网发展的主要驱动力之一。物联网为传统行业数字化转型升级提供了从物理世界到数字世界映射的基础支撑，物联网新型基础设施的规模化部署需要与千行百业紧密结合。行动计划综合考虑各领域对物联网需求的紧迫性、发展基础和经济效益等重要因素，按照"分业施策、有序推进"的原则，在社会治理、行业应用、民生消费三大领域重点推进 12 个行业的物联网部署。面向社会治理分别确立了智慧城市、数字乡村、智能交通、智慧能源、公共卫生 5 个重点内容，以推进基于数字化、网络化、智能化的新型城市基础设施建设；推动农村地区水利、公路、电力、物流等基础设施数字化、智能化转型，推动城乡平安、畅通出行及公共卫生防控、看病就医的智能化水平建设。通过不同行业试点与示范应用，形成全社会关注与市场需求、百姓关心和关注度高等服务于大众和"获得感"强的智慧化的服务平台，为全社会综合治理提升、服务业数字化转型、多行业融合发展，以及物联网全面推广应用提供有力的支撑和保障，充分体现了行动计划中重点工作的真实性、有效性和实用性，也为物联网应用中的理念创新提出了明确的要求。对于三大领域，一是以社会治理现代化需求为导向，积极拓展市政、乡村、交通、能源、公共卫生等应用场景，提升社会治理与公共服务水平；二是以产业转型需求为导向，推进物联网与农业、制造业、建造业、生态环保、文旅等产业深度融合，促进产业提质增效；三是以消费升级需求为导向，推动家居、健康等领域智能产品的研发与应用，丰富数字生活体验。长期以来，物联网产业发展除基础产业的核心技术、成本、信息安全等问题以外，在市场化应用中都不同程度地存在着行业壁垒。而且最难突破的就是行业壁垒，因行业条块管理分制和部门利益所致，不同行业领域和部门的数据融通和共享矛盾突出，一个个的"信息孤岛"为技术创新、产品迭代、资源共享、标准实施、协同管理、商业模式推广形成重大障碍。

完善的产业生态是物联网发展的核心。行动计划着力从培育多元化市场主体、加强产业集聚发展两方面壮大物联网产业生态。以多元化市场主体引领生态建设，分类培育龙头企业、专精特新"小巨人"企业、物联网运营服务商，形成大、中、小企业融通发展的格局。以产业聚集构建创新生态，加强物联网示范基地建设，持续跟踪评价现有示范基地建设效果，高水平培育新的物联网示范基地，进一步引导产业集聚发展。

标准是物联网发展的基础。物联网行业规范与技术标准始终是不可跳过和难以突破的一大难点和痛点，一大堆标准却难以规范和统筹数据采集、传输、处理的各环节、各参数指标和应用途径的具体实现，造成技术"碎片化"的现状尤为突出。需要制定标准的标准，也就是标准的标准化，即按照行业应用、工艺技术、产品设计、系统集成等分别确立标准，避免不同维度的交叉和复杂因素的交错，以及人为制造的障碍影响和制约行业的标准化进程。行动计划从标准体系建设与关键标准制定方面推动物联网标准化工作，明确提出了加强标准体系建设，依托全国信息技术标准化技术委员会及相关标准化技术组织，优化完善物联网标准体系，建立物联网全产业链标准图谱，加强重点标准的实施和评估；计划 3 年内组织国内产学研力量加快制修订 40 项以上国家标准或行业标准。同时，深度参与国际标准化工作，提升我国在国际标准化活动中的贡献度。进一步提出要"加快新技术产品、基础设施建设、行业应用等国家和行业标准制修订，鼓励团体标准先行先试"；提出"完善物联网终端入网检测技术标准与规范"，明确"支持基于 IPv6 的物联网项目应用试点工作"，在智慧家居领域推动 3 个以上大型智慧家居平台及 50 款以上家庭基于 IPv6 的水、电、气等物联网终端系统，为技术应用标准与平台融合明确具体要求。

安全是物联网发展的前提。行动计划提出依托科研机构与联盟协会，从加强物联网安全管理、建设面向物联网密码应用检测平台及安全公共服务平台、打造"物联网安心产品"等方面发力，提升物联网安全技术应用水平和安全公共服务能力。

12.2　智能安防物联网新基建案例

12.2.1　案例概况

安防视频监控行业经过长达半个多世纪的发展和演变，已经从政府、军事等特殊领域，拓展到交通、学校、金融、医院等领域，并且已经向民用、家庭、社区等消费领域延伸。当前，监控技术在不断成熟，监控设备制造成本在不断降低，国家在政策层面持续推动着安防产业发展，越来越多的道路和各种场地逐渐覆盖安装了各种高清摄像设备。这些高清摄像设备产生了海量的视频数据，但是海量视频的历史数据查找困难、画面太多无法全面顾及的情况也随之而来。此外，随着人工智能技术的发展，对视频场景中出现的人、车、物等信息进行深度挖掘、串并联分析的成果不断涌现，将传统安防带向新的发展高度，智能化的安防视频监控系统应运而生。

1. 案例背景

生活、工作、学习环境的安全性是人类进行日常生产活动的基础保障，而随着社会经济的高速发展和城市化进程的加快，城市流动人口增加，各种潜在的安全风险日益凸显，传统安防视频监控过于被动、偏重人防、事后追溯困难的现状已经不足以时刻准备应对多变的风险事件。不管是办公楼宇、商超园区，还是医院学校，管理者都希望能在风险事件发生的前期做到及时预警和告警，后期高效追溯事件经过和关键信息，确保公众环境的安全。

随着信息技术的发展，物联网和人工智能等技术已经在监控行业中发挥了重要的作用，相关数据显示，未来企业捕获的视频/图像内容将由机器而不是人类进行分析。随着我国道路交通基础设施的兴建，以及"平安城市""雪亮工程"建设的加速，"十四五"期间无疑是我国视频监控行业发展的重要时期，同时智慧城市是新型城镇化发展的一个重点方向，而平安城市系统属于智慧城市信息化系统的重要组成部分。因此，智能安防已经成为现代社会环境政府、企业等安全管理的明确发展趋势。

2. 案例简介

智能安防视频监控系统是基于物联网技术和 AI 技术的智能安防应用方案，其能力包括基础视频服务和智能 AI 视频服务，其中基础视频服务包含实时预览、历史回放、设备管理、角色管理、基础告警管理、系统管理、系统消息等功能，智能 AI 视频服务包含禁区监控、视频浓缩、智能追踪等功能。

3. 案例目标

帮助办公楼宇、商超园区、医院学校等企业单位管理者实现安全管理方式升级，以降低风险事件发生概率，提高事故发生后的追溯效率，为企业往更智能化、科技化、未来化的安全管理方向发展提供路径。

12.2.2　案例技术方案

1. 整体架构

智能安防视频监控系统架构包括物联接入、视频分析、解决方案和安全保障机制 4 个方面。其中，物联接入包括各种前端感知设备；视频分析包括智能分析组件和基础功能组件；解决方案包括智慧楼宇、智慧园区、智慧医院等应用适配方案；安全保障机制服务于整个系统架构的安全，从网络安全、数据安全、应用安全等 6 个方面对系统进行安全加固和防护，如图 12-1 所示。

图 12-1　智能安防视频监控系统架构

2．涉及的物联网技术

智能安防视频监控系统的底层支持接入物联网各种硬件、传感器等设备，通过边缘网关、视频网关等提供各种类型的数据接入功能，并作为物联设备数据的集散中心，将物理空间、视频系统和上层应用根据安防场景和业务逻辑进行组合优化。智能安防视频监控系统通过智能化 AI 处理、机器视觉，分析挖掘数据价值，整合物联网安全、人工智能等相关技术，同时依托于云端强大的服务能力，可应对海量高并发的视频大数据处理场景。

3．技术路线

智能安防视频监控系统的接入能力是通过与物联网云平台对接实现的，通过物联网云平台对接视频监控系统及其他设备、子系统获取设备数据、视频数据，结合 AI 算法，对视频数据进行分析处理，从原本海量的视频信息中挖掘出有效、需要关注的事件信息，结合 AI 能力，实现事前智能预警、事中及时告警、事后高效追溯。相较于传统视频监控系统被动人防、低效检索的现状，智能安防视频监控系统将管理过程由被动变为主动，由低效往高效进行产品设计。不管是办公楼宇、商超园区，还是医院、学校，都能根据实际的场景灵活组合所需的 AI 算法，切实解决不同场景所面临的难题，真正实现智能安防。同时，智能安防视频监控系统集成了物联网安全等相关技术，在网络层结合网络入侵防护系统，通过旁路部署方式，无变更、无侵入地对网络层会话进行实时流量威胁检测和实时阻断，并且提供了阻断 API，方便其他网络层、主机层、应用层安全检测类产品调用，为智慧建筑场景的物联网类系统提供全天候、全方位的安全保障。

12.2.3 创新点和实施效果

1．先进性及创新点

物联网和 AI 能力相结合，通过 AI 视频分析算法，快速发现安全隐患，提升安全防护能力，具备事前智能预警、事中及时告警、事后高效追溯等能力。相比传统视频监控系统被动人防、低效检索的现状，智能安防视频监控系统将安全管理过程由被动变为主动，由低效转向高效。同时将安防能力从单一的安全领域向多行业提供应用、提升生产效率、提高生活智能化程度转变，可以广泛应用于智慧地产、智慧医院、智慧养老、智慧园区等场景。

（1）被动存录升级为主动预防：通过禁区监测、跌倒监测等 AI 视频分析算法，在场域监测过程中实时识别关键事件或警讯，从被动视频记录转变为主动的场景事件侦测，提升风险发现能力并缩短风险反馈时间。

（2）事后追溯效率提升：通过 AI 算法精确分析视频画面，实现视频浓缩、失物追踪、跨屏追踪等功能，有利于快速定位事件及目标人员，提升应急处理的效率和有效性。

（3）快速部署：与传统的视频监控系统部署方式相比，智能安防视频监控系统的 AI 算法独立部署，可根据场景中的实际痛点进行灵活的算法组合，使部署快速落地。

（4）资源成本最优：通过知识蒸馏、剪枝、量化等模型加速手段，最大化利用 GPU 硬件资源，降低硬件算力资源成本。

（5）安全可靠有保障：通过接入网络入侵防护系统，在网络层提供旁路实时流量威胁检测和阻断率高达 99.99%的实时阻断，为系统的网络安全和数据安全提供强有力保障。

2．实施效果

智能安防视频监控系统可用于电子围栏、徘徊分析、人员聚集分析、安全防控、火灾烟雾分析、视频浓缩、跨境分析等场景。

（1）电子围栏。

功能介绍：划定一块区域，当有人进入时可发出预警信号。

应用场景：医院、学校、商场、小区、写字楼、工地等各种场所中重点关注、不允许人员随便进入的区域。当有人进入划定的区域内时，立即告警弹窗，通知安保人员进行处理，效果图如图 12-2 所示。

图 12-2　电子围栏效果图

（2）徘徊分析。

功能介绍：分析画面中的徘徊行为，当目标停留一定时间时发出预警信号。

应用场景：医院、学校、商场、小区、写字楼、工地等各种场所中人员短时间停留、长时间停留时需要预警的区域，效果图如图 12-3 所示。

图 12-3 徘徊分析效果图

（3）人群聚集分析。

功能介绍：实时分析范围内的人群密集度，一旦超过阈值即产生风险预警，辅助管理人员及时疏散或消化人群，避免踩踏事件发生，可应用在学校食堂、操场，火车站、地铁站候车室或站台，医院大堂等易发生人群聚集的场景。

应用场景：电影院、食堂、火车站候车厅、广场等易发生人群聚集的区域（这些区域能容纳一定数量的人群，但过多时会有踩踏风险，所以需要关注）；或者办公楼前广场，效果图如图 12-4 所示。

图 12-4 人群聚集分析效果图

（4）安全防控。

功能介绍：通过将关注的人员信息导入系统，可实时监测库中人员，当出现关注人员时立即告警。

应用场景：学校、商场、小区、写字楼、工地等各种场所，关注指定人员的出现，效果图如图 12-5 所示。

图 12-5　安全防控效果图

（5）火灾烟雾分析。

功能介绍：在消防通道、物品存放等重点区域进行持续分析，一旦发现火苗、烟雾就立即告警，通知管理人员在第一时间确认，消除安全隐患。

应用场景：学校、商场、小区、写字楼、工地等各种场所，监测室外、屋顶等区域设施、设备老化导致的起火、起烟等，效果图如图 12-6 所示。

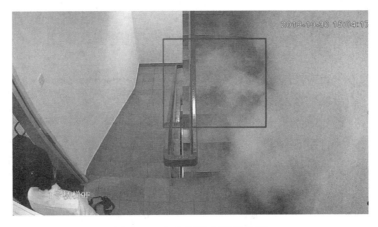

图 12-6　火灾烟雾分析效果图

（6）视频浓缩。

功能介绍：对视频内容进行概括，主要运用在对长时间录像的压缩上，它可以将不同目标的运动显示在同一时刻，这样大幅减少了整个场景事件的时间跨度，帮助用户快速回顾录像片段，创建、查看并导出摘要视频，供调查使用。简单来说，视频浓缩功能是短时间内浏览完视频。

应用场景：适用于学校、商场、小区、写字楼、工地等各种场所中平常人员走动不多，发生事件后需要快速定位关键时间点的区域，效果图如图 12-7 所示。

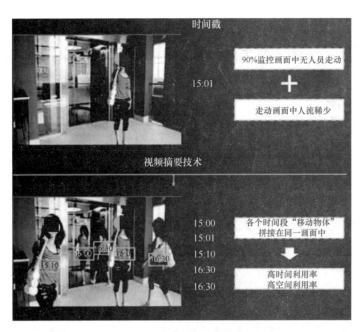

图 12-7　视频浓缩效果图

（7）跨境分析。

功能介绍：分析单个目标在多个摄像机出现的画面，并将同一个目标的历史行动轨迹串联成一个路线。

应用场景：学校、商场、小区、写字楼、工地等各种场所的关键出入口，发生事件时需要查找某人的行动记录时即可迅速查找到，效果图如图 12-8 所示。

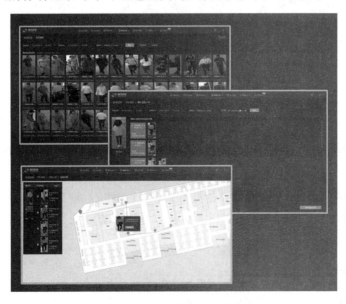

图 12-8　跨境分析效果图

12.3 智慧燃气物联网新基建案例

12.3.1 案例概况

NB-IoT 作为 3GPP 首个专门针对物的蜂窝物联网技术，因其低功耗、广覆盖、大连接、低成本、高可靠等优势，适用于智慧燃气抄表和设备监控领域，可以稳定实现对智能燃气表流量信息实时采集、设备状态监测、控制指令下发等远程操作，将采集的燃气数据和状态信息进行及时分析和处理，从而实现更有针对性、更具科学性的动态管理，提升智慧燃气管理效率和服务水平。

1．案例背景

全球能源加快向低碳清洁化转型，天然气作为一种优质低碳能源，越来越受各国青睐。

我国城镇化水平不断提高，用气人口规模持续扩大，同时根据燃气表使用更换时限为 10 年来计算，旧燃气表更换成智能燃气表的需求潜力巨大，智能燃气表的新增需求将持续旺盛。《2019—2025 年中国智能燃气表行业发展前景与机遇预测研究报告》统计数据显示，2018 年我国燃气表产量约为 5220.1 万台，国内燃气表需求量约为 4613.6 万台。其中，智能燃气表需求量约为 3302 万台，占燃气表总需求量的 71.57%。按照未来我国 60% 家庭使用天然气估算，预计未来智能燃气表的整体市场空间可以达到 600 亿元。

NB-IoT 是首个专门针对物联网应用的通信协议，移动通信正在从人和人的连接，向人与物以及物与物的连接迈进，万物互联是必然趋势。2017 年 6 月，工业和信息化部办公厅发布的《关于全面推进移动物联网（NB-IoT）建设发展的通知》中明确指出：加强 NB-IoT 标准与技术研究，打造完整产业体系；推广 NB-IoT 在细分领域的应用，逐步形成规模应用体系；优化 NB-IoT 应用政策环境，创造良好可持续发展条件，为 NB-IoT 技术的推广应用保驾护航。

2．案例简介

NB-IoT 智能燃气表将用气数据、电量、信号、阀门状态、异常情况等信息通过燃气表内置的 NB-IoT 通信模组接入 NB-IoT 网络，传输到 IoT 连接管理平台，然后上传到后台采集和业务系统云平台。后台云平台将数据包进行解析，解析出的用户用气数据在用户账户内完成结算，并通过客服系统的相关新媒体渠道推送给用户，用户能实时获取自己的用气账单，并能远程完成账户的充值。

3．案例目标

GPRS 物联网燃气解决方案已经商用多年，虽然网络成熟，但是技术相对落后，对表具与基站的距离要求较高，功耗大，成本高。NB-IoT 智慧燃气解决方案将完美解决 GPRS 物联网燃气解决方案的上述缺陷。同时，NB-IoT 智慧燃气解决方案更加智能化、人性化，可以通过稳定、可靠的移动（移动、联通、电信）无线网络平台实现仪表终端数据直接传送到后台管理服务中心、远程阀门控制、用气状态监控、阶梯气价实时调整、数据分析、异常报警等功能。结合手机 App 可以完成远程充值、实时互动等功能，为燃气公司的运营数据预测提供可靠的数据依据，提高燃气公司经营管理效率，减轻燃气公司负担，同时方便用户，极大提升了燃气公司现代化管理水平，助力智慧能源、智慧城市的发展。

12.3.2　案例技术方案

1．整体架构

物联网智慧燃气解决方案的整体架构是依照云、管、端架构实现的从智能终端到智慧服务的解决方案架构。在日常使用过程中，智能终端每天自动把计量与表的运行状态（电池电量、阀门状态、恶意对表具攻击等）信息，通过自带的移动物联网专网模块及移动互联网直接发送给云平台，云平台收到数据后将返回一个应答数据，从而能够实现双向通信。用户可以通过移动 App、网上银行进行实时网络充值，同时用户通过移动 App 可以与燃气公司做到实时互动。后台系统每天通过自动的数据收集为用气数据预测及异常情况报警等提供准确的数据依据。方案架构如图 12-9 所示。

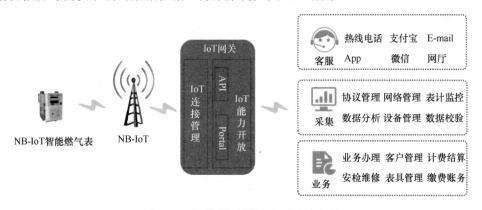

图 12-9　物联网智慧燃气解决方案架构

2．涉及的物联网技术

该案例应用 NB-IoT 通信技术实现智能燃气表与后台云服务平台之间的远程通信及双向互动。燃气表通气时，带动齿轮进行机械运动，控制器的霍尔元件获得齿轮上的磁传感器信号形成脉冲，由此将用气数据由机械信号转换为电信号；再在设定的时间内由控制器的主芯片将用气数据、设备状态等通过 NB-IoT 模组传输到应用平台，支撑燃气业务的用气计费结算、设备状态监控和异常管理。

3．技术路线

物联网智慧燃气解决方案是以智能计量、智能管网建设为基础，基于物联网、大数据存储和分析、云计算、移动互联网，结合燃气行业特征，突破传统服务模式，拓展全新服务渠道，提供系统化综合用能方案，创造面向未来的智慧燃气系统框架，提供最优服务，创造更多的利润空间。

物联网智慧燃气解决方案按照云、管、端的系统架构来建设，以满足 ICT 未来演进的需求，方案包括终端层、网络层、平台层、运营层、服务层几个层面，通过物联网、云计算、大数据等技术将各层面整合统一为有机的整体，支撑智慧燃气应用的构建和快速上线。

（1）终端层——物联网感知端融合。

终端设备是物联网的基础载体，随着物联网的发展，终端由原有的哑终端逐步向智能终端演进，通过增加各种传感器、通信模块使得终端可控、可管、可互通，包括智慧民用物联网表、智能工商业流量计、智能管网、智能 DTU 及与智能家居相关联的多种智能终端。终端设备通过集成 NB-IoT 标准模组，与 NB-IoT 基站连接来实现通信能力，智能终端通过 NB-IoT 基站将信息上传给 IoT 平台。

（2）网络层——NB-IoT 简易部署、广覆盖。

网络是整个物联网的通信基础，不同的物联网场景和设备使用不同的网络接入技术和连接方式。对于智慧燃气场景，中国电信基于 800MHz 频段的 NB-IoT 承载抄表等燃气业务，NB-IoT 的特点，符合智慧燃气通信的需求。在网络部署上，NB-IoT 仅使用 180kHz 带宽，可采用带内部署（In-band）、保护带部署（Guard-band）、独立部署（Stand-alone）方式灵活部署，通过现有 GSM/UMTS/LTE 网络简单升级即可实现全国覆盖。与其他的 LPWAN 技术相比，NB-IoT 具有建网成本低，部署速度快，覆盖范围广等优势。中国电信的 800MHz 频段在信号穿透力和覆盖度上拥有较大的优势，能够充分保障智慧燃气等业务在复杂应用环境下数据信号传输的稳定性与可靠性。中国电信通过整合通信网络能力与 IT 运营能力，为燃气公司、燃气表厂提供可感知、可诊断、可控制的智能网络，满足客户对终端工作状态、通信状态等进行实时自主查询、管理的需求。同时为满足物联网客户在终端制造和销售过程中的生产测试阶段、库存阶段、正式使用阶段中对网络的不同使用需求，中国电信提供号码的一次激活期、静默期、二次激活期功能。

（3）平台层——统一平台多业务汇聚管理。

IoT 平台支持多种灵活部署模式，可以部署在中国电信和华为双方合作的天翼云上，华为 OceanConnect IoT 平台提供连接管理、设备管理、数据分析、API 开放等基础功能，由中国电信负责日常运营及管理。

IoT 平台提供连接感知、连接诊断、连接控制等连接状态查询及管理功能；通过统一的协议与接口实现不同终端的接入，上层行业应用无须关心终端设备具体物理连接和数据传输，实现终端对象化管理；平台提供灵活高效的数据管理，包括数据采集、分类、结构化存储、调用、使用量分析，提供分析性的业务定制报表。业务模块化设计，业务逻辑可实现灵活编排，满足行业应用的快速开发需求。

在针对燃气行业特定场景的燃气标准化设备模型（燃气标准报文 Profile）中，IoT 平台提供插件管理功能，实现南向对接服务，方便各类智能表具厂商根据标准、多协议快速接入和进行设备管理，同时支持燃气业务标准微服务套件与后台燃气客户信息系统（CIS）集成，实现计费客服业务操作和远程设备采集控制无缝对接，省去了燃气公司复杂的多设备和多系统集成工作。

同时，IoT 平台与 NB-IoT 无线网络协同，提供即时下发、离线命令下发管理、周期性数据安全上报、批量设备远程升级等功能，相对传统解决方案降低 50% 的功耗，延长设备使用寿命；支持经济、高效的按次计费，助力精细化运维。

（4）运营层——丰富的燃气应用。

IoT 应用是物联网业务的上层控制核心，燃气行业在 IoT 平台的基础上，聚焦自身应用开发，使物联网得到更好的体现。智慧燃气应用系统通过 IoT 平台获取来自终端层的数据，帮助燃气企业实现客户管理、表具计量、计费客服等燃气需求侧的管理，以及管网建设、生产运营、设备运维的供给侧的精细化管理。

（5）服务层——更智能、更便捷、更高效。

在物联网时代，用户生活变得更智能、更便捷、更高效，IoT 技术结合智慧燃气改变了用户感知燃气的方式。通过 IoT 平台，结合微信、支付宝、掌厅、网厅、ATM 等主流服务渠道，用户可获取燃气用量、账单、安检情况等相关信息，同时通过主流渠道快速实现缴费、查询等业务办理，与燃气企业进行实时互动。

12.3.3　创新点和实施效果

1. 先进性及创新点

根据研发目标及技术路线，该案例的先进性及创新点主要在于产品具备更优秀的功能及性能，主要体现在以下几个部分。

（1）"端到端"通信，信号稳定，覆盖范围广。实现"表端"到"服务器端"的"端到端"直接通信。端对端的模式没有第三方环节，使得通信更加简单、稳定、可靠。

（2）支持多种报警功能，确保用气安全。燃气表为民生产品，十份关注安全性能。当出现阀门直通、电量不足、燃气泄漏等异常情况时，表端迅速采集异常信息，并将数据上传至数据服务中心。通过关阀报警、系统提示、短信报警等多种报警方式实现实时

报警，保证燃气用气安全。

（3）采用多重措施，确保数据交互安全。在万物互联的场景下，安全变得尤为重要。基于端到端的安全解决方案，针对智能燃气表功耗敏感的特点，创新优化和开发的轻型加密机制和算法协议，实现了表具、网管、通信通道、IoT 平台和 SaaS 应用各层的安全。同时，也保障表具 10 年稳定运行，保护终端和数据安全。其中，终端采用单片机软件 AES 算法加密；网络采用防信令风暴、通信加密、身份认证等措施；平台采用物联网安全网关、异常终端隔离、设备认证、个人数据匿名化、敏感数据加密等措施；系统构建敏感数据加密、用户隐私数据匿名化、密钥管理、API 安全授权等措施。

（4）数据备份，容错抗灾能力强。为提高数据存储的容错抗灾能力，制定异地容灾备份机制，本地独立服务器备份。采用磁阵存储技术，硬盘坏了数据也不会丢失。加密机存储技术，数据加密存储，数据被盗也无法查看明文信息。服务器监控技术，应用和服务器宕机监控，故障报警通知，及时处理。

（5）运营管理，高效便捷。降低燃气公司的运营成本投入，提高智能化管理水平，实现燃气表用户便捷操作及实时互动，提供多种运营管理服务。系统可自动完成抄表、收费、报表生成等业务，可灵活的选择预付费或后付费缴费模式。采用金额结算，支持阶梯气价（4 阶 5 价），能够方便快捷的实现阶梯气价的调整。同时，支持网上付费，营业厅付费，移动付费（微信、支付宝、银联）等多种付费方式，燃气表用户通过手机 App 能够及时了解家庭的用气信息，与燃气公司实时互动。具备丰富的报表功能，支持个性化定制需求。

（6）大数据分析与预测，精准服务。系统根据用气属性每天自动统计用气信息，做到用气数据实时掌握。根据客户需求，定制化实现按照客户类型、管辖关系的消费量分析；按照价格的能源流向分析；按照时段的能源需求分布统计；按照供应网络的负载能力分析。系统按照时间、区域、类型等不同维度检索分析客户的数量、比例、增长率、衰退率等情况，了解和预测趋势走向，为未来提供决策参考。通过时间维度、客户类型、区域关系等参数查看客户的消费量统计，以及同期消费数据对比情况。

（7）建立公用事业行业端到端一体化 SaaS 云服务平台。建立基于 SaaS 模式面向燃气、水务、热力等公用事业的企业客户管理统——云服务平台，全面满足客户关系管理和核心业务的需求，实现客户的统一管理，实现物联网表、卡表、普表各类表具统一管理，实现抄表、计费、收费、账务统一管理，提供企业上云服务及增值服务，助力企业智慧运营。云服务平台降低了客服成本，提高外勤的作业效率，同时，还保障运行安全，提升了客户满意度，实现了增值盈利，挖掘大数据的价值。

2．实施效果

物联网智慧燃气解决方案在为燃气用户提供更多便捷的同时，帮助燃气公司降本增效，同时促进区域能源供需平衡，及时发现燃气安全隐患，为城市保驾护航，推动智慧城市建设进程。具体案例如下。

（1）NB-IoT 智能燃气表在天津大港油田上线。该案例针对大港油田区域 10 年到期的老表，目标是将老表改造为最新的 NB-IoT 智能燃气表，目前已挂表近 100000 台。挂表区域集中在直径 4 千米的范围内，充分利用 NB-IoT 大连接的特性。表具每天自动上报一次数据，通过后台系统统计 NB-IoT 智能燃气表的一次抄读成功率，日抄表成功率达99%以上，周抄表成功率达 100%。

（2）NB-IoT 智能燃气表在广州燃气上线。2017 年广州燃气集团为推进建设智能安全供气工程，同时配合阶梯气价，为市民打造低碳环保、优质高效的智能家居生活，提供更优质、更贴心的燃气服务，在全市有计划地推广安装窄带物联网智能燃气表 20 万台，5 年时间实现 160 多万用户覆盖。截至目前已安装上线超过 65 万台，安装区域分散，广州电信通过信号优化、建设室内分布系统等诸多手段保障 NB-IoT 智能燃气表顺利上线。智能燃气表上线稳定运行，表具抄表率大于98.5%。

12.4　智能电网物联网监测新基建案例

12.4.1　案例概况

基于卫星物联网的智能电网监测主要用于解决无基础运营商信号覆盖地区的电网监测数据传输问题，通过卫星物联网平台的建设，将卫星空间技术、GPS、地面专用传感、物联网、结构化视频监控、电子地图和无线传输技术结合为一体，借助采集、传输设备打造智能巡检系统，助力和保障电网的正常运行。

1. 案例背景

随着电网规模的逐渐扩大，动植物入侵、人为外力破坏及极端自然灾害等不可预见因素，给输电线路的安全运行带来了前所未有的挑战。部分电网线路分布在偏远山区，沿线穿越高山峻岭、大江大河等复杂特殊的地理环境，部分区域还会遭受洪水、山体滑坡、冰雪等极端自然灾害。目前，电网主要采用有人直升飞机巡检的方式进行检查，有人直升机巡检方式起降灵活，可在空中进行自由的悬停，并且抗风、沙、冻等外部环境干扰能力强，但该方式约束条件多、运营成本高、对线路环境、运行人员和场地要求严格且有很大的安全风险，实用化和普及推广难度较大。有人直升机巡检方式还不能完全满足不同电压等级、复杂地形条件和各种特殊灾害条件下的巡检需求。

2. 案例简介

该案例主要用来解决偏远地区电力线路的监测数据传输问题，通过卫星物联网平台实现输电线路监测数据回传，有效监测电力线路运行状态，出现问题时能够及时定位解决。卫星物联网电网监测平台是根据电网行业的规范和要求，顺应智能电网信息化建设的总体思路，充分利用数据卫星采集技术、计算机技术、网络技术和数据库技术等实现电网数据的采集、处理和发布为一体的综合信息管理系统；是利用卫星物联网科技补齐物联网感知能力短板，提高电网系统整体信息化能力的重要手段；是电力部门实现电力监测管理现代化、决策科学化的一个重要过程。其核心是数据的采集处理和信息的发布，通过将电力数据采集并处理后发布给相关电力部门，为各部门在实施电力监测和管理上提供有力的决策依据和参考。

3．案例目标

（1）减少高压线塔的人力巡视工作量，减少并杜绝巡视盲区，提高工作效率。

（2）动态感知电网系统的运行状态，在线监测电网关键节点即高压线塔的塔身状态、塔基变量。

（3）针对线塔倾斜、塔基沉降异常等风险实现实时监测，提前预警，保障电网系统的安全运行。

（4）建立电网系统的安全大数据，科学决策，助力电网系统安全度过用电高峰期。

（5）打造信息闭环，助力电网系统整体的信息化提升。

12.4.2　案例技术方案

卫星物联网电网监测平台依托卫星接收覆盖全球的 DCS 数据，为用户提供线塔的气象数据、塔基倾斜数据、周围环境数据，具有位置定位、历史数据查询、信息调度、报警、预警分析、图像监控等功能，是集监控、定位、报警、设备管理及调度于一体的数据通信服务整体解决方案。

1．整体架构

该平台采用灵活、可扩展的 C/S 平台架构，与电网系统横向的监管平台实现信息互联互通，平台整体架构如图 12-10 所示。

（1）平台展示层：通过监管中心平台、主管领导手机 App、维保端手持终端等，实时动态反映电网系统的运行状态，包括展示各类信息列表、统计报表、待处理通知、告警信息、巡检路径等信息，提供隐患上报、工单指派、维修处理结果上报等功能单元。

（2）系统应用层：可以查看各监测站点的监测数据，包括线塔数据、电力线路信息、气象数据等；根据监测参数指标，设置设备阈值，可支持设置最低值、最高值、异常变化率、异常次数等；实时监测后台传感器数据，若超过阈值，达到告警条件，则按照预先设置的提醒参数进行告警，提醒值班人员进行处理；根据不同时间段内的监测点告警情况，指挥调度工作人员进行跟踪处理；根据监控告警数据，工作人员介入进行处理，并将处理结果进行记录备案。

图 12-10　卫星物联网电网监测平台整体架构

（3）数据处理层：对从塔基、线路、环境等被监测对象收集的数据进行处理，通过数据解析、数据剔重、数据分析等手段，以及常见的数据挖掘和机器学习算法，实现对数据存储、查询，以及分析存储在 Hadoop 中的大规模数据的机制。

（4）信息采集层：由安装在高压线塔塔身及塔基周围的数据采集终端及各种传感器、摄像机、主处理器单元、通信模块和供电单元构成。传感器包含倾角传感器、风速传感器、风向传感器、环境温度传感器、环境湿度传感器、导线温度传感器、拉力传感器等。主处理单元接收、采集、存储传感器信息、通信信息、控制信息等。

2．涉及的物联网技术

（1）卫星物联网通信技术。卫星物联网以卫星网络为基础，按照卫星通信协议，将具备传感器的卫星终端物品与卫星网络相连接，进行数据和指令交互，对卫星终端物品实现智能化的识别、定位、跟踪、监控和管理。按约定的卫星通信协议，把传感设备获取的数据信息，通过卫星通道进行卫星物联网终端与用户间的信息交换和通信，实现卫星物联网终端的识别、定位、跟踪、监控和管理。

（2）传感器技术。该案例采用的架空型故障指示器是专为电网供电系统自动监控而设计的检测装置，适用于 35kV（含）以下中高压开关设备及变配电系统，用于检测线路数据，指示、传递故障信号和发送远程指示报警，还具备记忆和恢复功能。维护人员能精确判别电力线路故障发生的区间，提高故障分析、判断的能力，以便迅速排除故障，对确保电网安全运行、提高电网供电质量起着重要作用。

（3）LoRa 通信技术。该案例使用 LoRa 通信技术组建局域网并收集多个传感器数据，LoRa 具有功耗低、传输距离远、组网灵活等诸多特性，与物联网碎片化、低成本、大连

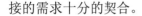
接的需求十分的契合。

3. 技术路线

卫星物联网系统由空间段、地面段和用户段 3 部分组成。空间段主要由 38 颗 DCS 卫星构成的卫星星座，以及 DCS 载荷系统组成，能够实现全球覆盖。整个星座如同结构上连成一体的大型平台，在地球表面形成蜂窝状服务小区，服务区内用户至少被一颗卫星覆盖，用户可以随时接入系统。卫星物联网系统主要由以下几个单元构成。

（1）数据采集单元。通过电力行业专用的故障指示器采集输电线路的短路、接地、温度超限、线路上电、线路停电、负荷电流等信息。

（2）数据收集单元。数据采集设备与数据收集单元之间通过 LoRa 通信技术进行数据传递，接收到数据后进行初步处理，转换为标准格式文件。

（3）数据传输单元。数据收集单元与卫星物联网终端进行连接，当卫星过顶时，将采集到的监控数据标准格式文件进行加密后上传至卫星数据存储单元；卫星经过地面测控站接收范围时，将收集到的数据下发至测控站，然后通过数据专线将数据发送到大数据处理平台。

（4）数据处理单元。数据传送到物联网数据中心后，首先对数据文件进行有效性检查，剔除校验失败的数据，然后对数据进行格式化处理，将不同类型、不同结构的数据转化为标准格式数据文件。根据标准格式数据文件中的关键位置数据进行识别，匹配相应的解析协议，提取有效数据。根据数据格式协议解析后进行数据入库操作。

（5）数据展示单元。数据展示单元可对入库数据进行处理，对系统所监控的各类参数进行界面化显示；可根据用户要求定制化显示不同维度的报表数据；还可根据预置的数据模型和预警条件，结合历史数据，对入库数据进行分析比对确认数据是否存在异常，并生成相应告警信息，根据设定的告警方式推送至告警处理人进行处理。

12.4.3　创新点和实施效果

1. 先进性及创新点

该案例采用 LoRa 与低轨卫星物联网相结合的通信方式进行数据传输，属于国内首创，具有里程碑意义。该案例作为地面物联网的有效补充，解决了偏远、自然条件恶劣等基础运营商网络无法覆盖区域的数据传输问题。卫星物联网相对于基础运营商网络，具有以下几个优点。

（1）覆盖地域广，可实现全球覆盖，传感器的布设几乎不受空间限制。

（2）几乎不受天气、地理条件影响，可全天时全天候工作。

（3）系统抗毁性强，自然灾害、突发事件等紧急情况下依旧能够正常工作。

2．实施效果

（1）替代了线路现场人工目测的传统巡检方式，提高了巡检效率，降低了人工工作强度，同时可以有效避免巡检盲区的存在。

（2）针对地形复杂、环境复杂、气候复杂、工作量庞大、高空作业危险性高等恶劣环境，减少了人工巡检可能导致的种种危险，真正做到了以人为本。

（3）监测数据可以实时回传至数据中心，满足现代化大电网的发展要求。

12.5　智能交通车路协同新基建案例

12.5.1　案例概况

车联网借助新一代信息和通信技术，实现车与车、车与路、车与人、车与服务平台的全方位网络连接，构建汽车和交通服务新业态，为用户提供智能、舒适、安全、节能、高效的综合服务。路侧智慧基站是车联网中"智慧的路"重要节点，集路侧感知、边缘计算和 5G/LTE-V2X（Vehicle to Everything）技术于一体。该案例是车路协同应用搭建的示范工程，在软件园的关键道路、路口，设计安装多个路侧智慧基站，与原有交通设施形成一套闭合的车路协同系统。智慧基站主要包含激光雷达、摄像机、5G/V2X 路侧通信和边缘计算单元，基于全覆盖的视频检测、无死角激光扫描、实时传输的 5G/V2X 网络，实时获取综合交通信息，并通过泛在网络传输到云端，实现车、路、云、人之间的协同交互。

1．案例背景

2018 年交通运输部办公厅发布《关于加快推进新一代国家交通控制网和智慧公路试点的通知》，决定在北京、河北等九省市加快推进新一代国家交通控制网和智慧公路试点，其中车路协同是试点建设的重要内容。2019 年 9 月，国务院印发《交通强国建设纲要》，提出加速交通基础设施网、运输服务网、能源网与信息网络的融合发展。2020 年 2 月，国家发展改革委、科技部、工业和信息化部等 11 个部门联合印发《智能汽车创新发展战略》，提出车用无线通信网络（LTE-V2X 等）实现区域覆盖，新一代车用无线通信网络（5G/V2X）在部分城市、高速公路逐步开展应用，高精度时空基准服务网络实现全覆盖。

当前，随着国家政策的大力支持，全国各省也积极推动智能网联汽车产业的发展，车联网处在政策、技术、产业的大爆发时机。然而，目前基于单车智能的自动驾驶系统在感知层面遇到瓶颈，主要体现在感知距离有限、非视距区域感知障碍、大型车辆遮挡等方面，无法对道路运行情况进行精确感知，对车辆自动驾驶的安全性带来隐患，借助智慧基站解决单车感知、计算等方面问题，弥补单车智能存在能力盲区和感知不足缺点，将道路数字化，通过与云和车通信，智慧基站将实现对路、车、人信息的收集和共享。

2．案例简介

该案例在中关村软件园区的重点道路提供基于智慧基站的车路协同解决方案，通过激光雷达、视频摄像机实现交通道路的全方位信息感知，利用智能 AI 边缘计算技术，设计多任务并行学习的路侧异构数据自主感知—学习—决策协同计算模型，实现对实时数据的智能融合计算，并通过 5G/LTE-V2X 无线通信技术实现与交通参与者的信息交互，从"上帝"视角解决由视距盲区、信息不畅等带来的各种交通问题，提升道路运行效率，为交通参与者提供全面的交通感知应用服务。

3. 案例目标

该案例的目标主要包括以下 3 点：一是利用感知设备获取各类道路信息，使用 AI 边缘计算、5G/LTE-V2X 技术解决道路交通信息交互问题；二是通过路侧设备（智慧基站），采用边缘计算技术，实现与车辆的信息交互，在中关村园区内日常行车过程中给司机及时、准确、按需的安全警示和信息服务，提升驾驶安全性、舒适性和便捷性；三是运用物联网、云计算、5G、基于蜂窝通信的 V2X（C-V2X）、大数据、互联网等技术，为中关村园区打造一个智慧化的城市交通出行环境。

12.5.2　案例技术方案

该案例设计在园区的 3 个点位安装路侧智慧基站系统，同时配合原有交通设备形成一套闭合的车路协同系统，通过激光雷达、视频摄像机、5G/LTE-V2X 路侧通信和边缘计算单元，实现全覆盖的视频检测和激光扫描，以及实时传输的 5G/LTE-V2X 通信网络，获取实时综合交通信息，通过泛在网络传输到云端。同时，通过 5G/LTE-V2X 路侧通信单元向所有交通参与者实时进行广播，充分实现车辆主动控制、道路协同管理及人—车—路的有效协同，最终达成提高交通效率、保证交通安全的目的。

1. 整体架构

该案例的整体架构主要包括多源感知层、数据处理层、传输层和应用层，如图 12-11 所示。

（1）多源感知层。激光雷达采用国内首款针对车路协同应用的路侧 32 线激光雷达，水平视角为 360°，32 线扫描，探测距离远、精度高，能够感知目标的类别、位置、速度、三维坐标、航向角等信息。视频摄像机采用 360° 环视相机，低照度效果好，图像清晰度高，能够感知目标的类别、颜色、纹理等信息。

（2）数据处理层。主要设备为数据处理总成，核心部件包含高性能工控机及数据融合系统软件、目标识别算法，主要作用是将激光雷达与视频摄像机采集的数据进行融合，实现无盲区检测，并准确识别目标。其中，采用的边缘计算单元具有数据安全性高、时延低、计算速度快等优势，数据处理层是该解决方案的核心层。

（3）传输层。核心部件为自主研发的 5G/LTE-V2X 路侧通信设备及车载单元，以及常规的工业级交换机、光传输设备。

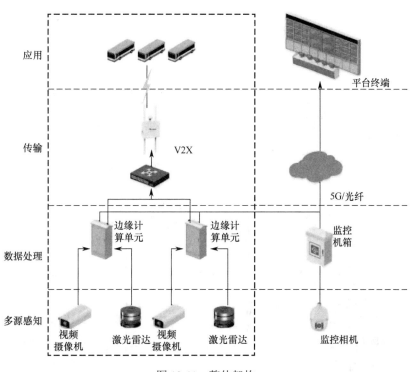

图 12-11　整体架构

（4）应用层。车载单元智能终端用于将 5G/LTE-V2X 设备的主动安全信息进行呈现，并实现信息服务等丰富的应用。

2．涉及的物联网技术

该案例的智慧基站集多源感知融合感知技术、智能 AI 边缘计算技术和 5G/LTE-V2X 无线通信技术于一体，以"上帝"视角全方位精确获取道路交通参与者的实时动态信息，并利用 5G/LTE-V2X 无线通信技术将信息传递给周边车辆。其中，关键技术包括多源感知技术、AI 边缘计算技术、5G/LTE-V2X 无线通信技术等。

（1）多传感器融合的路侧智能感知系统。

视频摄像机、激光雷达作为道路环境感知的主体，布设于城市道路关键、复杂的路口或路段，对所在区域道路环境进行精确感知；AI 边缘节点汇集一定区域范围内的道路环境感知信息，对海量数据进行计算、融合，将处理后的信息进行分发、本地存储、云端上报；感知数据通过 5G/LTE-V2X 通信设备传输至 AI 边缘节点，边缘节点将环境感知数据分析结果通过 5G/LTE-V2X 分发到交通参与者。智慧基站+5G/V2X+MEC 的路侧智能感知系统架构如图 12-12 所示。

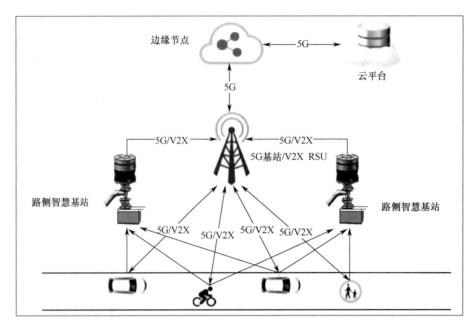

图 12-12 智慧基站+5G/V2X+MEC 的路侧智能感知系统架构

（2）基于 AI 的边缘计算系统。

多传感器融合 AI 边缘计算是车路协同路侧系统的关键技术，其接收路侧激光雷达点云数据及视频摄像机图像数据，设计多任务并行学习的路侧异构数据自主感知—学习—决策协同计算模型，包括开展基于复杂多源异构感知的类脑自主学习与决策，开展具有自纠错能力的新一代神经网络结构设计研究，实现道路交通状况 4D 重构及所有道路交通参与目标的实时动态感知识别，并为交通参与者提供预警、效率优化等交通服务应用，最后通过 5G/LTE-V2X 实现交通数据的车路交互，并将数据上传到云端中心。

（3）基于 5G/LTE-V2X 的信息传输系统。

车用无线通信技术（V2X）是将车辆与一切事物相连接的新一代信息通信技术，支持实现车与车（V2V）、车与路侧基础设施（V2I）、车与人（V2P）、车与平台（V2N/V2C）的全方位连接和信息交互。

LTE-V2X 通信系统由路侧系统和车载系统两部分组成，LTE-V 通信终端充分借鉴了日美已经成熟的 DSRC 硬件设计方案，在功能模块和接口的设计上与 DSRC 通信终端类似。不同的是，LTE-V 通信终端采用的是符合 3GPP R14 标准要求的国产 LTE-V 模组。因此，基于 LTE-V 的通信设备已经实现了全部国产化，不再需要对任何进口技术或配件产生依赖。

3. 技术路线

该案例在车路协同发展的大趋势下，对国内外研究现状、存在问题进行总结，并提出该案例要突破的 3 个关键技术，分别为多传感器融合的路侧智能感知系统、基于 AI 的边缘计算系统、基于 5G/V2X 的信息传输系统，然后针对要研究的 3 个关键技术进行示范应用与评估优化。该案例按需求分析—机理与关键技术—系统集成—示范应用 4 个层次展开，技术路线如图 12-13 所示。

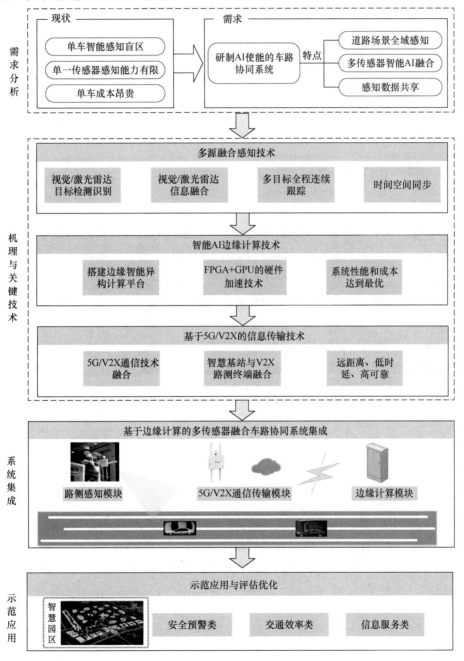

图 12-13　技术路线

（1）需求分析。该案例通过对自动驾驶和车路协同国内外研究现状的充分调研和梳理，针对单车智能感知存在的缺陷，提出智能 AI 使能的车路协同系统，并且对车路协同相关技术进行系统分析。

（2）机理与关键技术。针对该案例要研究的 3 个关键技术，分别从技术调研、建模、优化算法、评价指标和实验验证等层面进行具体研究。

（3）系统集成。该案例集成路侧感知模块、边缘计算模块和通信传输模块，通过资源的高效分配、低时延数据计算和实时传输等，实现基于边缘计算的多传感器融合车路协同集成系统。

（4）示范应用。该案例设计多点协同混合式装备架构，开展智慧园区的示范应用，并基于数据进行系统改进，提高车辆行驶的安全性和道路通行的效率。

12.5.3 创新点和实施效果

1. 先进性及创新点

（1）多源融合感知技术。多源融合感知技术能够融合激光雷达和图像，可以有效发挥激光雷达距离信息和彩色摄像机图像颜色信息的互补优势。在多传感器感知融合的基础上，进行信息交互，能够最大限度地获取周边环境信息，为了实现激光雷达与相机的融合，该案例基于路侧智慧基站的应用场景，创新地研发出一套自标定软件，极大地提高了标定效率。

（2）智能 AI 边缘计算技术。该案例基于深度学习的激光雷达点云数据+视频图像数据的融合算法的自主研发，实现高可靠、低时延、高检测的道路信息全面感知，实现道路交通数据的时空同步，从数据上融合 3D 激光雷达在距离定位、速度检测方面的定位优势和视频在颜色、纹理等方面的优势，全天候实时检测。AI 深度学习的硬件加速技术，针对多源数据场景下深度学习模型的图像处理任务，设计了专用的边缘侧硬件加速器，以在完整实现网络模型功能的同时达到一定的加速效果。软硬件功能划分的策略是将计算密集、耗时占比较高的部分在专用硬件上进行加速，而其余部分则由主机端直接实现对应的软件功能模块。

（3）基于 5G/V2X 的信息传输技术。基于 5G/V2X 的通信传输技术是 5G 与 V2X 的融合，它可以保证远距离、低时延、高可靠的通信能力，实现路侧边缘云、车端边缘云和中心云的"三云互通"。路侧智慧基站+V2I 的车路协同方案是目前唯一能够让 V2X 实现 P2V 功能的技术方案，真正实现车路协同，提升车辆驾驶安全性。协同方案如图 12-14 所示。

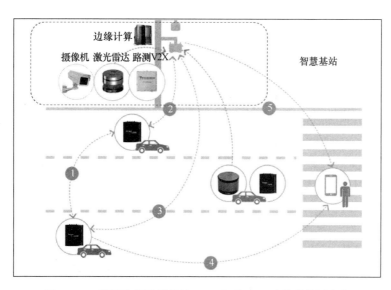

图 12-14　利用路侧智慧基站+V2I 实现 P2V 功能的协同方案

2．实施效果

该案例建设中涉及多源感知设备（激光雷达、视频摄像机）、AI 边缘计算设备及 5G/LTE-V2X 路侧通信设备，在中关村园区道路重点十字路口布设智慧基站系统，实现路口交通参与者的全息动态采集，为具备 5G/LTE-V2X 通信设备的车辆提供信息服务。该案例的点位设置和实施效果如图 12-15 所示。具体效果可以从提升政府精细化管理水平、提升公众出行服务水平和引领交通服务产业变革 3 个方面来介绍。

图 12-15　智慧基站点位设置和安装效果

（1）提升政府精细化管理水平，增强交通信息服务和管控能力。该案例基于传感网分布式信息融合感知技术的实现，使交通信息感知理念从"局部静态+固定中心式"感知向"全局动态+移动分布式"感知转变，极大提升了政府精细化管理水平。

（2）提升公众出行服务水平，促进城市节能减排。该案例可以提供实时准确的综合交通信息，不仅让出行者能够享受非常方便的实时信息服务，还能帮助公众根据实时信息对其交通行为做出相应的调整，科学合理地规划最佳出行路径，减少出行时间和延误，缓解交通拥堵。

（3）引领交通服务产业变革，促进现代服务业发展。该案例覆盖智能基础设施、智慧路网等行业前沿领域，能够实现智能交通行业的快速应用扩展，促进物联网、大数据、移动通信、互联网等现代信息技术与交通运输服务传统产业的深度融合。

12.6　本章小结

自 2020 年开始，全球经济总体形势不容乐观，各国不断出台调节政策意图重振经济。被央视和各大媒体屡次提及的新基建，无疑成为我国对抗经济低迷的手段之一。在国家关于新基建和物联网产业相关政策的持续有力推动下，物联网市场发展将再迎新契机。对于国家治理而言，政策是产业调控最好、最有效的工具，政策首先要明确支持物联网产业的发展方向及技术路径的选择，提供基础设施、人才培养与知识体系架构的建设保障。通过政策安排，为物联网的发展提供基本规则与规范，如市场规则制定、物联网安全性规范设计等，通过这些规则和规范引导物联网产业的健康发展。有了一系列具有针对性和强有力的政策扶持，物联网新基建必将有力支撑起国家新型基础设施建设，夯实我国未来信息化、数字化和智能化发展的根基。